中国科学技术大学物理学研究生教材

核与粒子物理实验方法

Experimental Methods of Nuclear and Particle Physics

李 澄 主编

科学出版社

北 京

内 容 简 介

本书是针对核与粒子物理专业研究生和高年级本科生编写的教学用书。全书分为 6 章，包括物质放射性和粒子性质、辐射测量和仪器、质量和寿命测量方法、粒子鉴别和谱仪、加速器亮度和截面测量，以及非加速器物理与实验。书中收集了 180 道典型习题，可供不同层次学生课后练习。书中引用了大量原始参考文献，可供学生进一步查阅与参考。希望通过这些内容的学习和理解，能够帮助学生融会贯通所学的知识，建立较全面的实验物理图像和概念，有助于今后的研究工作。

本书可供大学物理系相关专业高年级本科生、研究生及研究人员参考。

图书在版编目(CIP)数据

核与粒子物理实验方法/李澄主编. —北京：科学出版社，2021.7
中国科学技术大学物理学研究生教材
ISBN 978-7-03-069263-4

Ⅰ.①核… Ⅱ.①李… Ⅲ.① 核物理学-实验-研究生-教材 ②粒子物理学-实验-研究生-教材 Ⅳ.①O571-33 ②O572.2-33

中国版本图书馆 CIP 数据核字 (2021) 第 121689 号

责任编辑：钱　俊　陈艳峰 / 责任校对：杨　然
责任印制：吴兆东 / 封面设计：无极书装

科学出版社 出版
北京东黄城根北街 16 号
邮政编码：100717
http://www.sciencep.com

北京虎彩文化传播有限公司 印刷
科学出版社发行　各地新华书店经销
*
2021 年 7 月第 一 版　开本：720×1000 1/16
2023 年 3 月第五次印刷　印张：26 3/4
字数：519 000
定价：148.00 元
(如有印装质量问题，我社负责调换)

丛 书 序

从 1958 年建校至今，中国科学技术大学（以下简称中国科大）一直非常重视基础学科，尤其是数学、物理的教学工作。中国科大创建初期的物理教学特点是大师授课，几乎所有主干课程都是由中国科学院各研究所物理专家担任，包括吴有训、严济慈、马大猷、张文裕、赵九章、钱临照、梅镇岳、郑林生、朱洪元等。这批老科学家有着不同的学习和科学研究经历，因此在教学中，每个物理学家有不同的风格和各自的独到之处，在中国科大的物理教学中，呈现了百花齐放、朝气蓬勃的局面。老一代科学家知识渊博，专业功底深厚，既了解物理学发展史，又了解科学发展前沿和科学研究方法，不仅使学生打下了深厚的物理基础，还掌握了科学思维和科研方法。老一代科学家治学的三严精神：严肃（的态度），严格（的要求），严密（的方法），也都深刻地影响了一代又一代青年学生，乃至青年教师的成长，对中国科大良好学风的形成，起了不可估量的作用。

中国科大也是国内最早开展物理学研究生学位教育的大学。1978 年中国首个研究生院——中国科大研究生院经国务院批准成立。为了提高研究生学术水平，1979 年，李政道先生应中国科大研究生院邀请，回国开设"统计力学"以及"粒子物理与场论"两门课程。在短短两个月内，李政道先生付出大量心血备课与授课，其"统计力学"讲稿后经整理成书出版（1984 年，北京师范大学出版社）。2006年值李政道先生八十华诞之际，又由中国科学院研究生院重新整理出版（2006 年，上海科学技术出版社）。这本教材涵盖了截至当时平衡态统计力学所涉及的大多数内容，在今天看来也并未过时，而且无论从选材上还是讲述方式上都体现了李政道先生的个人特色。1981 年，中国科大物理学被国务院批准为首批博士、硕士学位授予点。1983 年，在人民大会堂举行的我国首批 18 名博士学位授予仪式中，其中有 6 名来自中国科大（数学和物理学博士）。至今为止，中国科大物理学领域已经培养了数千名物理学博士，他们大多数都成为国际和国内学术研究领域、科技创新领域的领军人物。2013 年中国科学院物理研究所赵忠贤院士（中国科大物理系 59 级校友）和中国科大陈仙辉教授的"40K 以上铁基高温超导体的发现及若干基本物理性质研究"荣获国家自然科学一等奖并列第一，2015 年中国科大潘建伟院士团队的"多光子纠缠及干涉度量"再获国家自然科学一等奖；在教育部第四轮学科评估中，中国科大的物理学和天文学都是 A+ 学科。

中国科大的物理学领域主要包含物理学、天文学、电子科学技术和光学工程等四个一级学科，涉及的二级学科有理论物理、天体物理、粒子物理与原子核物理、等离子体物理、原子分子物理、凝聚态物理、光学、微电子与固体电子学、物理电子学、生物物理、医学物理、量子信息与量子物理、光学工程等，目前正在建设精密测量物理、单分子物理、能源物理等交叉学科。中国科大物理学的研究生教学和培养是一个完整的大物理培养体系，研究生课程按一级学科基础课和一级学科专业课设置，打破了二级学科的壁垒，这更有利于学科交叉和创新人才的培养。

四十多年来，中国科大物理学研究生教学体系逐渐完整，也积累了不少的教学经验和一些优秀的讲义，但是一直缺乏一套完整的物理学研究生教材。从 2009 年至 2019 年，我担任中国科大物理学院院长，经常与一线教学科研老师交流，他们都建议编写一套物理学研究生教材。从 2016 年开始，学院每年组织一批从事研究生教学的一线老师召开一次研究生教材建设研讨会，最终确定了第一批 15 本教材撰写与出版计划。每一本教材的撰写提纲都由各学科仔细讨论和修改，教材的编写力争做到基本理论严谨、语言生动活泼，尽量把物理学各领域中最前沿的研究成果、最新的科学方法、最先进的科学技术体现在本教材中，使老师好教、学生好用。本套教材编写集中了中国科大物理学研究生教学的一线老、中、青骨干，每本教材成书都经过多次反复讨论和征求意见并反复修改，在此向所有参与本书编写的老师致以感谢！

希望中国科大的这套物理学研究生教材可以让更多的同学受益。

欧阳钟灿

2021 年 6 月

前　　言

物质结构和运动规律是物理学的基本问题。

近代物理学以爱因斯坦相对论和量子力学为基础,伴随着工业革命和大量实验成果,有力地促进了科学与技术的发展。爱因斯坦相对论摆脱了经典时空观的束缚,提出物质运动规律由时空的性质所决定,时间与空间是相互关联和统一的,揭示了微观粒子运动的本质,光速不变原理为时间和空间测量提供了一种精确而可观测的标准。以 X 射线、放射性和电子三大实验发现为代表,开创了近代物理研究的新纪元。爱因斯坦穷其后半生试图把电场和磁场也描述为时空的性质,这是他对大统一理论的探索。在当时除了引力和电磁力外,人们还发现了其他相互作用力,但由于缺少足够的实验证据,因而难以确认。今天,弱电统一理论和标准模型已经是微观物质结构的基本理论,这主要归功于实验和测量技术的发展,正如相对论理论的确立,很大程度上归功于迈克耳孙–莫雷的实验,以及其他一些重要的实验发现与验证。近些年来有关中微子超光速的实验曾引起广泛的争论,尽管实验数据被证实有错,但是更深入的有关中微子特性的研究仍在进行。伴随着质量起源 Higgs 粒子和引力波的发现,大统一理论和超标准模型成为新的探索目标,并寄希望于未来更大规模的实验研究。物理学是实验科学已成为共识。

实验核与粒子物理研究涉及的微观作用机制很复杂,而各种作用过程产生的单粒子和核子性质是实验观测的出发点,其基本特性可概括为:运动规律服从量子统计规律和测不准关系;运动速度接近 (或达到) 光速,测量的物理量具有相对性;相互作用过程具有多重性,涉及多种相互作用机制。这些特性使得核与粒子物理实验方法有别于其他研究方法,在长期研究过程中所积累的知识也是人类智慧的结晶,许多实验成果代表了当时科学技术的最高水平。学习和掌握这些知识是开展科学研究的重要基础,也是一个很有趣的过程,无论你是否从事基础物理研究。

本书是针对核与粒子物理专业研究生和高年级本科生的教学参考书。按照中国科学技术大学核与粒子物理专业教学大纲要求,授课时间 80~100 学时,并按1:1 的复习时间设定每一章阅读量。在本书编写过程中,中国科学技术大学物理学院和近代物理系许多老师给予了热情支持。书中部分章节参考了早期教材 (《核与粒子物理实验方法》，1981 年)，后改编出版 (王韶舜主编，原子能出版社，1989年)，并征得王韶舜教授同意对这些章节作了修改和补充。全书图表和文字的修改校对，以及第 2 章 (辐射测量与仪器) 的编写由李昕负责完成。书中一些内容引自本人指导的研究生论文，书中许多参考资料收集整理工作由中国科学技术大学高能物理实验室研究生完成。在此表示衷心的感谢！

　　鉴于作者知识有限，书中不妥之处在所难免，恳请指正。

作　者

2019 年 9 月

目　录

预 备 知 识

物质是由各种微观粒子构成的，这是现代物理学的基本图像，看似简单，实际包含了丰富的研究内容，涉及微观结构模型、相互作用机制、对称性与守恒定律、实验方法与探测技术等，它们之间相互关联 (图 0.1)，其中实验方法研究是不可缺少的环节。

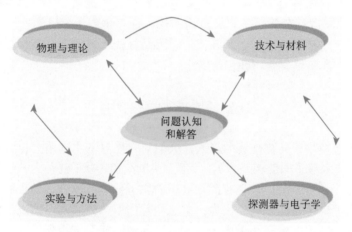

图 0.1   实验物理研究的各个环节与相互关系

0.1   微观结构图像

19 世纪末，人们已经认识到一切物质都是由原子组成的。化学分析获得元素周期性规律表明原子本身还存在内部结构。原子核概念是基于 20 世纪初大量的实验观测，其中最著名的是 α 粒子散射实验，卢瑟福通过对实验现象分析提出了原子有核模型。原子核本身还能被分解为更小的粒子，即原子核由中子和质子 (统称为核子) 构成，这一结论随着中子的发现得到进一步认可。当时，电子、中子、质子及中微子被认为是构成物质世界的基本粒子，其中中微子是为了解决 β 衰变与守恒定律的矛盾而提出的假设。这四种粒子足以描述原子与原子核物理中的大多数已知现象，即使是今天，这些粒子也仍然是描述物质微观结构的基础。20 世纪中期，粒子加速器实验发现强子超过 200 种，质子和中子仅仅是强子家族中的两位代表，正因为其数量之大，所以强子不是构成物质的基本粒子。为了建立强子结构图像，物理学家提出了夸克模型，所有已知的强子都可以用两种或三种夸克来描述。

在上述过程中，将能量不断提高的粒子作为探针，观测其内部的精细结构，成为核与粒子物理实验的基本方法。大量实验成果为微观物质结构模型，即标准模型奠定了基础。标准模型认为物质是由两种基本成分构成的：轻子 (包含电子和中微子) 和夸克。根据散射实验的结果，二者的尺度均小于 10^{-18} m。作为比较，质子大小超过 10^{-15} m。轻子和夸克的自旋为 1/2，即均为费米子。与原子、原子核以及强子不同的是，无论轻子还是夸克，至今都没有被观测到存在激发态，因而它们被认为是基本粒子，或者认为是点粒子。到目前为止，已知有六种轻子和六种夸克以及它们各自的反粒子，这些基本粒子可以通过 "代" (generations) 或 "族" (families) 进行分类，各自又分为三代。许多物理学家认为轻子和夸克的数量依然偏多，而且其属性存在代际特征，因而否认二者可作为基本粒子，正确与否，有待新的实验结果告诉我们答案。

0.2 基本相互作用

随着对微观物质结构理解的深入，人们对自然界基本作用力也有了进一步的认识，包括基本粒子间的相互作用。大约 19 世纪初，以下四种力被认为是基本作用力：引力、电力、磁力，还有所知甚少的原子分子间作用力。直到 19 世纪末，电力和磁力被证明是同一种作用力：电磁相互作用。此后的研究表明原子存在内部结构，即带正电的原子核和电子云，并通过电磁相互作用保持整体结构，因此原子表现为电中性。在微观尺度下，原子间电场并没有完全抵消，故相邻的原子和分子相互影响，因此表现出不同 "化学力"，实际上都是电磁相互作用的表现形式，比如范德瓦耳斯 (van der Waals) 力。

随着核物理研究的发展，对两种新的短程力即核力 (核子间作用力) 和弱力 (用于解释原子核 β 衰变) 有了深入理解。核力并不是基本相互作用，类似于原子之间电磁相互作用的表现形式，核力本质上是夸克之间的强相互作用。强作用力和弱作用力是粒子间的两种基本相互作用。所有物理现象都遵循四种基本相互作用、即引力相互作用、电磁相互作用、强相互作用和弱相互作用。引力相互作用对于恒星、星系和宏观物体，包括人类和各种生物运动是至关重要的，但对微观粒子运动的影响很小，一般可以忽略。

按照当前的理论，相互作用是通过交换矢量玻色子 (自旋为 1 的粒子) 进行传播的，如图 0.2 所示，分别是电磁相互作用中的光子、强相互作用中的胶子，以及弱相互作用中的 W$^\pm$、Z^0。这三种相互作用都与 "荷" 有关，分别是电荷、弱荷、强荷 (强荷又称为色荷，或 "色" 量子数)。当粒子具有某种 "荷" 时才会发生对应的相互作用：轻子和夸克携带弱荷；夸克和部分轻子 (如电子) 具有电荷；色荷只有夸克携带，因此轻子不参与强相互作用。$W^{\pm}$ 和 Z^0 玻色子都是非常重的粒子，质量分别为 $M_W \approx 80\ \text{GeV}/c^2$、$M_Z \approx 91\ \text{GeV}/c^2$，根据量子力学的测不准关系，这两种粒子是虚粒子，散射过程中存在时间极短，因此弱相互作用为短程力，而光子的静止质量为零，故电磁相互作用的范围为无限大。胶子和光子类似，静止质量也为零，但与光子不同，胶子携带色荷，因而在胶子间也存在相互作用，大量实验证明强相互作用也是短程力。

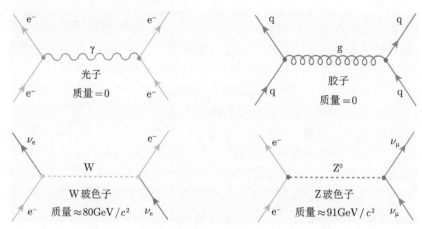

图 0.2　粒子间通过交换矢量玻色子发生相互作用

轻子和夸克用直线表示，光子用波浪线，螺旋线代表胶子，$W^{\pm}$ 和 Z^0 为虚线

0.3　对称性与守恒定律

对称性概念是数学家提出的，但在物理学中得到完美的诠释。德国数学家埃米·诺特 (E. Noether) 最早提出守恒定律与自然现象的对称性关系。物理学中的守恒律，如能量、动量、宇称、正反粒子等，实质上是相互作用规范场的共轭变量，对应于时间、空间、自旋、电荷等物理量具有不变性。换句话说，物理定律与其发生的时间、位置和空间取向无关。例如，按照量子力学，在一个角动量为 $\ell\hbar$ 的束缚系统，空间波函数宇称为 $P = (-1)^{\ell}$，其微观结构具有左右对称性的，表现在空间反演具有不变性，可用系统宇称量子数 P 守恒表示。宇称守恒导致了电磁跃迁的选择规则。在相对论量子力学中，宇称概念也具有重要意义，粒子与反粒子具有内禀宇称，玻色子与反玻色子具有相同的内禀宇称，费米子则相反。粒子与反粒子的一个重要对称性是电荷共轭宇称，一个粒子和它的反粒子构成的系统应该是电荷共轭算符 C 的本征态，其本征值由系统的轨道量子数和自旋量子数确定。实验上观测到一个多重态的粒子系统，在强和弱作用下可表现出不同的状态，

同一多重态的粒子可以被描述为同一粒子的不同状态，这些状态由强自旋或弱自旋表示，因此对称性与守恒律对于微观作用机制的理解和分析都是不可缺的。

0.4　实验方法和探测技术

为了观测不同尺度物体的运动规律，人类发明了不同类型的仪器 (图 0.3)，其中亚原子尺度跨越了 8 个数量级。大多数亚原子物理的研究成果都与加速器实验相关。利用加速器产生高能粒子束与被研究的物体 (靶核和粒子) 发生相互作用，观测作用过程和末态粒子的运动学参数变化，用于研究微观物质结构和反应机制，是实验物理的基本方法。以电子的弹性散射为例，当电子的德布罗意波长 $\lambda = h/p$ 与靶粒子尺度接近时，散射粒子的衍射图案能够非常精确地揭示出原子核的尺度。通常测定原子核半径需要电子束能量达到 10^8 eV，测量质子半径对应的能量是 $10^8 \sim 10^9$ eV。一个微观系统的激发能随其微观尺寸的减小而增大，当入射粒子的能量与产生激发态的能量接近时，形成共振吸收和共振发射，可用于研究激发态核与粒子的属性及其内部相互作用机制。物理学家寄希望于不断提高粒子加速器的能量，以便能够观测到核子内部夸克 (或轻子) 更深层次的结构。研制和建造更高能量的加速器代表了现代科学技术发展水平，同时推动了实验方法和探测技术的快速发展。

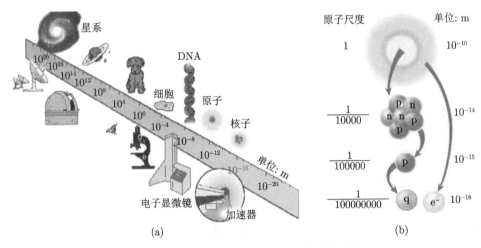

图 0.3　不同尺度物体与观测仪器 (a) 和微观粒子尺度 (b)

为了精确测定微观层次的各种反应过程，需要深入了解反应产生的各种粒子 (带电粒子、光子、中子、中微子等) 与物质相互作用机制。带电粒子与气体、液体、非晶体和晶体发生电磁相互作用，并转换为电信号或光信号。光子通过光电效应或康普顿效应，以及电子对效应被探测到。中子和中微子通过核反应产生的次级带电粒子被间接探测到。相应的粒子探测器有多种类型。例如，闪烁晶体探测器提供快时间信息，气体探测器覆盖面积大，能提供较好的空间分辨，结合磁场可用于动量测量；半导体探测器具有非常好的位置和能量分辨；切连科夫探测器和穿越辐射探测器用于相对论粒子鉴别；量能器用于测量高能粒子的能量。在实验设计中，需要根据不同物理目标，采用不同类型探测器，构建不同的实验装置和探测系统，这也是实验方法研究的重要内容。

0.5　相互作用和费曼图

亚原子粒子相互作用可以用费曼图描述 (以美国物理学家 R. P. Feynman 的名字命名，1948 年提出)。费曼图最早用于量子电动力学 (QED) 计算，当电磁作用比较弱 (作为小量) 时，在计算分析中可用 "微扰" 方法处理，以避免复杂的数学计算。更准确的定义：费曼图是对量子力学或场论的跃迁振幅或相关函数的微扰量的图形表示。例如，可表示微扰 S-矩阵展开项，或者一个系统从初态到末态的所有可能过程的跃迁概率。

QED 是被实验证明的高度精确的理论。电子与光子之间的一切过程都可以用费曼图表示，并且规定：波线表示光子，实线带有箭头表示电子，顺箭头方向运动表示粒子 (电子)，逆箭头方向运动表示反粒子 (正电子)。每个顶点代表一个作用点，是两条实线和一条波线的交点，其中一条实线指向作用点 (表示初态)，另一条实线离开作用点 (表示末态)，并规定相互作用沿着时间轴方向进行。图 0.4 是典型正负电子湮灭过程费曼图。费曼图同样可以扩展用于描述弱作用和强作用过程。

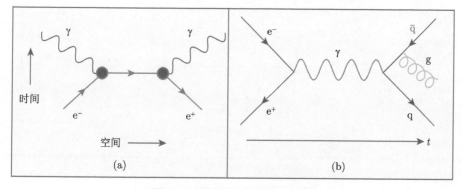

图 0.4　两种正负电子湮灭过程

(a) 双光子过程；(b) 夸克–反夸克对过程。其中包含反夸克辐射胶子 (绿色螺旋线)

0.6　国际标准单位和自然单位

实验观测粒子运动的基本物理量有：质量、长度、能量、动量和时间，其中长度和能量的常用单位分别是飞米 (fm) 和电子伏特 (eV)。fm 为国际标准单位制 (SI)，定义为 10^{-15} m，大致对应质子的尺寸；eV 代表单位电荷粒子穿过电势差为 1 V 时获得的能量：$1\,\text{eV} = 1.602 \times 10^{-19}$ J。常采用十进制倍数表示 keV、MeV、GeV 等。根据质能方程 $E = mc^2$，质量单位常用 MeV/c^2 或 GeV/c^2 来表示。长度和能量，动量和时间与测不准关系式相关联，实验上常用于估算其数量级。

为了便于记忆，普朗克常数可表示为：$\hbar \cdot c \approx 200$ MeV·fm。电磁相互作用耦合常数 $\alpha = \dfrac{e^2}{4\pi\epsilon_0 \hbar c} \approx \dfrac{1}{137}$。由于历史原因，这一常数也被称为精细结构常数。许多物理量都与普朗克常数 $\hbar$ 和光速 c 有关，为了简化运算，粒子物理学中常用自然单位制 (NU)。在这一单位中，选择 $\hbar = c = 1$。一般定义 $4\pi\varepsilon_0 = 1$，故 $\alpha = e^2$ (高斯单位制)。在一些理论公式中，令 $\varepsilon_0 = 1$、$\alpha = e^2/4\pi$ (又称为亥维赛–洛伦兹单位制)。在自然单位制下，粒子的质量、能量和动量的量纲是一样的，都是 eV (或 MeV)。长度量纲为 1/eV (或 1/MeV)，而电荷是一个无量纲的基本物理量。

本书中的公式一般采用国际标准单位制表示，部分公式按习惯采用自然单位制。表 0.1 给出一些基本物理量的 SI 与 NU 单位制换算关系。

表 0.1　一些基本物理量的 SI 与 NU 单位制换算关系

物理量	自然单位制	转换系数	千克，米，秒，安培制
速度	$[\text{MeV}^0]$	c	m·s^{-1}
角动量	$[\text{MeV}^0]$	$\hbar$	J·s
电荷	$[\text{MeV}^0]$	$(\varepsilon_0 \hbar c)^{\frac{1}{2}}$ 或 $(4\pi\varepsilon_0 \hbar c)^{\frac{1}{2}}$	C
质量	$[\text{MeV}]$	$\dfrac{1.602 \times 10^{-13}}{c^2}$ 或 1	kg 或 $\left(\dfrac{\text{MeV}}{c^2}\right)$
能量	$[\text{MeV}]$	1	MeV
动量	$[\text{MeV}]$	$\dfrac{1.602 \times 10^{-13}}{c}$ 或 1	kg·m·s^{-1} 或 $\left(\dfrac{\text{MeV}}{c}\right)$
温度	$[\text{MeV}]$	$\dfrac{1}{k}$	K
长度	$[\text{MeV}^{-1}]$	$\hbar c$	m
时间	$[\text{MeV}^{-1}]$	$\hbar$	s
截面	$[\text{MeV}^{-2}]$	$(\hbar c)^2$	m^2

0.7　实验室参考系和动量中心系

描述高速运动粒子的运动学物理量，常遇到两个参考系即实验室参考系与动量中心系的变换。动量中心系观测任何作用过程，其系统总动量为零，即 $\sum P_i =$

0。注意，对于经典力学，这个定义与质心系定义一致，但在描述相对论粒子运动时，由于 γ 因子与粒子速度有关，或者由于零质量粒子存在，动量中心系与质心系不一定重合，而在习惯上仍然用质心系表示。动量守恒表示物理规律空间平移的不变性，一个系统的动量中心平移不影响其动力学特性，因此动量中心系观测粒子相互作用的行为直接反映运动学物理量的变化。

一个质量为 m，以速度 β 相对于探测器或实验室系运动的粒子，其四动量为 $(E, \boldsymbol{P})$，在动量中心系中为 (m, o)，由洛伦兹变换关系，可得

$$\gamma_c = \frac{E}{m} = \frac{\sqrt{p^2 + m^2}}{m}, \quad \beta_c = \frac{p}{E} = \frac{p}{\sqrt{p^2 + m^2}} \tag{0.1}$$

为了书写方便，这里用一维表示。以下是两个典型相对论运动学计算例子。

例题 0-1　　两体衰变是实验中最常见的衰变过程。图 0.5 是两体衰变在两个参考系中动量变化示意图，求动量中心系的动量及能量关系式。

解答　　设粒子 m 静止时衰变为 m_1 和 m_2，由能量动量守恒可得

$$|p_1'| = |p_2'| = \frac{1}{2m} \{[m^2 - (m_1 + m_2)^2][m^2 - (m_1 - m_2)^2]\}^{1/2} \tag{0.2}$$

$$E_1 = \frac{m^2 + m_1^2 - m_2^2}{2m} \tag{0.3}$$

$$E_2 = \frac{m^2 + m_2^2 - m_1^2}{2m} \tag{0.4}$$

在实验分析中，通常把粒子动量分解为与粒子碰撞方向水平和垂直两个分量，分别用 p_L 和 p_T 表示，实验室系与动量中心系洛伦兹变换关系为

$$p_T = p_T', \quad p_L = \gamma p_L' + \gamma \beta E' \tag{0.5}$$

可见衰变的粒子横动量是不变量，而实验观测的粒子动量变化由纵向动量决定。对每个粒子，其变换关系分别为

$$p_{T1} = p' \sin \theta_c, \quad p_{L1} = \gamma p' \cos \theta_c + \gamma \beta \sqrt{p'^2 + m_1^2} \tag{0.6}$$

$$p_{T2} = -p' \sin \theta_c, \quad p_{L2} = -\gamma p' \cos \theta_c + \gamma \beta \sqrt{p'^2 + m_2^2} \tag{0.7}$$

在高能粒子碰撞中，当粒子静止（$p = 0$）时，$m \gg m_1, m_2$，产生事例是背对背方向，即 $p = p' \approx m/2$；当 $p \gg m$ 时，$\beta \approx 1$，例如 $Z^0 \longrightarrow \mu^+ \mu^-$ 衰变，其纵向动量近似为

$$p_{L1} + p_{L2} \approx 2 \cdot \gamma \beta \cdot p' \approx 2 \cdot \frac{E_z}{m_z} \cdot \frac{m_z}{2} \approx E_z \tag{0.8}$$

在实验室系中观测 μ^+ 和 μ^- 之间夹角 $\tan\theta \approx p_{\mathrm{T}}/p_{\mathrm{L}}$，或表示为

$$\theta_{\mathrm{Lab}} \approx \frac{p'}{\gamma p'} \approx \frac{1}{\gamma} \approx \frac{M_z}{E_z} \tag{0.9}$$

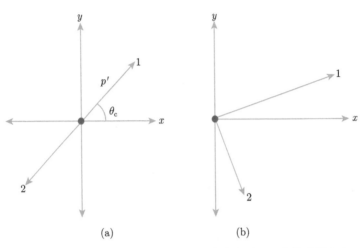

图 0.5　两体衰变在动量中心系 (a) 和实验室系 (b) 中的动量变化

例题 0-2　微分截面的理论公式一般用质心坐标系中的表述形式，为了将实验结果和理论值进行比较，需要把实验测到的微分截面转换为质心坐标系形式，求两者变换关系式。

解答　在不同的坐标系中，粒子数目是洛伦兹变换下的不变量，在实验室坐标系中微分立体角内的粒子数应等于在质心坐标系中相应的微分立体角内的粒子数，即

$$\sigma_{\mathrm{c}}\left(\theta_{\mathrm{c}}\right) \cdot \mathrm{d}\Omega_{\mathrm{c}} = \sigma_l\left(\theta_l\right) \cdot \mathrm{d}\Omega_l \tag{0.10}$$

其中，$\sigma_{\mathrm{c}}\left(\theta_{\mathrm{c}}\right)$ 和 $\sigma_l\left(\theta_l\right)$ 分别是质心坐标系和实验室坐标系中的微分截面；σ_{c} 和 σ_l 分别表示在质心坐标系和实验室坐标系中粒子的出射角。

因为

$$\mathrm{d}\Omega_{\mathrm{c}} = 2\pi \sin\theta_{\mathrm{c}}\mathrm{d}\theta_{\mathrm{c}}, \quad \mathrm{d}\Omega_l = 2\pi \sin\theta_l\mathrm{d}\theta_l \tag{0.11}$$

所以

$$\sigma_{\mathrm{c}}\left(\theta_{\mathrm{c}}\right) \sin\theta_{\mathrm{c}}\mathrm{d}\theta_{\mathrm{c}} = \sigma_l\left(\theta_l\right) \sin\theta_l\mathrm{d}\theta_l \tag{0.12}$$

由图 0.6 给出的变量关系，可得

$$\theta_{\mathrm{c}} = \theta_l + \arcsin\left(\gamma \sin\theta_l\right) \tag{0.13}$$

$$\cos\theta_l = \frac{\gamma + \cos\theta_c}{\left(1 + \gamma^2 + 2\gamma\cos\theta_c\right)^{1/2}} \tag{0.14}$$

其中

$$\gamma = \frac{v_c}{v_b} = \left(\frac{m_a m_b}{m_A m_B}\frac{E'}{E'+Q}\right)^{1/2} \tag{0.15}$$

$$E' = \frac{m_A}{m_a + m_A}E_a \tag{0.16}$$

Q 为反应能

$$Q = E_b\left(1 + \frac{m_b}{m_B}\right) - E_a\left(1 - \frac{m_a}{m_B}\right) - \frac{2}{m_B}\sqrt{m_a m_b E_a E_b}\cos\theta_l \tag{0.17}$$

这里，m_a、m_A 分别为入射粒子和靶粒子的质量；m_b、m_B 分别为出射粒子和剩余核的质量；E_a、E_b 分别为入射粒子和出射粒子的动能。

对式 (0.14) 两边取微分得

$$\sin\theta_l\mathrm{d}\theta_l = \frac{1 + \gamma\cos\theta_c}{\left(1 + \gamma^2 + 2\gamma\cos\theta_c\right)^{3/2}}\sin\theta_c\mathrm{d}\theta_c \tag{0.18}$$

代入式 (0.12) 可得

$$\sigma_c\left(\theta_c\right) = \frac{1 + \gamma\cos\theta_c}{\left(1 + \gamma^2 + 2\gamma\cos\theta_c\right)^{3/2}}\sigma_l\left(\theta_l\right) \tag{0.19}$$

该公式即为实验室坐标系和质心坐标系的微分截面变换关系。

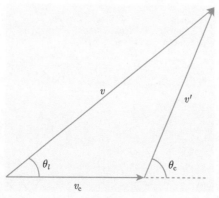

图 0.6 实验室坐标系粒子速度 v 和质心坐标系粒子速度 v' 与出射角度的关系，其中 v_c 为质心运动速度

上述物理概念和实验图像是学习本课程必备的知识。为了帮助读者更好地查阅和理解书中问题，推荐参考书和网址如下：

1. Nuclear and Particle Physics. Martin B R. WILEY Publication.

2. 核与粒子物理导论. 许咨宗. 合肥: 中国科技大学出版社.

3. The Experimental Foundation of Particle Physics. Robert Cahn & Gerson Goldhaber. Cambridge Univ. Press.

4. Particle Detectors. Claus Grupen & Boris Shwartz. Cambridge Univ. Press.

5. http://pdg.lbl.gov

6. http://inspirehep/collection/experiments

第 1 章　物质放射性与粒子性质

原子核物理研究起源于物质放射性的发现。伦琴 (W. C. Rentgen) 发现 X 射线不久，贝可勒尔 (A. H. Becquerel) 发现天然铀盐具有放射性；之后汤姆孙 (J. J. Thomson) 依据阴极射线管的实验数据分析，给出了电子的荷质比。当时人们为观察微观物质现象发展了一些实验方法，如化学分子量测量、元素周期性分析，布朗运动和热动力学。由于没有足够的实验证据，对于来自物质内部的辐射或粒子，只能被解释为物质的一种组分。同时，许多研究者开始利用衰变产生的粒子来轰击元素，进而获取物质内部结构信息。卢瑟福 (E. Lutherford) 依据 α 粒子散射实验，提出了原子有核模型，并利用 α 粒子与气体原子的人工核反应发现了质子。1932 年查德威克 (J. Chadwick) 在实验中发现的中子，以及安德逊 (C. D. Aderson) 在宇宙线中发现的正电子是粒子物理发展的重要标志。之后，原子核模型逐渐成形，大量的实验数据为描述核结构和粒子性质提供了依据。20 世纪 40 年代开始，核能技术的开发与应用有力地促进了实验核物理研究的发展。与此同时，粒子加速器和实验技术的发展使得新粒子不断被发现，伴随着各种理论研究逐步形成了粒子物理学，至 20 世纪 70~80 年代，高能物理实验出现一批重要的研究成果，在这一过程中，形成的实验方法为基础物理的研究奠定了重要基础。

本章通过对早期一些实验及物理概念的论述，加深对核辐射和粒子性质的理解。

1.1　物质放射性

物质具有放射性是一种自然属性。对物质放射性的认识源于以下几个重要实验观测 [1,2]：

1896 年，贝可勒尔发现了含铀物质具有天然放射性。他发现铀盐能发出一种辐射，使黑纸包住金属物体在照相底片上产生阴影，使带电体放电，像 X 射线一样。之后皮埃尔 (Pierre) 和玛丽·居里 (Marie Curie) 从沥青铀矿中分离出比铀放射性强得多的钋和镭成分，表明放射性并不是含铀物质所独有的。

1897 年卢瑟福发现，放射性的辐射不止一种。他把穿透本领较弱的一种称为 α 射线，把穿透本领较强的一种称为 β 射线。居里夫人根据 α 射线被物质吸收的性质判断它是物质粒子，进一步观测发现 β 射线会被磁场偏转，其荷质比与阴极射线的 e/m 相同，从而确认它是电子束。1932 年安德逊在宇宙线观测中发现正电子后，人们发现某些放射性同位素能发射正电子，而把这种正电子称为 β^+ 射线。习惯上，仍把发射的电子束称为 β 射线，只是在需要特别标明时记为 β^-。

1900 年威拉德 (P. Villard) 发现放射性物质还有第三种辐射，其穿透本领比 α 射线和 β 射线都强，并且不受磁场偏转，从而不带电，这种辐射被称为 γ 射线。由 γ 射线产生的光电子能量，判断 γ 射线的能量从几十 keV 到几 MeV；由 γ 射线的晶体衍射现象，断定它是一种电磁波，波长为 0.5~0.005Å。虽然 γ 射线与 X 射线能量有部分重叠，同样是电磁辐射，但两者的辐射机制有所不同：γ 射线只限于来自原子核能级变化产生的辐射，而 X 射线则指来自原子内部电子激发和退激发过程产生的辐射。大多数放射性物质在发射 β 射线的同时伴随着 γ 射线。

1903 年卢瑟福发现磁场能使 α 粒子偏转，并从偏转方向断定 α 粒子带正电。用 α 粒子可使静电计放电，测定所带电量是电子的两倍，而在磁场中的偏转比电子小得多，所以 α 粒子比电子重得多。1909 年，卢瑟福和罗依兹 (T. Royds) 通过光谱实验分析确认 α 粒子就是 He 原子核。图 1.1 是卢瑟福和罗依兹的实验装置。

大量实验证明物质放射性与其化学形态无关。无论是固体、气体或溶液，这种辐射强度只与其浓度成比例，它不因温度、压强、电场、磁场或化学成分而改变，所以这种辐射与原子所处的环境及其电子结构无关，是原子核自发地产生的，因此物质放射性又称为核放射性。

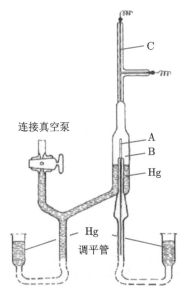

图 1.1　卢瑟福和罗依兹的实验装置：薄壁玻璃管 A 含有 α 放射性气体氡 (86 Rn-222)。几天后收集的氦原子 (在真空管 B 中被压缩到毛细管 C 中) 通过气体放电检测发现其光谱线。图中水银水平容器用于气体压缩 (Phil.Mag.17, 281, 1909)

1.1.1 核素衰变规律

质量和电荷是表征原子核的基本物理量。在原子核物理中，常用 ^{A}X 表示核素，X 为元素的化学符号，质量数 A 表示原子核的核子数。原子序数 Z 即为原子核的质子数，原子核的电荷 $Q = Ze$ (基本电荷单位 $e = 1.6 \times 10^{-19}$ C)。N 表示原子核的中子数，即 $A = Z + N$。常用符号 ^A_ZX 或 ^A_ZX$_N$ 表示不同类型的核素，质量数 A 相同的核素称为同量素或同量异位素 (isobars)；原子序数 Z 相同的核素称为同位素 (isotope)；中子数 N 相同的核素称为同中子素或同中子异位素 (isotone)。

地球上已发现的大多数核素都是不稳定的，并通过不同的方式自发衰变。稳定的核素存在于 Z-N 平面上有限的窄带上，又称为稳定带 (见图 1.2 中黑色部分)。当核素的中子数大于质子数时，将可能发生中子转变为质子衰变；当质子数较多时则发生相反的过程，即质子转换为中子。这类核素衰变称为 β 衰变，是原子核内弱相互作用的一种表现。一种宽泛的定义：如果某核素的寿命大于太阳系的年龄，则可以认为它是稳定核素。已发现的长寿命核素有 291 种，人工产生的核素约 2000 种，理论预言可能存在的核素超过 5000 种。

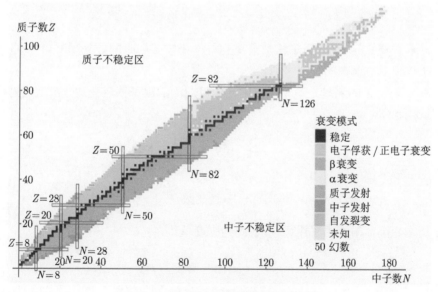

图 1.2　β 衰变与放射性核素的分布 [1]

自然界铁和镍元素的每核子结合能具有最大值，因此它们是最稳定的核素。较重的原子核由于较大的库仑斥力结合能较小。质量更大的原子核可发生裂变反应，衰变成两个或更多的轻核，显然母核的质量要大于所有子核质量和。一般两体衰变的条件如下：

$$M(A, Z) > M(A-A', Z - Z') + M(A', Z') \tag{1.1}$$

反映了衰变核素质子和中子数的变换关系。通常只有 $Z \geqslant 110$ 的重核自发裂变超过 α 衰变，如果重核可自发裂变为两个质量接近的子核。值得注意的是核素的质量数，不能反映原子核衰变概率大小。

放射性核素衰变具有自发性和随机性，并服从指数衰变规律 [3]：

$$N = N_0 \mathrm{e}^{-\lambda t} \tag{1.2}$$

式中，N 为 t 时刻样品中原子核数目；$N_0 = N(t = 0)$；λ 为衰变常数，即

$$\lambda = \frac{-\mathrm{d}N/\mathrm{d}t}{N} \tag{1.3}$$

其物理意义是单位时间原子核衰变概率，也反映原子核衰变快慢，常用平均寿命 τ 和半衰期 $T_{1/2}$ 表示：

$$T_{1/2} = \frac{\ln 2}{\lambda} = 0.693\tau \tag{1.4}$$

这里，半衰期 $T_{1/2}$ 是指原子核数衰变到一半所需要的时间；平均寿命 τ 是指每个原子核衰变前存在的时间平均值。

衰变常数 λ 的测量是基于单位时间内可观测的原子核衰变数，常用放射性活度 A 表示，即

$$A = -\frac{\mathrm{d}N}{\mathrm{d}t} = \lambda N(t) \tag{1.5}$$

其国际标准单位与定义为

$$1\,\mathrm{Bq} = 1 \text{ 衰变数/秒}$$

由于历史原因，习惯上采用居里 (Ci) 为强度单位：

$$1\mathrm{Ci} = 3.7 \times 10^{10} \text{ 衰变数/秒}$$

需要注意，实验测量的射线强度同样是随时间按指数衰减，即

$$I(t) = \lambda N_0 \mathrm{e}^{-\lambda t} = I_0 \mathrm{e}^{-\lambda t} \tag{1.6}$$

式中，$I_0 = \lambda N_0$，但与公式 (1.2) 的物理含义不同。

1.1.2 天然放射性衰变

α、β 和 γ 衰变是天然放射性核素衰变的主要形式，其各自衰变机制不同。

α 衰变是指衰变子核中含有氦原子核 ^{4}He，氦核又被称为 α 粒子。由于大部分核素 (包括重核) 内部的结合能约为 8 MeV (图 1.3)，单核子很难从核内逃逸，但是在某些情况下，由一组核子形成的束缚态具有较高结合能，存在一定逃逸概率。由于所形成的束缚态概率随核子数增大而迅速减小，故实际上最有可能的衰变是由两个质子和两个中子组成的束缚态，即 α 粒子。

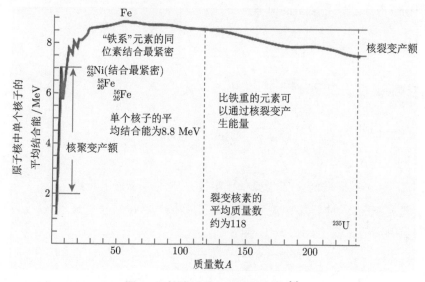

图 1.3　核素质量与平均结合能 [4]

相比两核子或三核子系统，^{4}He 原子核束缚态具有特别强的结合能，平均每核子达到 7 MeV。图 1.4 显示的是 α 粒子衰变的经典模型 (Δr 为势垒宽度、V_c

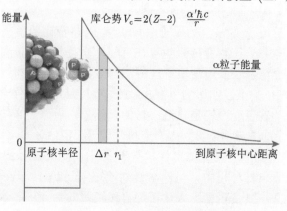

图 1.4　α 粒子衰变经典模型

为库仑势)。在核力范围外，α 粒子受到的库仑势与距离 r 成反比，可表示为

$$V_{\mathrm{c}} = 2(Z-2)\frac{\alpha'\hbar c}{r} \qquad (1.7)$$

式中，α' 是精细结构参数。在核力范围内，原子核作用的强度可用势阱深度近似表示，考虑 α 粒子能量允许其从势阱逃逸，故 α 粒子的总能量大于零。若将 α 粒子看作经典波包，并把库仑势分割为多段很薄势垒，由量子力学隧道效应可估计 α 粒子从核内穿越库仑势垒的概率 T 为

$$T \sim \mathrm{e}^{-G} \qquad (1.8)$$

其中透射系数 G 可表示为 [5]

$$G = \frac{2}{\hbar}\sqrt{2m_{\alpha}}\int_{R}^{r_1}\sqrt{|E-V|}\mathrm{d}r \approx \frac{2}{\hbar}\sqrt{2m_{\alpha}}\frac{2Ze^2}{\sqrt{E_{\alpha}}}\left(\frac{\pi}{2}-2\sqrt{\frac{R}{r_1}}\right) \qquad (1.9)$$

式中，E_{α} 为 α 粒子动能；R 为原子核半径；Z 为原子核电荷数。

实验观测的 α 粒子概率 λ 正比于原子核中产生 α 粒子的概率 k、α 粒子与库仑势垒碰撞的次数 ($\propto v_0/2R$)，即

$$\lambda = k\frac{v_0}{2R}\mathrm{e}^{-G} \qquad (1.10)$$

其中，v_0 ($\approx 0.1\,c$) 是 α 粒子在原子核中运动的平均速率，可见透射 G 因子的微小变化可以导致核素衰变寿命的巨大差异。实验证明，重核的 α 衰变寿命范围非常大，其寿命介于 10^{-9} s 和 10^{17} a 之间。

绝大多数天然 α 衰变核素的原子序数 $Z > 82$，都比铅核 ($A \approx 207$) 重。对于 $A \lesssim 140$ 的较轻核，α 衰变核素也存在可能，而且释放的能量非常小，因此相应的原子核寿命也特别长，通常很难观测。^{238}U (Uranium-238) 是一种长寿命 α 衰变核素 (图 1.5)，其半衰期达到 4.468×10^9 年。因为铀的化合物在花岗岩中较为常见，铀元素及其衰变产物是建筑石材的一部分，所以是环境辐射本底的重要来源。铀在海水中的浓度大于 3.4 μg/L，虽然较低，但估计海水中总含量达 40 亿吨。^{238}U 衰变产生另一个常见放射性核素氡 ^{222}Rn (Radon-222)，它以单原子惰性气体形式存在于自然环境中，虽然半衰期较短 (3.82 d)，但很容易被人体的肺部吸收。^{222}Rn 的 α 衰变占据了人体平均自然辐照的约 40%，因此是环境辐射防护的重要对象。

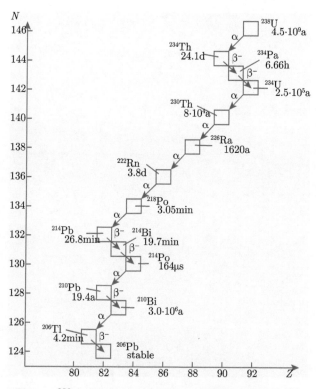

图 1.5 ^{238}U 衰变链以及相应核素半衰期和衰变方式 [4]

β 衰变是同量异位核素之间的转变过程。当原子核发生以下反应:

$$\mathrm{n} \longrightarrow \mathrm{p} + \mathrm{e}^- + \overline{\nu}_{\mathrm{e}}$$

称为 β⁻ 衰变, 例如:

$$^{101}_{42}\mathrm{Mo} \longrightarrow {}^{101}_{43}\mathrm{Tc} + \mathrm{e}^- + \overline{\nu}_{\mathrm{e}}$$

$$^{101}_{43}\mathrm{Tc} \longrightarrow {}^{101}_{44}\mathrm{Ru} + \mathrm{e}^- + \overline{\nu}_{\mathrm{e}}$$

β⁻ 衰变发生的条件为

$$M(A, Z) > M(A, Z+1) \tag{1.11}$$

式中, M 不只是原子核质量, 还包括衰变中产生的电子质量。中微子质量很小, 一般可以忽略。

当原子核发生以下反应:

$$\mathrm{p} \longrightarrow \mathrm{n} + \mathrm{e}^+ + \nu_{\mathrm{e}}$$

称为 β⁺ 衰变, 例如:

$$^{101}_{46}\mathrm{Pd} \longrightarrow {}^{101}_{45}\mathrm{Rh} + \mathrm{e}^+ + \nu_{\mathrm{e}}$$

$$^{101}_{45}\mathrm{Rh} \longrightarrow {}^{101}_{44}\mathrm{Ru} + \mathrm{e}^+ + \nu_\mathrm{e}$$

β+ 衰变发生的条件为

$$M\left(A, Z\right) > M\left(A, Z-1\right) + 2m_\mathrm{e} \tag{1.12}$$

上述衰变关系的一个显著特征是核素质量 M 与电荷数 Z 近似抛物线关系 (图 1.6).

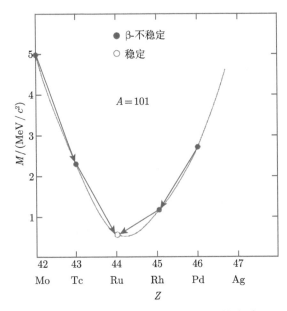

图 1.6　$A = 101$ 同量素质量与电荷数关系

与原子核 β⁺ 衰变过程竞争的是电子俘获 (EC) 过程，电子被质子俘获产生中子和中微子，即

$$\mathrm{p} + \mathrm{e}^- \longrightarrow \mathrm{n} + \nu_\mathrm{e}$$

根据能量守恒，EC 过程产生的条件为

$$M\left(A, Z\right) > M\left(A, Z-1\right) + \varepsilon \tag{1.13}$$

其中，ε 是俘获电子的壳层能量. 实验发现 EC 过程主要发生在核半径较大、电子轨道更紧密的重核. 被俘获的电子主要位于最内层 (K 层)，同时高能级的电子向下跃迁产生 KX 射线. 与 β⁺ 衰变相比，由于 EC 反应过程 Q 值要求较小，因此某些情况下禁止 β⁺ 衰变，但允许 K 俘获发生.

β 衰变的重要特征是能量分布是连续的 (图 1.7)，其能量在电子和中微子之间分配，最大值 E_max 等于衰变 Q 值. 一个问题是衰变产生的电子自旋是 1/2，如果衰变产物只有子核和电子，则不满足角动量守恒要求。为解决这一问题，泡利 (1930 年) 提出衰变过程存在第三个粒子假设，即中微子，其自旋为 1/2，质量近似为零。中微子的引入成功地解释了 β 衰变机制，但也留下了中微子产生机制问题。

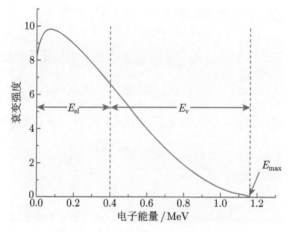

图 1.7　β 衰变的能量分布示意图

　　寿命反映了不稳定原子核衰变概率的大小。实验显示 β 衰变核素寿命 τ 介于 10^3 s 和 10^{16} a 之间。这主要依赖于反应的能量 (Q 值) 和母核、子核的性质。例如，自由中子转换为一个质子、一个电子和一个反中微子的过程中释放 0.78 MeV 能量，其寿命为 $\tau = (880.1 \pm 1.1)$s。近似估计可用下式:

$$1/\tau \propto E^5 \tag{1.14}$$

　　图 1.8 是长寿命 β 源 ^{40}K(Potassium-40) 能级图，它同时具有 β$^-$ 和 β$^+$ 衰变，以及与 β$^+$ 衰变竞争的 EC 过程。稳定的子核为 ^{40}Ar (Argon-40) 和 ^{40}Ca (Calcium-40)，具有相同质量数 A。^{40}K 是地球生态系统中一种基本元素，比如神经系统的信号传递通过交换钾离子实现。放射性 ^{40}K 占自然界钾的 0.01%，^{40}K 的衰变贡献了人体所受总自然辐射的大约 16%。^{40}K 半衰期达到 1.251×10^9 年，这一特性可用于测量地质年代。

　　通常 α 和 β 衰变后的子核处在激发状态时，从激发态跃迁至低激发态或基态，一般以 γ 辐射方式退激发。处于低激发态原子核的 γ 辐射机制可以用经典电磁辐射理论的多极子模型来描述。不同是原子核能级能量和角动量是量子化的，能量、角动量和宇称守恒决定了可能发生的跃迁概率，多极性越低，跃迁的概率越大。图 1.9 是核物理实验室常用的 ^{137}Cs (Caesium-137) 放射源衰变能级图和 γ 辐射能谱。在能级图中每个能级标明角动量、宇称、半衰期，以及辐射能量。^{137}Cs

也是核裂变及核反应过程中一种常见的裂变产物。由于半衰期很长，如果被人体吸收，因为其化学性质与钾元素相似，主要聚集在肌肉部分，而 Ba^{137m} 衰变产生的 γ 辐射会影响全身，在实验操作中需要注意。

在 γ 辐射过程中，初态 (i) 与末态 (f) 能级之间满足能量守恒，其辐射能量 E_γ 表示为

$$E_\gamma = E_i - E_f \tag{1.15}$$

式中，E_i，E_f 分别表示初态能级与末态能级能量。角动量守恒必须满足不等式：

$$|J_i - J_f| \leqslant \ell \leqslant J_i + J_f \tag{1.16}$$

其中，ℓ 为 γ 光子角动量；J_i，J_f 分别表示初态能级与末态能级角动量。

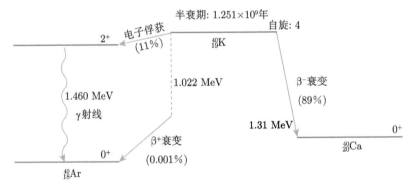

图 1.8　^{40}K 的 β 衰变。包含 β$^+$ 和 β$^-$ 衰变与电子俘获 EC (括号中是衰变分支比)。β$^+$ 衰变 (虚线) 表明产生氩原子中额外的电子需要能量 1.022 MeV，剩余部分作为正电子和中微子的动能。电子俘获形成的氩原子激发态通过发射光子回到基态

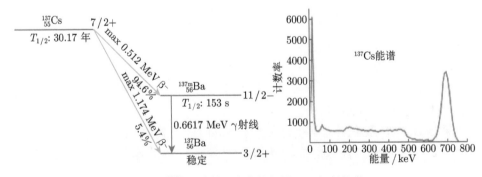

图 1.9　^{137}Cs 放射源衰变能级图和 γ 辐射能谱

考虑到电磁辐射过程宇称守恒，γ 辐射可分为两类，辐射前后原子核宇称相同称为偶宇称，辐射前后原子核宇称不同称为奇宇称。宇称奇偶性和角动量奇偶

性相同的 γ 辐射定义为电多极辐射, 反之定义为磁多极辐射. 因此, 电多极辐射的宇称表示为 $p = (-1)^{\ell}$, 磁多极辐射的宇称表示 $p = (-1)^{\ell+1}$. 电 2^{ℓ} 极辐射用 $E\ell$ 表示, 分为电偶极子、电四极子、电八极子辐射等, 用 $E1$、$E2$、$E3$ 等符号表示; 磁 2^{ℓ} 极辐射用 $M\ell$ 表示, 如 $M1$、$M2$、$M3$ 等. 表 1.1 给出了部分电磁辐射跃迁的选择定则. 磁跃迁 $M\ell$ 的概率与电跃迁 $E(\ell+1)$ 的概率接近. 通常衰变概率与能级大小也有很大关系, 例如 ℓ 多极辐射一般正比于 $E_{\gamma}^{2\ell+1}$.

表 1.1 部分电磁辐射跃迁的选择定则 [6]

多极子	电多极子			磁多极子		
	$E\ell$	$|\Delta J|$	ΔP	$M\ell$	$|\Delta J|$	ΔP
偶极子	$E1$	1	$-$	$M1$	1	$+$
四极子	$E2$	2	$+$	$M2$	2	$-$
八极子	$E3$	3	$-$	$M3$	3	$+$

原子核的退激发能量有可能转移给原子壳层内的电子, 即内转换过程. 图 1.10(a) 是 ^{203}Hg (Mercury-203) 衰变纲图, ^{203}Tl (Thallium-203) 退激发到基态发出的 γ 射线能量为 279 keV, 它包括连续 β⁻ 衰变 (最大能量 214 keV), 其内转换过程可产生 K、L 和 M 电子. 图 1.10(b) 是用磁谱仪测量的 ^{203}Hg 的电子特征能谱, 其中 ^{203}Tl 中 K 电子的结合能为 85 keV, 因此对应的 K 电子峰能量为 $279 - 85 = 194$ keV.

通常内转换过程在 γ 辐射被抑制和重核态较显著. 如果一个原子核处于 0⁺ 态, 并且所有的低能级均 0⁺ 量子数 (如 ^{16}O 和 ^{40}Ca), 那么该状态只能通过其他方式衰变, 如内转换, 双光子辐射, 或发射正负电子对 (能量允许时). 宇称守恒不允许两个 $J = 0$ 或宇称相反的能级间发生内转换.

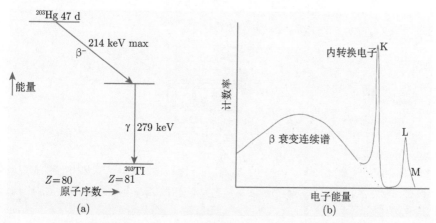

图 1.10 ^{203}Hg 衰变纲图 (a) 和电子特征能谱 (b), ^{203}Tl 激发态寿命为 2.8×10^{-10} s

原子核激发态寿命一般介于 10^{-9} s 和 10^{-15} s 之间, 对应的能级宽度小于 1 eV。对于低能且高多极辐射, 其能级具有更长的寿命, 这类核能级态被称为同质异能态, 在元素符号中用上标 m 表示, 例如 $^{137}_{56}\mathrm{Ba}^{\mathrm{m}}$ 寿命达到 2.55 m (图 1.9)。绝大多数原子核的每核子结合能约为 8 MeV, 基本上是原子核分离一个核子所需要的能量, 高于该能量的激发态也能够释放单个核子, 被释放的核子主要是中子。因为不受库仑场的阻碍, 这类强作用过程一般是由光–核作用引起的。

高于上述阈值的激发态可看作连续态, 在连续态内依然有分立的准束缚态。低于阈值的衰变是能级非常窄的 γ 辐射, 而过阈的能级态寿命急剧减小, 能级宽度变大, 能级数的密度随激发能近似指数增长, 高激发态能级出现重叠, 相同量子数的状态也开始混合。通过测量中子俘获和中子散射可有效分辨连续谱, 即使是高激发态下, 一些较窄的状态也能被鉴别, 例如一些有奇异量子数 (高自旋) 的核能级不会与相邻态混合。图 1.11 给出了典型的中子俘获和 γ 诱发中子辐射的散射截面与能级变化示意图, 以及实验观察到的较明显的共振态能谱 [5]。

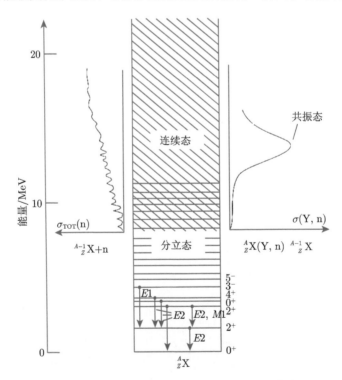

图 1.11　图中给出了典型的基态 (0^+) 的偶–偶核能级图, 原子核 $^{A-1}_{Z}\mathrm{X}$ 与中子的总反应截面 (弹性散射、非弹性散射、中子俘获); 以及 γ 诱发裂变 $^{A}_{Z}\mathrm{X} + \gamma \longrightarrow ^{A-1}_{Z}\mathrm{X} + \mathrm{n}$ 的截面示意图

1.2 原子核一般性质

1.2.1 质子与中子

原子核由质子和中子组成，原子核的性质主要取决于质子和中子的特性。

借鉴 α 粒子散射实验方法，卢瑟福用 α 粒子照射氮气和氢气，用云雾室观测粒子径迹，发现一些带正电的粒子具有反常的长射程。他判断氮原子在反应中被破坏，并释放出一种较轻粒子，与照射氢原子时发现的类似的长射程径迹比较，推断这些粒子是氢原子核，即质子。因为产物太少，不足以作化学或光谱分析，所以推测但无法断定是下述过程中的哪一个：

$$\alpha + {}_{7}^{14}\text{N} \longrightarrow {}_{1}^{1}\text{H} + {}_{2}^{4}\text{He} + {}_{6}^{13}\text{C}$$

$$\alpha + {}_{7}^{14}\text{N} \longrightarrow {}_{9}^{18}\text{F} \longrightarrow {}_{1}^{1}\text{H} + {}_{8}^{17}\text{O}$$

布拉开特 (P. M. S. Blackett) 1925 年根据实验拍了大量 α 粒子在氮气中的径迹照片 (图 1.12)[7]，发现在这些径迹中有少部分 α 粒子径迹端点分成两条，细的是质子，粗的是重核。仔细分析表明这两条径迹与原来的 α 粒子径迹共面，所以不可能还有第三个没有记录下径迹的粒子，表明 α 粒子与氮核形成复合核 ${}^{18}\text{F}$，然后发射质子而转变为 ${}^{17}\text{O}$ 原子核。至此，氢原子核被认定为原子核的基本组成部分。卢瑟福推断用更高能量的 α 粒子可以分解更多的原子核，但这已经超出了当时的技术能力。尽管如此，这是首次利用人工核反应产生质子，其方法为实验核物理研究铺平了道路。

中子也是在 α 粒子轰击原子核的实验中被发现的。卢瑟福很早就推测原子核中存在一种与质子质量相近的电中性粒子，并尝试通过粒子打在硫化锌屏上产生荧光的直接测量方法，但这种测量方法对中性粒子无效。借助于气体电离和云室技术的发展，查德威克找到了合适的测量方法，即间接探测中性粒子的方法。图 1.13 是查德威克发现中子的实验装置示意图。放射源钋 (${}^{210}\text{P}_0$) 发射的 α 粒子打到 Be 上，产生中性射线 n，经石蜡慢化并产生质子，质子与电离室气体原子 (O_2、N_2、H_2) 作用，测量这些气体原子的反冲能量，根据弹性碰撞定律推断出这一中性辐射粒子的质量与质子相近，并将其命名为 "中子"。随后他在英国自然杂志通报了自己的实验结果，文章标题是：*Possible Existence of a Neutron*[8]。

中子被发现后，海森伯 (W. Heisenberg) 和伊凡宁柯 (T. D. Ivanenko) 独自提出原子核的质子–中子模型，认为原子核是由质子和中子组成的，由核力束缚，并很快为人们接受，图 1.14(a) 是氢氦锂和氖原子中原子核和电子能级的经典玻尔模型。依据这一模型，原子内部电子处于不同的能级态，并满足泡利不相容原理。对于一个多电子体系，按照量子化的自旋 S 与角动量 L 耦合理论，可以解释实验中观测的光谱精细结构。图 1.14(b) 显示汞原子 $L\text{-}S$ 耦合形成的能级态和可能跃迁过程，其中典型的发射谱是 2537 Å($6^3\mathrm{P}_1 \to 6^1\mathrm{S}_0$)，Franck-Hertz 实验证明其对应的能量为 4.9eV。低压汞灯是早期光谱仪常用的光源之一，发射波长为 2500~5800 Å。

Blackett. Roy. Soc. Proc., A, vol. 107, Pl. 7.

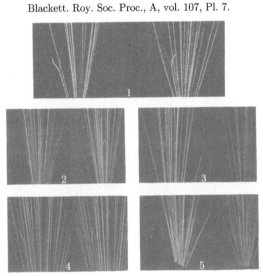

图 1.12 α 粒子在氮气中的径迹照片

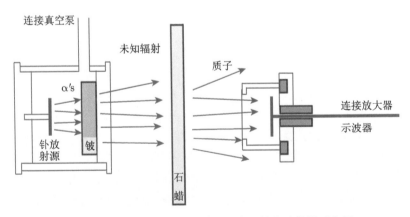

图 1.13 查德威克发现中子 (1932 年) 的实验装置示意图

基于离子源和光谱测量技术的发展，在当时许多研究者试图测定原子核中子和质子的束缚力大小。实验发现核子之间束缚能比束缚原子的电磁作用力要强得多，系统束缚能大小与核子质量差值有关 (接近 1%)，在历史上被称为质量亏损

(mass defect) 的这一重要实验现象是相对论质能关系的重要证据，对于理解核反应机制具有非常重要的意义

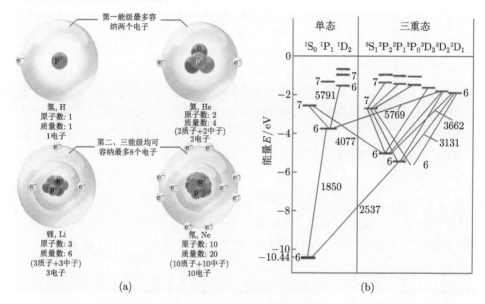

图 1.14 氢氦锂和氖原子中，原子核和电子能级的经典玻尔模型 (a)；汞原子单态 $(S = 0)$ 和三重态 $(S = 1)$ 能级和可能的跃迁 (b)

质子和中子不仅有近乎相等的质量，而且在核子相互作用中有着类似的性质，即强相互作用与它们所具有的电荷属性无关，这个性质称为核力的电荷无关性。实验上对镜像核能级及衰变谱的研究充分证明了这一特性。镜像核是指一对相同质量数原子核，其中一个核素的质子数与对应核素的中子数相同，反之亦然。图 1.15 是镜像核 $^{14}_6C_8$ 和 $^{14}_8O_6$ 的最低能级图，以 $^{14}_7N_7$ 作为参照两镜像核能级图的

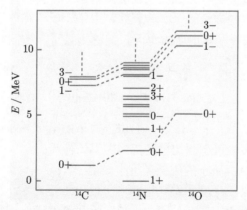

图 1.15 最稳定的三个核素 $(A = 14)$ 能级 (以 $^{14}_7N_7$ 基态作为能量参考零点)

量子数 J^P 及其能级间距非常相似，其能级平移可以用库仑势的差异来解释，${}^{14}_{6}\mathrm{C}_8$ 和 ${}^{14}_{8}\mathrm{O}_6$ 的能级同样出现在同量素 ${}^{14}_{7}\mathrm{N}_7$ 的能级图，但 ${}^{14}_{7}\mathrm{N}_7$ 的其他能级在两个邻近核中没有对应能级，据此可分辨出三重态和单重态。

1.2.2 同位旋

海森伯试图用量子力学方法描述原子核中质子和中子的作用机制，并首次提出了核力交换的理论，认为质子和中子是同一粒子的不同量子态。上述能级多重态与电磁作用中的角动量耦合与电子自旋的多重态相似，因此对于质子和中子的这种对称性也可以用类似的方式描述，从而引入同位旋概念及同位旋量子数 I (Isospin)。质子和中子被认为是 $I = 1/2$ 的同一种核子的两重态，在同位旋空间投影分量分别为

$$质子\ I_3 = +1/2, \quad 中子\ I_3 = -1/2$$

在数学形式上，同位旋和量子力学的角动量一样是矢量，例如，质子–中子对的总同位自旋只有 1 和 0 两种可能。在核物理中，同位旋第三分量可表示为

$$I_3 = \sum I_3' = \frac{Z - N}{2} \tag{1.17}$$

因此，${}^{14}_{6}\mathrm{C}_8$ 和 ${}^{14}_{8}\mathrm{O}_6$ 分别有 $I_3 = -1$ 和 $I_3 = +1$，即它们的同位旋不能小于 $|I| = 1$，相应的能级态中存在三重态。核素 ${}^{14}_{7}\mathrm{N}_7$ 的自旋 I_3 分量为 0，故该核素存在额外的 $I = 0$ 的状态。实验证明，${}^{14}_{7}\mathrm{N}_7$ 是最稳定的 $A = 14$ 核素，其基态必为同位旋单态，否则 ${}^{14}_{6}\mathrm{C}_8$ 将会存在一个类似能级态，且因为更小的库仑斥力而更加稳定。$A = 14$ 同量素是相当轻的核素，库仑势的影响并不明显。在较重的原子核中，随库仑势的影响逐渐增加，将干扰同位旋的对称性。

同位旋概念不仅在核物理研究中非常重要，在粒子物理中，夸克或夸克组成的粒子可按照同位旋分类，并组成同位旋多重态。在强相互作用过程中，系统的同位旋和第三分量总是守恒的。实验表明，中子、质子和电子一样，也是自旋为 1/2 的粒子，是组成原子核的基本单元，又称为核子。按照夸克模型，质子和中子是三夸克束缚态，可表示为

$$|p\rangle = |uud\rangle, \quad |n\rangle = |udd\rangle$$

u, d 夸克电荷分别是 $Q = 2/3e$ 和 $-1/3e$。质子的电荷 e 是电荷最小单位，中子电荷为零，并且在实验可观测的精度范围内得到检验。

按照狄拉克理论，质子的磁矩是一个核磁子 ($\mu_N = e\hbar/2m_p c$)，中子磁矩为零，但施特恩 (O. Stern) 实验结果证明中子核磁矩不为零。按照夸克模型，假设夸克磁矩与电荷成正比，$\frac{\mu_n}{\mu_p} = -2/3$，与实验观测值近似相同。实际上，夸克之

间存在的强相互作用导致原子核内的核子处于束缚态, 处在强作用环境下的核子性质不同于自由核子, 因此实验与理论必然存在一定差别。

自由质子和中子寿命相差很大, 理论预测质子寿命大于 10^{32}a, 中子寿命约为 889 s, 可通过弱作用过程衰变成质子、电子和电子反中微子。在夸克层次看, 中子转变过程可以看作一个 d 夸克转变成 u 夸克, 同时中间玻色子 W⁻ 转变为电子和电子反中微子, 而质子衰变存在 u 夸克转成 d 夸克的概率, 如图 1.16 所示。

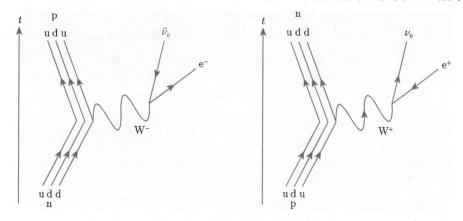

图 1.16 质子和中子衰变过程

1.2.3 电荷数和质量数

电荷和质量数是微观粒子的基本物理量。

电荷数的经典测量方法是基于原子的特征 X 射线谱测量。1913 年莫塞利 (H. Moseley) 把布拉格 (L. Bragg) 衍射的原理应用于 X 射线谱的测量, 使 X 射线谱的测量精度大大提高。他发现特定元素的 X 射线光谱中最强的短波线与元素周期表的原子序数 Z 有关。通过测量从 ¹³Al 到 ⁴⁷Ag 的 21 个元素的 K_α 双线平均波长, 以及 ⁴⁰Zr 到 ⁷⁹Au 之间 24 个元素 L_α 双线的平均波长, 得出了 K_α 和 L_α 的 X 射线频率 $f^{1/2}$ 与轻元素的原子序数之间有线性关系 [9]:

$$\sqrt{f} = k_1 \cdot (Z - k_2) \tag{1.18}$$

式中, k_1, k_2 是 X 射线壳层 (如 K, L) 有关的常数。由于原子中电子的核屏蔽效应, k_2 近似于直线截距。对于 K_α 系列, 莫塞利关系式为

$$f(K_\alpha) = (3.29 \times 10^{15}) \times \frac{3}{4} \times (Z - 1)^2 \tag{1.19}$$

其中有效电荷数为 $Z - 1$。对于 L_α 系列有

$$f(L_\alpha) = (3.29 \times 10^{15}) \times \frac{5}{36} \times (Z - 7.4)^2 \tag{1.20}$$

其中，有效电荷数为 $Z-7.4$。特征 X 射线的 $f^{1/2}$ 与原子序数 Z 之间的近似线性关系统称为 Moseley 定律。

基于特征 X 射线谱测量，历史上发现了一些新的元素。例如，元素 42 和 44 的 X 射线谱测定后，人们发现它们分离得较远，因而认为它们之间还存在元素 43。1948 年 L. E. Burkhart 等利用对元素 41、42、44 和 45 的 K_α 系列 X 射线谱定出的屏蔽常数，得到元素 43 确实存在的结论，这就是元素周期表中人工合成的元素 ^{43}Tc (Technetium-43)。锝元素存在 20 多种同位素，都是放射性核素，其中 ^{99m}Tc ($T_{1/2}=6.01$h) 化合物广泛用于放射医疗诊断。在实际应用中，常用电子、质子或同步辐射来激发原子，使用高分辨弯晶谱仪或半导体 Si (Li) 谱仪，测量获得 $Z \geqslant 80$ 的原子发射的几十 keV 的 X 射线谱的精细结构。更高能量的 X 射线可以使用 Ge(Li) 谱仪。特征 X 射线检测方法在材料分析及元素鉴定中有广泛的应用。

电子电荷是物理学最基本的物理量之一，尽管大量实验一再提高其测量精度，其数值仍然是个待解之谜 [10]。著名的密立根 (R. A. Millikan) 油滴实验 (图 1.17) 得出的结论是：电荷是量子化的，任何电荷只能是基本电荷 (电子电荷) 的整数倍。实验上根据分子束在电场中的偏转给出了质子和电子电荷差值的上限：$|e_p - e_e| \leqslant 10^{-21}e$。为什么电荷是量子化的，至今尚无答案 [11]。

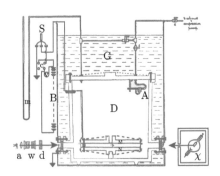

图 1.17　密立根油滴实验装置示意图和照片 [7]

1.2.4　结合能

在核反应及核能应用中，结合能是一个重要参数。大量的实验证明，当 A 个核子结合成原子核时将释放能量，或分离时吸收能量，这种能量称为结合能，通常由原子质量确定，因为后者测量精度远高于原子核质量。结合能 B 可表示为

$$B(Z, A) = [ZM_p + (A - Z) M_n - M(A, Z)] \cdot c^2 \tag{1.21}$$

其中，$M_{\mathrm{p}} = m_{\mathrm{p}} + m_{\mathrm{e}}$ 为氢原子质量 (氢原子 13.6 eV 的结合能一般可以忽略)，M_{n} 为中子质量，而 $M(A, Z)$ 则为原子质量 (原子含 Z 个电子和 A 个核子)。这里

$$M_{\mathrm{p}} = 938.272 \text{ MeV}/c^2 = 1836.153 \ m_{\mathrm{e}}$$

$$M_{\mathrm{n}} = 939.565 \text{ MeV}/c^2 = 1838.684 \ m_{\mathrm{e}}$$

$$m_{\mathrm{e}} = 0.511 \text{ MeV}/c^2$$

乘以转换系数 1.783×10^{-30} kg/(MeV/c^2) 转换为国际标准单位 (SI) 值。

通过系统地研究核反应过程能够确定原子核的结合能。例如，反应过程 ^{1}H + ^{6}Li $\longrightarrow$ ^{3}He + ^{4}He，按照能量守恒，如果知道其中三个核素的质量，且测量了所有的动能，那么就可以给出第四个核素的结合能。核反应法的优点是能够确定质谱仪无法测量的超短寿命原子核的质量。该方法的主要限制是需要知道核反应的细致过程，对于一些复杂反应过程，存在能量丢失而导致测量结果有很大偏离。

20 世纪 50 和 60 年代，利用加速器 (van de Graaff, Cyclotron, Betatron) 结合质谱仪，使得核反应法测量精度大大提高。对已测量的稳定核素的每核子结合能分析发现，除了一些轻元素 ($A < 40$)，大部分核素 ($40 < A < 120$) 的每核子结合能为 8~9 MeV，重核 ($A > 120$) 均结合能单调下降。式 (1.22) 是每核子结合能 E_{B} 半经验关系式 [12]：

$$\frac{E_{\mathrm{B}}}{A \cdot \text{MeV}} = a - \frac{b}{A^{1/3}} - \frac{cZ^2}{A^{4/3}} - \frac{d(N-Z)^2}{A^2} \pm \frac{e}{A^{7/4}} \tag{1.22}$$

其中，系数 $a = 14.0$, $b = 13.0$, $c = 0.585$, $d = 19.3$, $e = 33$。该式第一项称为饱和项，即在一级近似下每个核子的结合能对所有核是相同的；第二项与核模型的表面张力效应有关，它与位于核表面的核子数目成正比，对于轻核来说是最大的；第三项是库仑静电斥力，随 Z^2 的增加而增大；第四项是对称性修正项，在没有其他影响的情况下，最稳定的原子核是有相同数量的质子和中子，这是因为原子核中的 n-p 相互作用比 n-n 或 p-p 相互作用强；最后一项是经验参数，适用于偶–偶或奇–奇核。图 1.18 给出了每个核子结合能随核子数 (Z、N) 变化的关系。

通过对原子结合能的测定可以定出原子序数。设 $h\nu$ 是核激发态能量，则从 K 层发出的内转换电子能量为 $h\nu - B_{\mathrm{K}}$ (这里 B_{K} 为 K 电子结合能)；L 层内转换电子的能量为 $h\nu - B_{\mathrm{L}}$。当电子能谱测量具有足够的分辨率时，其内转换电子能谱的精细结构可以分为 L_{I}、L_{II} 和 L_{III} 电子能级组。如果 $h\nu$ 是已知的 (或测定)，则由所测得的相应内转换电子能谱定出相应的结合能，进而由结合能与不同元素 Z 之间的关系确定原子序数 Z 值。类似地，利用核能级跃迁所得到的内转换电子组之间的能量差也可以确定 Z 值。内转换电子能谱的测定需要专用的高分辨磁谱仪或静电电子谱仪。

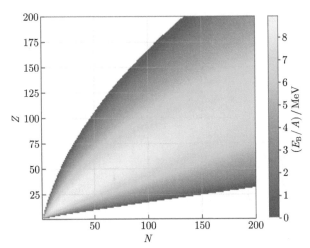

图 1.18　原子序数 $Z(y$ 轴) 和中子数 $N(x$ 轴) 与每个核子的结合能的关系

黄色表示最高值 (超过每个核子 8.5 MeV)，其中 $Z = 26$ (铁) 的数值最大

1.2.5　质谱测量

　　为精确测定原子质量以及核素结合能，20 世纪初发明的质谱仪是当时最先进的科学仪器，其工作原理是基于离子在电磁场中的运动学关系，即

$$\text{动量 } p = Mv, \quad \text{动能 } E = Mv^2/2$$

通过测量离子电荷/质量比值，进而求出核素质量。图 1.19(a) 是质谱仪测量原理示意图，它由三部分组成：① 离子源，将所研究的同位素转变成带电离子，通过电场加速和聚集系统产生离子束；② 磁偏转分离系统，将离子束按 M/q 分离成为不同的成分；③ 探测系统，将离子电流放大后，测量信号强度分布，从而计算出每种离子的丰度。

　　最有代表性的质谱仪是阿斯顿 (F. W. Aston)1919 年在研究同位素分离技术过程中发明的，又称为阿斯顿谱仪 [13]。实际上，它是基于汤姆孙测量电子荷质比实验原理，采用当时的新技术发明的一种仪器。阿斯顿谱仪采用互相垂直的电场、磁场对粒子的作用方向相反 (图 1.19(b))，调节电场或磁场使离子在加速和偏转过程的速度离散互相抵消，离子束在探测平面上的焦点分散大大减小，进而有效地提高了谱仪的分辨能力。阿斯顿谱仪测量原理如下：

　　当作用在离子上的静电力与洛伦兹力互相垂直时，离子在电场中的弯转半径 x_i 与其动能成正比：

$$x_i = k \frac{M_i v_i^2}{q_i E} = A \frac{M_i v_i^2}{q_i} \tag{1.23}$$

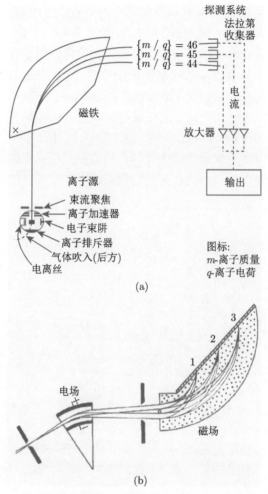

图 1.19 质谱仪测量原理示意图 (a) 和阿斯顿谱仪聚焦原理 (b)

磁场 B 中的弯转半径 z_i 则与其动量成正比:

$$z_i = k' \frac{M_i v_i}{q_i B} = A' \frac{M_i v_i}{q_i} \tag{1.24}$$

式中, $A = k/E$, $A' = k'/B$ 为仪器标定系数。联立两式求得

$$\frac{z_i^2}{x_i} = \frac{A'^2}{A} \frac{M_i}{q_i} \tag{1.25}$$

可见离子的抛物线径迹与荷/质比, 即 M/q 直接相关。如已知电荷, 采用位置灵敏探测器测得径迹参数 (x_i, z_i), 则可求得该离子对应的核素质量。

　　质谱仪在基础科学研究中的一项重要应用是测定太阳系中核素的相对丰度。数据显示地球、月球与陨石中的同位素丰度 (除少数外) 基本相同，并且与太阳系外的宇宙线测量结果相符。按照宇宙大爆炸理论推断，目前存在的氕、氘元素主要来自宇宙早期发生的氢聚变，而丰度低于 ^{56}Fe 的核素是通过恒星核聚变产生的，更重的核素则是在超重恒星 (如超新星) 的爆炸中生成的。图 1.20 是地壳中各元素的相对丰度，其中 9 种元素的质量丰度分别为：氧 46%，硅 28%，铝 8.3%，铁 5.6%，钙 4.2%，钠 2.5%，镁 2.4%，钾 2.0%，钛 0.61%[14]。时至今日，质谱仪依然广泛应用于科学研究和工农业领域，用来测量样品中的同位素质量和相对含量。质谱仪结构也可以视为现代高能物理实验中大型谱仪的一种雏形。

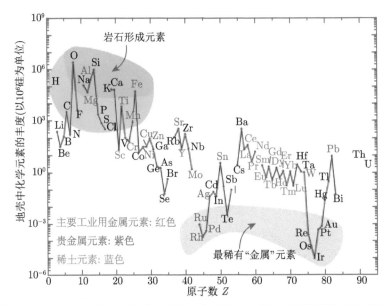

图 1.20　地壳中化学元素的丰度 (以 10^6 硅作归一化) 与原子序数 Z 的关系

绿色表示岩石形成元素，黄色代表地壳中最稀有的元素

1.3　散射实验与散射截面

　　用已知能量的粒子 (或射线) 与靶粒子 (或靶核) 作用，通过测量入射粒子与散射粒子之间运动学参数变化，可获得核反应机制和内部结构信息，是核与粒子物理实验的基本方法。散射截面是实验观测基本物理量。由于入射粒子本身具有一定大小，因此散射截面不仅反映靶核的结构也与入射粒子结构相关。由于入射粒子和靶核之间的核力存在许多未知因数，设计和采取何种实验方案，以获取精确的核与粒子内部信息，是实验方法研究的重要课题。

1.3.1 弹性散射和非弹性散射

散射实验一般可分为两大类: 弹性散射和非弹性散射。

弹性散射表示为

$$a + b \longrightarrow a' + b' \tag{1.26}$$

是指反应前后粒子基本性质不变, 但某些运动学参数发生变化, 反应前的靶粒子 b 处于基态, 反应中仅吸收反冲动量并改变其动能, 反应前后系统能量守恒。散射角与 a' 粒子的能量、偏转角与 b' 粒子的能量直接相关, 如图 1.21(a) 所示。

非弹性散射表示为

$$a + b \longrightarrow a' + b' \longrightarrow a' + (c + d) \tag{1.27}$$

在非弹性散射反应过程中, a 转移给 b 的部分动能使得后者受激跃迁到高能级 b^*。激发态回到基态时释放一个较轻的粒子 (如光子或 π 介子), 也有可能衰变为两个或更多的末态粒子, 如图 1.21(b) 所示。在核物理实验中, 仅观测粒子 a' (不包含其他反应产物), 称为单举测量 (inclusive measurement)。若探测了所有的反应产物, 则称为遍举测量 (exclusive measurement)。

在粒子束打靶实验中, 当反应前后轻子数和重子数守恒允许时, 束流总能量可完全转换用于激发靶粒子, 如图 1.21(c) 所示, 这类非弹性实验是研究粒子谱学的基础。在对撞机实验中, 高能电子、质子或重离子相互作用能量可转换产生大量粒子和次级粒子, 如图 1.21(d) 所示。

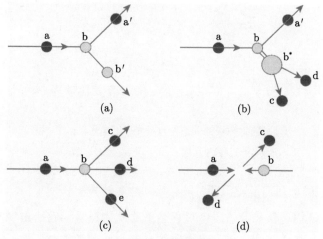

图 1.21 散射过程

(a) 弹性散射; (b) 非弹性散射, 产生的激发态衰变为两粒子; (c) 非弹性过程产生新粒子; (d) 对撞粒子束反应

(字符上的一撇表示粒子的初态和末态具有不同的动量和能量)

散射粒子的空间分布可以通过测量散射事例率与束流能量、散射角的关系给出，即通过测量产物的能量和角分布，获取入射粒子和靶粒子间相互作用的动力学特性，比如相互作用势能的形状、耦合强度等。

一个动量为 p 的粒子，对应的约化德布罗意波长 ($\lambdabar = \lambda/2\pi$) 可表示为

$$\lambdabar = \frac{\hbar}{p} = \frac{\hbar c}{\sqrt{2mc^2 E_{\text{kin}} + E_{\text{kin}}^2}} \approx \begin{cases} \hbar/\sqrt{2mE_{\text{kin}}}, & E_{\text{kin}} \ll mc^2 \\ \hbar c/E_{\text{kin}} \approx \hbar c/E, & E_{\text{kin}} \gg mc^2 \end{cases} \tag{1.28}$$

粒子动能 E_{kin}、动量 p 与约化波长 $\lambdabar$ 的关系如图 1.22 所示。靶粒子 (或靶核) 尺度 Δx 越小，则要求粒子束的能量越大。当 $\lambdabar \lesssim \Delta x$，对应的粒子动量近似为

$$p \gtrsim \frac{\hbar}{\Delta x}, \quad pc \gtrsim \frac{\hbar c}{\Delta x} \approx \frac{200 \text{ MeV} \cdot \text{fm}}{\Delta x} \tag{1.29}$$

当研究对象是原子核 (半径为 fm 量级) 时，粒子束动量必须达到 10~100 MeV/c 数量级；当测量核子组分及夸克结构时，粒子束动量要达到 GeV/c 数量级。相应的能量单位，核物理实验常用 MeV，粒子物理实验常用 GeV。

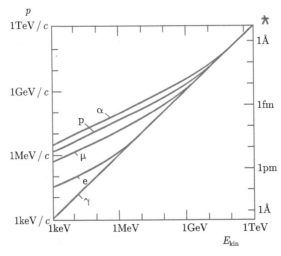

图 1.22　粒子动能、动量与约化波长的关系，包括光子、电子、μ 子、质子和 α 粒子。典型的原子直径为几埃，原子核直径为几飞米

1.3.2　散射截面和几何反应截面

散射截面是描述核和粒子反应过程最重要的物理量，它给出了两个碰撞粒子 (或核子) 相互作用的概率。散射截面常用几何反应截面表示。

设一个厚度为 t 的靶材料，其包含 N_b 个散射中心，靶粒子密度为 n_b，每一个靶粒子具有几何横截面 σ_b (图 1.23)。反应事例率 R 可表示为入射粒子通量 Φ_a

和总横截面的乘积，即

$$R = \Phi_a \cdot N_b \cdot \sigma_b \tag{1.30}$$

注意上式成立的前提是散射中心不存在重叠，且粒子仅和单个散射中心相互作用。在粒子加速器实验 (或反应堆实验) 中，当测量时间段束流均匀稳定时，其几何反应截面一般可定义为

$$\sigma_b = \frac{\text{单位时间反应次数}}{\text{单位时间粒子数} \times \text{单位面积散射中心数}}$$

因此，散射截面是量纲为几何面积的物理量，常用 barn (或 b) 表示，其换算关系如下：

$$1\ b = 10^{-28}\ m^2$$

$$1\ mb = 10^{-31}\ m^2$$

由于原子核半径是 $10^{-15} \sim 10^{-14}$ m，1 b 近似等于原子核截面积，其数值与具体的实验设计无关，而与作用机制相关。例如，能量为 10 GeV 质子对撞截面为 $\sigma_{pp}\,(10\ \text{GeV}) \approx 40$ mb；中微子–质子散射截面 $\sigma_{vp}\,(10\ \text{GeV}) \approx 7 \times 10^{-14}$ b = 70 fb。若入射束流粒子的通量和散射中心的面密度已知，相互作用截面可以根据相应的反应率确定。总的散射截面 σ_{tot} 包含弹性散射截面 σ_{el} 和非弹性散射截面 σ_{inel} 贡献，即

$$\sigma_{tot} = \sigma_{el} + \sigma_{inel} \tag{1.31}$$

在实际测量中，探测器一般只能测量部分反应粒子。假设探测器立体角为 $\Delta\Omega$、束流方向极角为 θ，方位角为 φ (图 1.24)，则探测器测量的反应事例率 R 正比于微分散射截面 $d\sigma\,(\varphi, \theta)/d\Omega$，即

$$R\,(\varphi, \theta) = \mathcal{L} \cdot \frac{d\sigma\,(\varphi, \theta)}{d\Omega} \Delta\Omega \tag{1.32}$$

式中，束流亮度 $\mathcal{L}$ 是一个实验观测量，其量纲和通量相同。实验中常用的是积分亮度，在给定反应时间内的反应事例率等于积分亮度和散射截面的乘积，例如 1 nb 散射截面和 100 pb^{-1} 积分亮度，其反应事例的期望值为 10^5。

通常实验测量的散射截面与能量和作用机制相关，例如，铀的热中子俘获反应率在很小的能量范围内存在几个数量级的差别；中微子仅参与弱相互作用，因此反应概率显著小于同为轻子的电子。实际上，有效散射面积主要由相互作用势的分布、强度和范围决定，而非粒子参与散射过程的几何形式。若探测器测量散射截面与散射粒子的能量 E' 相关，测量微分截面可表示为

$$d^2\sigma\,(E', \varphi, \theta)/d\Omega dE' \tag{1.33}$$

相应地，总散射截面 σ 是总立体角和所有散射能量的积分：

$$\sigma_{\text{tot}}(E) = \int_0^{E'_{\max}} \int_{4\pi} \frac{\mathrm{d}^2\sigma(E', \varphi, \theta)}{\mathrm{d}\Omega\mathrm{d}E'} \mathrm{d}\Omega\mathrm{d}E' \tag{1.34}$$

需要指出上述几何反应截面是指靶粒子 (或靶核) 的有效横截面积 (必要时要对入射粒子束的横截面积求卷积)，在大部分场合下非常接近实际反应截面。典型的例子是高能质子对撞散射，其几何尺度与相互作用范围相当，但在许多实际测量中，因为束流和散射中心的面密度不同 (前者通常是不均匀的)，仅仅根据几何大小很难推断出两个粒子准确的反应概率。

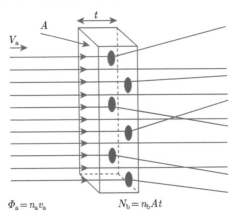

图 1.23　几何反应截面示意图

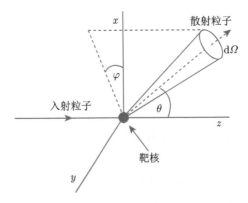

图 1.24　微分散射截面示意图

1.3.3　电子散射和卢瑟福散射

一个能量为 E 的电子与原子核 (电荷量为 Ze) 作用，其散射截面是实验物理的基本问题之一。按照现代理论，电子和原子核，核子或者夸克之间的相互作用可通过交换虚光子实现。电子与质子的相互作用也是最基本的电磁作用，其电磁相互作用耦合常数 $\alpha \approx 1/137$ 远远小于 1。电子可看作没有内部结构的点粒子，而质子有一定大小。按照量子力学的玻恩近似，入射电子和出射电子 (动量分别为 p 和 p') 的波函数 ψ_i 和 ψ_f 可分别表示为

$$\psi_i = \frac{1}{\sqrt{V}}\mathrm{e}^{\mathrm{i}px/\hbar}, \quad \psi_f = \frac{1}{\sqrt{V}}\mathrm{e}^{\mathrm{i}p'x/\hbar} \tag{1.35}$$

与散射中心相比，散射波传播空间的体积 V 足够大，其能量分布可以看作连续分布。假设单位体积电子有 n_a 个，以体积 V 作为归一化参数，满足条件：

$$\int_V |\psi_i|^2 \,\mathrm{d}V = n_a \cdot V \tag{1.36}$$

实验测量的反应事例率 R 等于散射截面 σ 和束流粒子速度 v_a 除以体积。按照波函数作用概率定义：

$$R = \sigma \cdot v_a \cdot \frac{1}{V} = \frac{2\pi}{\hbar} |\psi_f |\mathcal{H}_{int}| \psi_i|^2 \frac{\mathrm{d}n}{\mathrm{d}E_f} \tag{1.37}$$

其中，E_f 是反应末态的总能量 (含动能和静止质量)。这里忽略核反冲，质量是常数，则能量变化 $\mathrm{d}E_f = \mathrm{d}E' = \mathrm{d}E$，其动量相空间的末态密度 n 可表示为

$$\mathrm{d}n\,(|\boldsymbol{p}'|) = \frac{4\pi|\boldsymbol{p}'|^2\mathrm{d}|\boldsymbol{p}'| \cdot V}{(2\pi\hbar)^3} \tag{1.38}$$

因此在立体角 $\mathrm{d}\Omega$ 内的散射电子事例率是

$$\mathrm{d}\sigma \cdot v_a \cdot \frac{1}{V} = \frac{2\pi}{\hbar} |\langle\psi_f |\mathcal{H}_{int}| \psi_i\rangle|^2 \frac{V|\boldsymbol{p}'|^2\,\mathrm{d}|\boldsymbol{p}'|}{(2\pi\hbar)^3\,\mathrm{d}E_f}\mathrm{d}\Omega \tag{1.39}$$

对于高能电子，速度 v_a 可用光速 c 代替，$|p'| \approx E'/c$，进而有

$$\frac{\mathrm{d}\sigma}{\mathrm{d}\Omega} = \frac{V^2 E'^2}{(2\pi)^2(\hbar c)^4} |\langle\psi_f |\mathcal{H}_{int}| \psi_i\rangle|^2 \tag{1.40}$$

由此可以证明 (见习题解答) 电子散射作用矩阵元为

$$\langle\psi_f |\mathcal{H}_{int}| \psi_i\rangle = \frac{Z \cdot 4\pi\alpha\hbar^3 c}{|\boldsymbol{q}|^2 \cdot V} F(\boldsymbol{q}) \tag{1.41}$$

其中积分函数为

$$F(\boldsymbol{q}) = \int \mathrm{e}^{\mathrm{i}\boldsymbol{q}\boldsymbol{x}/\hbar} f(\boldsymbol{x})\,\mathrm{d}^3 x \tag{1.42}$$

是电荷函数 $f(x)$ 的傅里叶变换，称为电荷分布形状因子，它包含被散射物体电荷空间分布的全部信息。

散射作用规律的一个直接验证是 α 粒子散射实验。盖革和马斯登 (H. Geiger-E.Marsden) 在实验中观测到大约有 1/8000 的 α 粒子偏转大于 90°。卢瑟福在分析 α 粒子散射实验时形容 α 粒子与 Au 箔的散射 "It was as though you had fired a fifteen-inch shell at a piece of tissue paper and it had bounced back and hit you" 难以理解 [15]。对此，他在 1911 年提出了原子有核模型的假设，按照经典力学方法给出卢瑟福散射公式，之后被盖革–马斯登进一步的实验所证实。图 1.25 是 α 粒子散射实验装置和散射粒子角分布。

卢瑟福分析涉及经典轨道概念近似适用条件，如按照量子力学测不准关系式，需满足以下关系式：

$$\Delta x \cdot \Delta p < \frac{Z'Ze^2}{4\pi\varepsilon_0 v} = \frac{\hbar}{2} \tag{1.43}$$

其中，Z' 和 Z 分别表示 α 粒子和原子核电荷数；v 是 α 粒子速度。天然放射性核素发射的 α 粒子能量约为 5 MeV，恰好满足上述条件。因此，卢瑟福的经典力学分析方法对于散射实验不具备普遍意义，而 α 粒子散射实验方法对于研究微观物质结构具有更加普遍的意义。

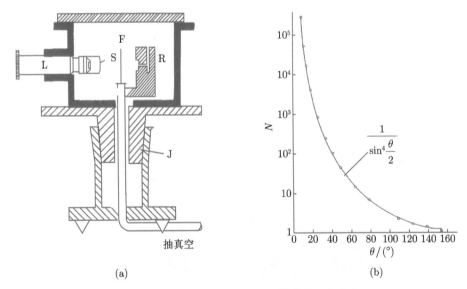

图 1.25　α 粒子散射实验装置 (a) 和散射粒子角分布 (b)

对于 α 粒子散射过程 (不考虑相对论效应)，若原子核反冲可以忽略不计，其能量 E 和动量 p 在散射前后是相同的情况下，只要散射中心 (原子核) 的半径小于 α 粒子的最接近原子核位置，散射中心的大小不影响经典力学计算结果。

按照上述分析, 如不考虑电荷的空间分布, 可用 δ 函数代替电荷分布函数, 其形状因数为 1。由电子散射公式 (1.40) 和 (1.41), 可得

$$\left(\frac{\mathrm{d}\sigma}{\mathrm{d}\Omega}\right)_{\mathrm{R}} = \frac{4Z^2\alpha^2\left(\hbar c\right)^2 E'^2}{|qc|^4} \tag{1.44}$$

可见, 微分截面正比于 $1/q^4$, 意味着对于电子散射有大动量转移的事例率非常低。因此, 实验上对 q 测量精度要求很高, 否则难以获得准确的实验结果。在卢瑟福散射模型中忽略核反冲, 电子的能量和动量大小在相互作用时是近似不变的, 即有

$$E = E', \quad |\boldsymbol{p}| = |\boldsymbol{p}'|$$

因此动量传递 q 的大小 (图 1.26(a), (b)) 为

$$|\boldsymbol{q}| = 2 \cdot |\boldsymbol{p}|\sin\frac{\theta}{2} \tag{1.45}$$

如考虑到相对论效应, $E = |p| \cdot c$, 可推得相对论的卢瑟福散射公式:

$$\left(\frac{\mathrm{d}\sigma}{\mathrm{d}\Omega}\right)_{\mathrm{R}} = \frac{Z^2\alpha^2\left(\hbar c\right)^2}{4E^2\sin^4\dfrac{\theta}{2}} \tag{1.46}$$

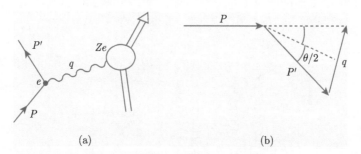

(a)   (b)

图 1.26 电子与原子核弹性散射过程 (a) 和散射过程的动量传递 q 与动量 P 关系 (b)

按照 QED 理论, 为使反应运动学的计算足够精确, 散射截面不仅要满足相对论和量子力学规律, 而且要与电子和靶核的自旋效应有关。下式是考虑电子自旋效应的 Mott 散射微分截面表达式 [16]:

$$\left(\frac{\mathrm{d}\sigma}{\mathrm{d}\Omega}\right)_{\mathrm{M}}^{*} = \left(\frac{\mathrm{d}\sigma}{\mathrm{d}\Omega}\right)_{\mathrm{R}} \cdot \left(1 - \beta^2\sin^2\frac{\theta}{2}\right) \tag{1.47}$$

其中, $\beta = \dfrac{v}{c}$; 星号表示忽略了原子核反冲。可见, 与卢瑟福微分截面相比, Mott 微分截面在大散射角时下降得更明显。在 $\beta \to 1$ 的极限情况下, 使用 $\sin^2 x + \cos^2 x =$

1，Mott 微分截面可简化为

$$\left(\frac{\mathrm{d}\sigma}{\mathrm{d}\Omega}\right)_{\mathrm{M}}^{*} = \left(\frac{\mathrm{d}\sigma}{\mathrm{d}\Omega}\right)_{\mathrm{R}} \cdot \cos^2\frac{\theta}{2} = \frac{4Z^2\alpha^2\left(\hbar c\right)^2 E'^2}{|\boldsymbol{q}c|^4}\cos^2\frac{\theta}{2} \tag{1.48}$$

1.3.4　核形状因子

在原子核或核子散射实验中，当 $|q| \to 0$ 时，Mott 微分截面与实验测量的微分截面一致；在 $|q|$ 的值较大时，测量微分截面减小，原因在于原子核电荷空间分布影响，对于球对称形状因子 (即空间各向同性) 仅依赖于动量传递 q。实验上，核形状因子的大小可通过测量的微分截面与 Mott 微分截面的比值获得：

$$\left(\frac{\mathrm{d}\sigma}{\mathrm{d}\Omega}\right)_{\mathrm{exp.}} = \left(\frac{\mathrm{d}\sigma}{\mathrm{d}\Omega}\right)_{\mathrm{M}}^{*} \cdot \left|F\left(q^2\right)\right|^2 \tag{1.49}$$

因此，测量不同角度的固定束流能量微分截面，除以计算的 Mott 截面可获得形状因子 $F(q^2)$，进而推算出原子核的质子分布密度。

核形状因子的测量可追溯到 20 世纪 50 年代初期，图 1.27 是美国斯坦福大学直线加速器上测量形状因子的实验装置图。实验测量了入射电子能量 500 MeV 以下各种原子核的微分截面。散射电子动量由磁谱仪 (由两个偶极磁铁丝室和闪烁计数器组成的探测器系统) 测量，并可以围绕靶旋转。图 1.28 给出了 ^{12}C 微分截面与散射角 θ 关系的测量结果。在大角度时微分截面的快速下降与 $1/|q|^4$ 相符，在 $\theta \approx 51°$ 或者 $|q|/\hbar \approx 2 \text{ fm}^{-1}$ 有一个极小值 [17]。

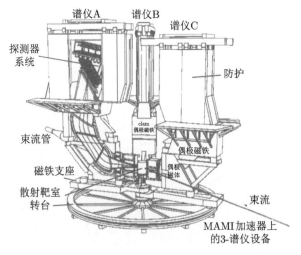

图 1.27　MAMI-B(电子回旋加速器) 电子–质子和电子–原子核散射测量的实验装置。图上显示了 3 个磁谱仪 (A，B，C)，它们可以单独探测弹性散射事例，也可联合使用探测非弹性散射事例

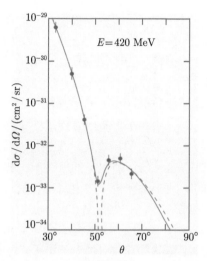

图 1.28 电子与 ^{12}C 散射实验形状因子的测量结果。在 420MeV 束流能量下，测量了 7 个不同散射角的微分截面。虚线与平面波均匀球体散射相符 (玻恩近似)。实线与拟合实验数据点相符

1.4 粒子的基本性质

1.4.1 正反粒子

1932 年安德逊 (C. D. Anderson) 发现正电子是粒子物理的重要标志，这一发现揭示了正反粒子的存在，是粒子物理对称性的重要实验依据。在这之前，物理学家狄拉克 (P. Dirac) 首先提出电子可以同时具有正电子态和负电子态，并引入狄拉克方程，下式是最初表达式 [18,19]：

$$\left(\beta mc^2 + c\left(\sum_{n=1}^{3}\alpha_n p_n\right)\right)\Psi(x,t) = \mathrm{i}\hbar\frac{\partial\Psi(x,t)}{\partial t} \tag{1.50}$$

式中，$\psi = \psi(x,t)$ 是静止质量为 m 的电子的波函数；p 是动量；c 是光速；$\hbar$ 是普朗克常数；括号部分相当于薛定谔方程中的作用算符。狄拉克提出这个方程的目的是描述相对论电子的运动。该方程中的系数 α_n 和 β 后来被解释为自旋向上和向下电子态、自旋向上和向下正电子态的叠加。

狄拉克方程结合量子力学和相对论引入了电子自旋态，以及反物质粒子-正电子，是理论物理最重要的成就之一。尽管他在最初发表的论文中没有明确地预测正电子是一个新粒子，但狄拉克方程允许具有正或负能量的粒子存在，即对于动量为 p 的粒子，可以有正负能量态：

$$E = \pm\sqrt{p^2 + m^2 c^4} \tag{1.51}$$

　　狄拉克在后续论文中对此进行了解释，提出"一个具有负能量的电子在外部场中移动，就好像它带有正电荷一样"，并进一步提出，所有的负能级态都可以被看作是充满负能量电子的"海洋"，由于泡利原理，电子不能自发跃迁到负能级态中。能量大于 $2mc^2$ 的光子可以把处于负能态的电子激发到正能态，在负能级海中产生"空穴"，这个空穴性质与负能态电子质量相同，但具有正电荷和自旋 $+1/2$。

　　狄拉克理论提出不久，安德森在实验中发现了正电子。他将云室置入一个强磁场之中，观察宇宙射线进入云室的径迹变化，通过对 1300 张径迹照片的详细分析，发现有些粒子轨迹与当时已知的电子的轨迹不一样，并根据电子穿过铅板轨迹曲率变化和偏转方向，判断这种粒子的电荷是正的，且与电子的质量近乎相等，即正电子。图 1.29 是威尔逊 (C. T. R.Wilson) 云室和观测到的第一个正电子径迹照片 [20]。威尔逊因发明云室获得 1927 年诺贝尔物理学奖。狄拉克因成功预言了正电子的存在，与薛定谔共同获得 1932 年诺贝尔物理学奖。安德森因发现正电子，与宇宙线观测创始人赫斯 (V. F. Hess) 分享了 1936 年诺贝尔物理学奖。

(a)   (b)

图 1.29　(a) 威尔逊云室照片。水在封闭的容器中蒸发到饱和点，然后降低压力，产生超饱和的空气体积。当带电粒子通过时，形成以电离为中心微小的液滴及可见电离径迹。(b) 观测到第一个正电子的照片：磁场 15000 Gs，室直径 15 cm，63 MeV 正电子穿过 6 mm 铅板，能量为 23 MeV

　　狄拉克理论模型和空穴概念形象地描述了正负电子的产生和湮灭过程，但有关相对论负能解的问题，经典理论模型是很难接受的。为此，物理学家费曼 (R. P. Feynman) 和斯坦伯格 (E. Stueckelberg) 提出了把正电子看作一种时空传播相反波的概念，重新解释了狄拉克方程的负能量解，该图像也是现代量子场理论的基础。按照量子场论，描述粒子的波函数模平方不再是观测粒子的概率，而是在一定能级态中可观测的粒子数。在波函数中可把四动量 $(E, \boldsymbol{P}) < 0$ 态看作与 $(E, \boldsymbol{P}) > 0$ 态时空传播相反的态。按照规范不变性，其波动方程中的 E 和 P 可用以下作用算符代换：

$$E \rightarrow i\hbar\frac{\partial}{\partial t} + e\varphi, \quad P \rightarrow -i\hbar\nabla + eA \tag{1.52}$$

图 1.30 给出了 8 种最基本正负电子产生和湮灭费曼图，每一个过程与电磁作用精细结构常数 α 量级相关，其大小为

$$\alpha \equiv \frac{1}{4\pi\varepsilon_0}\frac{e^2}{\hbar c} \approx \frac{1}{137} \tag{1.53}$$

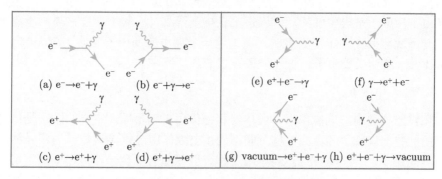

图 1.30　正负电子产生与湮灭费曼图

狄拉克在解释负能级态粒子的同时，预言了带有负电荷的质子。1955 年，物理学家塞格 (E. Segrè) 和张伯伦 (O. Chamberlain) 在劳伦斯伯克利国家实验室粒子加速器 (Bevatron, Billions of eV Synchrotron) 实验中首次证实了反质子的存在 [21]，并获得 1959 年诺贝尔物理学奖。实验利用质子加速器引出的质子束 (能量 6.2 GeV) 与固定铜靶作用，产生的反应为

$$p + p \longrightarrow p + p + p + \bar{p}$$

图 1.31 是 Bevatron 回旋加速器和反质子径迹照片。

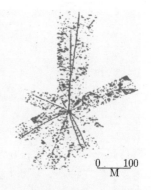

图 1.31　Bevatron 回旋加速器和反质子径迹照片

按照夸克模型，反质子由两个向上的反夸克和一个向下的反夸克组成，其质量和自旋与质子相同，只是电荷和磁矩相反。继 1955 年发现反质子后，1956 年 Bruce Cork 在 Bevatron 的质子–反质子碰撞实验中发现反中子 [22]。反中子质量和自旋与中子相同，磁矩是正的，与自旋方向相同，但重子数相反 (中子为 1，反中子为 −1)，这是因为反中子是由反夸克组成的，而中子是由夸克组成的。60 年代又相继发现一系列反超子。物理学家推测所有粒子都有对应的反粒子。有些粒子的反粒子就是它自己，这种粒子又称为 Majoranna 粒子 [23]。

由于反中子是电中性的，所以很难直接观察到。实验上通过它与物质湮灭产生的光子观测到反中子湮灭事例。理论上一个自由的反中子应该 (类似于自由中子 β 衰变) 衰变成反质子、正电子和中微子。

1.4.2　轻子和强子

在粒子物理中，电磁作用、弱作用和强作用机制不同，主要的区别是传递相互作用的中间玻色子和反应过程时间不同：电磁作用过程伴随着 γ 射线，其反应特征时间在 $10^{-20} \sim 10^{-16}$ s；弱作用过程一般伴随着中微子，传递相互作用的是 $W^{+/-}$ 和 Z^0 粒子，其反应特征时间通常大于 10^{-10} s；强作用过程存在于核子之间，传递相互作用的是胶子、介子和重子，共振态产生都属于强作用范围，其反应特征时间在 $10^{-20} \sim 10^{-24}$ s 之间。

轻子 (Lepton) 是费米子，自旋 $s = 1/2$。现在已知的轻子 $(e^-，\nu_e)$，$(\mu^-，\nu_\mu)$，$(\tau^-，\nu_\tau)$ 定义轻子数为 $l = 1$，对应的反粒子 $(e^+，\bar{\nu}_e)$，$(\mu^+，\bar{\nu}_\mu)$，$(\tau^+，\bar{\nu}_\tau)$ 轻子数 $l = -1$。带电轻子具有电荷和弱荷，只参与电磁作用和弱作用，由于不带色荷，所以不参与强作用，电中性的中微子只参与弱作用，实验证明在三种相互作用过程中轻子数守恒。图 1.32 是三种轻子作用和衰变费曼图。

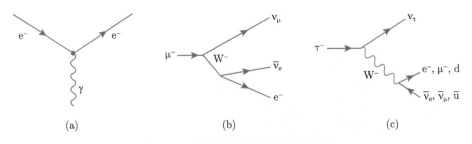

图 1.32　典型的轻子作用和衰变过程

强子 (Hadron) 由夸克组成，核子相互作用就是夸克之间的相互作用。夸克带有电、弱、色三种荷，因此强子参与电弱作用和核力相互作用。强子按自旋分为**介子 (Meson)** 和**重子 (Baryon)** 两大类：自旋为整数的介子，自旋为半整数的重子。重子的重子数 $B = 1$，反重子数 $B = -1$，介子和轻子的重子数为零。按夸克模型分类, 介子是夸克和反夸克束缚态, 重子是三夸克束缚态. 重子数在任何作用过程中守恒. 介子和重子在同位旋空间具有同位旋量子数 I 和 I_3, 在强作用过程中同位旋守恒, 在电磁作用过程中 I_3 守恒, 而在弱作用过程中 I 和 I_3 都不守恒. 此外, 基于强相互作用过程产生机制, 又规定了强子奇异量子数 S, 核子和 π 介子奇异数为 0, K 介子奇异数为 1, 其反粒子奇异量子数相反. 实验显示奇异数在电磁作用和强作用过程中不变, 在弱作用过程中 $\Delta S = 0, \pm 1$.

到目前为止, 实验上已发现的强子有数百种, 其中介子有 200 余种 (包括介子共振态), 重子有 500 余种 (包括重子共振态和反重子). 每一种强子的量子数已由实验测定. 强子具有同位旋对称性 (例如核子是同位旋二重态, 介子具有同位旋三重态). 除了这些同位旋多重态, 强子展现出更高级的对称性和严格有序的分类, 其内在性质可以用强子夸克模型解释. 理论上可以按照它们的自旋和宇称 (S^p) 分类, 例如, 对于介子:

$S^p = 0^+$ 标量介子

$S^p = 0^-$ 赝标量介子

$S^p = 1^-$ 矢量介子

$S^p = 1^+$ 轴矢量介子

$S^p = 2^+$ 张量介子

$S^p = 2^-$ 赝张量介子

在实验分析中, 一般按可观测的强子的各种量子数进行分类, 主要涉及强子的自旋、宇称、同位旋三种量子数以及奇异量子数 S, 并引入重子数 B 与奇异量子数 S 之和, 称为超荷 Y:

$$Y = S + B \tag{1.54}$$

电荷 Q 和同位旋 I_3 与 Y 之间服从简单的代数关系:

$$Q = I_3 + \frac{B + S}{2} = I_3 + \frac{Y}{2} \tag{1.55}$$

$$I_3 = I, I - 1, \cdots, -I$$

上式称为盖尔曼–西岛 (Gell-Mann-Nishijima) 关系式 [24].

对每一种强子, 由电荷数 Q 和同位旋第三分量 I_3 的数值可定出超荷量子数 Y 的数值. 对能量最低的 18 种介子和 18 种重子, 把质量相近的粒子作为一组, 按照它们的量子数 (I_3、S、Q、Y), 排列成各种强子多重态 (图 1.33 和图 1.34), 图中位于平行于 I_3 轴的横线上的强子属于同一个同位旋多重态. 对于重子 $J^p = 3/2^+$ 有 10 个共振态, $J^p = 1/2^+$ 有 8 个弱衰变 ($\tau > 10^{-10}$ s) 稳定态;

对于介子，$J^p = 0^-$ 和 $J^p = 1^-$ 两个多重态，每个多重态各有 9 个粒子。这些强子在 $Y(S) - I_3$ 两维图上的排列具有对称性，反映了强子成员内部结构的相关性。

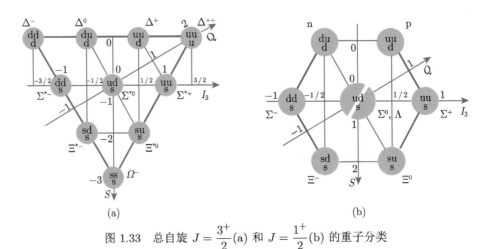

图 1.33　总自旋 $J = \dfrac{3^+}{2}$ (a) 和 $J = \dfrac{1^+}{2}$ (b) 的重子分类

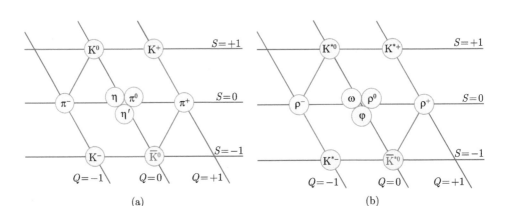

图 1.34　总自旋 $J = 0^-$(a) 赝标量介子和 $J = 1^-$(b) 矢量介子分类

1.4.3　π 和 k 介子衰变

目前已发现的粒子有几百种，在实验上可直接测量的主要是带电轻子 ($e^{\pm}$、$\mu^{\pm}$)、带电强子 ($\pi^{\pm}$、$k^{\pm}$、p)、γ 射线，其他粒子都是基于对这几种粒子的识别，通过测量各个反应事例的运动参数分析确认的。这些粒子也是实验中最常见的。

早在实验上发现 π 介子之前，1935 年汤川秀树 (H. Yukawa) 就从理论上预言存在 **π 介子 (Pion)**。他指出：既然带电粒子间的电磁相互作用是通过交换电磁场量子——光子传递的，核子间的强相互作用 (核力) 也应通过交换某种核力场量子来传递，但与光子的情况不同，这种粒子 (介子) 的质量不为零。他仿照经典电磁场理论建立核力介子场 $\varphi(\boldsymbol{r})$ 方程 [25]:

$$\nabla^2 \varphi(\boldsymbol{r}) = \frac{1}{R^2} \varphi(\boldsymbol{r}) - g\rho(\boldsymbol{r}) \tag{1.56}$$

式中，$R = \dfrac{\hbar}{m_\pi c}$ 为 π 介子的康普顿波长；g 表示电荷分布密度为 $\rho(\boldsymbol{r})$ 的作用强度。对于点电荷，这个方程的解为

$$\varphi(\boldsymbol{r}) = \frac{g}{4\pi r} \mathrm{e}^{-r/R} \tag{1.57}$$

粗略地估算，如 π 介子的康普顿波长 $R \sim 1\mathrm{fm}$ (核力作用范围)，π 介子质量约为 $100\mathrm{MeV}/c^2$。

1946~1947 年，C. F. Powell、G. Occhialini 和 D. Perkins 等用当时乳胶照相技术，在比利牛斯山脉和安第斯山脉宇宙线观测中发现了 20 个 "碎裂" 事件。他们根据带电粒子在乳胶中的射程与能损关系计算出粒子能量，进而估计 A 粒子的质量在 $100\sim300m_\mathrm{e}$，之后发表了 6 个 π 介子的事例 (其中一个径迹照片如图 1.35 所示)[26]。另一个重要的发现是 1947 年 5 月 Occhialini 等发表了一组 π-μ 衰变事例 (图 1.36)[27]，分析发现 π 衰变产生 μ 和一个没留径迹的中性粒子，估计能量约为 30 GeV，如果是 γ 射线，应该有正负电子，但实验没有发现正负电子对，最终推断可能是中微子。

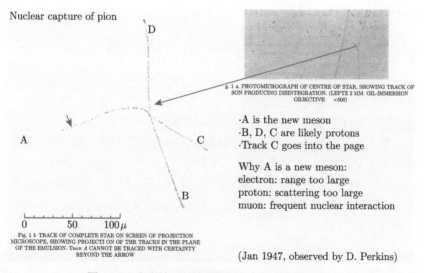

Nuclear capture of pion

D

g. 1 a. PHOTOMICROGRAPH OF CENTRE OF STAR, SHOWING TRACK OF SON PRODUCING DISINTEGRATION. (LEFTZ 2 MM. OIL-IMMERSION OBJKCTIVE.   ×500)

A

C

·A is the new meson
·B, D, C are likely protons
·Track C goes into the page

Why A is a new meson:
electron: range too large
proton: scattering too large
muon: frequent nuclear interaction

B

0   50   100 μ

Fig. 1 b. TRACE OF COMPLETE STAR ON SCREEN OF PROJECTION MICROSCOPE, SHOWING PROJECTI ON OF THR TRACKS IN THE PLANE OF THE EMULSION. Track A CANNOT BE TRACED WITH CERTAINTY REYOND THE ARROW

(Jan 1947, observed by D. Perkins)

图 1.35　宇宙线观测中发现了 π 介子事例照片

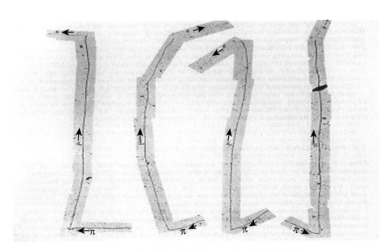

图 1.36　宇宙线观测的 π-μ 衰变事例照片

　　进一步，加速器实验证明 π 介子有三种电荷状态，分别表示为 π⁺、π⁻、π⁰。由 e-π 散射实验测量 π 介子形状因子，得出电荷分布方均根值在 0.66 fm，用同位旋 $I = 1$ 表示，可看作同位旋三重态 ($I_3 = 1$, 0, -1)。在夸克模型中 π 介子由夸克和反夸克组成，分别表示为

$$|\pi^+\rangle = |u\bar{d}\rangle, |\pi^-\rangle = |d\bar{u}\rangle, \quad |\pi^0\rangle = (|u\bar{u} - d\bar{d}\rangle)/\sqrt{2}$$

$\pi^\pm$ 介子的质量为 139.6 MeV/c^2，平均寿命为 2.6033×10^{-8} s，主要衰变模式 (分支比 0.999877) 如下：

$$\pi^+ \longrightarrow \mu^+ + \nu_\mu, \quad \pi^- \longrightarrow \mu^- + \overline{\nu_\mu}$$

　　π^0 介子是电中性介子，所以比带电的 π⁺π⁻ 粒子更难探测和观察。中性介子不会在照相乳剂 (或威尔逊云室) 中留下痕迹，从而可以推断出它的衰变产物是一种所谓的带有光子的 "软成分"。1950 年，在加利福尼亚大学回旋加速器实验中观测到 π^0 衰变为两个光子。同年晚些时候，布里斯托尔大学一个研究组在宇宙射线气球实验中观测到相同衰变事例。π^0 粒子的质量为 135.0 MeV/c^2，平均寿命为 8.4×10^{-17} s，它通过电磁作用衰变，这可以解释为什么它的平均寿命比带电 π 介子弱作用衰变的寿命小得多。π^0 的主要衰变模式为

$$\pi^0 \longrightarrow \gamma + \gamma \text{ (分支比为 0.98823)}$$

　　π 介子是最轻的强子。高能宇宙射线质子和其他强子与地球大气中的物质相互作用时产生大量 π 介子，是自然环境中 π 介子的主要来源。实验上常用高能加

速器产生质子束与靶核作用产生 π 粒子束。表 1.2 给出了 π 介子特性参数和主要衰变模式。

表 1.2 π 介子特性参数和主要衰变模式 [28]

粒子名称	粒子符号	反粒子符号	夸克组成	静止质量/(MeV/c^2)	I^G J^{PC} S C B'	平均寿命/s	主要衰变(衰变道比例 >5%)
Pion	π^+	π^-	$u\bar{d}$	139.57018 ± 0.00035	1^- 0^- 0 0 0	$(2.6033\pm0.0005)\times10^{-8}$	$\mu^+ + \nu_\mu$
Pion	π^0	Self	$\dfrac{u\bar{u}d\bar{d}}{\sqrt{2}}$	134.9766 ± 0.0006	1^- 0^{-+} 0 0 0	$(8.4\pm0.6)\times10^{-17}$	$\gamma + \gamma$

在发现 π 介子的同时，曼彻斯特大学的 G. D. Rochester 和 C. C. Butler 发表了一张宇宙射线云室照片 (图 1.37)[29]，照片中显示一个中性粒子正在衰变成 $\pi^\pm$，另一个是某种中性粒子衰变成 π^- 和质子。随后的宇宙线实验中又发现更多 V 字形事例。对这些照片的分析发现这两个中性粒子，其中一个质量大约是电子质量的 1000 倍 (后来命名 K^0)，另一个质量大约是电子质量的 2200 倍 (后来命名 Λ^0)。进一步的加速器物理实验证明其衰变过程为

$$\pi^- + p \longrightarrow K^0 + \Lambda^0$$

其中

$$K^0 \longrightarrow \pi^+ + \pi^-, \quad \Lambda^0 \longrightarrow \pi^- + p$$

分析发现 Λ^0 和 K^0 衰变时间约为 10^{-10} s，而产生时间约为 10^{-23} s，并且具有同时产生而单独衰变的特点。这两个特点用当时的理论无法解释。按照经典核理论，核作用总是产生快衰变也快，反之亦然；对于 Λ^0 和 K^0 成对产生，从能量守恒和作用机制也无法理解。对此物理学家给出的解释是：由于 π^- 与 p 作用是强相互作用，而 Λ^0 和 K^0 衰变是弱作用过程，导致衰变时间明显不同；对于 π^-p 强作用粒子成对产生问题，认为存在一种限制或守恒条件，并提出奇异量子数 S 和奇异数守恒。实验证明，在强相互作用和电磁作用过程中奇异数守恒，而弱作用过程中奇异数可以不守恒。对于上述反应过程，初态 π^-p 不是奇异粒子 ($S = 0$)，末态 K^0 和 Λ^0 的奇异数分别是 1 和 -1，总的奇异数为零。因而解释了不可能有单个奇异粒子产生的问题。

在粒子物理学中 K 介子 (包括超子) 统称为奇异粒子。在夸克模型中，它们被认为是奇异夸克与上或下夸克的束缚态。在随后的加速器实验中又发现了多种 K 介子，包括 $K^\pm$, K^0_S, K^0_L。图 1.38 是 K^+ 介子衰变为三个 π 介子的费曼图，其中包含弱相互作用和强相互作用过程。表 1.3 给出这些 K 介子性能参数和主要衰变模式。

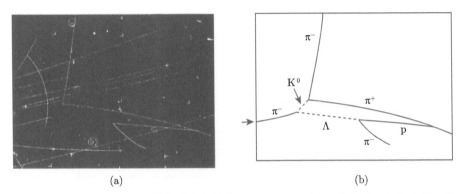

(a)   (b)

图 1.37 氢气泡室 (10 in①) 拍摄的宇宙线中 $\pi^- + p \longrightarrow K^0 + \Lambda^0$ 照片 (a) 和衰变过程
示意图 (b)

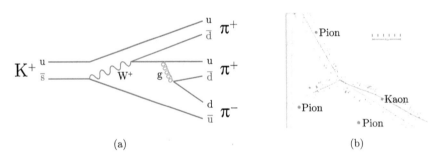

(a)   (b)

图 1.38 典型的 K^+ 介子衰变费曼图 (a) 和实验拍摄的照片 (b)

表 1.3 K 介子性能参数和主要衰变模式 [28]

粒子名称	粒子符号	反粒子符号	夸克组成	静止质量 (MeV/c^2)	I^G	J^{PC}	S	C	B'	平均寿命/s	主要衰变 (衰变道比例 >5%)
Kaon	K^+	K^-	$u\bar{s}$	493.677 ± 0.016	$\frac{1}{2}$	0^-	1	0	0	$(1.2380\pm0.0021)\times10^{-8}$	$\mu^+ + \nu_\mu$ 或 $\pi^+ + \pi^0$ 或 $\pi^+ + \pi^+ + \pi^-$ 或 $\pi^0 + \theta^+ + \nu_\theta$
Kaon	K^0	$\bar{K}^0$	$d\bar{s}$	497.611 ± 0.013	$\frac{1}{2}$	0^-	1	0	0	—	—
K-Short	K^0_S	Self	$\frac{d\bar{s}+s\bar{d}}{\sqrt{2}}$	497.611 ± 0.013	$\frac{1}{2}$	0^-	(*)	0	0	$(8.954\pm0.004)\times10^{-11}$	$\pi^+ + \pi^-$ 或 $\pi^0 + \pi^0$
K-Long	K^0_L	Self	$\frac{d\bar{s}-s\bar{d}}{\sqrt{2}}$	497.611 ± 0.013	$\frac{1}{2}$	0^-	(*)	0	0	$(5.116\pm0.021)\times10^{-8}$	$\pi^\pm + e^\mp + \nu_e$ 或 $\pi^\pm + \mu^\mp + \nu_\mu$ 或 $\pi^0 + \pi^0 + \pi^0$ 或 $\pi^+ + \pi^0 + \pi^-$

① 1 in = 0.0254 m

对 K 介子性质的研究 (如强子夸克模型和夸克混合态理论，获 2008 年诺贝尔物理学奖) 为粒子物理学标准模型的建立奠定了重要基础，特别是对基本守恒定律的深入理解，K 介子发挥了显著的作用。根据弱作用 CP 变换不变性，即宇称 P 和电荷共轭 C 联合变换物理定律不变，K_L^0 衰变到两个 π 粒子是不允许发生的，但实验中却发现了这种衰变。这是粒子物理实验中观测到的 CP 破坏极少事例之一，它包含更深刻的物理意义，对此有不同理论解释。一种理论认为 CP 破坏是导致已观测到的物质–宇宙反物质不对称现象的重要起因之一，但目前观测到的 CP 破坏实验数据尚不能解释宇宙的物质–反物质不对称。

1.4.4 共振态粒子产生

当实验观测的作用截面随能量变化曲线中出现峰值时，就可能出现核子共振态。对于稳定或相对稳定的强子 (典型寿命大于 10^{-10} s) 的夸克束缚态，主要通过弱相互作用或电磁相互作用而衰变，而许多不稳定的粒子 (典型寿命约为 10^{-23} s)，包括各种玻色子、夸克和强子及其激发态，主要通过强相互作用而衰变，称为共振态粒子。强子共振态可分为重子共振态和介子共振态两大类。

核子共振态之所以认为是一种粒子，是由于它具有粒子同样性质，这些性质包括质量、电荷、寿命等。例如，Δ(1232) 的静止质量是 1232 MeV，带有两个正电荷，其寿命为 6×10^{-24} s，反应过程可看作是

$$\pi^\pm + p \longrightarrow \Delta(1232) \longrightarrow \pi^\pm + p$$

Δ (1232) 粒子的自旋为 3/2，同位旋也是 3/2，因此常称为 (3, 3) 共振态，是最早发现的共振态粒子 [30]。

由于共振态粒子寿命很短，一般只能用间接方法探测。20 世纪 60 年代后，随着高能加速器能量和探测技术的不断提高，实验上发现了大量共振态粒子。重子共振态主要是通过 $\pi^+ p$ 和 $\pi^- p$ 实验产生的，当 π 粒子能量提高到一定程度时，有可能产生介子共振态粒子，例如：

$$\pi^+ + p \longrightarrow \rho^+ + P$$
$$\hookrightarrow \pi^0 + \pi^+$$

以及质量更大的超子共振态，例如：

$$\pi^+ + p \longrightarrow \Lambda(1405) + k^0$$
$$\hookrightarrow \Sigma^+ + \pi^-$$

除了强子–强子作用，高能正负电子同样可以产生共振态粒子。特别是高亮度正负电子加速器实验，精确测量各类共振态粒子的性质是其主要研究目标。

上述粒子共振态类似核作用共振态形成过程，有以下两种模式：

(1) 散射中先形成一个共振粒子 X，然后这个共振粒子再衰变为一个核子 (p 或 n) 和一个或几个其他粒子 (图 1.39(a))。这种过程通常称为共振形成 (resonance formation)，例如 Δ (1232) 产生模式；

(2) 散射过程中共振态粒子 (X^0) 与其他粒子 (如 n) 同时产生，然后共振粒子再衰变为其他粒子 (图 1.39(b))。这种过程称为共振产生 (resonance production)，如 ρ 介子产生模式。粒子共振态的大量发现说明构成原子核的质子、中子、介子等具有内部结构，它们不是基本粒子。

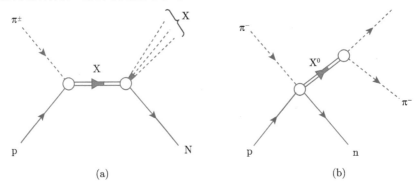

图 1.39　粒子共振态产生过程

实验测量的粒子寿命与共振峰宽度成反比，因此共振态粒子激发曲线具有明显的分布宽度。例如，带电 ρ$^+$ 介子的质量为 776 MeV/c^2，寿命约为 4.41×10^{-24} s，它的共振宽度很大，达到 149.1 MeV，这相当于该粒子静止质量的 1/5。

共振激发曲线可以用 Breit-Wigner (B-W) 公式描述。一个不稳定系统 (如 πN 散射) 共振态的波函数可以用稳态波函数乘以随时间衰减的因子表示：

$$\psi(r,t) = [\phi(r)e^{-i\omega_0 t}]e^{-t/(2\tau)} \tag{1.58}$$

其中，空间波函数 $\phi(r)$ 在 $t=0$ 时刻 (系统产生的时刻) 满足归一化 $|\phi|^2 = 1$，频率 ω_0 与系统能量 E_0 的关系为 $E_0 = \hbar\omega_0$，τ 是平均寿命。由于衰变概率 $|\psi|^2$ 服从 $e^{-t/\tau}$ 规律，上式中出现 1/2 因子。按照测不准关系 $\tau = \hbar/\Gamma$，ψ 可改写为

$$\psi(r,t) = \phi(t)\exp[-i(t/\hbar)(E_0 - i\Gamma/2)] \tag{1.59}$$

这里 $(E_0 - i\Gamma/2)$ 表示一个不稳定系统的能量。由 ψ 满足的含时波动方程：

$$H\psi = i\hbar\partial\psi/\partial t$$

可以得到 $\phi(r)$ 满足不含时的稳态方程：

$$H\phi(r) = (E_0 - i\Gamma/2)\phi(r) \tag{1.60}$$

其状态的能量本征值是 $(E_0 - i\Gamma/2)$。这种具有复数能量本征值的状态也称为准稳态 (或亚稳态)，复能量的虚部反映这个状态存在的时间或能级宽度，实部是能量平均值或中心值。

为导出共振态与能量的关系，需要对时间有关的波函数作傅里叶变换：

$$F(\omega) = \frac{1}{2\pi} \int_0^\infty \exp[-i(t/\hbar)(E_0 - i\Gamma/2)] \exp(i\omega t)]dt$$

将角频率 ω 换为 $E/\hbar$，积分得

$$\begin{aligned}
F(\omega) &= \frac{1}{2\pi} \int_0^\infty \exp\{(t/\hbar)[i(E - E_0) - \Gamma/2]\}dt \\
&= \frac{1}{2\pi} \left[\frac{\hbar \exp\{(t/\hbar)[i(E - E_0) - \Gamma/2]\}}{i(E - E_0) - \Gamma/2} \right]_0^\infty \\
&= -\frac{\hbar}{2\pi} \frac{1}{i(E - E_0) - \Gamma/2}
\end{aligned} \tag{1.61}$$

上式表明，共振态波函数的傅里叶分量在中心值 E_0 附近有一定的能量分布，每个分量的振幅与 $[i(E - E_0) - \Gamma/2]$ 成反比，强度则与 $|i(E - E_0) - \Gamma/2|^2$ 成反比。因此，一定能量的入射粒子产生共振态的截面 $\sigma(E)$ 与傅里叶分量的强度关系为

$$\sigma(E) = \frac{A}{|i(E - E_0) - \Gamma/2|^2} = \frac{A}{(E - E_0)^2 + \Gamma^2/4} \tag{1.62}$$

其中，A 为待定系数。注意 $\sigma(E)$ 只与能量差 $(E - E_0)$ 有关，所以式 (1.62) 在实验室坐标系或质心系都成立，并允许根据具体问题赋予 $(E - E_0)$ 意义。

对于形成共振的弹性散射：

$$a + b \longrightarrow X \longrightarrow a + b$$

当入射粒子能量满足 $E = E_0$ 时，由式 (1.62) 可得反应截面峰值为

$$\sigma(E) = 4A/\Gamma^2 \tag{1.63}$$

另一方面，由量子力学分波法可知，弹性散射第 l 分波的最大值为

$$\sigma_{sc}^{max} = \frac{4\pi}{k^2}(2l + 1) \tag{1.64}$$

对于纯弹性散射，这个最大值就应是式 (1.63) 的共振截面峰值，由此可得出

$$A = \frac{\pi}{k^2}(2l + 1)\Gamma^2$$

于是式 (1.62) 可写为

$$\sigma(E) = \frac{\pi}{k^2}(2l+1)\frac{\Gamma^2}{(E-E_0)^2+\Gamma^2/4} \tag{1.65}$$

上式是 Breit-Wigner 公式的最简单形式。

相对论 Breit-Wigner 公式, 由 G. Breit 和 E. Wigner(1936 年) 给出 [31]:

$$f(E) = \frac{k}{(E^2-M^2)^2+M^2\Gamma^2} \tag{1.66}$$

其中 k 是一个比例常数,

$$k = \frac{2\sqrt{2}M\Gamma\gamma}{\pi\sqrt{M^2+\gamma}}, \quad \gamma = \sqrt{M^2(M^2+\Gamma^2)}$$

该公式用自然单位 $(h=c=1)$ 表示。式中, E 是产生共振的质心系能量; M 是共振态粒子的质量; Γ 是共振宽度 (或衰变宽度), 与平均寿命 τ 有关, $\tau = 1/\Gamma$。在给定能量 E 下产生共振的概率与 $f(E)$ 成正比, 因此, 不稳定粒子的产生截面作为能量的函数, 由相对论性 Breit-Wigner 分布确定。一般来说, Γ 也可以是 E 的函数, 通常当 Γ 与 M 大小相近时, 需要考虑共振宽度的相空间相关性。

对于共振态衰变方式不只一种的过程, 设每种衰变方式的概率为 W_1, W_2, W_3, $\cdots$, 总衰变概率为 $W = W_1 + W_2 + W_3 + \cdots$。共振态衰变概率越大, 寿命越短, 其平均寿命 $\tau = 1/W$, 因此共振宽度 Γ 可表示为

$$\Gamma = \hbar/\tau = \hbar W = \sum_i \hbar W_i = \sum_i \Gamma_i \tag{1.67}$$

此处 $\Gamma_i = \hbar W_i$, 通常称为部分宽度, 它反映第 i 种衰变方式的概率。每一种衰变方式有自己的截面 σ_i, σ_i 与 Γ_i 成正比, 且有 $\sigma_i/\sigma = \Gamma_i/\Gamma$, 这里 σ 是总截面, Γ 是共振峰的能量宽度。

注意, 一个共振峰只有一个能量宽度 Γ, Γ_i 并不能理解为能量宽度 Γ 的一部分。例如, 对于具有三种衰变方式的共振态 (图 1.40), 各种衰变方式的截面 σ_1, σ_2 和 σ_3 与总截面 σ 具有相同的宽度 Γ, 而各截面大小的比值为

$$\sigma_1 : \sigma_2 : \sigma_3 : \sigma = \Gamma_1 : \Gamma_2 : \Gamma_3 : \Gamma$$

以上的讨论没有考虑粒子的自旋。在纯弹性散射情况下, 末态与初态相同。设初态两个粒子的自旋量子数分别为 S_a 和 S_b, 二体系统可能的自旋态有 $(2S_a + 1)(2S_b + 1)$ 种, 所形成的共振粒子总角动量为

$$J = S_a + S_b + L$$

对应有 $(2j + 1)$ 种可能状态。对此式 (1.65) 中的因子 $(2l + 1)$ 应更换为以下统计权重因子：

$$g_j = \frac{2j + 1}{(2S_a + 1)(2S_b + 1)} \tag{1.68}$$

如果粒子 a 和 b 都是自旋为零的粒子，$S_a = S_b = 0$，则 g_j 还原为 $(2l + 1)$，于是式 (1.65) 的一般形式为

$$\sigma_{el}(E) = \frac{\pi}{k^2} \frac{\Gamma^2}{(E - E_0)^2 + \Gamma^2/4} \frac{2j + 1}{(2S_a + 1)(2S_b + 1)} \tag{1.69}$$

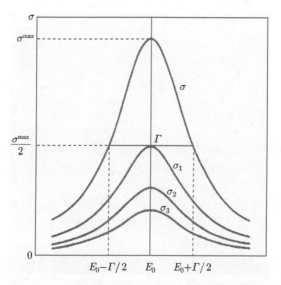

图 1.40　具有三种衰变方式的共振态曲线示意图

20 世纪 60~90 年代，基于共振散射原理和加速器技术发展，实验上先后发现几百个新粒子。精确的共振态粒子性质测量是通过正负电子对撞实验获得的。图 1.41 是正负电子对撞实验测量的质心系能量 $\sqrt{S}$ 与共振态截面 σ 关系。

以下是几个重要的实验发现。

(1) J/ψ 粒子 (1974 年)，产生模式：

$$P + P \longrightarrow J + X$$

$$\llcorner e^+ + e^-$$

$$e^+ + e^- \longrightarrow \Psi \to X$$

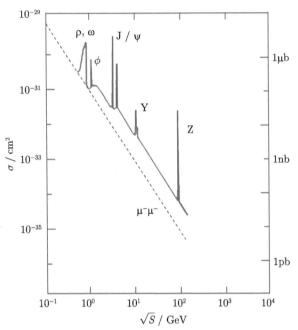

图 1.41　正负电子对撞质心系能量 $\sqrt{S}$ 与共振态截面 σ 关系

其中 μ 子对产生截面用虚线表示 [32]

J/ψ 粒子质量达到 3.1 GeV/c^2，而共振峰宽度 $\Gamma = (87 \pm 5)$ keV，寿命 7.2×10^{-21} s，比通常的介子共振态寿命长 3 个数量级；它的自旋宇称为 1^-，是由一对自旋平行粲夸克 (c$\bar{\text{c}}$) 组成的。

J/ψ 是由著名物理学家丁肇中领导的实验组，利用 AGS 的 28.5 GeV 质子束轰击固定铍靶，由精密双臂磁谱仪 (图 1.42) 测量末态粒子的能动量，发现电子和正电子的不变质量在 3.1 GeV 处有一个很明显的峰，表明存在一种新粒子 [33]。由 Burton Richter 领导的科研团队，在斯坦福 (SPEAR) 正负电子对撞实验中发现同样的现象 (二人共同获得 1976 年诺贝尔物理学奖)。

(2) τ 轻子 (1974~1977 年)，产生模式：

$$e^+ + e^- \longrightarrow \tau^+ + \tau^-$$

↳ 其他弱衰变

τ 质量达到 1.78 GeV，寿命为 29.1 ns，它与电子和 μ 子具有相同电荷和自旋，只参与电磁作用和弱作用衰变过程，是质量最大的轻子。图 1.43(b) 是 τ^- 衰变主要模式。早在 1971 年 Yung-Su Tsai 发表的一篇论文中就预言重带电粒子存在，为这一发现提供了理论依据。之后，马丁·刘易斯·佩尔 (M. L. Per) 领导的实验组在斯坦福直线加速器 (Stanford linear accelerator center, SLAC) 上进行了一系列实验, 他们利用 SLAC 当时的新建正负电子非对称环 (Stanford positron electron asymmetric rings, SPEAR) 和 LBL 磁谱仪, 用于探测和区分轻子、强子和光子。实验中没有直接探测到 τ, 而是发现了 64 个 $e^+ + e^- \longrightarrow e^\pm + \mu^\mp$ 衰变事例, 至少有两个从来未被探测到的粒子, 并推测这个事件可能是一种新粒子对的衰变过程 (图 1.43)[34], 即

$$e^+ + e^- \longrightarrow \tau^+ + \tau^- \longrightarrow e^\pm + \mu^\mp + 4\nu$$

随后, 在 DESY 双臂谱仪 (double arm spectrometer, DASP) 和 SLAC 直接电子计数器 (direct electron counter, DELCO) 完成了 τ 的质量和自旋精确测量 (符号 τ 来自希腊语 Triton, 意思是英语中的 "第三")。τ 被认为是第三代带电轻子。马丁·刘易斯·佩尔与弗雷德里克·雷恩斯 (F. Reines) 分享了 1995 年诺贝尔物理学奖 (后者是因实验中发现中微子而获奖)。

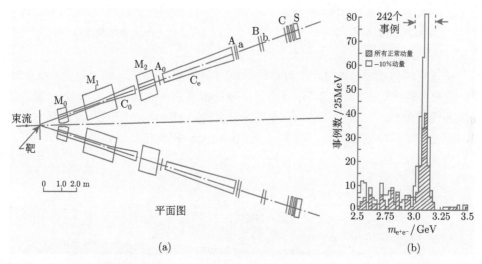

图 1.42 (a) 双臂磁谱仪, 其中 A_0、A、B 和 C 是多丝正比室, C_0、C_e 是 Cerenkov 计数器, S 是铅玻璃簇射计数器。整个系统对强子对的鉴别率 $> 1/10^8$。(b) 实验测量的 J/ψ 粒子不变质量谱

(3) Υ 粒子 (1977 年), 产生模式:

$$P + P \longrightarrow \mu^+ + \mu^- + X$$

由 Leon M. Lederman 领导的合作组, 在费米实验室质子加速器上通过对 $\mu^+\mu^-$ 衰变道的不变质量谱测量, 发现在 9.46 GeV 处存在很小的共振峰, 宽度只

有大约 0.05 GeV (图 1.44)[35]。进一步实验证明，Υ (Upsion meson) 的自旋为 1^-，其寿命为 1.21×10^{-20} s，被确认为是由一对自旋平行底夸克 (b$\bar{\text{b}}$) 组成。

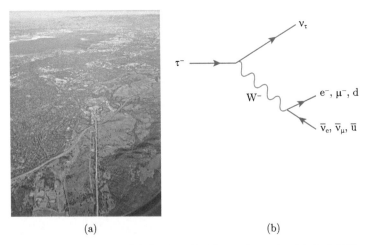

(a)　　　　　　　　　　　　　　　(b)

图 1.43　SLAC (3.2 km) 直线加速器俯视图 (a) 和 τ^- 轻子衰变费曼图 (b)

　　b 夸克的电荷是 $-1/3$，从对称性角度分析，应该存在一种电荷为 $+2/3$ 夸克，这种夸克被取名为顶 (Top) 夸克。顶夸克由于质量达到 $174\,\text{GeV}/c^2$，受当时加速器能量限制，一直到 1995 年才在费米实验室 (Femilab) 质子–反质子对撞机 (Tevatron) 实验中宣布发现。图 1.45 是 Tevatron 主环 (6.2 km) 照片和实验观测的顶夸克衰变模式。

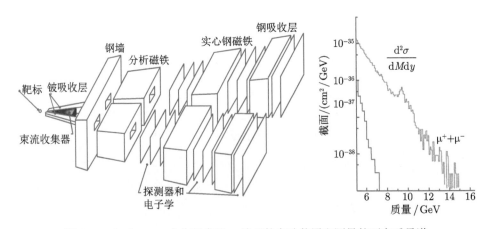

图 1.44　Lederman 合作组发现 γ 粒子的实验装置和测量的不变质量谱

图 1.45 Tevatron 主环 (6.2 km) 照片和实验上观测的顶夸克衰变模式

1.4.5 标准模型与粒子分类 [28,38]

上述各种粒子按照实验发现的时间顺序, 大体上可分为三代: 第一代是电子、光子、质子、中子、中微子、μ 子、π 介子; 第二代主要是奇异粒子、K 介子; 而共振态粒子和 τ 轻子可看作是第三代粒子。按照相互作用分类, 这些粒子可分为轻子、强子和传递相互作用的中间玻色子 (又称规范粒子), 其中 W^+, W^- 和 Z_0 玻色子 (1983 年) 是欧洲核子研究中心 (European Organization for Nuclear Research, CERN)UA1 和 UA2 两个实验组在质子反质子对撞机 (SPPS) 实验上发现的。作为传递弱作用中间玻色子: $W^\pm$ (80.4 eV), Z^0 (91.2 eV), 三个粒子的自旋为 1, W 玻色子有磁矩, 而 Z 无磁矩, 寿命都非常短, 半衰期约为 3×10^{-25} s。W 玻色子可以衰变成轻子和中微子, 也可以衰变成上夸克和下夸克, Z 玻色子可衰变成费米子及其反粒子。UA1 和 UA2 实验目标相同, 主要区别在于探测器的设计, UA1 是一种多用途探测器, 而 UA2 被优化用于检测来自 $W^{+/-}$ 和 Z^0 衰变的电子, 其特点是采用球形高粒度结构量能器 (图 1.46) 用于强子喷注的探测, 可有效分辨 $Z^0 \to e^+e^-$ 事例 [36]。

这些粒子的发现, 特别是大量共振态粒子的发现, 显示这些粒子不可能都是基本粒子。为解释它们的微观结构, 物理学家提出了基本粒子的夸克模型, 认为质子、中子与所有重子和介子, 都是由三种分数电荷的粒子组成的, 即 "夸克", 它们有三种不同的类型或 "味", 被称为上 (up)、下 (down)、奇异 (strange) 夸克。尽管夸克模型能够给 "粒子动物园" 带来某种排列秩序, 但它的地位在当时被认为只是一种简单的物理模型。一个重要的原因是实验没有发现自由夸克, 即夸克是束缚在原子核内。既然无法直接获得核子内部存在夸克结构的证据, 只能通过实验间接证明粒子内部具有类似的结构。

20 世纪 60 年代末, 在斯坦福直线加速器中心 (SLAC) 进行了一系列深度非弹性散射实验, 揭示了质子存在内部结构的证据。实验观测到质子内部点状结构,物理学家费曼把核子内部的点状带电粒子称为 "部分子"，并提出了夸克–部分子模型。按照夸克–部分子模型，在高能电子与质子散射过程中，首先通过电磁作用产生夸克对，然后通过强作用演变，并按照动量守恒要求，形成强子喷注 (图 1.47)。如果没有部分子参与中间过程，则强子角分布各个方向都有可能。20 世纪 80 年代初，一些实验观测这种喷注现象，并通过强子喷注出射方向确定部分子自旋为 1/2，这对于把部分子解释为夸克是一个重要的证据。

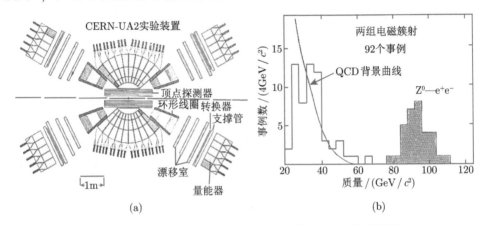

图 1.46　CERN-UA2 实验装置和测量 Z^0 玻色子不变质量谱

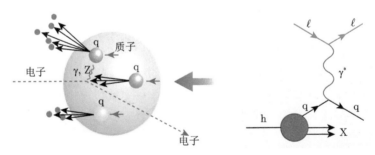

图 1.47　电子–质子深度非弹性散射示意图和轻子与强子作用部分子模型

由于夸克禁闭在强子内部，无法直接观测自由夸克，只能由已知的强子量子数间接确定夸克的量子数。例如，重子的量子数 $B = 1$，它是由三个夸克构成的，因此夸克重子数为 1/3；夸克自旋为 1/2，才能保证最轻的重子自旋是 1/2 或 3/2，以及最轻的介子自旋为 0 或 1。核子的宇称为正，要求它的 u、d 夸克的宇称亦为正。如果介子是由一对夸克–反夸克组成的，由于费米子与反费米子有相反的宇称，所以最轻的介子 (相对轨道角动量 $J = 0$ 的态) 的宇称，即夸克宇称与反夸克宇称的乘积，必为负。基于夸克模型的强子分类与实验依据量子数分类惊人地符合，证明了夸克模型的正确性，为标准模型的建立奠定了重要基础。

　　粒子物理标准模型是描述宇宙中已知的四种基本力中的三种 (电磁相互作用、弱相互作用和强相互作用，不包括引力) 的理论，并对所有已知的基本粒子进行分类。标准模型的发展是由理论和实验物理学家共同建立的。对于理论物理学家来说，标准模型是量子场论的一种规范模式，它展示了包括自发对称性破缺和非微扰行为在内的广泛的物理现象，是在大量实验发现以及证实夸克存在的基础上最后确定的。依据标准模型预测，实验上先后发现顶夸克 (1995)、τ 中微子 (2000) 和希格斯玻色子 (2012)。此外，标准模型还准确地预测了弱中性流和 W、Z 玻色子的各种性质。图 1.48 是标准模型中基本粒子分类。

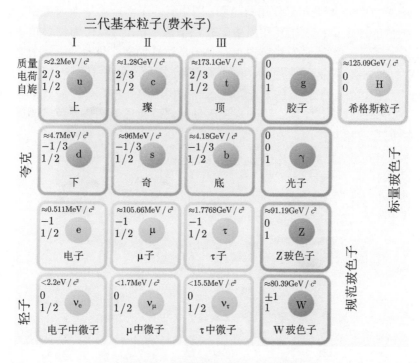

图 1.48　标准模型中基本粒子分类

　　标准模型描述的粒子间相互作用可归纳为 12 个自旋 1/2 的基本粒子 (费米子)。根据自旋统计定理，费米子遵守泡利不相容原理，每个费米子都有相应的反粒子。标准模型中的费米子是根据它们相互作用大小 (或等效于它们携带的电荷) 分类的。有六个夸克 (上、下、璨、奇、顶、底) 和六个轻子 (电子和电子中微子、μ 子和 μ 中微子、τ 子和 τ 中微子)。轻子和夸克又分三代。夸克具有色荷，并通过色荷产生强相互作用。

由于 "色禁闭" 导致夸克彼此紧密结合，形成含有夸克和反夸克 (介子) 或三个夸克 (重子)，以及色中性复合粒子 (强子)。质子和中子是质量最小的两个重子。夸克携带电荷和弱同位旋，因此，参与其他费米子相互作用，包括电磁相互作用和弱相互作用。其余六个费米子不携带色荷，称为轻子。三个中微子不带电荷，所以它们只参与弱作用，这使它们很难被探测到。然而，每一代成员的质量有明显差别，相对质量最小的第一代带电粒子是稳定粒子，因此所有普通物质都是由这种粒子构成的。另一方面，第二代和第三代带电粒子的衰变半衰期很短，只能在高能粒子加速器实验或宇宙线实验环境中观察到。三代基本粒子的质量差别，仍然是标准模型待解之谜。

在标准模型中，规范玻色子定义为传递强、弱和电磁基本相互作用的场粒子。图 1.49 给出了标准模型相互作用费曼图。图中省略了涉及希格斯玻色相互作用和中微子振荡的修正。传递相互作用中间玻色子都有自旋 (可作为物质粒子，自旋为 1)，但它们不遵循泡利不相容原理。光子是质量为零，传递带电粒子之间的电磁力；$W^{+/-}$ 和 Z^0 具有很大质量，传递具有不同 "味" 粒子 (所有夸克和轻子) 之间的弱相互作用。这三种玻色子连同光子一起构成电弱相互作用。八个胶子用于传递夸克之间的强相互作用。胶子是无质量的，可通过色荷和反色荷的组合，并且它们之间存在相互作用。

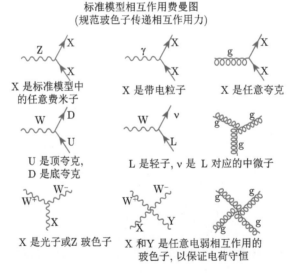

图 1.49　标准模型相互作用费曼图

标准模型中希格斯粒子是彼得·希格斯 (P. Higgs) 1964 年在证明戈德斯通 (1962 年提出) 定理："一般连续对称与自发性破缺，可提供具有质量的极化矢量场粒子" 时最先提出的，相关理论的发展涉及许多物理学家的贡献，一般称为 Brout-

Englert-Higgs 机制 [37]。希格斯 (Higgs) 粒子没有内在的自旋，归类为标量玻色子。希格斯机制解释了为什么除了光子和胶子以外的其他基本粒子具有质量，特别是希格斯玻色子解释了为什么光子没有质量，而 W 和 Z 玻色子非常重。基本粒子质量，以及电磁作用力和弱作用力之间的差异，对于理解微观物质结构是至关重要的。在电弱理论中，希格斯玻色子可产生轻子 (电子、μ 子和 τ) 和夸克的质量。由于希格斯玻色子质量非常大，在产生时几乎立即衰变，所以是实验中寻找难度最大的粒子。2012 年 7 月 4 日，CERN-LHC 的两个国际合作组 (ATLAS 和 CMS) 分别测量 Higgs 不同衰变道 (图 1.50)，独立地报告了它的存在，确定其质量约为 125 GeV/c^2 (约 133 个质子质量)[38]。

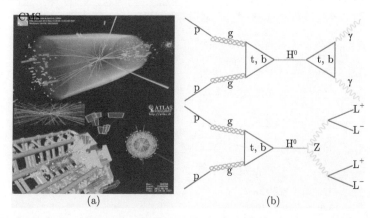

图 1.50   (a) LHC 中质子碰撞产生的希格斯玻色子事例。上图：CMS 实验和衰变为两个光子 (虚线黄线和绿塔型) 事例。下图：ATLAS 实验和衰变为四个 μ 子 (红色轨迹) 事例。(b) 希格斯玻色子 (125 GeV) 产生费曼：每个质子通过两个胶子强耦合形成希格斯场，并产生希格斯玻色子。上图：双光子道；下图：4 轻子道

标准模型中的基本粒子以及它们之间的相互作用，是核与粒子物理研究的基础，也是实验设计的出发点。实验上任何两个费米子都可以进行散射实验。在加速器物理实验中，所加速的带电粒子由质子和反质子 (u，d 夸克和反夸克) 或电子直接散射的组合，除了 μ 子加速器 (仍在研制中)。实际上，实验中更关注这些粒子如何与物质相互作用以及衰变末态粒子，这些粒子中除了轻子和光子，大部分是由夸克组成的带电强子。按照标准模型，带电强子是强相互作用夸克的束缚态，即由夸克–反夸克 (q$\bar{\text{q}}$) 对组成的介子和由三个夸克 (qqq) 组成的重子，其中 q 可以是 u，d，s，c 或 b (一般不是 t，其产生的寿命太短，不会产生介子或重子)。这些 q$\bar{\text{q}}$ 和 qqq 系统都有激发态。所有这些态衰变成强子，一般是由第一代 u，d 夸克和第二代奇异夸克组成的，这些粒子包括质子 (p) 和中子 (n)，π 介子的三个电荷态 (π^+, π^-, π^0)，K 的介子 ($\text{K}^\pm$, K^0, $\overline{\text{K}^0}$)，以及重子 Λ^0, $\Sigma^\pm$, Σ^0, Ξ^0, Ξ^- 和 Ω^-。

表 1.4 给出了实验中常见的 24 个稳定 (或寿命较长) 粒子量子数, 对应反粒子具有相同质量和自旋, 但电荷和磁矩相反, 这些粒子是实验观测和分析的基础。表 1.5 给出了微观物质相互作用强度相对值和守恒定律。目前的实验结果显示: 强作用遵守所有的守恒定律; 电磁作用中 I 不守恒 (例如 $\Sigma^0 \to \Lambda^0 + \gamma$, $\Delta I = 1$); 弱作用中 I, I_3, S, P, C, T, CP 均不守恒 (例如 $K_L^0 \to \pi^+ + \pi^-$, CP 不守恒, 但 CPT 守恒, 故也破坏了时间反演不变性)。

表 1.4   常见的稳定 (或寿命较长) 粒子 (反粒子) 的量子数

	粒子 (反粒子)	质量 /(MeV/c^2)	平均寿命/s	电荷数 (Q)	自旋 (S)	轻子数 (l_ρ)	轻子数 (l_μ)	轻子数 (l_τ)	重子数 ($\mathcal{B}$)	奇异性 ($\mathcal{S}$)
无质量玻色子	$\gamma(\gamma)$	0	稳定	0	1					
轻子	$\nu_e(\bar\nu_e)$	~ 0	稳定	0(0)	$\frac{1}{2}$	1(−1)				
	$\nu_\mu(\bar\nu_\mu)$	~ 0	稳定	0(0)	$\frac{1}{2}$		1(−1)			
	$\nu_\tau(\bar\nu_\tau)$	~ 0	稳定	0(0)	$\frac{1}{2}$			1(−1)		
	$e^-(e^+)$	0.511	稳定	−1(+1)	$\frac{1}{2}$	1(−1)				
	$\mu^-(\mu^+)$	105.7	2.2×10^{-6}	−1(+1)	$\frac{1}{2}$		1(−1)			
	$\tau^-(\tau^+)$	1777	2.9×10^{-13}	−1(+1)	$\frac{1}{2}$			1(−1)		
介子	$\pi^+(\pi^-)$	139.6	2.6×10^{-8}	+1(−1)	0					0(0)
	$\pi^0(\pi^0)$	135.0	0.8×10^{-16}	0	0					0(0)
	$\pi^-(\pi^+)$	139.6	2.6×10^{-8}	−1(+1)	0					0(0)
	$K^+(K^-)$	493.7	1.2×10^{-8}	+1(−1)	0					+1(−1)
	$K_S^0(K_S^0)$	497.7	0.89×10^{-1}	0(0)	0					+1(−1)
	$K_L^0(K_L^0)$	497.7	5.2×10^{-8}	0(0)	0					+1(−1)
	$\eta^0(\eta^0)$	548.8	$<10^{-18}$	0(0)	0					0(0)
	$\eta'(\eta')$	968.0	2.2×10^{-21}	0(0)	0					0(0)
重子	$p(p)$	938.3	稳定	+1(−1)	$\frac{1}{2}$				+1(−1)	0(0)
	$n(n)$	939.6	932	0(0)	$\frac{1}{2}$				+1(−1)	0(0)
	$\Lambda^0(\Lambda^0)$	1116	2.5×10^{-10}	0(0)	$\frac{1}{2}$				+1(−1)	−1(+1)
	$\Sigma^+(\Sigma^-)$	1189	0.8×10^{-10}	+1(−1)	$\frac{1}{2}$				+1(−1)	−1(+1)
	$\Sigma^0(\Sigma^0)$	1192	0.006×10^{-1}	0(0)	$\frac{1}{2}$				+1(−1)	−1(+1)
	$\Sigma^-(\Sigma^+)$	1197	1.5×10^{-10}	−1(+1)	$\frac{1}{2}$				+1(−1)	−1(+1)
	$\Xi^0(\Xi^0)$	1315	1.7×10^{-1}	0(0)	$\frac{1}{2}$				+1(−1)	−2(+2)
	$\Xi^-(\Xi^+)$	1321	3.0×10^{-10}	−1(+1)	$\frac{1}{2}$				+1(−1)	−2(+2)
	$\Omega^-(\Omega^+)$	1672	1.3×10^{-10}	−1(+1)	$\frac{1}{2}$				+1(−1)	−3(+3)

标准模型留下了一些无法解释的基本问题。例如，它无法完全解释重子的不对称性；没有纳入广义相对论所描述的引力理论，不能解释宇宙加速膨胀的原因及暗能量机制；不包含暗物质粒子，也不包含中微子振荡和它们的质量问题。同时，标准模型也是建立新的理论模型的基础。这些新模型包含了假设的粒子、额外维度和精细对称性 (例如超对称性)，试图解释与标准模型不一致的实验结果，例如，近年来实验陆续发现由 4 或 5 个夸克与反夸克组成的新粒子，称为奇异强子 (exotic hadron)，表明物质的实际结构比我们之前的认识要丰富得多。奇异强子是以什么样的方式存在的？如何描述它的物理性质？都是超标准模型有待解决的问题。对于实验物理学家，探索新的作用原理及观测方法，寻找新粒物质形态和形成机制，面临更多的挑战。

表 1.5 强、电磁和弱作用强度和守恒量

(a)

相互作用	耦合常数	相对强度	力程/m	典型截面/m^2	典型寿命/s
强	$g^2/\hbar c$	$1\sim10$	10^{-15}	10^{-28}	10^{-23}
电磁	$e^2/\hbar c$	$1/137$	∞	10^{-31}	10^{-16}
弱	$g_{\mathrm{w}}^2/\hbar c = G_{\mathrm{F}} m_{\mathrm{p}}^2 c/\hbar^3$	10^{-5}	10^{-18}	10^{-40}	10^{-10}
引力	$G m_{\mathrm{p}}^2/\hbar c$	10^{-39}			

注：$G_{\mathrm{F}} = 1.4 \times 10^{49}\mathrm{erg\cdot cm^3}$ 是费米耦合常数，G 是引力常数，m_{p} 是质子质量。

(b)

守恒量	E	J	P	Q	B	$L_{e/\mu}$	I	I_3	S	P	C	T	CP	G
强	√	√	√	√	√	√	√	√	√	√	√	√	√	√
电磁	√	√	√	√	√	√	×	√	√	√	√	√	√	×
弱	√	√	√	√	√	√	×	×	×	×	×	*	*	×

注：√ 表示遵守守恒定律，× 表示不遵守守恒定律，* 为某些实验中发现不遵守该守恒定律。

参 考 文 献

[1] https://en.wikipedia.org/wiki/Radioactive_decay.

[2] Fajans K. Radioactive transformations and the periodic system of the elements. Berichte der Deutschen Chemischen Gesellschaft, Nr. 46, 1913: 422-439.

[3] Patel S B. Nuclear Physics: An Introduction. New Delhi: New Age International, 2000: 62-72.

[4] Nave C R. Hyper Physics. Georgia State University, 2010.

[5] 许咨宗. 核与粒子物理导论. 合肥: 中国科学技术大学出版社, 2009.

[6] 卢希庭. 原子核物理. 北京: 原子能出版社, 2001.

[7] Blackett P M S. The ejection of protons from nitrogen nuclei, photographed by the Wilson method. Journal of the Chemical Society Transactions, Series A, 1925, 107(742): 349-360.

[8] Chadwick J. Possible existence of a neutron. Nature, 1932, 129(3252): 312.

[9] Moseley H G J. XCIII. The high frequency spectra of the elements. Philosophical Magazine, 1913, 26(156): 1024-1034.

[10] Stoney G J. The electron, or atom of electricity. Philosophical Magazine, 1894, 5(**38**): 418-420.

[11] Munowitz K M. The Nature of Physical Law. Oxford University Press, 2005.

[12] Bailey D. Semi-empirical Nuclear Mass Formula. PHY357: Strings & Binding Energy. University of Toronto, 2011.

[13] William A F. Mass-Spectra and Isotopes. London: Edward Arnold, 1933.

[14] Anderson Don L. Chemical Composition of the Mantle in Theory of the Earth. 1989: 147-175.

[15] Ernest R. The scattering of alpha and beta particles by matter and the structure of the atom. Philosophical Magazine, 1911, 21: 669.

[16] Mott N F, Massey H S W. The Theory of Atomic Collisions, Third Edition. Oxford: Oxford University Press, 1965.

[17] Hofstadter R. Nuclear and nucleon scattering of high-energy electrons, Ann.Rev.Nucl. Sci., 1957, 7: 231.

[18] Dirac P A M. The quantum theory of the electron. Proceedings of the Royal Society A., 1928, 117 (778): 610-624.

[19] Dirac P A M. Principles of Quantum Mechanics // International Series of Monographs on Physics (4th ed.). Oxford University Press, 255, ISBN 978-0-19-852011-5.

[20] Anderson C D. The positive electron. Physical Review, 1933, 43 (6): 491-494.

[21] Chamberlain O, et al. Obsevation of Antiprotons. Phys. Rev., 1955, 100: 947.

[22] Cork B, et al. Antineutrons produced antiprotons in charge-exchange collisions. Phys. Rev., 1957, 104: 1193.

[23] Ettore M. Teoria simmetrica dell'elettrone e del positrone. Il Nuovo Cimento (in Italian), 1937, 14(4): 171-184.

[24] Nakano T, Nishijima N. Charge Independence for V-particles. Progress of Theoretical Physics, 1953, 10 (5): 581.

[25] Yukawa H. On the Interaction of elementary particles. I. Proc. Phys.-Math. Soc. Jpn, 1935, 17: 48-57.

[26] Perkins D H. Nuclear disintegartion by meson capture. Nature, 1947, 159: 126.

[27] Lettes C M G, Occhialini G P S, Powell C F. Observation on the Tracks od Slow Mesons in Photographic Emulsions. Nature, 1947, 160: 453.

[28] http://pdg.lbl.gov/

[29] Rochester G D, Bulter C C. Evidence for the existence of new unstable elementary particles. Natuare, 1947, 160: 855.

[30] Ashkin J, et al. Pion proton scattering at 150 and 170 MeV. Phys.Rev., 1956, 101: 1149.

[31] Breit G, Wigner E. Capture of slow neutrons. Physical Review, 1936, 49 (7): 519.

[32] Grosse-Wiesmann P. CERN Courier, 1991, 31. 15.

[33]　Aubett J J, et al. Experimental observation of a heavy particle. J. Phys. Rev. Lett., 1974, 33: 1404.

[34]　Perl M L, et al. Evidence for anomalous lepton production in e^+e^- annihilation. Physical Review Letters, 1975, 35 (22): 1489.

[35]　Herb S W, et al. Observation of dimuon resonance 9.5 GeV in 400 GeV proton nucleus collisions. Phys. Rev. Lett., 1977, 39: 252.

[36]　UA2 Collaboration, Evidence for Z^0 - e^+e^- at the CERN p-pbar collider. Phys. Lett. B., 1983, 129B: 130.

[37]　Oerter R. The Theory of Almost Everything: The Standard Model, the Unsung Triumph of Modern Physics (2006 Kindle ed.). Penguin Group. p. 2, ISBN 978-0-13-236678-6.

[38]　https://home.cern/update/2017/07/lhc-experiments.

习　　题

1-1　物质放射性强度常用 1 g ^{226}Ra 的活度作为单位。^{226}Ra 的半衰期是 1600 年，求 1 g ^{226}Ra 放射源的活度。

1-2　放射性核素 a(衰变常数 λ_a) 衰变为核素 b (衰变常数 λ_b)。求在时间 t 之后产生核素 b 的总量。

1-3　一放射性核素：$T_{1/2} = 10^4$ 年 $= 3.15 \times 10^{11}$ 秒，经一系列衰变，最后变成稳定核素。在衰变的所有子核素中，最大半衰期是 20 年，其他子核半衰期小于 1 年。设初始时刻 $(t = 0)$ 核子数目为 10^{20}，求：

(1) $t = 0$ 该核素放射性活度。

(2) 经过多长时间，半衰期是 20 年的子核数达到平衡值的 97%？

1-4　考虑下列级联衰变：

$$^{79}_{38}\text{Sr}(2.25 \text{ min}) \rightarrow ^{79}_{37}\text{Rb}(22.9 \text{ min}) \rightarrow ^{79}_{36}\text{Kr}(35 \text{ h}) \rightarrow ^{79}_{35}\text{Br}$$

式中括号是半衰期，^{79}Br 是稳定核素。求：最初纯的 ^{79}Sr 源衰变达到 ^{79}Rb 最大丰度的时间。

1-5　^{238}U 是地球上最丰富的天然铀同位素，起源于大约 25 亿年前地球地壳的形成期，已知其半衰期是 4.5×10^9 年，推导给出：

(1) 距今为止 ^{238}U 的丰度下降的比例；

(2) ^{238}U 的比活度 (Ci/g)。

1-6　比较三种 β 衰变反应能, β-衰变 Q 值是正值, 其他两个过程是负值, 导致它们反应机制不同的直接原因是什么? 为什么核能级 0+ $\longrightarrow$ 0+ 跃迁不能通过光子辐射进行?

1-7　Cs-137 和 Co-60 是实验室常用的两种放射源, 根据跃迁选择定则, 给出它们的 β 跃迁级次和 γ 跃迁类型。已知 ^{60}Co 活度是 10Ci ($T_{1/2}$ = 5.26 年), 求该放射性核素的质量。

1-8　考虑如下放射性核素衰变:
(1) $^{44}_{22}$Ti $\longrightarrow$ $^{40}_{20}$Ca + α;
(2) $^{241}_{59}$Am $\longrightarrow$ $^{237}_{93}$Np + α;
(3) $^{141}_{55}$Cs $\longrightarrow$ $^{141}_{56}$Ba + e^{+} + ν_{e};
(4) $^{69}_{28}$Ni $\longrightarrow$ $^{69}_{29}$Cu + e^{-} + $\bar{\nu}_{e}$。
说明哪些是允许的或禁止的, 为什么?
[M_{p} = 938.272 MeV/c^2, M_{n} = 939.565 MeV/c^2, m_{e} = 0.511 MeV/c^2]

1-9　热中子 (即中子与介质处于热平衡状态) 可以诱导以下裂变反应:

$$^{235}_{92}U + n \longrightarrow ^{148}_{57}La + ^{87}_{35}Br + n$$

假设介质温度为 300 K, 估计该反应释放的能量。

1-10　氘 ($^2_1$H) 和氚 ($^3_1$H) 各具有结合能是 2.23 MeV 和 8.48 MeV, 求:
(1) 使得它们距离 1.4fm 原子核的平均动能。对应的温度是多少?
(2) 在这种热条件下, 可以发生以下反应:

$$^2_1H + ^2_1H^+ \longrightarrow ^3_1H + p$$

计算该反应释放的能量。

1-11　估算原子核密度 (单位 g/cm^3)。天体物理观测估计, 中子星密度类似于原子核的密度, 其质量约为太阳质量的数量级 (2×10^{30} kg), 计算它的半径。

1-12　由半经验质量公式, 判断核素 $^{64}_{29}$Cu 是否有 β$^-$ (衰变成 $^{64}_{30}$Zn)/或 β$^+$ 衰变 (衰变成 $^{64}_{28}$Ni)。计算发射 $e^{\pm}$ 的最大能量。

1-13　1930 年玻特 (W. Bothe) 和贝克 (H. Becker) 实验发现，当 α 粒子 ($^{210}_{84}$P$_0$, 5.3 MeV) 打在铍靶上时，产生穿透力很强的射线。居里夫人 (J. Curie) 认为这种射线能量很大，可以把质子从石蜡中打出，就像康普顿效应中光子与原子作用打出电子。如果反应过程是：

$$^{9}_{4}\text{Be}(\alpha, \gamma)^{13}_{6}\text{C}$$

实验测得 $E_{\text{p}}/E_{\text{N}} = 5.7/1.4$，求反冲质子和反冲氮核的最小光子能量。

1-14　为重复盖革和马斯登实验，实验采用一个 ^{241}Am α 源 (能量 5.5MeV)，金箔靶 ($A = 197$，$Z = 79$) 质量密度是 0.1 g/cm^2，一个有效面积为 10 cm^2 的 α 粒子探测器，距离靶 1 m。为在 10^0 和 150^0 之间测量获得截面精确值，α 计数率至少要达到 10 s^{-1}，求 α 粒子击中靶的最小强度。

1-15　能量为 180 MeV 的电子与 ^{197}Au 靶核发生弹性散射。其角分布具有典型的衍射现象，即具有多个局部极大值和极小值。假设核是一个均匀分布的硬球，其电荷分布形状因子为：

$$F(q^2) = 3\frac{\sin x - x\cos x}{x^3}$$

式中，$x = qR/\hbar$，原子核半径 $R = (1.18A^{1/3} - 0.48)$fm，求衍射极小值。

1-16　在安德逊云室实验中，能量为 63 MeV 的正电子通过 15000 G 均匀磁场，云室的直径为 15 cm，铅板厚度为 6 mm，问离开铅板时的能量损失是多少，曲率半径相对变化多少？

1-17　考虑如下反应过程：

$$\text{p} +^{7}_{3}\text{Li} \longrightarrow ^{4}_{2}\text{He} +^{4}_{2}\text{He}$$

这里，$^{4}_{2}$He 和 $^{7}_{3}$Li 束缚能分别是 28.3 MeV 和 39.3 MeV，问：该反应是放热 ($Q > 0$) 反应还是吸热反应 ($Q < 0$)？$^{7}_{3}$Li 的自旋和宇称量子数？假设靶核是静止的，计算产生该反应的阈能。已知反应末态的总角动量为零，问初态 (p, $^{7}_{3}$Li) 角动量是多少？(已知质子宇称是 "+")

1-18　自然环境中，碳元素是一种催化剂。计算：
(1) 在下述碳循环反应过程中释放的能量：

$$\begin{aligned}
&\text{p} +^{12}_{6}\text{C} \longrightarrow ^{13}_{7}\text{N} \longrightarrow ^{13}_{6}\text{C} + \text{e}^+ + \nu \\
&p +^{13}_{6}\text{C} \longrightarrow ^{14}_{7}\text{N} \\
&p +^{14}_{7}\text{N} \longrightarrow ^{15}_{8}\text{N} + \text{e}^+ + \nu \\
&P +^{15}_{8}\text{N} \longrightarrow ^{12}_{6}\text{C} +^{4}_{2}\text{He}
\end{aligned}$$

(2) 在上述循环中，每消耗 1 kg 氢释放的能量。如在碳循环中一次消耗 4×10^{26} W 功率，计算氢核消耗的速率。(作为比较，太阳的质量约为 2×10^{30} kg)。

(3) 证明质子–质子循环与碳循环的等价性。

1-19　动量为 100 MeV/c 且强度为 $I = 10$ μA 的电子束击中碳靶 (厚 1 g/cm^2)。探测器有效面积为 $S = 30$ cm^2，位于 $\theta = 15^0$，距离靶 $= 2$ m 处，计算散射电子的计数率。

1-20　考虑一个四动量为 p 的电子被一个四动量为 P 的原子核 (质量为 M) 散射 (图 1.51)。能动量守恒意味着反应前后四动量的总和是相同的，即

$$\mathrm{p} + \mathrm{P} = \mathrm{p}' + \mathrm{P}'$$

求在实验室坐标系下，当入射电子能量 $E \gg m_\mathrm{e} c^2$ 时 ($E \approx |p|\, c$) 散射电子的能量 E' 与散射角 θ 的关系式。

图 1.51　习题 1-20

1-21　根据 1.3.3 节的描述和定义，证明电子散射作用矩阵元式 (1.41)：

$$\langle \psi_\mathrm{f} | \mathcal{H}_\mathrm{int} | \psi_\mathrm{i} \rangle = \frac{Z \cdot 4\pi \alpha \hbar^3 c}{|\boldsymbol{q}|^2 \cdot V} F(\boldsymbol{q})$$

1-22　原子核大小可以用电子散射方法确定。实验通过测量电子弹性散射截面曲线，拟合得到形状因子 $F(q^2)$，从而推导出电荷分布密度 ρ 与 r (核电磁作用半径) 关系。设玻恩一级近似下：

$$F(q^2) = \int \rho(r) \mathrm{e}^{\mathrm{i} q \cdot r} \mathrm{d}^3 r$$

(1) 求微分散射截面与 $F(q^2)$ 的关系式。

(2) 电子的能量至少要达到多大？

(3) 如采用质子、中子或光子作为探针有何不同？

1-23　500 MeV 电子与铁原子核 ($A = 56$) 发生弹性散射，散射角度为 10^0，计算：动量转移大小；相应的 Mott 散射截面以及均匀电荷分布的微分截面。

1-24　阅读参考文献 [22]，说明测量反中子的实验原理。

1-25　对以下每一种反应，确定它是否被允许。如果允许，给出作用类型和 Feynman 图；如果不允许，说明原因。

$$\mu^+ \longrightarrow e^+ + \gamma$$
$$e^- \longrightarrow \nu_e + \gamma$$
$$p + p \longrightarrow \Sigma^+ + K^+$$
$$e^+ + e^- \longrightarrow \gamma$$
$$\nu_\mu + p \longrightarrow \mu^+ + n$$
$$\nu_\mu + n \longrightarrow \mu^- + p$$
$$e^+ + n \longrightarrow p + \nu_e$$
$$e^- + p \longrightarrow n + \nu_e$$
$$\pi^+ \longrightarrow \pi^0 + e^+ + \nu_e$$
$$p + \bar{p} \longrightarrow Z^0 + x$$

1-26　某正负电子对撞实验，能量 $E_{cm} = 9.5$ GeV 时，观测到以下两个反应中有一窄共振峰：

$$e^+ + e^- \longrightarrow \mu^+ + \mu^-$$
$$e^+ + e^- \longrightarrow h \text{ (强子)}$$

分析这些反应截面，得到

$$\int \sigma_{\mu\mu}(E)\mathrm{d}E = 8.5 \times 10^{-33} \text{ cm} \cdot \text{MeV}$$

$$\int \sigma_{h}(E)\mathrm{d}E = 3.3 \times 10^{31} \text{ cm} \cdot \text{MeV}$$

利用 Breit-Wigner 公式，求共振态的部分宽度 $\Gamma_{\mu\mu}$ 和 Γ_h。

1-27　高能粒子 (质量为 m_1) 与靶粒子 (质量为 m_2) 作用，产生如下反应：

$$m_1 + m_2 \longrightarrow M_1 + M_2 + \cdots + M_3$$

求反应阈动能的一般关系式。

1-28　根据表 1.4 和表 1.5 给出的粒子量子数及守恒定律，指出下列哪些反应过程是不可以发生的：

(a) 强作用：$\pi^- + p \longrightarrow \Sigma^0 + \eta^0, \pi^- + p \longrightarrow \Sigma^0 + k^0$；

(b) 弱衰变：$\Sigma^- \longrightarrow \pi^- + \eta, \Sigma^- \longrightarrow \pi^- + p$；

(c) 强作用：$p + p \longrightarrow k^+ + \Sigma^+, p + p \longrightarrow k^+ + p + \Lambda^0$；

(d) 强作用：$\pi^- + p \longrightarrow n + \gamma, \pi^- + p \longrightarrow \pi^0 + \Lambda^0$；

(e) 弱衰变：$n \longrightarrow p + e^+ + \nu_e, n \longrightarrow p + e^+ + \overline{\nu_e}$。

1-29　动量为 $p_{\bar{p}} = 1\ \text{GeV}/c$ 的反质子静止时湮没产生 K^+K^- 对 (具有相同能量)，相对于动量中心系统中的反质子 90° 方向发射 K 介子。求：

(1) 在实验室系中 K 介子的动量和角度；

(2) 为探测 K 介子，将两个气体电离室安放在上述角度方向。假设探测器厚 10 cm，气体密度 $\rho = 2\ \text{mg/cm}^3$，电离电位 $I = 15\ \text{eV}$。探测电子–离子对效率为 20%，收集效率为 30%。求每个探测器中收集的电子–离子对数。

1-30　快度是描述高能强子相互作用的物理量，定义为

$$y = \frac{1}{2} \ln \frac{E + p_{||}}{E - p_{||}}$$

其中，E 是粒子能量，$p_{||}$ 是其动量的平行分量。在 pp 对撞散射中，该分量表示动量投影到碰撞束流方向的大小。

(1) 给出在洛伦兹变换下快度与相对论速度 β 的变换关系；

(2) 计算在动量中心参考系统中的 13TeV (LHC) pp 对撞中，快度的最大值和最小值；

(3) 说明在极端相对论极限 $(E \approx P)$ 情况下，快度可以近似用赝快度表示：

$$\eta = -\ln \tan \frac{\theta}{2}$$

这里，θ 是粒子运动方位角，对应于 $(p_{||} = p \cos\theta)$；

(4) 在 LHC 实验运行中，比较 90° 和 1° 的快度和赝快度大小。

1-31　解释以下几种粒子不能存在于夸克模型中：

自旋为 1 的重子；电荷数为 +2 的反重子；电荷数为 +1 和奇异数 −1 的介子。

1-32　阅读参考文献 [36]，解释弱中性流测量以及发现 Z^0 的 UA2 实验原理。

第 2 章　辐射测量与仪器

辐射测量与仪器是实验物理的一个重要的研究领域。19 世纪末的三大发现 (X 射线、放射性和电子) 是在高压气体放电、真空技术以及光谱分析方法基础上，通过具体实验设计完成的。经过一个多世纪的发展，在信息化及工业技术快速发展的今天，以大型粒子加速器实验为代表的实验技术不仅在物理研究中，而且在其他领域有广泛的应用。

在第 1 章物理概念与图像基础上，本章将对有关辐射测量与仪器内容作简要的概述，通过一些典型的辐射测量方法的论述，使初学者能够对实验核与粒子物理的特点有一个比较深入的理解。由于这方面的内容非常丰富，涉及辐射探测机制、探测器技术、核电子学以及信号分析与处理等，并需要大量实际操作和长期积累，所以作为本专业学习的一个难点，希望引起重视。

2.1　辐射与物质作用

辐射 (或粒子) 测量取决于它们与物质的相互作用机制。图 2.1 是典型的电子与物质作用能损和光子作用截面示意图：对于电子，主要是电离–激发，轫致辐射，以及切连科夫效应；对于光子，主要是光电效应，康普顿效应，电子对产生等次级效应。

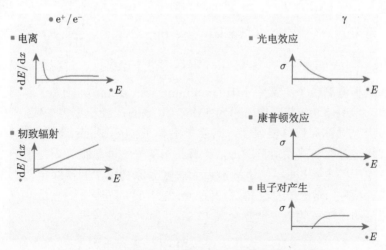

图 2.1　电子与物质作用能损和光子作用截面示意图

2.1.1 电离能量损失

电离能量损失一般指带电粒子 (包括带电轻子和强子) 与原子核外束缚电子的电离和激发过程而损失的能量。描述电离能损的基本物理量是 dE/dx，常用单位是 $MeV \cdot g^{-1} \cdot cm^{-2}$，它表述能量为 E 的带电粒子穿过单位路程的平均电离能量损失。

一个速度为 $\beta = vc$ 的重带电粒子 (如 P, d, t, α) 穿过物质的平均能量损失由 Bethe-Bloch formula 描述 [1]：

$$-\frac{dE}{dx} = Kz^2 \frac{Z}{A} \frac{1}{\beta^2} \left[\frac{1}{2} \ln \frac{2m_e c^2 \gamma^2 \beta^2 T_{kin}^{max}}{I^2} - \beta^2 - \frac{\delta}{2} \right] \tag{2.1}$$

式中各参数的定义如下：

$$K = 4\pi N_A r_e^2 m_e c^2 = 0.3071 (MeV \cdot mol^{-1} \cdot cm^2)$$

z 为入射粒子电荷量，以电子电量 (e) 为单位；Z, A 为物质原子序数和原子量，A 的单位是 g/mol；m_e 为电子静止质量；r_e 为经典电子半径 $\left(r_e = \frac{1}{4\pi\varepsilon_0} \frac{e^2}{m_e c^2}, \varepsilon_0 \right.$ 为真空介电常数$\left. \right)$；N_A 为阿伏伽德罗常量 $(= 6.022 \times 10^{23} \ mol^{-1})$；$I$ 为平均激发能；δ 为密度效应修正参数。其中

$$T_{kin}^{max} = \frac{2m_e c^2 \beta^2 \gamma^2}{1 + 2\gamma m_e/m_0 + (m_e/m_0)^2} = \frac{2m_e p^2}{m_0^2 + m_e^2 + 2m_e E/c^2} \tag{2.2}$$

表示静止质量为 m_0 的入射粒子传递给一个静止电子的最大动能。

图 2.2 是带电粒子 (μ, π, p) 在不同物质中的 dE/dx 随粒子动量的变化，其曲线变化可分为三个部分：在低能区 $(3 > \beta\gamma > 0.05)$，$\frac{dE}{dx} \propto \frac{1}{\beta^2}$；在高能区 $(\beta\gamma > 4)$，$\frac{dE}{dx} \propto \ln\beta\gamma$；$\beta\gamma \approx (3-4)$ 区域为最小电离区，对应此能损的相对论粒子称为最小电离粒子，常用 MIP(minimum ionization particle) 表示，对于较轻的物质 $(Z/A \sim 0.5)$，其平均值约为 $2MeV/(g/cm^2)$。由于密度效应，气体能损的相对论效应比固体和液体要显著。需要指出是 Bethe-Bloch 公式是电离–激发过程的近似描述，在公式适用范围内，计算给出的平均能量损失误差小于 10%。

对于电子的电离过程，由于散射后无法区分原初电子和次级电子，根据全同粒子的统计特性，能量传递在 $[0, 1/2(E-m_e c^2)]$ 区间变化，而不是 $[0, E-m_e c^2]$。由此可以证明，电子的电离能损公式 (2.1) 可近似为 [2]

$$-\frac{dE}{dx} = K\frac{Z}{A}\frac{1}{\beta^2}\left(\ln\frac{\gamma m_e c^2}{2I} - \beta^2 - \frac{\delta^*}{2} \right) \tag{2.3}$$

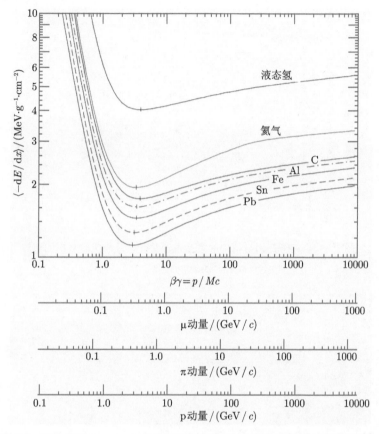

图 2.2 带电粒子 (μ, π, p) 在不同物质中的 $\mathrm{d}E/\mathrm{d}x$ 随粒子动量的变化 [1]

其中，δ^* 与之前的定义略有不同。精确的表达式需要考虑电子–电子散射的运动学限制和自旋屏蔽效应。

对于重带电离子 $\beta \ll 1$，其非相对论电离能损公式近似表示为 [3]：

$$-\frac{\mathrm{d}E}{\mathrm{d}x} \approx \frac{4\pi z^2 e^4}{m_{\mathrm{e}}\nu^2} NZB \tag{2.4}$$

这里 N 和 Z 分别是吸收物质的单位体积原子数和有效原子序数，B 为阻止系数：

$$B \approx \ln \frac{2m_{\mathrm{e}}\nu^2}{I}$$

该公式常用于实际估算。图 2.3 是重粒子在铝材料中的阻止本领曲线。图 2.4 是 μ 子穿过铜材料的能损与粒子动量和相对运动速度 β 的关系，其动量范围覆盖了 9 个数量级。电离过程在粒子运动路径上产生了大量的电子–离子对，并伴随原子退激发产生的次级光电子，有效收集这些电子是各种粒子探测器工作的基础。

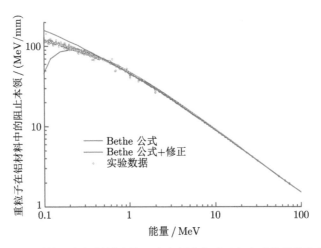

图 2.3　重粒子在铝材料中的阻止本领曲线以及与实验数据的比较

其中红色和蓝色分别表示修正前后 Bethe 公式

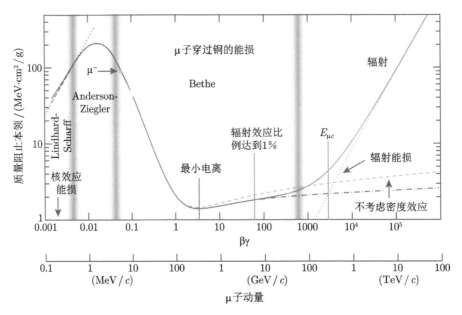

图 2.4　μ 子穿过铜材料的能损与粒子动量和相对运动速度 $\beta\gamma = p/Mc$ 的关系

实线代表总的能损；图中垂直带表示不同效应影响的边界；标有 μ⁻ 的短虚线代表巴克斯效应，即在非常低的
能量下能损与入射粒子电荷数的关系 [1]

2.1.2　多次散射效应

　　带电粒子穿过物质与原子核和电子作用产生多次散射效应，使得带电粒子偏
离原来的入射方向 (图 2.5)。库仑散射的散射角分布可用莫里哀 (德国物理学家

P.F.G.Molière) 模型描述:对小角度散射,散射角在平均值附近分布可以用高斯分布描述;对大角度散射则类似于卢瑟福散射,与高斯分布相比其分布具有明显的尾部展宽。

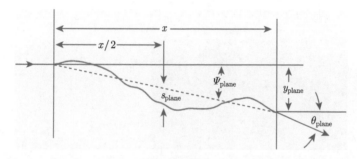

图 2.5 带电粒子在物质中的多次散射示意图 (粒子沿页面水平入射)

如图 2.5 所示,入射粒子的散射角 (θ_{plane}) 分布投影在平面上,其均方根 (rms) 表达式为 [4,5]

$$\theta_{\text{plane}}^{\text{rms}} = \sqrt{\langle \theta_{\text{plane}}^2 \rangle} = \frac{13.6}{\beta c p} z \sqrt{\frac{x}{X_0}} \left(1 + 0.038 \ln \frac{x}{X_0} \right) \tag{2.5}$$

其中,动量 p 的单位为 MeV/c;x/X_0 是以辐射长度为量度的物质厚度 (辐射长度 X_0 的定义见 2.1.3 节)。在 $10^{-3} < x/X_0 < 10^2$ 范围内,式 (2.5) 对所有的单一成分物质均成立,计算误差约为 10‰。

对于电子 ($z = 1$) 等大多数实际应用情况,上式可近似表示为

$$\theta_{\text{plane}}^{\text{rms}} = \frac{13.6}{\beta c p} \sqrt{\frac{x}{X_0}} \tag{2.6}$$

对于三维情况,上式改写为

$$\theta_{\text{space}}^{\text{rms}} = \sqrt{2}\theta_{\text{plane}}^{\text{rms}} = \frac{19.2}{\beta c p} \sqrt{\frac{x}{X_0}} \tag{2.7}$$

2.1.3 辐射能量损失

当带电粒子运动速度 $\beta\gamma \geqslant 1000$ 时,韧致辐射 (bremsstrahlung) 将成为主要能损过程。韧致辐射是由于带电粒子受到原子内部 (包括原子核) 库仑场作用导致速度及电场发生变化时,将部分能量转换为光子辐射一种形式 (图 2.6),其作用过程可表示为

$$e^- + (Z, A) \longrightarrow e^- + \gamma + (Z, A)$$

对应的 $\mathrm{d}E/\mathrm{d}x$ 又称为辐射能损。韧致辐射平均能量损失率可表示为 [1]

$$-\frac{\mathrm{d}E}{\mathrm{d}x} = 4\alpha N_{\mathrm{A}} \frac{Z^2}{A} z^2 \left(\frac{1}{4\pi\varepsilon_0} \frac{e^2}{mc^2}\right)^2 E \ln \frac{183}{Z^{1/3}} \tag{2.8}$$

式中，Z 和 A 为物质的原子序数和原子量；z、m 和 E 分别为入射粒子的电荷量 (以电子电荷 e 为单位)、质量和能量；α 为精细结构常数。

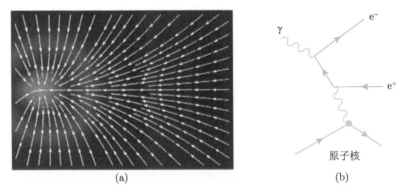

图 2.6　电子轫致辐射的电场线变化 (a) 和核作用费曼图 (b)

与电离能损不同，轫致辐射能损正比于入射粒子的能量，而反比于其质量平方。由于电子是最轻的带电粒子，因此其辐射能量损失更加明显。实验中常用电子的平均辐射能损表示其大小，定义为

$$-\frac{\mathrm{d}E}{\mathrm{d}x} = \frac{E}{X_0} \tag{2.9}$$

其中，X_0 表示能量为 E 的电子由于轫致辐射丢失能量达到 $1/e$ 时所经过的平均路程，称为辐射长度，X_0 只依赖于物质的性质。对式 (2.9) 积分，可以得到

$$E = E_0 \mathrm{e}^{-x/X_0} \tag{2.10}$$

考虑到原子的电子库仑场对轫致辐射的贡献，以及核外电子对核库仑场的屏蔽作用，X_0 常用的经验公式如下 [6]：

$$X_0 = \frac{716.4A}{Z\,(Z+1)\ln\left(287/\sqrt{Z}\right)} \; \mathrm{g/cm^2} \tag{2.11}$$

图 2.7 是电子穿过铅材料时电子能量与电离能损和辐射能损的关系。

由于辐射能损正比于入射粒子能量，而电离能损在达到最小电离区后正比于能量的对数，因此辐射能损将逐渐超过电离能损。当两种能损相等时，即

$$-\left.\frac{\mathrm{d}E}{\mathrm{d}x}(E_{\mathrm{c}})\right|_{\text{电离}} = -\left.\frac{\mathrm{d}E}{\mathrm{d}x}(E_{\mathrm{c}})\right|_{\text{轫致辐射}} \tag{2.12}$$

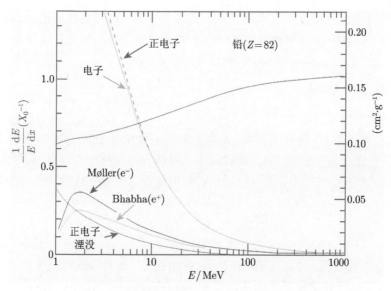

图 2.7 电子穿过铅材料时其能量与电离能损和辐射能损的关系 [1]

对应的能量称为临界能量，常用 E_c 表示。图 2.8 给出了电子穿过固体和气体介质中，临界能量与原子序数 Z 之间的关系曲线，以及相应的临界能量半经验公

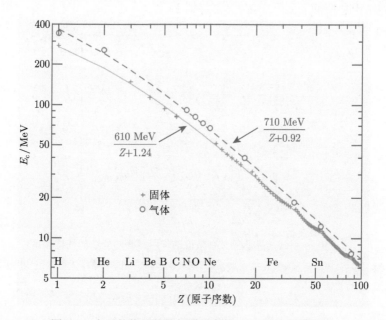

图 2.8 电子的临界能量与原子序数 Z 之间的关系曲线

对于固体 RMS = 2%，对于气体 RMS = 4.0% [2]

式 [2]。辐射能损过程将产生大量光子，其能量分布与能量值成反比，辐射方向趋于入射粒子的前方。高能物理实验中，电磁量能器主要功能是有效吸收这些光子的能量。

2.1.4　光–核作用能损

带电粒子通过电磁相互作用 (交换虚光子) 与原子核发生非弹性散射，而丢失部分能量，即产生光–核作用能损。与轫致辐射或直接电子对产生过程相似，光–核作用能损正比于粒子能量，因此高能粒子与物质作用过程中光–核作用导致的能损更加明显，在某些情况下，甚至超过轫致辐射能损。式 (2.13) 给出光–核作用平均能损 [6]：

$$-\left.\frac{\mathrm{d}E}{\mathrm{d}x}\right|_{\mathrm{p.n}} = b_{\mathrm{nucl.}}\left(Z, A, E\right) \cdot E \tag{2.13}$$

式中，b 是能损参数，与直接核 (或强子) 作用相比，这类能损对轻子更加显著，例如 100 GeV μ 子在铁材料中的能损是 0.04 MeV/(g·cm^{-2})。

2.1.5　γ 射线三种效应

γ 射线 (或光子) 与物质的作用主要有三种效应，即光电效应、康普顿效应和电子对效应。图 2.9 给出了三种效应的作用截面随能量的变化关系。图中曲线 σ_γ 表示三种作用总截面。

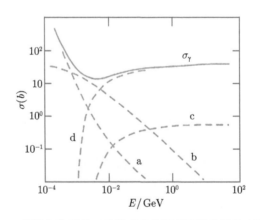

图 2.9　γ 射线与物质的三种效应的作用截面随能量的变化关系

曲线 a 表示光电效应，b 表示康普顿效应，c 表示电子对效应 (与原子电子作用)，d 表示电子对效应 (与原子核电磁作用)

与带电粒子的电离过程明显不同，光子作为传递电磁作用携带者，在作用过程中，或者完全被吸收 (光电效应、电子对效应)，或者被散射 (康普顿效应)，由于吸收和散射是随机过程，因此无法定义 γ 射线的射程。通过测量 γ 射线束经过吸收物质后强度的变化，可得到指数衰减半经验关系式：

$$I = I_0 e^{-\mu x} \tag{2.14}$$

式中，μ 为质量衰减系数，它与上述 γ 射线三种作用截面有关，并且与光子能量直接相关。

光电效应在低能区 (100 keV $\geqslant E_\gamma \geqslant$ 电离能) 起主导作用。在不考虑吸收边线的情况下，非相对论玻恩近似给出光电效应的总截面为 [7]

$$\sigma_{\mathrm{photo}}^{\mathrm{K}} = \left(\frac{32}{\varepsilon^7}\right)^{1/2} \alpha^4 Z^5 \sigma_{\mathrm{Th}}^{\mathrm{e}} \ \mathrm{cm}^2/\mathrm{atom} \tag{2.15}$$

其中，$\varepsilon = E_\gamma/m_e c^2$ 为约化光子能量；$\sigma_{\mathrm{Th}}^{\mathrm{e}} = 8\pi r_e^2/3 = 6.65 \times 10^{-25} \ \mathrm{cm}^2$ 是光子–电子弹性散射的汤姆孙截面。在靠近吸收线处，截面随能量的关系需乘上一个修正函数 $f(E_\gamma, E_\gamma^{\mathrm{edge}})$，该函数同时依赖于光子能量和吸收线对应的能量。光子能量很高时 ($\varepsilon \gg 1$)，光电效应的总截面为

$$\sigma_{\mathrm{photo}}^{\mathrm{K}} = 4\pi r_e^2 \alpha^4 Z^5/\varepsilon \tag{2.16}$$

可以看出，光电截面正比于 Z^5，意味着光子并非同原子中某个孤立的电子发生相互作用，并且电子束缚越紧密，作用截面越大。因此，光电效应与原子内层 K 层电子作用约占总截面 80%，并伴随 K 电子和 KX 射线或俄歇 (Auger) 电子。考虑其他与 Z 有关的修正后，光电截面随 Z 的变化关系非常复杂。在 0.1 MeV $\leqslant E_\gamma \leqslant$ 5MeV 能区，Z 的幂次指数在 4~5 变化。

康普顿效应在中能区 ($E_\gamma \sim 1$ MeV) 起主要作用。忽略原子中电子束缚能，单个电子的康普顿效应散射截面可由克莱因–仁科 (Klein-Nishian) 公式计算给出 [8]：

$$\sigma_c^{\mathrm{e}} = 2\pi r_e^2 \left\{ \left(\frac{1+\varepsilon}{\varepsilon^2}\right) \left[\frac{2(1+\varepsilon)}{1+2\varepsilon} - \frac{1}{\varepsilon} \ln(1+2\varepsilon)\right] + \frac{1}{2\varepsilon} \ln(1+2\varepsilon) - \frac{1+3\varepsilon}{(1+2\varepsilon)^2} \right\} \tag{2.17}$$

其单位是 cm^2/electron。对于原子的康普顿散射，因为原子中共有 Z 个电子，其截面增加为 Z 倍 ($\sigma_c^{\mathrm{atom}} = Z\sigma_c^{\mathrm{e}}$)。

在高能情况下，康普顿散射截面可近似为

$$\sigma_c \propto \frac{\ln \xi}{\xi}, \quad \xi = \frac{E_\gamma}{m_e c^2} \tag{2.18}$$

散射光子与入射光子能量之比为

$$\frac{E_\gamma'}{E_\gamma} = \frac{1}{1+\xi(1-\cos\theta_\gamma)} \tag{2.19}$$

电子相对于光子入射方向的散射角为

$$\cot\theta_{\mathrm{e}} = (1+\xi)\tan\frac{\theta_{\gamma}}{2} \tag{2.20}$$

在背散射情况下 $(\theta_{\gamma} = \pi)$，光子传递给电子的能量最大，即

$$\frac{E_{\gamma}'}{E_{\gamma}} = \frac{1}{1+2\xi} \tag{2.21}$$

由于动量守恒，电子散射角 θ_{e} 不可能超过 $90°$。

考虑到康普顿效应中光子只将部分能量传递给电子，因此定义能量散射截面为

$$\sigma_{\mathrm{cs}} = \frac{E_{\gamma}'}{E_{\gamma}}\sigma_{\mathrm{c}}^{\mathrm{e}} \tag{2.22}$$

以及能量吸收截面

$$\sigma_{\mathrm{ca}} = \sigma_{\mathrm{c}}^{\mathrm{e}} - \sigma_{\mathrm{cs}} \tag{2.23}$$

在 γ 辐射探测中，康普顿效应是最常见的过程，也是能谱测量中影响较大的因数。另外，逆康普顿散射效应，即高能电子同一个低能光子碰撞并将部分能量传递给光子也是一种常见的作用过程，例如，天体物理中高能电子可产生星光光谱频移；在自由电子激光中利用逆康普顿效应产生高能光子束。

电子对效应是指光子能量超过一定阈值，与原子核发生电磁作用产生正负电子，其截面将明显大于与原子电子作用的截面。按照能量和动量守恒，该阈值应为

$$E_{\gamma} \geqslant 2m_{\mathrm{e}}c^2 + 2\frac{mc^2}{m_{\mathrm{N}}} \tag{2.24}$$

由于原子核质量远大于电子质量 $(m_{\mathrm{N}} \gg m_{\mathrm{e}})$，因此阈值常表示为

$$E_{\gamma} \geqslant 2m_{\mathrm{e}}c^2$$

电子对产生截面近似与 Z^2 成正比，对于高能光子其截面可表示为 [2]

$$\sigma_{\mathrm{pair}} \approx \alpha r_{\mathrm{e}}^2 Z^2 f(E, Z) \tag{2.25}$$

其中，α 是精细的结构常数；r_{e} 是经典的电子半径；Z 是材料的原子序数，函数 $f(E, Z)$ 与能量和原子序数有关。对于中低能光子，正负电子能量分配是均匀的；对于高能光子，该分布有一定不对称性，所产生的电子的角分布近似为

$$\Theta \approx \frac{m_{\mathrm{e}}c^2}{E_{\gamma}} \tag{2.26}$$

图 2.10(a)、(b) 分别给出铝和铅材料的总吸收系数与 γ 射线的能量关系，以及这三种效应的贡献。比较而言，光电效应在低能区最大，康普顿散射在中能区占主导地位，而电子对效应在高能区占主导地位。

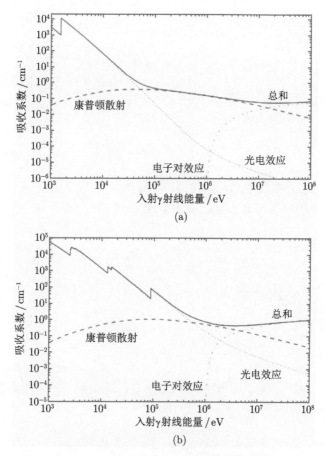

图 2.10　总吸收系数与 γ 射线能量的关系

(a) 铝 ($Z = 13$); (b) 铅 ($Z = 82$)

2.1.6　电磁簇射和强子簇射

高能光子或电子 (包括正电子) 通过厚吸收体时，由于电子对效应 (或轫致辐射) 产生次级电子和光子，可以再次发生次级类似过程，形成级联簇射，这种现象称为**电磁簇射** (图 2.11)。电磁簇射的纵向发展用辐射长度 (X_0) 量度。当次级电子的能量低于临界能量时，簇射将停止，然后通过电离和激发过程损失能量。

描述电磁簇射的过程有两个重要参数:

$$t = x/X_0, \quad y = E_0/E_c \tag{2.27}$$

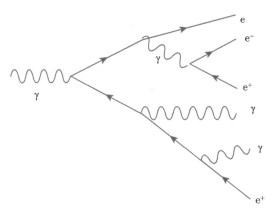

图 2.11　电磁簇射的基本过程

即以辐射长度 X_0 为单位表示作用距离，以临界能量 E_c 为单位表示能量阈值。电磁簇射中能量沉积的纵向分布可以用 Γ 函数描述[9]：

$$\frac{\mathrm{d}E}{\mathrm{d}t} = E_0 b \frac{(bt)^{a-1}\,\mathrm{e}^{-bt}}{\Gamma(a)} \tag{2.28}$$

其中，$\Gamma(a)$ 是欧拉积分，定义为

$$\Gamma(a) = \int_0^\infty \mathrm{e}^{-x} x^{a-1}\mathrm{d}x$$

式中，a 和 b 是模型参数；E_0 是入射粒子能量。对于各种吸收体 $(6 \leqslant Z \leqslant 92)$，能量在 $1\sim100$ GeV 之间，可以用式 (2.28) 很好地拟合，并且电磁簇射纵向发展至最大处对应的深度：

$$t_{\max} = \frac{a-b}{b} = \ln y + c_{\gamma\mathrm{e}}$$

其中，对应于光子和电子产生的簇射，$c_{\gamma\mathrm{e}}$ 分别取 0.5 和 -0.5。

电磁簇射的横向发展主要来源于多次散射，常用莫里哀半径 R_M 表示：

$$R_\mathrm{M} = X_0 E_\mathrm{s}/E_\mathrm{c} \tag{2.29}$$

其中，$E_\mathrm{s} = \sqrt{4\pi/\alpha}\,m_\mathrm{e}c^2 = 21.2052$ MeV 为能量标度。对于化合物或混合物，莫里哀半径为

$$\frac{1}{R_\mathrm{M}} = \frac{1}{E_\mathrm{s}} \sum_j \frac{w_j E_{\mathrm{c}j}}{X_{0j}} \tag{2.30}$$

式中，w_j、$E_{\mathrm{c}j}$ 和 X_{0j} 分别为第 j 种元素的质量比、临界能量和辐射长度。随着电磁簇射纵向深度增加，其横向宽度变大，但绝大部分能量都沉积在相对窄的区

域内。通常电磁簇射 95% 的能量都包含在以入射粒子径迹为轴、半径为 $2R_M$ 的圆柱体内，其能量横向分布一般可以用双高斯函数近似拟合。

强子簇射要比电磁簇射复杂。伴随着强子簇射的发展过程，产生大量的次级强子、核衰变、π 介子和 μ 子衰变，以及中性粒子。高能强子通过介子与原子核作用产生弹性散射和非弹性散射，通常约一半的强子能量传递给次级粒子，其余消耗在 π 介子和其他粒子产生的过程中，粗略估算平均有 $1/3\pi^0$ 介子以电磁簇射的形式丢失能量。强子簇射的另一个重要特征是，它的发展时间比电磁簇射长。实验中可以通过测量簇射的粒子数量，发展深度和时间关联来区分强子簇射和电磁簇射。

类似于光子与物质作用过程，根据衰减强度 I 定义的强子作用长度 λ_I[1] 为

$$I = I_0 e^{-x/\lambda_I} \tag{2.31}$$

λ_I 可以通过强子截面的非弹性部分计算:

$$\lambda_I = \frac{A}{N_A \cdot \rho \cdot \sigma_{inelastic}} \ [\text{cm}] \tag{2.32}$$

若以 g/cm² 为单位，只需将式 (2.32) 乘以物质密度 ρ。

核碰撞长度 λ_T 与总截面相关，可表示为

$$\lambda_T = \frac{A}{N_A \cdot \rho \cdot \sigma_{total}} \ [\text{cm}] \tag{2.33}$$

其中，总截面包含弹性截面和非弹性截面贡献，即

$$\sigma_{total} = \sigma_{elastic} + \sigma_{inelastic} \tag{2.34}$$

由于 $\sigma_{total} > \sigma_{inelastic}$，因此总是 $\lambda_I > \lambda_T$。

利用截面公式，可以计算出发生相互作用的概率。设 σ_N 是核子相互作用截面，则每单位面质量密度 (g/cm²) 发生一次相互作用的概率为

$$\Gamma \ [\text{g}^{-1} \cdot \text{cm}^2] = \sigma_N \cdot N_A [\text{mol}^{-1}]/g \tag{2.35}$$

如果已知的是原子截面 σ_A，那么

$$\Gamma \ [\text{g}^{-1} \cdot \text{cm}^2] = \sigma_A \cdot \frac{N_A}{A} \tag{2.36}$$

这里 A 是原子量。需要指出的是强子作用截面与能量相关，并且对于不同的强相互作用粒子也不同。实验中估算吸收长度和相互作用长度时，可假设非弹性截面

和总截面在一定能量区间, 不因粒子种类 (如质子、π 介子、K 介子等) 而改变。图 2.12 是实验测量和理论计算的强子相互作用总截面随质心系能量变化曲线 [10]。

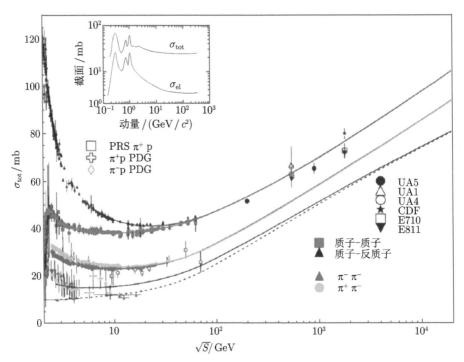

图 2.12　强子相互作用总截面随质心系能量的变化 (实验和计算)

子图是：π-p 弹性散射截面和总截面随动量的变化

2.1.7　切连科夫辐射和穿越辐射

对于高能带电粒子, 切连科夫辐射和穿越辐射的能损较小, 因此广泛应用于高能物理实验的粒子鉴别。

当带电粒子穿越透明介质时, 若其速度 $v = \beta c$ 超过光在此介质中的速度 c/n (n 为该介质的折射系数), 将产生一种定向的电磁辐射, 即**切连科夫辐射**。切连科夫辐射可以理解为因粒子周围介质极化而产生的电偶极辐射。当粒子速度 $v < c/n$ 时, 电偶极子的分布是对称的, 积分效果使总偶极矩为零, 因而不会产生辐射；但当 $v \geqslant c/n$ 时, 电偶极子的分布不再是对称的, 具有不为零的总电偶极矩, 此时将发生切连科夫辐射。苏联物理学家切连科夫、塔姆、弗兰克因发现切连科夫辐射并提出相关理论获得 1958 年诺贝尔物理学奖 [11]。

如图 2.13(a) 所示, 在 t 时刻, 切连科夫辐射波阵面前进的距离为 ct/n, 而粒子的运动距离则为 βct, 由此可得切连科夫光辐射方向：

$$\cos \theta_c = \frac{ct/n}{\beta ct} = \frac{1}{n\beta} \tag{2.37}$$

这里，θ_c 为切连科夫光与粒子运动方向之间的夹角，即切连科夫角。对于小角度 θ_c (例如在气体中) 可表示为

$$\tan \theta_c = \sqrt{\beta^2 n^2 - 1} \approx \sqrt{2\left(1 - 1/n\beta\right)} \tag{2.38}$$

因此，产生切连科夫辐射的必要条件是 $n\beta > 1$，其最小粒子运动速度是 $v_t = c/n$，称为阈速度，对应的洛伦兹因子为 $\gamma_t = 1/(1 - \beta_t^2)^{1/2}$。取 $\delta = n - 1$，则有 $\beta_t \gamma_t = 1/(2\delta + \delta^2)^{1/2}$。

实际使用的切连科夫辐射体存在一定的色散效应。设光子频率为 ω，波数 $k = 2\pi/\lambda$，则光子在介质中传播的群速度为

$$v_g = \frac{\mathrm{d}\omega}{\mathrm{d}k} = c \left/ \left[n\left(\omega\right) + \omega \frac{\mathrm{d}n}{\mathrm{d}\omega} \right] \right. \tag{2.39}$$

对于无色散的介质，上式简化为 $v_g = c/n$。

物理学家塔姆 (I. Y. Tamm) 证明了在色散介质中，切连科夫辐射集中在一个很薄的光锥壳中，锥壳的顶点为运动粒子本身，其半张角 η (图 2.13(b)) 表示为 [12]

$$\cot \eta = \left[\frac{\mathrm{d}}{\mathrm{d}\omega} \left(\omega \tan \theta_c \right) \right]_{\omega_0} = \left[\tan \theta_c + \beta^2 \omega n\left(\omega\right) \frac{\mathrm{d}n}{\mathrm{d}\omega} \cot \theta_c \right]_{\omega_0} \tag{2.40}$$

其中，ω_0 为所产生的切连科夫光子频率范围的中心值。显然，若介质有色散 $\left(\dfrac{\mathrm{d}n}{\mathrm{d}\omega} \neq 0\right)$，则 $\theta_c + \eta \neq 90°$，切连科夫光锥随着粒子运动而变化。更深入的研究表明，即使介质色散可忽略，对于有限长度 L 的辐射体，由于干涉效应，切连科夫光的发射角也并非正好等于 θ_c，而是在 θ_c 附近有一定的强度分布，该分布在 θ_c 处有最大值，相邻干涉峰之间的间隔为 $\Delta\theta = (\lambda/L)\sin\theta_c$，其中 λ 为切连科夫光的波长。

当一个电荷为 ze 的入射粒子穿过切连科夫辐射体时，其单位路径长度、单位能量区间发射的光子数为 [13]

$$\frac{\mathrm{d}^2 N}{\mathrm{d}E\mathrm{d}x} = \frac{\alpha z^2}{\hbar c} \sin^2 \theta_c = \frac{\alpha^2 z^2}{r_e m_e c^2} \left(1 - \frac{1}{\beta^2 n^2(E)} \right)$$
$$\approx 370 \sin^2 \theta_c(E) \ \mathrm{eV}^{-1} \cdot \mathrm{cm}^{-1} \quad (z = 1) \tag{2.41}$$

对于长辐射体 $(L \gg \lambda)$，对角度进行积分后，式 (2.41) 可表示为

$$\frac{\mathrm{d}N}{\mathrm{d}x\mathrm{d}\lambda} = \frac{2\pi\alpha z^2 L}{\lambda^2} \left(1 - \frac{1}{\beta^2 n^2(\lambda)} \right) \tag{2.42}$$

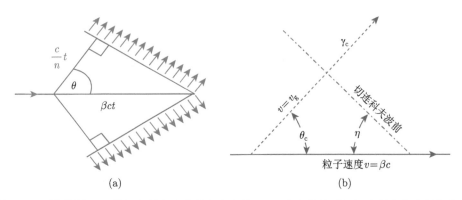

图 2.13　无色散情况下的切连科夫光发射角和波前 (a)；有色散介质中切连科夫光发射角和波前 (b)

对一个切连科夫探测器而言，在波长灵敏区间 $[\lambda_1, \lambda_2]$ 收集的切连科夫光子数表示为

$$N = \int_{\lambda_1}^{\lambda_2} \frac{\mathrm{d}N}{\mathrm{d}\lambda}\mathrm{d}\lambda \tag{2.43}$$

由于切连科夫辐射光子能量主要在紫外能区，因此要求切连科夫探测器中使用对紫外光灵敏的光敏器件，以提高光探测效率。

穿越辐射与切连科夫辐射最显著的不同之处是，穿越辐射是在带电粒子穿越非均匀介质 (两种不同介电性质材料) 的边界处发生的，穿越辐射可以用经典电磁辐射理论解释。当真空中带电粒子向某物质边界运动时，所携带的电荷与 (由物质极化引起的) 镜像电荷形成一个电偶极矩，由于粒子的运动，偶极矩场强随时间不断变化，在带电粒子进入物质的瞬间，偶极矩强度降为零，瞬时变化的偶极矩场将产生电磁辐射，即穿越辐射。

理论上任何物质介电性质的变化都可以引起穿越辐射。实验中，需要采用多层介质组成的辐射体才能获得足够可探测的光强。一般认为辐射介质要达到适当的厚度，使得单个辐射体两个界面形成的穿越辐射相位差满足相干增强条件，才能观测到一定方向发射的穿越辐射，相应的等效介质厚度称为穿越辐射形成区 (formation zone)。形成区与入射粒子 γ 值、辐射频率和介质等离子频率有关，是设计辐射体厚度及探测结构的主要依据。

穿越辐射的一个重要特性是其辐射能量正比于入射带电粒子的洛伦兹因子 γ，而不是速度 β。由于大部分粒子作用过程都依赖于 β (如电离能损、切连科夫辐射等)，这就限制了 $\beta \to 1$ 时粒子的鉴别能力。由于 $E = \gamma mc^2$，因此利用穿越辐射的 γ 依赖性可鉴别极端相对论粒子。

穿越辐射光子能量集中在软 X 射线能区，辐射能量的增加主要体现在光子能

量增加，而不是光子数目增加。电荷为 ze 的粒子在穿越真空与物质的边界时辐射的能量为 [1]

$$E = \alpha z^2 \gamma \hbar \omega_{\mathrm{p}}/3 \qquad (2.44)$$

其中

$$\hbar \omega_{\mathrm{p}} = \sqrt{4\pi N_{\mathrm{e}} r_{\mathrm{e}}^3 m_{\mathrm{e}} c^2 / \alpha} \qquad (2.45)$$

这里，ω_{p} 为介质的等离子体频率；N_{e} 为介质中的电子数密度；r_{e} 为经典电子半径。实验中常使用苯乙烯或类似混合介质 ($\hbar \omega_{\mathrm{p}} \approx 20$ eV) 作为穿越辐射材料。穿越辐射的另一个特性是发射角很小，其最可几发射角约为 $1/\gamma$，即在发射角 $\theta \sim 1/\gamma$ 处穿越辐射有极大值。实验中为了在空间上区分带电粒子的电离信号和穿越辐射光子信号，辐射体与探测器之间要有足够的间距。

图 2.14 给出了一个实际的穿越辐射探测器，观测的连续界面的振幅干涉引起单界面谱的振荡 [14]。当频率增加到干涉最大值 ($L/d(\omega) = \pi/2$) 时，相位相反辐射重叠导致光谱饱和，$L/d(\omega) \to 0$，$\mathrm{d}E/\mathrm{d}\omega$ 接近零。

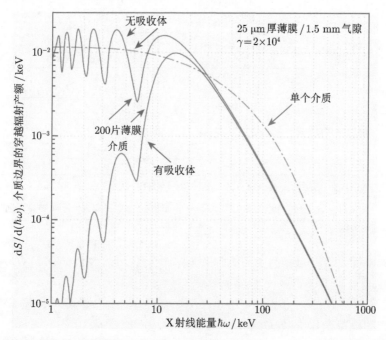

图 2.14 穿越辐射的 X 射线能谱：200 片 25 μm 厚 (气隙为 1.5 mm) 的辐射体 (实线) 和单个介质 (虚线) 比较

红色曲线显示有和无吸收体的分布

2.2 探测器与信号

带电粒子和光子探测是研制不同类型探测器的基础。按照作用介质不同，可分为气体 (主要是惰性气体，包括液化惰性气体) 探测器、固体 (有机和无机闪烁体) 探测器、半导体 (硅、锗等) 探测器。探测器的功能在于收集电离过程产生的电子–离子、电子–空穴或光电子等信号。

表征探测器性能的参数有多种，而时间和空间分辨是探测器性能的主要指标。表 2.1 给出了几种典型粒子探测器的空间分辨、时间分辨和死时间。空间分辨率是指粒子击中位置的测量精度，时间分辨率指的是粒子击中时间的定时精度，死时间是同一通道上两次击中之间可分辨的最小时间间隔。

表 2.1 带电粒子探测器典型的位置和时间分辨 [15]

探测器	本征位置分辨率/rms	时间分辨率	死时间
电阻板室	$\leqslant 10$ mm	1 ns(50 ps[a])	—
	300 μm[b]	2 μs	100 ms
流光室			
液氙漂移室	$175 \sim 450$ μm	200 ns	2 μs
闪烁径迹探测器	100 μm	100 ps/n[c]	10 ns
气泡室	$10 \sim 150$ μm	1 ms	50 ms[d]
多丝正比室	$50 \sim 100$ μm[e]	2 ns	$20 \sim 200$ ns
漂移室	$50 \sim 100$ μm	2 ns[f]	$20 \sim$ ns
微结构气体探测器	$30 \sim 40$ μm	<10 ns	$10 \sim 100$ ns
硅微条	条间距/$(3 \sim 7)$[g]	$\sim$ns[h]	$\leqslant 50$ ns[h]
硅像素	$\leqslant 10$ μm	$\sim$ ns[h]	$\leqslant 50$ ns[h]
乳胶	1 μm	—	—

a：多气隙电阻板室 (MRPC)；b：300 μm：1 mm 间距 (线间距/$\sqrt{12}$)；c：n 为折射率；d：多脉冲调制时间；e：阴极延迟线读出：$+/-150$ μm (平行于阳极丝)；f：双室分辨；g：重心法读出最高分辨，条间距 $\leqslant 25$ μm；h：受读出电子学的限制。

虽然不同类型探测器的工作机制 (或电荷收集过程) 不同，但输出信号有一些共同特性：

(a) 输出电荷 (或电流脉冲) 很小，例如半导体径迹探测器中，最小电离粒子能损对应的电荷在几 fc 数量级；

(b) 输出信号具有统计涨落，例如薄气体探测器测量最小电离粒子的电离能损具有朗道分布特征；

(c) 输出信号是叠加在一定的噪声水平上，包括探测器暗电流和前端电子噪声。

因此，粒子探测器输出信号受到收集电荷大小、电荷收集过程统计的涨落，以及噪声来源的影响和限制，相应的信号读出和处理需要有专门的电子学，简称为核电子学。伴随大型加速器实验及探测技术发展，核电子学已成为高速、大规模电子学研发的一个重要研究方向，并在这一过程中建立了核仪器标准和信号读出与处理方法。

2.2.1 核仪器与信号读取

第一个核仪器标准称为 NIM(nuclear instrument module)，是由美国原子能委员会制定的一种模块化电子学协议 (TID-20893, 1968–1969)，1990 年又作了修订 (DOE/ER-0457 T) [16]。它规定了一种通用机箱架构与电源标准，以及模块化电子学插件 (常称为 NIM 插件) 机械尺寸，并规定了信号的连接、阻抗和逻辑电平，其中快速逻辑信号 (通常称为 NIM 电平) 是一种基于电流的逻辑电平 (-16 mA, 50 Ω, -0.8 V)，以及用于差分信号的 ECL(emitter-coupled logic) 电平 (逻辑 1: -1.75 V，逻辑 0: -0.90 V)。ECL 采用差分驱动电路，可抑制信号传输中噪声干扰 (图 2.15(a))。这种模块化的电子学插件具有灵活性和交换性，有效减少了设计工作量，在更新和维护方面具有明显的优势。NIM 插件包括各种放大器、甄别器、逻辑单元以及高压电源等，是实验中必备的核仪器。

随着计算机及在线数据获取的发展，计算机辅助测量和控制总线系统 (1972 年 EUR 4100)，即 CAMAC(computer-aided measurement and control) 标准被提出 [17]。该标准进一步拓展了 NIM 模块化电子学架构，单个机箱允许插入 24 个模块，涵盖插件模块的并行总线 (dataway) 接口、机械结构、电气和逻辑标准，并可通过专用的机箱控制器，实现与计算机与模块 (ADC, TDC) 之间的快速数据传递与指令交换。

之后，针对粒子物理实验高速数据传输需求，提出了 FASTBUS 架构电子学模块，进一步提高了通道密度和信号传输速率。同时，基于工业总线 VMEbus(versa module eurocard or europa bus) 发展起来的 VME64x 总线标准，在 20 世纪 90 年代得到了快速发展和应用 [18]。该标准包括一个完整的 64 位总线，数据传输率可达到 40 MB/s，增加了热交换 (即插即用) 以及连接 VME 机箱的各种互连标准。之后又引入了信号传输速率更快的 LVDS(low-voltage differential signaling, TIA/EIA-644) 标准，如图 2.16(b) 所示。随着 VME 插件性能不断完善，已逐步取代 CAMAC 和 FASTBUS，VME 插件配合 NIM 插件成为现代核仪器的标准架构。图 2.16 是标准 NIM 和 VME 插件照片。学习和掌握这两类核仪器的使用方法是开展核与粒子实验必不可少的环节 (附录 E 是 VME 总线协议和一种常用的机箱控制器功能简介，供参考)。

以下论述中涉及的仪器，除了前端放大器和特别注明的仪器，均是指标准 NIM 和 VME 电子学插件。

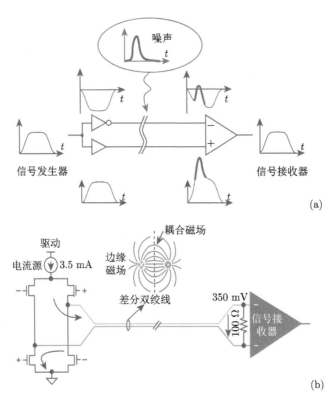

图 2.15　差分电路消除噪声原理 (a) 和 LVDS 标准驱动电路示意图 (b)

图 2.16　标准 NIM (a) 和 VME 插件照片 (b)

各种核仪器插件可根据实验需要构成不同的信号处理系统，一般分为模拟信号和时间信号处理两种模式。图 2.17 是典型的粒子探测器模拟信号读出电路示意图。探测器将带电粒子 (或光子) 沉积的能量转换成电信号，前端放大器收集电流 (或电荷) 转换成电压脉冲，经成形放大后送入模数转换电路 (ADC)，然后通过数据总线和总线接口传输到计算机进行数字信号处理。在信号读取过程中，要求读出电子学有足够灵敏度，尽可能低的噪声水平，以及长时间工作的稳定性。

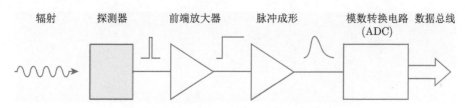

辐射　探测器　前端放大器　脉冲成形　模数转换电路　数据总线 (ADC)

图 2.17　粒子探测器模拟信号读出电路示意图

这里以 pn 结型半导体探测器信号产生为例，说明粒子探测器输出信号的特性。该类型探测器采用 p 型半导材料，通过 n 型施主重掺杂, 形成耗尽层 (类似于气体探测器漂移区)，pn 电极上的电流信号是由于电子–空穴对的移动 (而不是收集电子本身) 在电极上引起的感应电荷，并且电荷收集时间取决于产生的电子–空穴对相对于电极的位置。图 2.18(a) 给出了 pn 结型半导体探测器的漂移电场分布，其 p-n 结等效于两个平行板电极，当电荷为 Q 的电子或空穴移动距离 $\mathrm{d}x$，则收集的电荷可表示为

$$\mathrm{d}Q = \frac{q\mathrm{d}x}{d} \tag{2.46}$$

其中，d 是电极之间的距离。为了简化，上式没有考虑电极之间其他载流子和电场边缘效应影响。pn 结的内部电场强度可表示为

$$E = -\frac{eN_\mathrm{A}}{\varepsilon}x \tag{2.47}$$

其中，e 是电子电荷；N_A 是施主掺杂浓度；ε 是半导体材料的介电常数。p 型半导体的电导率 σ 可近似表示为

$$\sigma = eN_\mathrm{A}\mu_\mathrm{h} \tag{2.48}$$

式中，μ_h 是空穴迁移率。定义 $\tau = \varepsilon/\sigma = \rho\varepsilon$，$\rho$ 是体电阻率，代入式 (2.47)，可得

$$E = -\frac{x}{\mu_\mathrm{h}\tau} \tag{2.49}$$

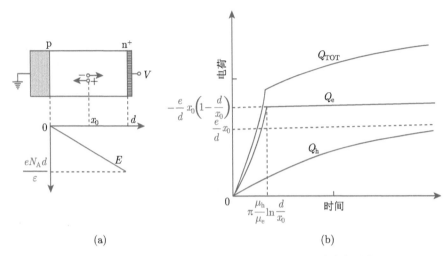

图 2.18   pn 结型半导体探测器的漂移电场分布 (a) 和感应电荷信号 (b)

假设在耗尽区的某个位置上产生了电子–空穴对，并且迁移率与电场强度 E 近似无关。当电子将开始向 n 层漂移时，其漂移速度为

$$v = \frac{\mathrm{d}x}{\mathrm{d}t} = -\mu_{\mathrm{e}}E = \frac{\mu_{\mathrm{e}}}{\mu_{\mathrm{h}}}\frac{x}{\tau} \tag{2.50}$$

上式积分可得

$$x(t) = x_0 \exp\frac{\mu_{\mathrm{e}}t}{\mu_{\mathrm{h}}\tau} \tag{2.51}$$

这里 x_0 为电离初始位置。电子到达电极 $(x = d)$ 所需的时间为

$$t = \tau\frac{\mu_{\mathrm{h}}}{\mu_{\mathrm{e}}}\ln\frac{d}{x_0} \tag{2.52}$$

所产生的感应电荷大小为

$$Q_{\mathrm{e}}(t) = -\frac{e}{d}\int\frac{\mathrm{d}x}{\mathrm{d}t}\mathrm{d}t = \frac{e}{d}x_0\left(1 - \exp\frac{\mu_{\mathrm{e}}t}{\mu_{\mathrm{h}}\tau}\right) \tag{2.53}$$

感应电荷随时间的变化见图 2.18(b)。类似的推导可得到空穴运动所产生的感应电荷，可见电荷信号上升时间 t 与参数 τ 成正比。对于 pn 结型硅探测器，$\tau = \rho \times 10^{-12}$ s，典型值 $\rho = 10^3(\Omega \cdot \mathrm{cm})$，$\tau$ 在几 ns 数量级。

图 2.19(a) 是一种位置灵敏硅探测器结构示意图，它是由上百个硅微条单元组成，典型厚度是 300 μm，条间隔 20 μm，其最小电离粒子平均能损 388 eV/μm (1.66 MeV·g^{-1}·cm^2) (图 2.19(b))[1]。当粒子穿过耗尽层时，可产生约 110/μm 个电子–空穴对，总的输出电荷在 2~4 fc，位置分辨可达到 10 μm 数量级，要求电

子学系统的等效噪声电荷小于 10^3 电子电荷。需要指出实际感应信号与粒子入射角度、电离密度、电场分布、电子–空穴对的迁移率变化有关。

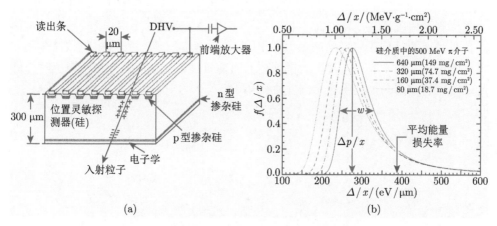

图 2.19 硅微条探测器结构示意图 (a) 和硅介质中的最可几能损 (b)

2.2.2 前端电子学与噪声 [15]

探测器信号通常是一个随时间变化的电流脉冲 $I(t)$，电流脉冲形状与粒子在探测器中沉积能量 E 与电荷收集过程相关。读出电路的作用是实现对电流脉冲的积分，即

$$E \propto Q = \int_{t_0}^{t_1} I(t)\mathrm{d}t \tag{2.54}$$

前端电子学有如下几种读出模式:

(a) 探测器输出回路直接电容积分;

(b) 电荷灵敏放大配合 ADC 读出;

(c) 电流灵敏放大配合 QDC 读出;

(d) 电流脉冲直接取样和数值积分。

实际测量中，需要根据探测器信号特征和实验要求，确定合适读出模式。

由于电子学噪声将叠加在探测信号上，信号涨落增加，因此前端放大器的性能与探测器输出回路相关。一个关键的参数是前端电路的并联电容，即探测器电容和放大器输入电容之和，通常减少输入电容可有效提高整个电路的信噪比。电子学噪声的贡献与下一级，即脉冲成形电路的关系也很大，这一级决定了系统的带宽，因此也就决定了总的电子学噪声的贡献。信号成形放大级确定了脉冲的持续时间，也就决定了系统能够承受的信号最大计数率。成形电路的输出信号送至模拟–数字转换器 (ADC)，其幅度测量精度取决于 ADC 的灵敏度。成形电路也可以是脉冲幅度甄别电路，它输出脉冲前沿的定时信号，并通过时间–数字转换插件 (TDC) 给出粒子击中时间信息。

图 2.20 是典型的粒子探测器前端读出电路。图中 c_d 是探测器等效电容，$R_\mathrm{b}C_\mathrm{b}$ 构成探测器偏压滤波电路，耦合电容 C_c 具有隔直流作用，串联电阻 R_s 表示对输入信号呈现的阻抗，包括探测器电极电阻、保护电路电阻、接线电阻和前端放大器等效电阻。由于噪声幅度随时间变化具有随机性，当信号叠加在噪声上时，信号的幅度和时间关系随噪声涨落发生变化。

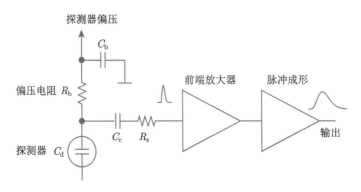

图 2.20　典型探测器前端读出电路

在能量测量中，噪声信号将导致能谱分布展宽，能量分辨率增大；在时间测量中，定时信号由阈甄别器给出，信号幅度的涨落同样会导致定时时刻的不确定性；在位置测量中，无论是采用重心法还是漂移时间法定位，同样受到幅度涨落影响，使得定位精度变差。因此，对一个粒子 (或辐射) 探测系统而言，可探测最小信号和测量精度不仅受到探测器固有信号统计涨落影响，而且取决于电子学噪声水平和带宽响应。在实验设计中，需要依据探测器性能要求和读出电路的分布参数，优化前端电子学电路方案。通常不能直接使用成品放大器，即便是专业核仪器工厂生产的成品，也不具备通用性。

图 2.21 是图 2.20 前端电路的等效电路。在等效电路分析中，并联在输入端的电阻的作用相当于电流源，串联在输入端的电阻相当于引入一个电压源。对噪声而言，分为电流噪声和电压噪声源，又称为并联噪声和串联噪声。图中探测器漏电流的 "散粒" 噪声用电流噪声 i_{nd} 表示。这里 "散粒" 指随机产生的载流子数目涨落。由于电容 C_b 对瞬时电流信号是导通的，偏置电阻 R_b 与放大器输入端并联，噪声电流与探测器散粒噪声电流有等同作用，用 i_{nb} 表示，图中串联电阻 R_s 等效于电压源负载电阻。

探测器各项电流和电压噪声源可定量表示为：

(a) 探测器散粒噪声 $i_{nd}^2 = 2eI_\mathrm{d}$；

(b) 并联电阻噪声电流 $i_{nb}^2 = \dfrac{4kT}{R_b}$；

(c) 串联电阻噪声电压 $e_{ns}^2 = 4KTR_s$；

(d) 放大器噪声电压和电流 e_{na}, i_{na}。

式中，e 是电子电荷；I_d 是探测器偏置电流；k 是玻尔兹曼常量；T 是温度。典型的放大器噪声电压 e_{na} 在 $nv/\sqrt{Hz}$ 数量级，噪声电流 i_{na} 是从 $fA/\sqrt{Hz}$ 到 $pA/\sqrt{Hz}$ 量级。在高频 (大于 kHz) 时，放大器趋于呈现 "白噪声" 谱，这里白噪声指热激发所导致的载流子运动速度涨落噪声信号，而在低频时，其噪声功率谱密度可表示为

$$e_{nf}^2 = \frac{A_f}{f} \tag{2.55}$$

式中，噪声系数 A_f 是与器件有关的参数，其数级为 $10^{-10} \sim 10^{-12} \mathrm{V}^2$。

等效电路中两个噪声电压串联在一起，总的作用效果是正交叠加。白噪声分布仍然保持为白噪声，但是一部分噪声电流将通过探测器电容形成与频率倒数 $1/f$ 有关的噪声电压，使得探测器散粒噪声和偏置回路噪声中白噪声与频率的倒数有关。当存在多级信号放大时，所有噪声源的频率分布被放大器频率响应进一步改变，总的噪声随带宽增加而增加。如果放大器增益 A 与频率相关，则输出噪声电压 (方均根值) 可表示为

$$v_{\mathrm{out}} = \left[\int_0^\infty e_n^2 A^2(f)\mathrm{d}f \right]^{1/2} \tag{2.56}$$

实际检测中可通过测量噪声电压谱分布，并与一个已知输入信号的输出电压进行比较，得到电路的信噪比值。

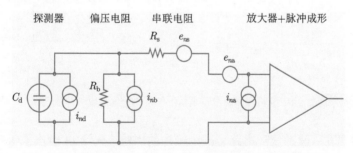

图 2.21 探测器与前端电子学的噪声分析等效电路

为了与探测器输出电荷做比较，探测器系统的噪声值通常用等效噪声电荷 Q_{ENC} 对应的电子数 (或等效沉积能量 eV) 表示，相当于信噪比为 1 时的探测器输出信号。适用于各类脉冲成形电路的等效噪声电荷公式如下：

$$Q_{\mathrm{ENC}}^2 = i_n^2 F_i T_s + e_n^2 F_v \frac{C^2}{T_s} + F_{vf} A_f C^2 \tag{2.57}$$

式中，F_i、F_v 和 F_{vf} 与脉冲形状有关的因子；T_s 是信号特征时间，如 CR-nRC 成形脉冲的达峰时间；C 是在放大器输入端 (包括放大器的输入电容) 总的并联电容。第一项考虑了所有噪声电流源，并且随成形时间的增加而增加；第二项考虑了所有噪声电压源，它们随成形时间的增加而减少，但随探测器电容的增加而增加；第三项是放大器 $1/f$ 噪声的贡献，跟电压源一样，也是随探测器电容的增加而增加，其中 $1/f$ 项与成形时间无关，因为对 $1/f$ 谱，总的噪声取决于上截止频率与下截止频率的比，与成形时间无关。按照上述定义，图 2.21 电路等效噪声电荷 Q_{ENC}^2 可表示为

$$Q_{\mathrm{ENC}}^2 = \left[\left(2eI_d + \frac{4KT}{R_b} + i_{na}^2 \right) F_i T_s + C_d^2 (4KTR_s + e_{na}^2) \cdot \frac{F_v}{T_s} + 4F_{vf} A_f C_d^2 \right] \tag{2.58}$$

等效噪声电荷测量，一般在前置放大器测试端输入一个幅度恒定的脉冲信号，该信号叠加在噪声基线上，其幅度分布的宽度表征电子学系统的噪声水平大小。图 2.22 是归一化后噪声电荷分布，图中噪声电荷 Q_n 用方均根 (rms) 或半高全宽 (FWHM) 表示。

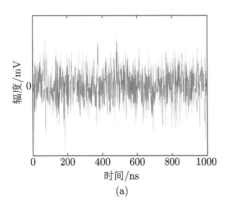
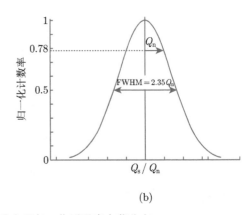

图 2.22 随机噪声 (白噪声) 分布和归一化后噪声电荷分布

实际测量中，脉冲成形电路可减少噪声的影响。图 2.23 给出了等效噪声电荷与成形时间的关系曲线。当成形时间较短时，电压噪声是主要的；当成形时间较长时，电流噪声是主要的；当电流和电压噪声的贡献相等时，噪声最小；由于存在 $1/f$ 噪声，噪声在最小值附近的变化变得比较平缓。

一个显著的现象是当探测器电容增大时电压噪声的贡献将增大，噪声最小值将向成形时间增大的方向移动，最小噪声值增大。当输入噪声电流可以忽略时，噪

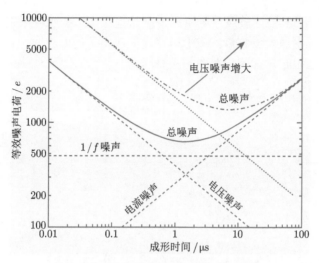

图 2.23 等效噪声电荷与成形时间关系

声电压则随探测器电容的增加而呈线性增加，其噪声斜率近似为

$$\frac{\mathrm{d}Q_{\mathrm{ENC}}}{\mathrm{d}C_{\mathrm{d}}} \approx 2e_n\sqrt{\frac{F_v}{T}} \tag{2.59}$$

即与前置放大器 (e_n) 和成形电路 (F_v, T) 有关。实际测量中，噪声来源很多，频谱变化范围很大。例如，对于硅微条探测器系统，等效噪声电荷典型值约为 10^3 个电子，对像素型硅探测器的噪声水平小于 200 个电子。

2.2.3 幅度和时间信号 [19]

探测器信号经前置放大器转换成电压信号，在进行数字化之前，通常需要对信号进行幅度成形或时间甄别。脉冲幅度成形有两个目的。第一个目的是限制响应带宽，以获得适当信噪比和达峰时间。由 2.2.2 节分析可见，带宽太高将增大噪声而不增大信号，通常脉冲成形电路是把探测器的窄脉冲转换成比较宽的脉冲，使信号在最大值 (达峰时刻) 附近有一个比较平滑的峰部，以利于信号幅度数字化。第二个目的是限制脉冲宽度 (即脉冲的持续时间)，以减少信号堆积，提高计数率，但这将以增大电子学噪声为代价。因此在幅度信号测量时，需要依据信号特征和实验要求，确定一个合适的成形时间参数。

图 2.24 是典型探测器输出脉冲信号与模拟成形电路。探测器的电流脉冲被积分后转换为电压脉冲，经高通滤波器 (微分电路)、低通滤波器 (积分电路)，使其转变为有一定宽度的脉冲信号。高通滤波器 (时间常数 τ_{d}) 用于限制脉冲的持续时间；低通滤波器 (时间常数为 τ_{i}) 的则使上升时间增大，从而限制噪声带宽。这种成形电路称为 CR-RC 成形电路。虽然脉冲成形电路有多种模式 (如 CR- n

RC，时变滤波电路等），但成形电路的本质就是对输入的脉冲限定低频下限和高频上限。对于幅度或能谱测量，成形电路参数决定了达峰时间，它不仅限定了噪声带宽，而且也限定了探测系统的响应时间。

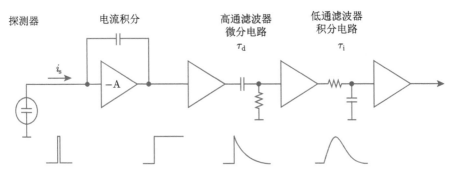

图 2.24　探测器输出脉冲信号与模拟成形电路

对于时间信号测量，定时电路则要提供粒子击中探测器准确时间信号。探测器信号经放大后首先经阈甄别器转换为逻辑电平信号，然后送入时间数字化电路 (TDC)。图 2.25 是典型闪烁探测器信号转换模式与定时测量电路原理图。

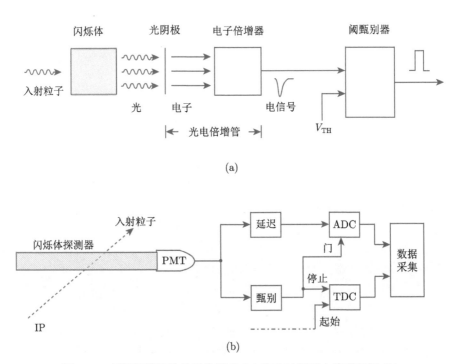

图 2.25　闪烁探测器信号转换模式 (a) 和定时测量电路原理图 (b)

时间测量精度与前端放大电路的带宽响应直接相关。由于放大器的带宽是有限的，即对脉冲信号有一定的响应时间，并且由放大器的截止角频率 ω_{u} 决定，即

$$\omega_{\mathrm{u}} = \frac{1}{\tau} = 2\pi f_{\mathrm{u}} \tag{2.60}$$

图 2.26 显示的是放大器的时间常数 τ 与频率 f 和增益 A 的关系。放大器在达到截止频率 f_{u} 前，增益是一个常数，其后则与频率成反比地减少，并有 $90°$ 相移。在此种情况下，增益和带宽的乘积是一个常数，外推到单位增益有

$$\omega_0 = A_{\nu 0} \cdot 2\pi f_{\mathrm{u}} = A_{\nu 0} \cdot \frac{1}{\tau} \tag{2.61}$$

放大器是由多级组成的，每一级都对频率响应有贡献，通常时间常数最大的起主要作用。

与频率有关的增益和相位对前置放大器的输入阻抗有明显影响。以电荷灵敏放大器为例，其电荷增益 $A_{\mathrm{q}} \approx 1/C_{\mathrm{f}}$ (C_{f} 是反馈电容)，在低频段，放大器增益是常数，输入呈现电容性，在高频时，放大器的相移与反馈电容上电压和电流之间 $90°$ 的相位差导致放大器呈电阻性，其输入阻抗是

$$Z_{\mathrm{i}} = \frac{1}{\omega_0 C_{\mathrm{f}}} = R_{\mathrm{i}} \tag{2.62}$$

即在低频 ($f \ll f_{\mathrm{u}}$) 时，电荷灵敏放大器的输入呈电容性，而在高频 ($f \gg f_{\mathrm{u}}$) 时，则呈电阻性。对于粒子探测，通常放大器的频率响应比实际信号频率要低很多，所以输入阻抗呈现电阻性。

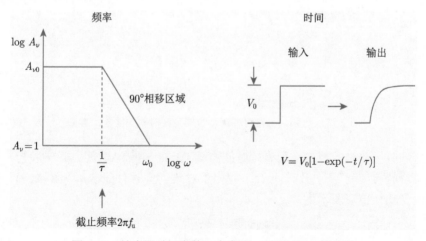

图 2.26　放大器时间常数 τ 与频率 f 和增益 A 的关系

与幅度测量一样，时间测量电路的噪声同样是重要的，但不是单纯的信噪比大小，而是与信号斜率/噪声比相关。如图 2.27 所示，瞬时信号受到噪声的调制，

使得调制后信号的时间涨落变宽 (见图中的阴影)，并导致过阈时间晃动 (常称为 time jitter)。投影在时间坐标上，其定时间晃动方均根值为

$$\sigma_{TJ} = \frac{\sigma_n}{(dV/dt)_{s_T}} \approx t_r \frac{\sigma_n}{V_T} \qquad (2.63)$$

式中，σ_n 是噪声方均根值，触发电平 V_T 处信号斜率为 dV/dt。因此，当触发电平在脉冲斜率最大处时，定时晃动 σ_{TJ} 最小，为了增加 dV/dt，而不引起较大的噪声，放大器带宽应该与探测器信号的上升时间相匹配。如果放大器的带宽为 f_u，则其上升时间 (对应于脉冲幅度最大值 10%~90%时间) 为

$$t_r = 2.2\tau = \frac{2.2}{2\pi f_u} = \frac{0.35}{f_u} \qquad (2.64)$$

对于探测器前端读出电路设计而言，尽可能减少输入端电容，以提高信号斜率/噪声比，可有效提高时间测量精度。

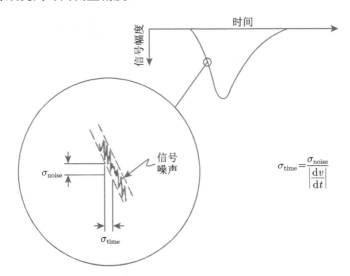

图 2.27 过阈信号幅度的涨落造成定时时刻的涨落示意图

影响时间分辨的第二个因素是时间游动 (time walk)。时间游动一般指定时信号随信号幅度 (A) 及上升时间 (t_r) 变化所导致的定时时间涨落 (图 2.28)，其定时时间方均根值可表示为

$$\sigma_{TW} = \left[\frac{t_r V_T}{A}\right]_{RMS} \qquad (2.65)$$

实际测量中，时间游动可通过测量时间–幅度 (T-A) 关系进行在线或离线修正。一个时间测量系统总的定时精度 σ_T，一般可表示为

$$\sigma_T^2 = \sigma_{TJ}^2 + \sigma_{TW}^2 + \sigma_{TDC}^2 \qquad (2.66)$$

其中，σ_{TDC} 表示时间数字化电路定时精度。

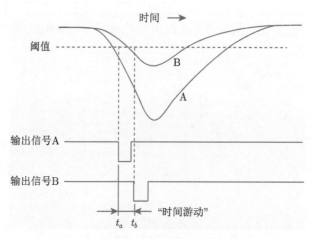

图 2.28　脉冲前沿定阈甄别的时间与幅度关系

2.2.4　定时方法与电路

为了减少时间游动影响，需要根据探测器输出信号特征采用不同定时方法。常用的定时方法有三种：前沿定时 (leading-edge discrimination, LED)、过零定时 (zero-crossing discrimination, ZCD)，以及恒比定时 (constant-fraction discrimination, CFD)，并对应于不同类型的定时电路。

前沿定时的基本电路如图 2.29(a) 所示。当探测器输出的信号幅度等于 (或大于) 比较器的阈值时，比较器输出信号前沿对应于信号过阈的时刻 t_{c}。设该时刻输出波形为 $f(t_{\text{c}})$，信号的幅度 A 和阈电压 V_{th} 关系可表示为

$$Af(t_{\text{c}}) - V_{\text{th}} = 0 \qquad (2.67)$$

即脉冲过阈时间的变化与 A 成反比，而与阈值 V_{th} 正比。如果使甄别电路的 $V_{\text{th}} = 0$，使得输入信号的零点作为时间信号参考点，可最大程度减少阈值对定时的影响，即实现过零定时。图 2.29(b) 是过零定时电路原理图。探测器的输出信号通常为单极性的脉冲信号，经过双极性成形电路 (如延迟线成形、双微分成形) 产生过零点，然后输入到一个阈值设置为 0 的比较器。由于信号的基线噪声会使阈值为 0 比较器不断发生翻转，一般需一个预置比较器，该比较器是一个低阈前沿比较器，以去除基线噪声产生的误触发信号。当两个信号同时到达与门电路时，给出定时脉冲信号。

如果令 $V_{\text{th}} = pA$ (p 为衰减系数)，式 (2.67) 改写为 $f(t_{\text{c}}) - p = 0$，同样可以消除幅度 A 变化的影响，即实现恒比定时。如图 2.29(c) 所示，输入模拟信号分

别经延迟和衰减器送入比较器，并选择合适的延迟大小，使得延迟信号与衰减信号的峰值相交，此时阈值为 pA，与信号的幅度有恒定比例关系。由于在没有信号的时候，模拟通道的基线噪声同样会触发恒比定时，所以恒比也需要预置比较器去除噪声信号。

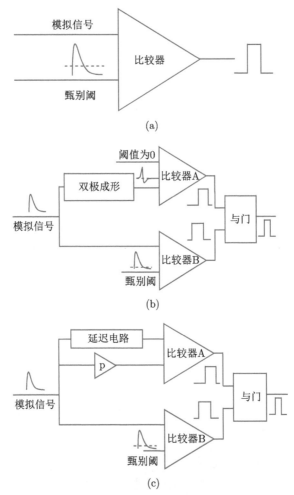

图 2.29   三种类型定时电路原理图

前沿定时电路 (a)；过零定时电路 (b)；恒比定时电路 (c)

　　过零定时和恒比定时是通过改变定时电路阈值的消除时间游动，由于探测器输出的信号涨落和噪声，仅仅用信号成形和定时电路是不可能完全消除时间游动和晃动带来的测量误差的，特别是对于快脉冲信号，实际测量需进一步通过离线数据修正，减少定时测量的误差 (有关论述见第 4 章)。

2.2.5 信号传输与匹配

通常探测器信号是通过高频同轴电缆 (或双绞线电缆) 从电子学一个单元传输到另一个单元。电缆结构中固有的杂散电容、电感和电阻使得不同信号频率的衰减系数不同，从而导致接收端脉冲发生畸变，特别是对高频、小幅度脉冲信号，其影响不能忽略。

图 2.30 是同轴电缆示意图及单位长度传输线等效电路图。为简化问题，假设电缆的阻抗 R 和感抗 G 很小，可视为零。在实际测量中，电子学插件与插件之间的信号传输经常使用几米左右的短电缆，这实际上是一个很好的近似，在大多数情况下都是可以忽略不计的。理想无损电缆的信号传输波动方程为

$$\frac{\partial^2 V}{\partial z^2} = LC\frac{\partial^2 V}{\partial t^2} \tag{2.68}$$

式中，V 是信号电压；z 是电磁波传播方向；L、C 分别是电缆介质等效电容和电感。假设输入简单的正弦波电压 (即频谱中仅有单一的傅里叶分量): $V = V(z)\exp(\mathrm{i}\omega t)$，代入式 (2.68)，可得

$$\frac{\mathrm{d}^2 V}{\mathrm{d}z^2} = -\omega^2 LCV = -k^2 V \tag{2.69}$$

式中，$k^2 = \omega^2 LC$，引入时间变量 t，上式的通解为

$$V(z,t) = V_1\exp[\mathrm{i}(\omega t - kz)] + V_2\exp[\mathrm{i}(\omega t + kz)] \tag{2.70}$$

式中，k 是波数，其信号传播速度关系是

$$v = \frac{\omega}{k} = \frac{1}{\sqrt{LC}} \tag{2.71}$$

实际上，只要电缆横截面保持不变，LC 的大小取决于电缆长度、介质的磁导率 μ 和介电常数 ε。对于单位长度传输线 $LC = \mu\varepsilon$，其传输时间为

$$T = v^{-1} = \sqrt{LC} \tag{2.72}$$

称为电缆的延迟率。

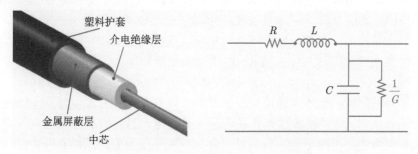

图 2.30 同轴电缆示意图 (a) 和单位长度传输线等效电路图 (b)

电缆的另一个重要参数是特性阻抗, 定义为电缆中瞬时电压与电流的比值 (包括相位关系), 由波动方程可以证明, 对于理想无损耗电缆, 其特性阻抗为

$$Z_0 = \sqrt{L/C} \tag{2.73}$$

这里, L 和 C 分别是电缆每单位长度的电感和电容; Z_0 完全独立于电缆长度, 只取决于截面几何形状和所使用的材料。对于同轴电缆的特性阻抗, 可用下式估算 [19]:

$$Z_0 = \sqrt{\frac{L}{C}} = 60\sqrt{\frac{K_m}{K_e}} \ln \frac{b}{a} \ [\Omega] \tag{2.74}$$

式中, a 和 b 分别是导体的内径和外径; K_m 和 K_e 分别是介质的相对磁导率和介电常数。对于聚乙烯介质 ($K_e = 2.3$) 电缆, 当 $b/a = 3.6$ 时其损耗降至最低, 相应的特性阻抗为 50 Ω。核物理实验室常用 50 Ω 同轴电缆的标准型号是 RG58 和 RG174U, 标准双绞线电缆特性阻抗是 100~110 Ω。

公式 (2.70) 表示信号波沿着 z 方向传播有两个成分: 一个与 z 方向同向, 另一个与 z 方向反向 (即反射波), 其大小取决于电缆的边界条件, 即终端匹配阻抗。设 V_0 和 I_0 分别是原始信号的电压和电流, V_r 和 $-I_r$ 分别是反射信号的电压和电流, 对此可定义反射系数 ρ 为

$$\rho = \frac{V_r}{V_0} = \frac{-I_r}{I_0} = \frac{R - Z}{R + Z} \tag{2.75}$$

可见反射信号的极性和振幅取决于两个阻抗的相对值。

如果 R 大于电缆阻抗 Z, 则反射信号始终具有相同的极性, 振幅介于零与原始脉冲高度之间, 在终端开路的极限情况下, 反射振幅等于入射振幅; 如果 R 小于电缆阻抗 Z, 则反射在极性上是相反的, 在零负载阻抗 (短路) 的极限下, 反射等于入射脉冲幅度, 但极性相反, 如图 2.31 所示。只有当 $R = Z$ 时, 反射系数为 0, 即实现阻抗完全匹配。当传输线终端短路和开路时, 电压反射导致输入端脉冲波形的变化, 包括电缆延迟时间的贡献。

为避免信号电缆传输过程的多次反射, 通常需要对信号接收端 (或发送端) 连接匹配电阻。如图 2.32 所示, 匹配电阻可以加在接收端也可以加在发送端。若匹配电阻加在接收端, 则信号脉冲到达时被接收端接电阻吸收; 若加在发送端, 则反射脉冲到达时被发送端电阻吸收, 由于串联电阻和电缆阻抗分压作用, 原始脉冲被衰减。

由于终端阻抗匹配不可能达到非常准确, 特别是高频脉冲, 终端杂散电容的容抗影响较大时, 可采用串联和并联匹配同时使用, 尽管对脉冲幅度有一定的衰减。实际测量中, 只要电缆的传输延迟超过脉冲信号上升时间的百分之几, 就需要端接匹配电阻。

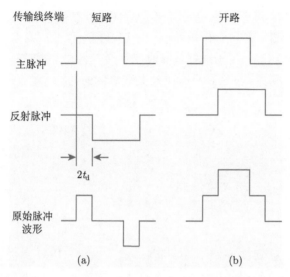

图 2.31 传输线终端短路 (a) 或开路 (b) 时电压脉冲的反射波形 (电缆延迟小于脉冲宽度)

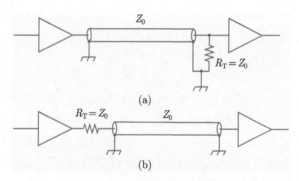

图 2.32 电缆匹配示意图

匹配电阻连接在电缆接收端 ((a) 并联端接)；在发送端 ((b) 串联端接)

2.2.6 符合测量方法

符合测量是核物理实验室最常用的测量方法，符合单元也是实现大规模逻辑和触发电路的基础。早期实验中使用的逻辑电路是具有一个输出和两个 (或多个) 输入，具有 "符合" 功能的电子设备。1924 年，沃尔瑟 · 博思 (Walther Bothe) 首先提出了符合测量方法，随后的几年里，他将这一方法应用于核反应、康普顿散射和光的波粒二象性的实验研究中，并获得了 1954 年诺贝尔物理学奖 [20]。图 2.33 是用符合方法测量康普顿散射 (或单体散射) 粒子示意图。

符合电路 (或插件) 是最常用的电子学触发和逻辑判选仪器。与符合电路相对应的符合测量方法可分为如下四种。

(1) **符合测量**：利用 "与" 逻辑电路选择同时性事例；

(2) **反符合测量**：与符合作用相反，主要是用来排除同时发生的事例；

(3) **延迟符合测量**：用于选择具有时间关联，且有一定时间间隔的衰变事例；

(4) **快慢符合测量**：在选择具有时间关联事例的同时，对测量的信号幅度进行判选。

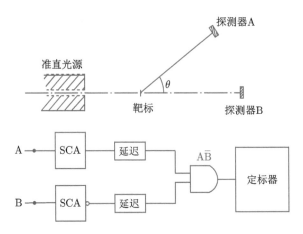

图 2.33 符合方法测量单体散射粒子示意图 (SCA：单道分析器)

两个 (或两个以上) 在时间上有关联的事件 (或信号) 所产生的符合计数称为**真符合计数**；而两个 (或两个以上) 在时间上没有关联的事件在最小脉冲重叠时间内被符合电路记录，称为**偶然符合计数**。由于核衰变的特性，在辐射测量中偶然符合是不可避免的事件。在实验设计中，需要尽可能地减小偶然符合计数，并通过数据分析排除偶然符合计数。任何一个符合电路都有一定时间响应，偶然符合计数与**符合电路分辨时间**直接相关。

以两路符合测量电路为例 (图 2.34)，探测器 1 输出信号经甄别器后产生宽度为 τ 的信号，探测器 2 输出信号也产生同样宽度的信号，两路信号经时间延迟后，同时送入符合电路输入端。当两个脉冲之间的时间间隔小于 2τ 时，符合插件产生的信号被计数器记录，反之，将不被记录。

如果探测器 1 的平均计数率为 N_1，探测器 2 的平均计数率为 N_2，则在时间 t 内第 1 路记录到 N 个脉冲的概率可用泊松分布表示：

$$f_1(N, t) = \frac{(N_1 t)^N \mathrm{e}^{-N_1 t}}{N!} \tag{2.76}$$

同样第 2 路记录到 N 个脉冲的概率为

$$f_2(N_1, t) = \frac{(N_2 t)^N \mathrm{e}^{-N_2 t}}{N!} \tag{2.77}$$

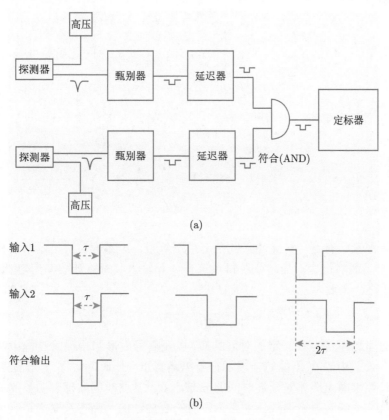

图 2.34 两路符合测量电路 (a)；信号符合时间关系 (b)

发生偶然符合的条件是：① 探测器 1 在记录一个事例后的 τ 时间内不再有新的计数，而探测器 2 在 τ 时间内至少有一次计数；② 探测器 2 在记录一个事例后的 τ 时间内不再有新的计数，而探测器 1 在 τ 时间内至少有一次计数。对应条件 1 发生概率是：

$$f_1(0,\tau)[1-f_2(0,\tau)] = \mathrm{e}^{-N_1\tau}(1-\mathrm{e}^{-N_2\tau}) \tag{2.78}$$

对应条件 2 发生概率是：

$$f_2(0,\tau)[1-f_1(0,\tau)] = \mathrm{e}^{-N_2\tau}(1-\mathrm{e}^{-N_1\tau}) \tag{2.79}$$

设两路探测器各自的平均计数分别为 N_1 和 N_2，上述两种过程产生偶然符合计数率分别是

$$\begin{cases} N_{\mathrm{rc1}} = N_1\mathrm{e}^{-N_1\tau}(1-\mathrm{e}^{-N_2\tau}) \\ N_{\mathrm{rc2}} = N_2\mathrm{e}^{-N_2\tau}(1-\mathrm{e}^{-N_1\tau}) \end{cases} \tag{2.80}$$

总的偶然符合计数率为

$$N_{\mathrm{rc}} = N_1 \mathrm{e}^{-N_1 \tau}(1 - \mathrm{e}^{-N_2 \tau}) + N_2 \mathrm{e}^{-N_2 \tau}(1 - \mathrm{e}^{-N_1 \tau}) \tag{2.81}$$

实际测量电路一般满足 $N_1\tau, N_2\tau, \cdots, N_k\tau \ll 1$。式 (2.81) 化简后可得

$$N_{\mathrm{rc}} \approx N_1(N_2\tau) + N_2(N_1\tau) = 2\tau N_1 N_2 \tag{2.82}$$

推广到 q 重符合电路，在满足 $N_1\tau, N_2\tau, \cdots, N_k\tau \ll 1$ 条件下，q 重符合偶然符合计数率为

$$N_{\mathrm{rc}} = (1 - \mathrm{e}^{-N_1\tau})(1 - \mathrm{e}^{-N_2\tau})\cdots(1 - \mathrm{e}^{-N_q\tau})\sum_{i=1}^{q}\frac{N_i \mathrm{e}^{-N_i\tau}}{1 - \mathrm{e}^{-N_i\tau}}$$

$$\approx q\tau^{q-1}N_1 N_2 \cdots N_q \tag{2.83}$$

如果测量中有 $q - k$ 路输入的是真事例信号，k 路输入的是偶然信号，同样会出现 p 重偶然符合。当一个逻辑系统有 q 路输入，每路计数率为 N 时，其中 p 重偶然符合计数为

$$N_{\mathrm{rc}}(q) = \frac{q!}{p!(q-p)!}pN^p\tau^{p-1} \tag{2.84}$$

由于符合电路本身存在一定的时间响应, 以及信号成形和传输的过程中产生的时间晃动，公式中的 τ 不能完全表示符合电路真正分辨时间。图 2.35 是实际测量的符合计数率随电路相对延迟时间的分布，可见其曲线的底部有明显的展宽，该分辨曲线称为瞬时符合曲线。通常由瞬时符合曲线的半高宽定义为符合电路的分辨时间，即 FWHM $= 2\tau_s$，并且与理想分布宽度 (2τ) 不同。测量符合电路瞬时符合曲线，要求关联信号发生时间间隔远小于符合电路本身分辨时间。由式 (2.82) 可得出符合电路分辨时间愈小，偶然符合计数率愈小，但是分辨时间不可能无限制地缩短。如果符合电路的分辨时间小于输入脉冲的时间晃动，就有可能发生漏计数现象，符合测量电路的符合效率降低，使得真符合计数丢失。

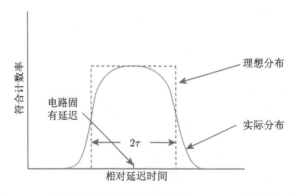

图 2.35　符合计数率随相对延迟时间的分布 (τ 为脉冲宽度)

图 2.36 是实验室常用的 β-γ 符合测量 γ 射线能谱电路图。图中，探测器 1 是用来探测 β 射线。探测器 2 是用来探测 γ 射线，但 β 射线也有可能在其中引起计数 (实际测量中，可在晶体前放置一定厚度的铝吸收片，用于吸收 β 射线)。两路信号经定时电路送入符合电路，给出多道分析器的门信号。多道分析器只有在门信号时间内才接收探测器 2 输出脉冲信号。下面以该电路为例，讨论符合电路一个重要参数：真偶符合比。

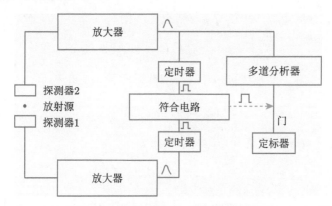

图 2.36 符合法测量 γ 射线能谱电路图

假定放射源产生 β、γ 射线是同时的，并且是各向同性的，则 β 粒子在探测器 1 中产生的计数率为

$$N_{1\beta} = \frac{\Omega_1}{4\pi}\varepsilon'_{1\beta}f_1A = \varepsilon_{1\beta}A \tag{2.85}$$

其中，$\varepsilon'_{1\beta}$ 是探测器 1 记录 β 粒子的本征探测效率；Ω_1 是探测器对放射源所张的立体角；f_1 是对其他因素的校正因子；A 是放射源的衰变率。因此，$\varepsilon_{1\beta} = \frac{\Omega_1}{4\pi}\varepsilon'_{1\beta}f_1$ 代表每次衰变时，探测器 1 产生 β 计数的概率。

由于探测器 1 对 γ 射线有一定的灵敏度，并且还存在本底计数，因此探测器 1 记录的总计数率为：$N_1 = N_{1\beta} + N_{1\gamma} + N_{1b}$。同理可得 γ 光子在探测器 2 中产生的计数率为

$$N_{2\gamma} = \frac{\Omega_2}{4\pi}\varepsilon'_{2\gamma}f_2A = \varepsilon_{2\gamma}A \tag{2.86}$$

其中，$\varepsilon'_{2\gamma}$ 是探测器 2 记录 γ 光子的本征探测效率；Ω_2 是探测器 2 对放射源所张的立体角；f_2 是对其他因素的校正因子。$\varepsilon_{2\gamma} = \frac{\Omega_2}{4\pi}\varepsilon'_{2\gamma}f_2$ 则表示每次衰变时探测器 2 产生 γ 计数的概率。探测器 2 的总计数率为 $N_2 = N_{2\gamma} + N_{2b}$。

当放射源每次衰变所放出的 β 射线被探测器 1 记录，而伴随的 γ 射线被探测器 2 记录，即产生一次真符合计数的概率为 $\varepsilon_{1\beta}\varepsilon_{2\gamma}$。因此，真符合计数率为

$$N_c = A\varepsilon_{1\beta}\varepsilon_{2\gamma} \tag{2.87}$$

符合测量要求有尽可能大的真符合计数率和偶然符合计数率的比值, 即真偶符合比。注意, 实际测量中符合电路计数包括偶然符合和真符合计数。因此, 在计算偶然符合计数率时, 必须先从 N_1 和 N_2 中减去真符合计数, 即

$$N_{rc} = 2\tau\left(N_1 - N_c\right)\left(N_2 - N_c\right) = 2\tau\left(N_{1\beta} + N_{1\gamma} + N_{1b} - N_c\right)\left(N_{2\gamma} + N_{2b} - N_c\right)$$
$$= 2\tau\left(\varepsilon_{1\beta}A + N_{1\gamma} + N_{1b} - A\varepsilon_{1\beta}\varepsilon_{2\gamma}\right)\left(\varepsilon_{2\gamma}A + N_{2b} - A\varepsilon_{1\beta}\varepsilon_{2\gamma}\right) \tag{2.88}$$

假设 $N_{1\gamma}$、N_{1b} 和 N_{2b} 很小, 可以忽略不计, 则

$$N_{rc} \approx 2\tau\varepsilon_{1\beta}\varepsilon_{2\gamma}A^2\left(1 - \varepsilon_{1\beta}\right)\left(1 - \varepsilon_{2\gamma}\right) \tag{2.89}$$

一般情况下, $\varepsilon_{1\beta}$ 和 $\varepsilon_{2\gamma}$ 都远远小于 1。因此, 上式可简化为

$$N_{rc} \approx 2\tau\varepsilon_{1\beta}\varepsilon_{2\gamma}A^2 \tag{2.90}$$

所以, 真符合计数率和偶然符合计数率之比为

$$\frac{N_c}{N_{rc}} \approx \frac{1}{2\tau A} \tag{2.91}$$

由此可见, τ 和 A 愈小, 真/偶符合比愈大, 这是实验所希望的。但是, A 小, N_c 也小, 这在实验上是不希望的。理想的情况是尽量减小 τ, 但有较大的 A, 这样既可以获得较大的真符合计数率, 又可以获得较大的真/偶符合比。

符合测量方法的另一个典型应用是探测器效率刻度。如图 2.37 所示, 待刻度的探测器 (D) 置于两个触发探测器 T_1 和 T_2 (探测效率分别是 ε_1 和 ε_2) 中间, 当粒子穿过 T_1 和 T_2 时必定穿过 D。假设有 N 个粒子同时穿过三个探测器, 则两重符合计数率是 $N_2 = \varepsilon_1\varepsilon_2 N$, 三重符合计数率是 $N_3 = \varepsilon_1\varepsilon_2\varepsilon N$, 待测探测器的效率 ε 为

$$\varepsilon = \frac{N_3}{N_2} \tag{2.92}$$

按照误差统计规律: 假设探测器的有效探测概率为 p, 无效探测概率为 $1 - p$, 对于 q 重符合电路, 在 n 次测量中, 探测器测量到 r 次粒子的概率服从二项式分布, 即

$$f(n, r, p) = \frac{n!}{r!(n - r)!}p^r q^{n-r} \tag{2.93}$$

该分布的期望值 $\langle r \rangle = n \cdot p$, 方差 $\sigma = \sqrt{n \cdot p \cdot q}$。对于上述三重符合计数误差可表示为

$$\sigma_{N_3} = \sqrt{N_2 \cdot \varepsilon(1 - \varepsilon)} \tag{2.94}$$

当系统探测效率很高时, 满足 $N_2 \approx N_3, 1 - \varepsilon \ll 1$ 条件, 式 (2.94) 近似为

$$\sigma_{N_3} \approx \sqrt{N_2 - N_3} \tag{2.95}$$

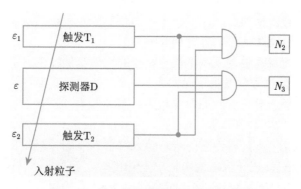

图 2.37 符合法测量探测器效率原理图

在许多大型物理实验中，多粒子探测效率是十分重要的。**多粒子探测效率**定义为 N 个粒子同时击中一个探测器时，该探测器记录到 N 个粒子的概率。由于任何探测器都存在一定响应时间 (或死时间)，当粒子击中数达到一定值时，探测器多粒子探测效率随着 N 的增大而减小。对于径迹探测器而言，相应存在多径迹重建效率问题。图 2.38 是 RHIC-STAR 谱仪利用时间投影室 (TPC) 测量的相对论重离子碰撞产生的径迹三维图像 [21]，该实验试图从 10 亿次碰撞产生约 5000 亿个径迹中分析寻找到稀有的反氢核事例。在这种实验环境中，探测器的多径迹重建效率会出现占用率 (occupancy) 问题，即粒子径迹密度过高，特别是靠近相互作用点，出现不同的径迹占用同一个探测器读出单元的问题。为减少占用率对径迹重建效率的影响，需要提高探测器位置分辨和时间分辨，增加读出通道数，并通过在线触发判选和离线物理分析提高系统鉴别效率和测量精度。

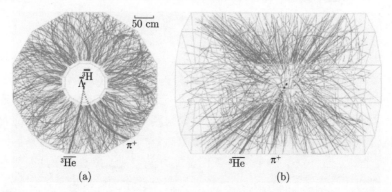

图 2.38 RHIC-STAR-TPC 测量的相对论重离子碰撞产生的径迹三维图像

2.2.7 触发与电子学系统

为了从大量的背景或本底信号中选取感兴趣的物理事例，在实验设计时，必须仔细分析产生事例的物理判据，确定对应的触发条件，并通过模拟研究系统地检验触发条件对实验数据的影响。一个大型谱仪的触发系统通常由两部分构成：基于电子学逻辑的触发和基于物理过程的触发。

基于电子学逻辑的触发系统是依据特定的物理事件发生时间和位置 (或能量-动量) 信息, 由大量电子学逻辑单元构成。每个逻辑单元只对核仪器标准逻辑电平有响应。逻辑信号一般只有两种电平状态：高和低 (1 或 0) 对应于 "是" 或 "否" 状态。以下是几种常用的逻辑单元。

(a) 与门 (AND)：只有当它的所有输入端都为 1 时才有输出；

(b) 或门 (OR)：任一输入为 1 时就有输出；

(c) 异或门 (XOR)：仅当一个输入端为 1 时才有输出。

这些逻辑单元通常都可实现反相输出，例如，与门、或门反相后就分别称为与非门、或非门。反相输入和输出用一小圆圈或加一横杠来表示，如图 2.39 所示。

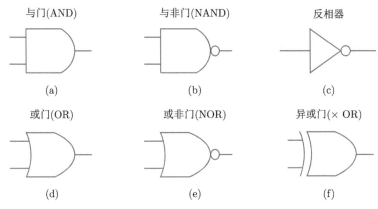

图 2.39   常用的逻辑门符号

逻辑电路多数由半导体器件 (如 CMOS：互补型金属氧化物半导体) 组成，具有一定的带宽和时间响应限制。在实验设计中，要考虑多路的逻辑信号之间可接受的最小信号重叠时间和建立时间。由于每一逻辑电路都有一定的传输延迟，而时间延迟大小与电路负载有关，即要求考虑电路可驱动负载能力。引线 (或接线) 电阻和容性负载也将引入延迟，它与引线数目、引线长度以及印制板基材的介电常数有关。此外, 器件性能稳定性与工作温度有关。为保持各个单元时钟同步，所有电路定时可用一个主时钟标定，这种处理方法要附加时钟电路，但是增加了系统可靠性。

逻辑电路设计可采用商业集成芯片 (例如，含多个与非门的触发器) 组合构成简单的逻辑电路和电子学插件。随着微电子学技术的进步，大型实验中复杂的逻辑系统一般不使用商用芯片电路，而采用专用集成电路 (Application-Specific Integrated Circuit, ASIC) 和现场可编程门阵列 FPGA(Field-Programmable Gate

Array)，或现场可编程逻辑阵列 (FPLA)。在 FPGA 中，数字电路不再以反相器、门和触发器的简单组合来出现，而是作为一个集成的逻辑单元用于各种信号判选的需求，并给出相应的输出。FPGA 芯片具有大量的逻辑单元和 RAM 资源，采用高速 I/O 速率和双向数据总线，以实现复杂的数字信号计算和处理。FPGA 可以用来实现 ASIC 可以执行的任何逻辑功能，具有可更新和重新配置的优点，相对于 ASIC 电路成本较低。对于 FPGA 设计，已发展了完整的软件工具，有些专用软件已考虑了传输延迟、连线长度、负载以及温度效应和模拟测试功能。在实际应用中，如何在设置时间与信号时间之间保持有效数据及正确时序，并满足 FPGA 内部的资源分配，是触发逻辑电路设计的重要环节。

由于探测器响应存在一定的死时间，由各种电子学逻辑电路构成的触发系统存在一定响应时间，为了避免数据丢失，提高取数的效率和统计显著性，需要采用多级触发方式。以气体径迹探测器触发为例，其电子学逻辑一级触发率一般低于 10 kHz，对应于触发事例时间间隔约为 100 μs，在此时间内，要求完成模拟信号和时间信号的数字化，以及数字处理器各种操作，包括径迹匹配，能量簇团寻找，或顶点拟合等。经二级触发后事例率取决于整个事例的读出时间，一般可减少到 10~100 Hz。进一步对径迹事例过滤和提纯，并对探测器单元之间的信号关联进行匹配，直至把事例率降低到几 Hz。经三级触发，通常可在 100 ms 时间内完成数据处理。如果事例数很高，可分配至并行处理器完成处理。同时在数据传输过程中，对于不同事例触发级别，可通过事例缓存协调不同处理器的运行时间，使得数据达到同步要求。

图 2.40 是 ATLAS 半导体径迹探测器 (SCT) 与读出电子学结构图 [22]。整个 SCT 由多层硅探测器构成，每层探测器模块由上千个单元组成。每个探测单元中每路信号经模拟电路处理后，送入数据存储流水线等待读出指令，变量读/写指针 (R/Ws) 允许读和写同时进行。在感兴趣的时间触发窗口 (由事例产生时间决定)，信号被数字化并与阈值 (由本底信号决定) 比较判选后被读出。每个探测器模块读出电路模块具有确定的地址，并连接到公共控制和数据输出总线，由总线发出控制指令对每个模块的数据进行顺序读出。这里控制指令是数据获取系统的关键部分，由在线触发系统决定。为此，其在线触发系统按照每层相邻的读出条为一组，由几千个逻辑单元并行处理，给出可能的径迹触发信号。为了避免过多的连线和门电路，采用现场可编程逻辑阵列处理器 (FPLA)。将整个探测器读出分为多个扇区，连接到寻迹处理器，如果一个扇区没有径迹，则检验下一个扇区，如果有径迹触发信号则启动该扇区寻迹。图 2.41 是一种基于 FPLA 的寻迹逻辑电路示意图。

另外一种是基于微处理器的可变流程触发，可同时用于径迹处理和不变质量数据分析，精度更高，但处理时间较长，常用于气体径迹室 (如 TPC，漂移室)。

由于处理器本身在处理数据过程中存在响应时间，为了评估触发系统能力，引入限定参数 G：

$$G < G_{\max} = \frac{1+k}{1+k(t_{\mathrm{p}}/t_{\mathrm{R}})} \tag{2.96}$$

式中，k 是表征处理器算法质量的因子 (或抑制比)；t_{p} 是处理器记录时间；t_{R} 是记录长度造成的死时间。例如，一个处理器的处理速度比记录速度快 10 倍，即 $t_{\mathrm{p}}/t_{\mathrm{R}} = 0.1$，事例记录平均等待时间是 1 ms，如抑制比 $k = 3$，$G_{\max}$ 约为 3.08，$k = 9$ 时，$G_{\max}$ 到达 5.26。

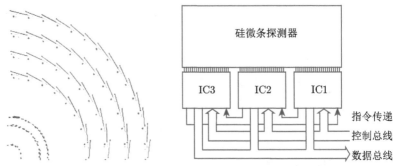

(a) ATLAS SCT 探测器，轴向1/4视图

(b) 信号读取与控制：多个IC组成的
读出电路，最右边的芯片IC1是
主芯片。当控制总线上启动读出
指令时，由IC1写入其所有数据，
它将指令传递给IC2；当IC2完时，
它将指令传递给IC3，
而IC3又将返回给主IC1

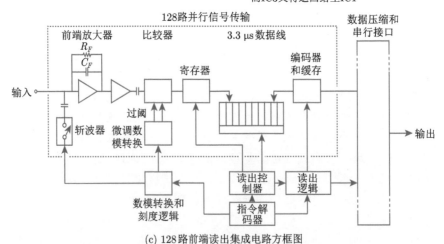

(c) 128路前端读出集成电路方框图

图 2.40 ATLAS 半导体径迹探测器与读出电子学结构图

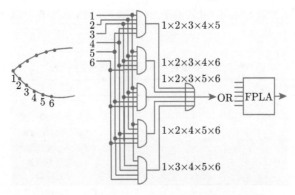

图 2.41 基于 FPLA 的寻迹逻辑电路示意图

物理触发判选条件取决于相互作用过程和衰变末态粒子类型，可分为产生事例拓扑触发和粒子种类触发。事例拓扑触发主要涉及相互作用运动学特征，包括径迹多重数，粒子的动量和运动方向，以及衰变事例的共面性。粒子种类触发涉及衰变粒子探测机制和鉴别方法。图 2.42 是正负电子束碰撞实验中，一些典型本底和物理事例产生拓扑图。表 2.2 是几种典型粒子类型触发与鉴别方法。很多大型实验，仅仅事例拓扑和粒子鉴别是不够的，需要对粒子的沉积能量，不变质量和

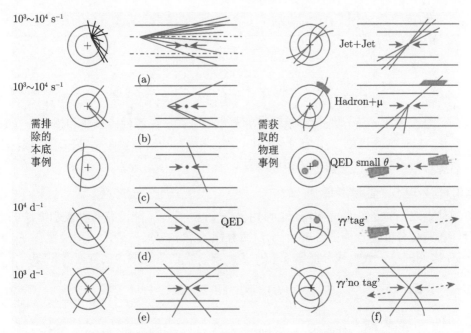

图 2.42 正负电子束碰撞实验中典型的本底 (a)～(e) 和物理事例产生拓扑图 (f)

(a) 源自真空管簇射；(b) 束流气体相互作用；(c) 宇宙线本底；(d) 共面及共线束流作用；(e) 多束团作用

丢失质量, 以及相互作用顶点进行分析并设置相应触发逻辑 (进一步论述见第 4、5 章)。

表 2.2 典型粒子类型触发与鉴别方法

粒子种类	鉴别方法
γ, π^0	簇射粒子数分布 取样型或全吸收型 电磁簇射量能器
e	$\mathrm{d}E/\mathrm{d}x$, 电磁簇射 切连科夫辐射 穿越辐射
μ	穿过轭铁, μ 探测器触发信号
$\pi^{\pm}$	飞行时间, 切连科夫辐射
$K^{\pm}$	飞行时间, 切连科夫辐射
K^0	多重数增加 $n \rightarrow n+2$ 径迹非源于对撞点 带电粒子反符合
$p, \bar{p}$ (快)	飞行时间, 切连科夫辐射
p (反冲)	射程 固体探测器
n, $\bar{n}$	塑料闪烁探测器 液体闪烁探测器 气体多丝室 (He^3) n-p 弹性散射 带电粒子反符合

2.3 带电粒子和 γ 光子能谱测量

带电粒子和 γ 光子能量测量是辐射测量的基础。在各种核衰变和核反应参数的测量, 粒子探测器刻度和检测, 放射化学、环境检测及放射医学等应用领域, 都涉及带电粒子和 γ 光子能谱的精确测量。

2.3.1 带电粒子能谱测量

能谱表示粒子能量分布特征, 可用函数 $n(E)$ 表示。能谱有两种表示方法: 微分能谱和积分能谱。如图 2.43 所示, 微分能谱用 $n(E)\mathrm{d}E$ 表示, 即能量在 E 与 $E\mathrm{d}E$ 之间的粒子数; 积分能谱 $N(E)$ 表示在一定能量范围内的粒子数, 即

$$N(E) = \int_{E_0}^{\infty} n(E)\mathrm{d}E \tag{2.97}$$

或者在一定能量区间

$$N(E_1 < E < E_2) = \int_{E_1}^{E_2} n(E)\mathrm{d}E \tag{2.98}$$

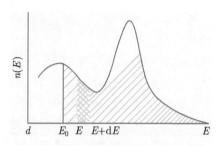

图 2.43 微分能谱和积分能谱示意图

实际测量的是与能量成正比的脉冲信号幅度分布, 因此能谱又称为脉冲幅度谱。实验中需要通过能量–幅度刻度获得两者的对应关系。图 2.44 是常用的计算机多道脉冲幅度分析器 (MCA) 电路原理图。探测器信号经放大成形后送入 ADC, 经外部控制和数据处理, 可实时获取脉冲幅度分布。

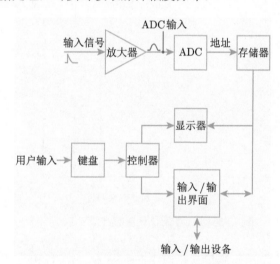

图 2.44 多道脉冲幅度分析器电路原理图

以下是几种常用带电粒子能谱测量方法。

1. α 粒子能谱测量

由于半导体材料的密度较大, 对重带电粒子阻止本领高, 具有较快的上升时间和好的线性响应, 对磁场不灵敏等优点, 基于半导体探测器的带电粒子谱仪在实验中广泛使用。

与气体探测器和闪烁计数器相比, 带电粒子在半导体探测器中产生电子–空穴对所需要的平均能量约为 3 eV, 而在气体中产生电子–离子对所需要的能量约为 30 eV, 在闪烁体中平均需要约 300 eV 的能量才能在光电倍增管阴极上产生一个光电子。粗略估算，对于最小电离粒子，在半导体探测器中产生约 10^8 个电子–空穴对，在气体探测器中产生的 10^5 个电子–离子对，而在闪烁体中能在光电倍增管阴极上产生 10^4 个光电子。因此，单纯从信号的统计涨落考虑，半导体探测器的能量分辨率要比气体探测器和闪烁计数器小 1~2 数量级。

Si(Li) 半导体谱仪是常用的 α 谱仪，因为它在室温下也有相当好的能量分辨率。α 谱仪半导体探测器必须置于真空中，以避免空气对 α 粒子的吸收。由于 α 粒子在非灵敏层内的能量损失较大, 减少非灵敏层的厚度 (包括入射窗) 对于提高能量分辨是重要的。此外，需要注意探测器边缘效应、电子学噪声及系统稳定性影响。图 2.45 是用 Si(Li) 谱仪测量的 ^{209}Po、^{210}Po、^{239}Pu 和 ^{241}Am 源能谱。

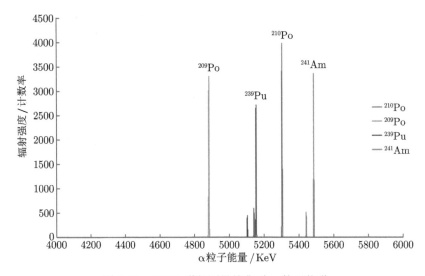

图 2.45　Si(Li) 谱仪测量的典型 α 粒子能谱

半导体谱仪广泛用于测量核反应中产生的 p、d、T 和 α 粒子。在测量这些重带电离子和裂变碎片的能量时，需要考虑重离子辐射损伤效应。一般硅基半导体探测器可承受辐照量 $10^8 \sim 10^{10}$ 粒子数/cm^2。

使用半导体探测器测量电子能谱时，由于电子与重带电粒子比较，在能量相同时有较长的射程 (例如 1 MeV 的电子在硅中的射程近似等于 2 mm)，因此大多数半导体电子谱仪只用在能量 < 2 MeV 的电子测量。室温条件下, 多采用 Si (Li) 探测器。在某些实验中也采用 Ge 半导体探测器来测量高能 (<10 MeV) β 能谱，因为锗的阻止本领较大，即使如此，由于多次散射效应，实际测到的谱是很复杂的。此外，伴随 β 射线的 γ 射线干扰，以及 β 射线在吸收体中引起的韧致辐射也会对 β 连续谱测量产生重要影响。

2. β 能谱测量

利用磁场力与带电粒子运动学关系，可精确测量带电粒子的能量和动量，基于该方法设计的探测装置称为磁谱仪。比较而言，磁谱仪具用更大的运动学相空间，在 β 能谱精确测量和带电粒子鉴别中都有广泛使用。从早期汤姆逊发现电子装置，到后来阿斯顿谱仪，以及高能物理实验中大型磁谱仪，都可以看作不同类型磁谱仪。磁谱仪测量原理如下：

当一个电荷为 q 的粒子在磁感应强度为 $\boldsymbol{B}$ 的磁场中运动时，受到的作用力为

$$\boldsymbol{F} = q\boldsymbol{v} \times \boldsymbol{B} \tag{2.99}$$

其中，$\boldsymbol{v}$ 是粒子的速度。当粒子的速度垂直于磁场时，其运动方程为

$$\frac{Mv^2}{\rho} = qvB \tag{2.100}$$

其中，ρ 是粒子运动轨道的曲率半径。上式可改写为

$$B\rho = \frac{Mv}{q} \tag{2.101}$$

这里，$B\rho$ 为谱仪的磁刚度。当磁感应强度一定时，动量相同而质量不同的单电荷粒子将具有同样的曲率半径。测定 $B\rho$ 值也就确定了粒子的动量。粒子物理实验中常用的动量和磁刚度关系式为

$$p = 0.3qB\rho \tag{2.102}$$

式中，p 的单位是 GeV/c；B 的单位是 T (特斯拉)；q 是粒子携带的电量。

根据相对论粒子的动量 p 和动能 E_k 之间关系式：

$$(E_k + m_0c^2)^2 = p^2c^2 + m_0^2c^4 \tag{2.103}$$

对上式微分可以得出

$$\mathrm{d}E_k = \frac{pc^2}{E_k + m_0c^2}\mathrm{d}p \tag{2.104}$$

在非相对论情况下，上式简化为

$$\mathrm{d}E_k = \frac{p}{m_0}\mathrm{d}p \tag{2.105}$$

可见动量分布和能量分布差一个系数。如测得粒子的动量分布 $N(P)\mathrm{d}p$，可以将它转变为能量分布 $N(N_k)\mathrm{d}E_k$。把式 (2.101) 代入式 (2.103)，可得到粒子动能与 $B\rho$ 的一般关系式：

$$E_k = [(m_0c^2)^2 + Z^2e^2(B\rho)^2]^{1/2} - m_0c^2 \tag{2.106}$$

根据上述原理设计的 β 磁谱有多种形式。常用的小型 β 磁谱仪性能参数包括：分辨率 R、透射率 T、立体角 Ω、亮度 L、品值因子 T/R 和色散 D。由于谱仪聚焦系统存在各种像差，谱仪所记录下来的单能电子的动量 (或能量) 分布是具有一定宽度的，实验中把谱线高度一半处的全宽度记为 $\Delta\,(B\rho)$，称为半高宽，其分辨率 R 定义为

$$R = \frac{\Delta\,(B\rho)}{B\rho} = \frac{\Delta P}{P} \tag{2.107}$$

由式 (2.105) 和式 (2.106) 可以导出能量分辨率和动量分辨率的关系:

$$\frac{\mathrm{d}E}{E} = \frac{E + 2m_0c^2}{E + m_0c^2}\frac{\mathrm{d}p}{p} \tag{2.108}$$

透射率 T 定义为

$$T = \frac{N}{N_0} \tag{2.109}$$

式中，N_0 为源 (或核反应产物) 在单位时间内发射的粒子数；N 为单位时间内探测器记录到的粒子数。它主要取决于谱仪对源的有效立体角 Ω。由于粒子进入谱仪入射孔径后要受到偏转和聚焦系统的作用，一部分不能到达探测器，探测器的效率也不一定是 100%，因此谱仪透射率还受到谱仪磁场系统和探测效率影响。实验设计中，磁谱仪的分辨率和透射率要相互兼顾，如要求分辨率好，透射率就小，通常以比值 T/R 表示一个谱仪的品质因子。

磁谱仪的色散 D 表示粒子的动量变化引起的谱仪成像位置 s 的变化，即

$$D = \frac{\mathrm{d}s}{\Delta p/p} = \frac{\mathrm{d}s}{R} \tag{2.110}$$

可见色散是与 R 成反比的。

按聚焦方式，β 磁谱仪大致可分为横向磁场聚焦谱仪和纵向磁场聚焦谱仪。常用的横向磁场谱仪有半圆谱仪和双聚焦谱仪，纵向磁场谱仪有扇形磁谱仪和螺线管谱仪等。图 2.46 是典型双聚焦谱仪和螺线管谱仪电子运动轨迹示意图 [23]。双聚焦谱仪具有轴对称横向非均匀磁场，这种磁场不仅在垂直磁场方向的平面内有聚焦作用，而且在磁场方向也有聚焦作用。双聚焦磁铁广泛用于回旋加速器和带电粒子束偏转装置中。

螺线管磁谱仪具有纵向均匀磁场，带电粒子通过螺线管磁场与光线通过透镜的聚集作用相似 (称为磁透镜)。当粒子从 S 点出发 (与 z 轴夹角为 α) 做螺旋运动，其螺旋轨迹与 z 轴两次相交的距离正比于粒子动量，因此可用作动量分析。加速器物理实验及大型磁谱仪常采用类似的磁场结构。

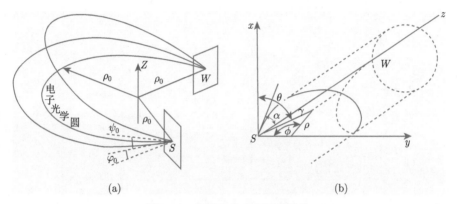

图 2.46   磁谱仪中电子运动轨迹

(a) 双聚焦谱仪；(b) 螺线管谱仪

在辐射测量中，磁谱仪和半导体探测器都能用来测量 β 谱，但它们单独使用时都有缺点。磁谱仪测量 β 谱是逐点测量，因此当放射性样品活度随时间变化时，或者在加速器束流测量时，束流强度的改变是随机的，使修正变得复杂。磁谱仪的另一个缺点是它的动量分辨率与透射率的要求是矛盾的，为了能获得足够大的透射率，不得不牺牲动量分辨率。而半导体探测器时间响应很快，能同时获取整个能谱，即使在计数率较高时，脉冲信号堆积所引起的谱型畸变较小，但是受限于灵敏体积，可直接测量的能量和动量范围有限。为了克服这些缺点，实验中广泛采用 β 磁谱仪和半导体探测器相结合的方法。一种典型的磁谱仪是采用螺线管磁场将偏转后的电子聚焦到半导体探测器上，这种谱仪的优点是具有较大的立体角和很高的能量分辨，同时可以减少散射的粒子和 γ 射线所产生的本底。特别当电子的动能大于几百 keV 时，电子的能量和动量之间的关系几乎是线性的，半导体探测器的能量选择和磁谱仪的动量选择可以同步进行。

另一方面，这类磁谱仪体积较大，磁场结构比较复杂，造价较高，从而限制了它在辐射测量中的应用，但它具有大动态和高分辨的优点，在同位素分析、重离子物理、原子–分子结构等学科的研究中仍然是重要的测量手段。图 2.47 是用磁谱仪测量的 ^{207}Bi 内转换电子能谱，可见其具有非常高的灵敏度和分辨率。

3. 磁谱仪与粒子动量测量

与辐射测量不同，在加速器物理实验中的磁谱仪主要用于测量带电粒子的动量。由于碰撞产生的绝大多数带电粒子电荷数 $z = 1$，测量这些粒子在确定磁场中的轨迹及偏转曲率半径，可准确测量带电粒子动量值，进而用于不同质量的粒子鉴别。

图 2.48(a) 是固定靶实验中磁谱仪测量带电粒子径迹示意图。磁场 B 沿着 y

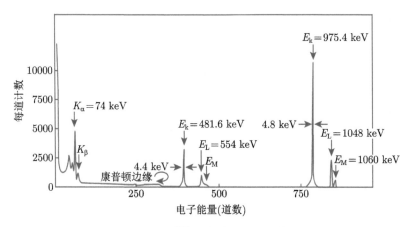

图 2.47　^{207}Bi 内转换电子能谱

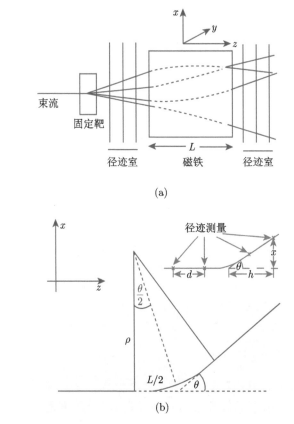

图 2.48　固定靶实验中磁谱仪中带电粒子径迹 (a) 与径迹偏转 (b)

轴，即 $B(0, B_y, 0)$，原初粒子束的入射方向取为平行于 z 轴，带电粒子的偏转发

生在 x-z 平面, 待测粒子动量 $|p| = p_z = p$。当粒子运动方向与磁场垂直时, 由偏转半径与动量 p 关系式, 可得

$$\rho = \frac{p}{0.3B_y} \tag{2.111}$$

由于磁场长度 $L \ll \rho$, 因此偏转角度 θ 可近似表示为

$$\theta \approx \frac{L}{\rho} = 0.3B_y \frac{L}{p} \tag{2.112}$$

带电粒子在磁场中获得的附加横动量为

$$\Delta p_x = p\sin\theta \approx p\theta = 0.3B_y L \tag{2.113}$$

一般情况下可表示为

$$\Delta p_x = e \int_0^L B_y(l)\mathrm{d}l \tag{2.114}$$

由式 (2.112) 可得

$$p = 0.3B_y\rho = 0.3B_y \frac{L}{\theta} \tag{2.115}$$

其动量与偏转角的变化关系为

$$\left| \frac{\mathrm{d}p}{\mathrm{d}\theta} \right| = 0.3B_y \frac{L}{\theta^2} = \frac{p}{\theta} \tag{2.116}$$

即有

$$\frac{\mathrm{d}p}{p} = \frac{\mathrm{d}\theta}{\theta} \quad 或者 \quad \frac{\sigma(p)}{p} = \frac{\sigma(\theta)}{\theta} \tag{2.117}$$

由于粒子入射和出射径迹是直线 (图 2.48(b)), 设粒子入射和出射 X 坐标分别为 (x_1, x_2) 和 (x_3, x_4), 则偏转角为

$$\vartheta_{\mathrm{def}} = \theta_{\mathrm{in}} - \theta_{\mathrm{out}} \approx \frac{x_2 - x_1}{d} - \frac{x_4 - x_3}{d} \tag{2.118}$$

这里 $d(= h)$ 是对称安置的径迹探测器测量单元距离。如果所有的径迹位置测量误差 $\sigma(x)$ 相同, 可得偏转角的方差为

$$\sigma^2(\theta) \propto \sum_{i=1}^4 \sigma_i^2(x) = \frac{4\sigma^2(x)}{d^2}, \quad \sigma(\theta) = 2\frac{\sigma(x)}{d} \tag{2.119}$$

代入式 (2.117) 可得

$$\frac{\sigma(p)}{p} = \frac{p[\mathrm{GeV}/c]}{0.3L[\mathrm{m}] \cdot B[\mathrm{T}]} \frac{2\sigma(x)}{d} \tag{2.120}$$

可见，该磁谱仪动量分辨 $\sigma(p)$ 正比于 p^2，并与径迹分辨直接相关。如忽略磁场均匀性影响，其动量分辨率可达

$$\frac{\sigma(p)}{p} = (10^{-3} \sim 10^{-4})p \ [\text{GeV}/c] \tag{2.121}$$

实际测量中由于带电粒子在运动过程中存在多次散射效应，动量分辨需要加上该项贡献。由于偏转发生的 x 方向，多次散射导致测量的动量误差在该方向的投影可表示为

$$\Delta p_x^{\text{ms}} = \frac{19.2}{\sqrt{2}}\sqrt{\frac{L}{X_0}} = 13.6\sqrt{\frac{L}{X_0}} \ [\text{MeV}/c] \tag{2.122}$$

由多次散射与磁场偏转导致的动量变化，可表示为

$$\left.\frac{\sigma(p)}{p}\right|^{\text{ms}} = \frac{\Delta p_x^{\text{ms}}}{\Delta p_x^{\text{magn}}} = \frac{13.6\sqrt{L/X_0} \ [\text{MeV}/c]}{e\displaystyle\int_0^L B_y(l)\mathrm{d}l} \tag{2.123}$$

图 2.49 给出了铁磁介质谱仪的多次散射和径迹测量误差与动量分辨的关系，可见对于低动量粒子，多次散射误差对动量分辨影响较大，而对于高动量粒子，径迹测量误差对动量分辨影响较大。

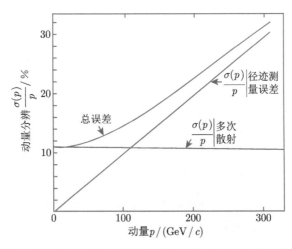

图 2.49 铁磁介质谱仪中多次散射和径迹测量误差与动量分辨的关系

2.3.2 γ 射线能谱测量

各种粒子相互作用和核衰变过程都伴随着 γ 光子，显然，γ 光子能谱测量是必不可少的。用 γ 能谱仪测量放射性样品能谱，确定放射性核素成分和强度，是

核技术常用的检测方法。在加速器物理实验中，高能 γ 光子引发的电磁簇射，需要有专门测量方法。

γ 光子探测一般采用无机闪烁晶体探测器。从 20 世纪 40 年代开始，各种晶体材料配合光电倍增管开始用于 γ 射线探测，其中掺铊碘化钠 (NaI(Tl)) 晶体探测器探测效率高，能量分辨率较好，性价比高，在核物理、核医学、环境检测等领域应用广泛。图 2.50 是 NaI 晶体吸收系数与光子能量的关系和 NaI-γ 射线能谱仪工作原理示意图。

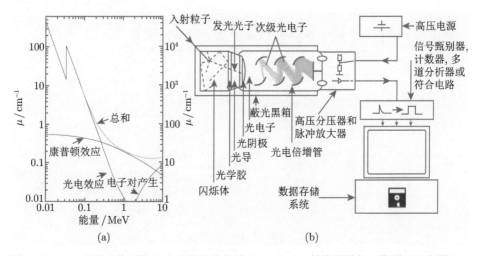

图 2.50　NaI 晶体吸收系数与光子能量的关系 (a)；NaI-γ 射线能谱仪工作原理示意图 (b)

20 世纪 60 年代末，研制成功适用于 γ 射线探测的 Ge(Li) 探测器，以及适用于 X 射线探测的 Si(Li) 探测器，比 NaI(Tl) 探测器的能量分辨率提高了几十倍。之后，随着锂漂移掺杂工艺的提高，Ge(Li) 探测器的灵敏体积也逐渐增大，从而制作出其探测效率可以和 NaI(Tl) 探测器相当的 Ge(Li) 探测器，使得 γ 射线谱的测量与分析方法获得了长足进步。

锂漂移探测器的缺点是需要在液氮低温环境下保存和工作，常温下几小时就可能造成探测器性能不可恢复的损坏。70 年代后期，随着半导体锗材料工艺的提高，杂质浓度降到 $10^9 \sim 10^{10}$ cm^{-3} 以下，研制出高纯锗 γ 射线探测器。由于高纯锗禁带宽度只有 0.67 eV，同样能损可产生更多的电子–空穴对，使得统计涨落引起的能谱展宽较小，探测器本征分辨率高。极少缺陷的高纯度锗单晶，有利于提高载流子收集效率，对于 γ 射线探测效率相当于 NaI(Tl) 探测器。另一方面，高纯锗禁带宽度低，常温下存在热激发暗电流，因此要求工作在液氮温度下，但由于高纯锗探测器没有锂补偿，可在常温下保存和运输。实际应用中，可针对不同需求加工成平面型、阱型、薄窗型等，配合专门谱仪放大电路，构成多种类型的高分辨能谱仪。图 2.51 是典型的高分辨 γ 射线能谱仪结构方框图，其中包含反堆积、极性零补偿、基线恢复、门触发电路。图 2.52 是一种高分辨 γ – γ 符合方法测量能谱装置电路图。

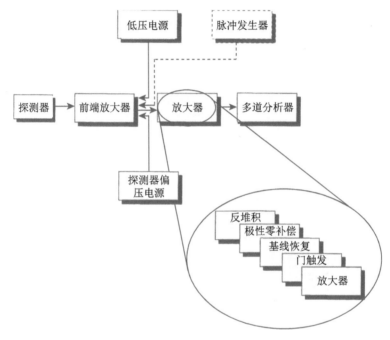

图 2.51　高分辨 γ 射线能谱仪结构方框图

单能的 γ 射线和物质相互作用后，由不同的效应产生的次级电子能量是不相同的，因而对应的脉冲幅度也是不同的，即使是单能 γ 射线的脉冲幅度谱也有一定的分布，一般由全能峰、康普顿连续谱和特征峰组成。此外，由于 γ 射线在与探测器周围物质相互作用后的次级 γ 射线再进入探测器被探测，X 射线和湮没光子的逃逸，以及伴随 β 射线的韧致辐射使 γ 能谱复杂化。图 2.53 是典型的 NaI(Tl) 谱仪测量的 γ 射线 (几 MeV 以下) 能谱，通常包含以下特征峰。

(a) 当 γ 射线与周围物质相互作用中发生光电效应时，伴随的 KX 射线从物质中逃逸出来，并进入探测器的灵敏体积中而被探测，则 γ 谱上将出现相应能量的 KX 射线峰。NaI(Tl) 的碘原子序数 $Z = 52$，特征 X 射线能量 $E_{KX} = 28.5$ keV (锗和硅的 E_{KX} 分别是 7.0 keV 和 1.8 keV)。如果 KX 射线从灵敏体积中逃出，其光电效应必然在灵敏体积的外表层发生，并出现在 γ 射线能谱低能区。

(b) 反散射峰是 γ 射线与周围物质 (如晶体包装的外壳、屏蔽体、光电倍增管材料等) 的康普顿散射，对于散射角接近 180° 的散射光子贡献。反散射光子的

能量对入射 γ 射线的能量变化不灵敏, 当 γ 射线的能量在很大范围内变化时, 它的能量都在 200 keV 左右, 可以用作分辨率不高的 NaI-γ 射线谱仪的能量刻度参考值。

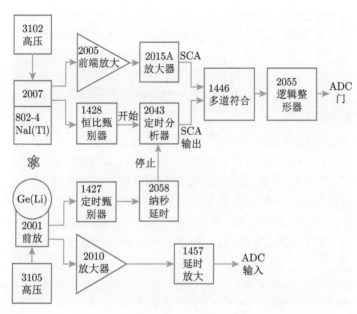

图 2.52　一种高分辨 γ－γ 符合方法测量能谱电路图 (图中数字是 Canberra 公司生产的 NIM 插件型号)

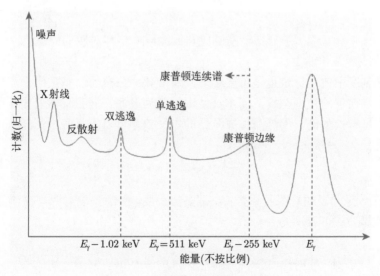

图 2.53　典型的 γ 射线能谱示意图

(c) 对于 γ 射线能量大于 1.02 MeV，其能谱中可能出现双逃逸、单逃逸 (相应能量为 $E_\gamma - 1.02$ MeV 和 $E_\gamma - 0.511$ MeV)。

γ 射线能谱测量不仅需要搭建测量装置，还包括谱仪系统刻度和能谱分析。γ 谱仪刻度包含能量和效率的刻度。

能量刻度通常采用一套能量已知的标准 γ 源来进行刻度，即测量各种单能 γ 射线的脉冲幅度谱，求出 γ 射线能量与全能峰脉冲幅度一一对应的刻度曲线。由于闪烁晶体的光输出与 γ 射线能量之间并不具有严格的正比关系，特别是在低能时偏离线性较大，非线性响应和累加效应所引起的全能峰展宽决定能量刻度的精度，一般测量要求误差小于 1%。

国际原子能机构 (IAEA) 建议的标准源系列包括：^{241}Am、^{57}Co、^{203}Hg、^{22}Na、^{137}Cs、^{54}Mn、^{88}Y 和 ^{60}Co，这些源的能量覆盖范围：60 keV~1.8 MeV。采用 ^{75}Se、^{82}Br、(或 ^{152}Eu) 和 ^{56}Co 的组合源，能量范围可达到 0.066~3.3 MeV。由于刻度精度取决于峰位精度，一般通过数据拟合获得精确的峰值。对于大多数谱仪，还必须对探测器的计数率加以限制，以避免峰位漂移。考虑到谱仪可能的不稳定性，能量刻度可以在样品测量前后进行，或者同时进行，否则需要对谱仪的零点和峰位漂移进行修正。

在实际测量中，当感兴趣的能量范围不大时，可在能谱的低能段和高能段各选一个标准谱线 (也可在感兴趣的能量范围任选两个标准谱线) 来刻度，这时任意峰位对应的 γ 射线能量满足线性关系：

$$E = E_\ell + \frac{x - x_\ell}{x_{\mathrm{h}} - x_\ell}(E_{\mathrm{h}} - E_\ell) \tag{2.124}$$

其中，x_{h}、x_ℓ 和 E_{h}、E_ℓ 分别是高能段和低能段峰位和对应的能量；x 和 E 是待定的 γ 射线峰位和能量。

能谱刻度中效率标定也是重要环节。通常脉冲分布的面积正比于测量的 γ 射线源强度，谱仪的效率与探测器本征效率、几何效率、背景计数及电子学阈值相关。以闪烁谱仪为例，闪烁晶体探测器的本征效率可以表示为

$$\varepsilon = 1 - \exp[-\mu(E)L] \tag{2.125}$$

其中，$\mu(E)$ 是光子的总吸收系数；L 是晶体长度。考虑到放射源与探测器立体角，其效率计算公式可表示为

$$\varepsilon(E) = \frac{\int_0^{\theta_1} \{1 - \exp[-\mu(E)L/\cos(\theta)]\}\sin\theta \mathrm{d}\theta}{1 - \cos\theta_0}$$

$$+ \frac{\int_{\theta_1}^{\theta_0} \{1 - \exp[-\mu(E)R/\sin(\theta) - d/\cos(\theta)]\} \sin\theta \mathrm{d}\theta}{1 - \cos\theta_0} \tag{2.126}$$

式中几何参数定义如图 2.54 所示，其中

$$\theta_1 = \arctan[R/(d+L)], \quad \theta_0 = \arctan(R/d)$$

显然，探测效率随着晶体尺寸的增加而增加。然而，当探测体积增加时，本底计数率也会增加，而效率随尺寸的增加一般比本底计数小。因此，对于给定的实验来说，特别是大型探测装置，由于辐射背景限制，对于每个探测单元，实际尺寸应有一个合适的上限。

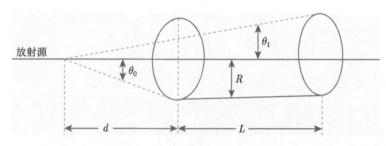

图 2.54 源与晶体张角和几何参数

实验中可通过对一系列标准 γ 源的放射性活度绝对测量，根据已知核素衰变纲图，求出源的单能 γ 射线的强度，进而得到 γ 谱仪的效率刻度曲线。在高计数率情况下，为了避免峰的形状随计数率改变而带来误差，以及减少偶然符合效应，需要控制触发条件，减少信号堆积。当已有的标准 γ 源有限时，效率刻度点也受到限制，为此需要选择合适的拟合函数，由有限的实验点获得最佳的效率曲线。例如，采用多参数拟合函数：

$$\log\varepsilon = \sum_{i=1}^{n} a_i \log(c/E)^{i-1} \tag{2.127}$$

式中，ε 为全能峰效率；E 为 γ 射线能量；c 为刻度系数；a_i 为与测量系统有关的 n 个待定参数。也可以采用多项式分段拟合：

$$\log(\varepsilon) = a_1 E + a_2 + a_3 E^{-1} + a_4 E^{-2} + \cdots + a_n E^{-n} \tag{2.128}$$

其中，a_i 是拟合参数，取两个函数在接点处的拟合效率相同，可获得较好的拟合结果。

在实际测量中，常使用能谱总面积计数的办法来标定 γ 射线的强度。采用该方法要求测量条件必须与标准条件完全一致，并对各种干扰效应做出修正。由于全能峰的面积几乎不受其他因素的影响，因此可用来标定 γ 射线的强度。图 2.55 是扣除本底计算峰面积示意图。如直接扣除本底梯形面积 B，其净峰面积 (NPA) 可表式为

$$\text{NPA} = \sum_{i=L}^{R} a_i - (a_L + a_R)\frac{R-L+1}{2} \tag{2.129}$$

式中，a_i 表示第 i 道计数；L 和 R 分别是左右峰位边限对应的道数。当数据统计量足够多时，左右积分边限也可以取峰的半高宽对应道数。当峰面积计数较少，峰边界道数不确定时，可采用多项式最小二乘法计算本底面积，其 NPA 可表示为

$$\text{NPA} = \sum_{i=-W_L}^{W_R} (a_{x_p+i} - b_{x_p+i}) \tag{2.130}$$

拟合数据范围是从 $2K_L + 1$ 到 $2k_R + 1$ 道，在 X_L 和 X_R 处对应的计数是 (P_L, P_R) 和斜率 (q_L, q_R)，式中 b 可用三次多项式表示：

$$b(x) = p_L + q_L(x - x_L) + \left[\frac{-q_R - 2q_L}{l_L + l_R} + 3\frac{p_R - p_L}{(l_L + l_R)^2}\right](x - x_L)^2$$

$$+ \left[\frac{q_L + q_R}{(l_L + l_R)^2} + 2\frac{p_L - p_R}{(l_L + l_R)^2}\right](x - x_L)^3 \tag{2.131}$$

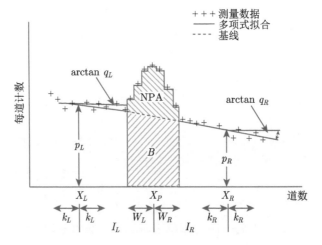

图 2.55   全能峰的面积计算示意图

更精确的算法是采用适合于每个峰值的函数拟合方法，由拟合参数计算全能峰面积。全能峰的面积计数率除以相对强度后，可以得到相对的全能峰效率曲线，归一化后获得总的相对全能峰效率曲线，如果用一个标准源来归一化，就可以得到绝对全能峰效率曲线。相对的效率刻度方法也可以根据理论计算或模拟得到的探测效率作为参考，其相对效率在数值上等于两种探测器相同几何条件下，对相同能量 γ 射线的探测效率之比。

此外，在长时间测量过程，可使用脉冲发生器产生的标准信号，对谱仪的零点和增益变化进行实时修正。对于探测器的全能峰效率 $\varepsilon_{\mathrm{p}}(\gamma)$ 还可用模拟计算办法求得。例如，根据源和探测器的几何条件及 γ 射线的能量和 γ 射线在闪烁体中的衰减系数，计算获得不同尺寸晶体的本征效率。大型实验中一般是利用加速器专用测试束，对每个探测单元进行更加准确的刻度和效率标定。

由于大多数核素发射的 γ 射线 (或者含有几种放射性核素样品的 γ 射线) 包含多种能量的 γ 射线，实验观测的 γ 能谱往往是混合 γ 谱，即某一个 γ 射线能量的全能峰叠加在其他更高能量 γ 射线的康普顿分布上，不同能量的 γ 射线全能峰还可能互相重叠，导致能谱分布结构的复杂化。为了分析混合 γ 能谱，求得每种成分的放射性活度，需要研究专门的能谱分析方法。下面以加权最小二乘法为例，说明其分析方法。

首先对测量的混合样品能谱的各种成分，分别选择一个能够自我表征并区别于其他成分的特征峰 (一般是全能峰)。显然混合样品中有几种成分，应选出几种特征峰，并在特征峰上选择一个与最高计数率对称的道域来表征该成分，称为该成分的特征道域。此道域中还包含了其他能量 γ 射线的贡献，因此混合样品中各种成分对 γ 射线谱的计数率贡献总和为

$$y_i = \sum_{j=1}^{n} a_{ij} x_j \tag{2.132}$$

其中，y_i 为混合样品在 i 道上的计数率；x_j 为混合样品中第 j 种成分的未知活度，即待求的第 j 种核素的放射性活度；n 为混合样品中所含成分的种类数；a_{ij} 为谱仪第 i 道对第 j 种成分的响应系数，定义为

$$a_{ij} = \frac{\text{第 } j \text{ 种成分标准源在第 } i \text{ 道域上的计数率}}{\text{第 } j \text{ 中成分标准源的活度}}$$

响应系数 a_{ij} 必须满足以下条件：

(a) 所分析的 γ 谱是已知的 n 种核素的 γ 谱混合，而这些 γ 谱的标准谱可在同样的条件下测量或用内插法得到；

(b) 各 γ 标准谱的形状在混合样品的测量和计算过程中是不变的，谱仪性能不随计数率而改变；

(c) 在所分析的能谱中各种核素有不同的谱形，这些能谱分布所对应的计数是线性无关的。

当上述三个条件成立时，对于有 n 种成分的样品，满足线性组合方程 (2.132) 式。

在实际测量中，按照上述算法，第 i 道域的计数率 y_i 应该等于 $\sum\limits_{j=1}^{n} a_{ij}x_j$，由于测量存在统计误差，测得的计数偏离计算值，$y_i$ 和 $\sum\limits_{j=1}^{n} a_{ij}x_j$ 之间存在残差，用 δ_i 来表示，即

$$y_i = \sum_j a_{ij}x_j + \delta_i \text{ 或 } \delta_i = y_i - \sum_j a_{ij}x_j \tag{2.133}$$

假设分析的样品是包括 p 种核素的混合源。根据最小二乘法原理，当 δ_i 的平方和最小时得到最佳的 x_j 值，用 R 表示为

$$R = \sum_{i=1}^{n} \delta_i^2 \tag{2.134}$$

如果考虑到每道计数的精度不同，需要引入一个权重因子 w。在首次拟合时取 $w_i = 1/y_i$，在重复拟合时取

$$w_i = \frac{1}{\sum\limits_i a_{ij}x_j} \tag{2.135}$$

其中 $\sum\limits_j a_{ij}x_j$ 为前一次拟合结果第 i 道的计数，这时 R 改写为

$$R = \sum_{i=1}^{n} w_i \delta_i^2 = \sum_{j=1}^{n} w_i \left(y_i - \sum_{j=1}^{p} a_{ij}x_j \right)^2 \tag{2.136}$$

对式 (2.136) 偏微分并令其为零，则

$$\frac{\partial}{\partial x_k} \left\{ \sum_{i=1}^{n} w_i \left(y_i - \sum_{i=1}^{p} a_{ij}x_j \right)^2 \right\} = 0 \tag{2.137}$$

这时 R 最小，于是得到 P 个方程：

$$\sum_{j=1}^{p} x_j \left(\sum_{i=1}^{n} w_i a_{ik} a_{ij} \right) = \sum_{i=1}^{n} w_i a_{ik} y_i \tag{2.138}$$

其中，$k = 1, 2, \cdots, P$，由此联立方程可解出 x_j 的值。上述关系式也可以写成矩阵的形式：

$$A^{\mathrm{t}} W A X = A^{\mathrm{t}} W Y \tag{2.139}$$

式中，响应函数 a_{ij} 可用矩阵 A 来表示；A 的转置矩阵为 A^{t}；权重因子用对角矩阵 W 来表示；X 代表待分析的 γ 能谱中每种成分的贡献；Y 是所测量脉冲幅度分布的每道的计数。这个方程的解为

$$X = \left(A^{\mathrm{t}} W A \right)^{-1} A^{\mathrm{t}} W Y \tag{2.140}$$

计算值 x_j 的标准偏差 $\sigma(x_j)$ 为

$$\sigma \left(x_j \right) = \left[\frac{R}{n-p} \left(u_{jj} \right)^{-1} \right]^{\frac{1}{2}} \tag{2.141}$$

式中，$(u_{ij})^{-1}$ 是矩阵 $(A^{\mathrm{t}} W A)^{-1}$ 的对角元素，其 χ^2 因子为

$$\chi^2 = \frac{R}{n-p} \tag{2.142}$$

由于存在标准谱的统计误差，χ^2 值在 1~3 范围内仍属正常。若 χ^2 差别太大，则可能存在系统的误差，包括谱中存在着未知成分。系统测量误差可通过多次长时间内对同一样品反复地进行测量和计算获得。

需要注意的是上述 γ 能谱分析方法，需要已知待分析核素组分和对应的响应曲线，这些响应曲线可通过直接测量 (或模拟计算) 得到。但在实际应用中，许多核素的标准响应曲线是难以准确获得的，对于复杂衰变过程无法获得合适的响应矩阵，计算方法也变得很复杂。在此情况下，采用高分辨 γ 能谱 (例如高纯锗谱仪) 是必然的选择。

高分辨 γ 能谱中绝大部分 γ 射线对应的全能峰是可明显地，谱的误差累积效应可以忽略，因此可直接利用计算机能谱分析方法对能谱局部感兴趣区进行处理，包括谱的平滑、寻峰、划分峰区、用曲线拟合计算全能峰面积、识别峰对应的核素和相应的 γ 射线强度，其中关键步骤是全能峰对应的核素识别。图 2.56 是一种计算机能谱分析及寻峰流程图，有关这方面的分析有许多成熟算法和文献可供参考 [24]。

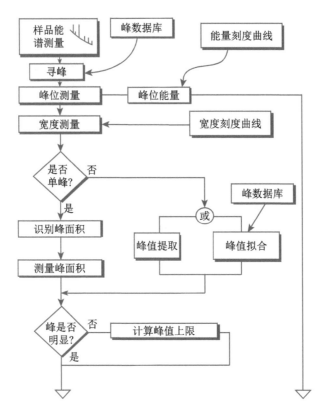

图 2.56　一种计算机能谱分析及寻峰流程图

2.3.3　高能光子能量测量

高能 γ (或电子) 与物质作用将发生电磁簇射。电磁簇射包含两个主要能损过程：电子对产生和轫致辐射。光子的电子对产生概率可表示为

$$\frac{\mathrm{d}w}{\mathrm{d}x} = \frac{1}{\lambda_{\mathrm{p}}} \mathrm{e}^{-x/\lambda_{\mathrm{p}}}, \quad \lambda_{\mathrm{p}} = \frac{9}{7} X_0 \tag{2.143}$$

一个能量为 E 的电子辐射能损可表示为

$$-\left(\frac{\mathrm{d}E}{\mathrm{d}x}\right)_r \cong \frac{E}{X_0} \tag{2.144}$$

式中，X_0 是辐射长度，其过程可以用一个简化模型描述 (图 2.57)，初始能量为 E_0 的光子经过 $1X_0$ 后产生一对电子和正电子，正负电子经过 $1X_0$ 各自产生一个轫致辐射光子，后者又转化为一对电子和正电子。假设每次增殖过程，能量在电子之间是平均分配的，则在纵向深度为 t 处，产生粒子数为 $N(t) = 2^t$，t 以辐射

长度 X_0 为单位。每个粒子能量为

$$E(t) = E_0/2^t \tag{2.145}$$

直到能量小于临界能量 E_c 簇射停止。这时簇射粒子数达到最大值，对应的极大值位置为 $t_{\max}$，$E_c = E_0/2^{t_{\max}}$，由此可得

$$t_{\max} = \frac{\ln(E_0/E_c)}{\ln 2} \tag{2.146}$$

当电子能量小于 E_c 时，在一个 $1X_0$ 内基本停止，而同样能量的光子穿过的路径要长得多。为了尽可能吸收簇射产生的光子 (通常 95% 光子)，至少需要增加 $7{\sim}9X_0$ 的物质吸收厚度。

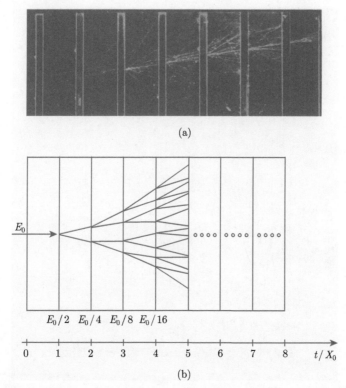

图 2.57　高能光子的电磁簇射 (a) 和简化模型 (b)，坐标 $t = x/X_0$

实际电磁簇射的过程要比上述复杂很多，可用蒙特卡罗模拟通用软件包 (如 EGS) 模拟在不同材料中电磁簇射纵向分布，并可近似用下面公式描述：

$$\frac{\mathrm{d}E}{\mathrm{d}t} = E_0 b \frac{(bt)^{a-1}\mathrm{e}^{-t}}{\Gamma(a)} \tag{2.147}$$

式中，$\Gamma(a)$ 是欧拉 Γ 函数；a, b 是模型参数。簇射纵向发展最大处 $t_{\max}$ 近似为

$$t_{\max} = \frac{a-1}{b} = \ln(E_0/E_c) + c_{\gamma e} \tag{2.148}$$

对于光子簇射 $c_{\gamma e} = 0.5$，对电子簇射 $c_{\gamma e} = -0.5$。

电磁簇射横向分布主要取决于簇射电子角分布，角分布大小由多次散射所决定，一般用莫里哀半径 (Molière radius) R_M 表示：

$$R_M = \frac{21 \text{ MeV}}{E_c} X_0 \text{ [g/cm}^2\text{]} \tag{2.149}$$

上述模型和计算方法是电磁量能器设计的重要依据。图 2.58 显示的是 6 GeV 电子在铅玻璃中沉积能量分布。

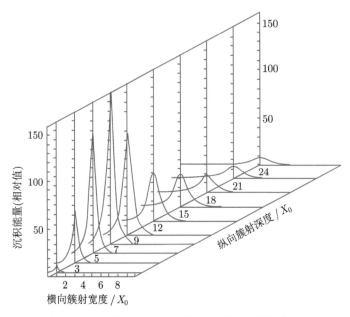

图 2.58　电子 (6 GeV) 在铅玻璃中沉积能量分布

现代高分辨电磁量能器多采用高原子序数，快时间响应，抗辐照无机晶体构成全吸收型谱仪。图 2.59 显示 LHC-CMS 实验装置中电磁量能器结构，以及钨酸铅 ($PbWO_4$) 晶体质量衰减系数与光子能量的关系。CMS 电磁量能器使用了 76000 根 $PbWO_4$ 晶体 (图中照片是中国科学院上海硅酸盐研究所为 CMS 研制的 $PbWO_4$ 晶体)。为精确测量 Higgs → γγ 衰变道，要求其能量分辨率达到：5% @100 GeV。

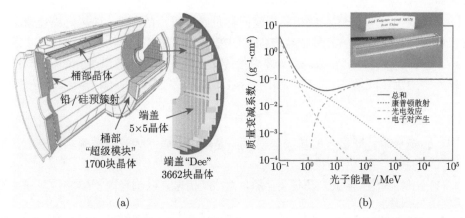

(a)　　　　　　　　　　(b)

图 2.59　LHC-CMS 实验装置中电磁量能器结构 (a) 及 PbWO₄ 晶体质量衰减系数与光子能量的关系 (b)，其中总质量衰减系数最小值对应的光子能量约为 4 MeV

全吸收型电磁量能器的分辨率一般表示为

$$\frac{\sigma(E)}{E} = \frac{a}{E} \oplus \frac{b}{\sqrt{E}} \oplus c \tag{2.150}$$

第一项称为统计项，系数 a 表示信号产生过程中各种统计涨落贡献，如光收集过程，光电转换过程等；第二项称为噪声项，系数 b 表示读出电子学噪声，包括信号堆积效应的贡献；第三项称为常数项，系数 c 的贡献包括低能 (1~10 MeV) 光子横向和后向 (背部) 泄漏，结构方面的缺陷 (如尺寸误差等)，信号收集的不一致性，各通道之间的校准误差，以及探测器结构中各种材料对能量吸收等因素，其中能量泄漏是不可避免的，其他因素可通过刻度和模拟分析加以修正。图 2.60 给出 LHC-CMS 实验装置中电磁量能器修正前后能谱和能量分辨 [25]。

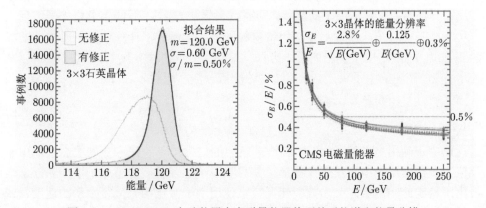

图 2.60　LHC-CMS 实验装置中电磁量能器修正前后能谱和能量分辨

与常规 γ 谱仪一样, 量能器刻度同样是必不可少的环节, 只是更加复杂。刻度过程需要对量能器的各种参数有深入的理解, 通过对不同物理过程模拟和数据分析, 获取准确的刻度参数。通常要求量能器中第 i 个单元输出的脉冲幅度 A_i 与该单元中的沉积能量 E_i 间具有线性关系, 即

$$E_i = a_i(A_i - b_i) \tag{2.151}$$

其中, b_i 是台阶, 即信号的基线电平; a_i 是刻度系数。为获得准确刻度参数, 可采用如下刻度步骤:

(1) 由脉冲产生器或光源提供 "随机触发" 信号, 以测定电子学信号基线电平 (又称信号台基);

(2) 由输入到电子学的测试端的标准脉冲信号, 测量电子学系统转换系数, 即输入电荷 (或电流) 与输出信号幅度关系;

(3) 由已知能量的测试束进行绝对能量刻度, 测定 a_i 的值;

(4) 对不同物理过程, 参考模拟数据对刻度参数进行修正。

对于取样结构型量能器, 其能量分辨与粒子入射位置、入射角度、取样探测器死时间、以及粒子在磁场中的行为直接相关, 同样需要通过实验测试和模拟计算给出修正参数。

由于量能器是由许多模块组成的, 束流测试中只对其中部分模块进行刻度, 其余模块可利用最小电离粒子 (如宇宙线 μ 子) 进行长时间测试获取刻度参数, 并参照束流模块刻度数据进行调整, 这种相对刻度一般在安装之前完成。在实验中可利用能量确定的反应道进行在线刻度, 例如, 正负电子弹性散射或 $e^+e^- \rightarrow \mu\bar{\mu}$ 事例。

2.4　中子能量和通量测量

中子是各类实验中最常见的中性粒子。由于中子不带电, 只能采用间接方法来测量。查德威克发现中子的实验, 即通过慢化 (或减速) 后的中子与原子核反应产生次级带电粒子, 通过测量次级带电粒子运动学参数, 计算获得入射中子的能量和强度, 仍然是中子探测的基本方法。在现代中子物理实验中, 通过反应堆 (或粒子打靶) 产生的中子束, 由于有较大的能量分散和辐射本底, 并且难以准直, 因此需要研究专门测量方法。

2.4.1　中子分类

热中子是指室温下 ($KT = 0.0253$ eV) 的自由中子。在许多物质中, 热中子反应有效截面比快中子反应大得多, 使得热中子更容易被碰撞原子核俘获, 从而产生不稳定的同位素。大多数裂变反应堆使用中子慢化剂来减缓中子的速度, 或将核裂变发射的中子热化, 使它们更容易被俘获, 从而导致进一步的裂变。

快中子一般指能量达到 1~20 MeV 的自由中子，通常由核裂变反应过程产生。例如 U-235 裂变产生的中子能量从 0~14 MeV，服从 Maxwell-Boltzmann 分布，裂变中子平均能量约为 2 MeV。D-T 反应常用于产生快中子，其能量达到 14.1 MeV (图 2.61(a))。D-T 核聚变也是最容易点燃的聚变反应过程，其反应速率峰值能量约为 70 keV，高于其他反应的聚变能 (图 2.61(b))。

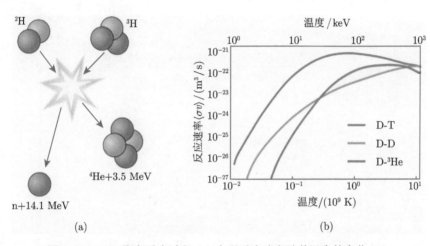

图 2.61　D-T 聚变反应过程 (a) 中子反应速率随着温度的变化 (b)

慢中子指裂变中子被慢化但尚未到达热中子态。由于俘获反应和裂变反应截面在特定能量范围内通常有多个共振峰，但大多数快中子与慢化核相互作用在减速到这个范围之前被吸收，而不是与裂变或活化原子核相互作用而损失能量。慢中子能量介于 1 和 10 eV 之间。

高能中子或超快中子指能量大于 20 MeV 的中子，一般通过质子加速器打靶或来自宇宙射线大气簇射产生的次级粒子。

中子探测及反应截面与中子能量有紧密关联。能量 <20 MeV 的中子探测，常用反应过程有：${}_{5}^{10}\mathrm{B}(\mathrm{n},\alpha){}_{3}^{7}\mathrm{Li}$、${}_{3}^{6}\mathrm{Li}(\mathrm{n},\alpha){}_{1}^{3}\mathrm{H}$、${}_{2}^{3}\mathrm{He}(\mathrm{n},\mathrm{p}){}_{1}^{3}\mathrm{H}$，以及 (n, p) 弹性散射；能量在 $20\ \mathrm{MeV} \leqslant E_{\mathrm{n}} \leqslant 1\ \mathrm{GeV}$ 的快中子，可利用 (n, p) 弹性散射产生反冲质子探测；能量 > 1 GeV 高能中子，可通过核相互作用产生的强子级联簇射探测。表 2.3 给出了常用于中子探测的放热反应。图 2.62 是一些轻元素的中子散射和吸收截面与中子能量的关系 [26]。

表 **2.3**　常用于中子探测的放热反应

反应	生成带电粒子	Q/MeV	$\sigma(b)\ (E_{\mathrm{n}} = 0.0253\ \mathrm{MeV})$
${}_{5}^{10}\mathrm{B}(\mathrm{n},\alpha){}_{3}^{7}\mathrm{Li}$	α, ${}^{7}\mathrm{Li}$	2.78	3840
${}_{3}^{6}\mathrm{Li}(\mathrm{n},\alpha){}_{1}^{3}\mathrm{H}$	α, ${}^{3}\mathrm{H}$	4.78	937
${}_{2}^{3}\mathrm{He}(\mathrm{n},\mathrm{p}){}_{1}^{3}\mathrm{H}$	p, ${}^{3}\mathrm{H}$	0.765	5400

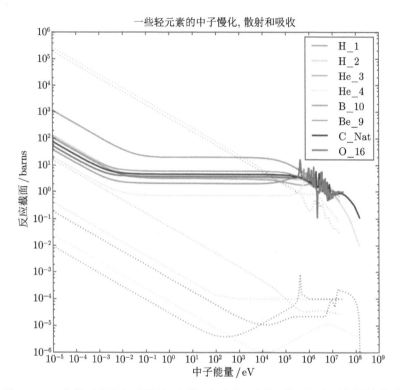

图 2.62　一些轻元素的中子散射 (实线) 和吸收 (虚线) 截面与中子能量的关系

2.4.2　中子能量测量

中子能量的常用测量方法有：反冲质子法、核反应法和飞行时间法。

1. 反冲质子法

中子能量大于 100 keV 时, 可以通过探测反冲核的方法来测量中子的能谱。中子与原子核发生弹性碰撞 (图 2.63), 根据能量守恒和动量守恒, 可得

$$\begin{cases} E_n = E_n' + E_p \\ P_n'^2 = p_n^2 + p_p^2 - 2p_n p_p \cos\theta \end{cases} \tag{2.152}$$

式中, E_n, p_n 和 E_n', P_n' 分别为碰撞前后中子的能量和动量; E_p, p_p 分别为反冲质子能量和动量。由于中子和质子质量近似相同, 由式 (2.152) 解得非相对论反冲质子的能量和动量关系式为

$$E_p = E_n \cos^2\theta \tag{2.153}$$

在 n-p 散射中, θ 角的最大值为 90°, 最小值为 0°, 因此反冲质子能量的范围为 $0 \leqslant E_p \leqslant E_n$。当中子能量达到一定数值时, 在质心系统中观测 (n-p) 碰撞

是各向同性的，因此，在实验室系中，质子在 0 和 E_n 之间的能量是相等的。定义 $M(E)\mathrm{d}E$ 为质子能量在 E 和 $E\mathrm{d}E$ 的分布函数，则有

$$M(E)\mathrm{d}E = \frac{\mathrm{d}E}{E_n} \qquad (2.154)$$

即单能中子的反冲质子谱是矩形分布 (图 2.64)。

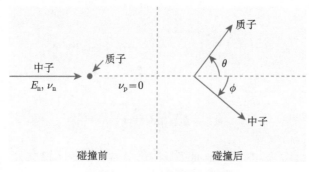

图 2.63 n-p 弹性散射示意图

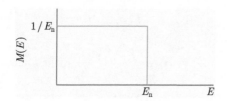

图 2.64 单能中子的反冲质子分布

实际测量的质子脉冲信号的分布，不仅仅是 $M(E)$ 函数，而是包含探测器的能量响应。为了导出脉冲高度分布与中子散射截面的关系，设

$\phi(E_n)\mathrm{d}E_n$ 表示能量介于 E_n 和 $E_n + \mathrm{d}E_n$ 之间的中子通量；

$N(E_p)\mathrm{d}E_p$ 表示 E_p 与 $E_p + \mathrm{d}E_p$ 之间产生的质子数 (由中子产生)；

$R(E, E_p)\mathrm{d}E$ 为探测器的响应函数，即反冲质子 (E 和 $E + \mathrm{d}E$ 之间) 被探测的概率；

$M(E)\mathrm{d}E$ 表示测量质子谱 (E 和 $E + \mathrm{d}E$ 之间)。

这里，$M(E)$ 是测量的脉冲高度分布函数。响应函数 $R(E, E_p)$ 反映了探测器的能量分辨率和能量沉积与脉冲高度的关系。对于质心系中的各向同性散射，质子能谱可表示为

$$N(E_p) = N_H T \int_{E_n=0}^{E_{\max}} \sigma(E_n)\Phi(E_n)\frac{\mathrm{d}E_p}{E_n}H(E_n - E_p)\mathrm{d}E_n \qquad (2.155)$$

式中，N_H 是与中子作用的氢原子数；T 是测量时间；$H(E_n - E_p)$ 是阶跃函数 (当 $E_n > E_p$：$H = 1$，否则 $H = 0$)；$\sigma(E_n)$ 表示散射截面。由此可得反冲质子能谱的一般表示式：

$$M(E)\mathrm{d}E = \int_{E_p=0}^{E_{\max}} \mathrm{d}E \cdot R(E, E_p)N(E_p)\mathrm{d}E_p \tag{2.156}$$

这里 $E_{\max}$ 是中子能量上限。上式可改写为

$$M(E) = \int_0^{E_{\max}} K(E, E_n)\phi(E_n)\mathrm{d}E_n \tag{2.157}$$

其中

$$K(E, E_n) = \int_{E_p=0}^{E_{\max}} R(E, E_p)N_H T \frac{\sigma(E_n)}{E_n} H(E_n - E_p)\mathrm{d}E_p \tag{2.158}$$

如果 $R(E, E_p) = \delta(E - E_p)$，则质子反冲谱的响应函数可简化为

$$K(E, E_n) = N_H T \frac{\sigma(E_n)}{E_n} \tag{2.159}$$

代入式 (2.157) 可得

$$M(E) = N_H T \int_E^{E_{\max}} \frac{\sigma(E_n)}{E_n}\phi(E_n)\mathrm{d}E_n \tag{2.160}$$

这里，E 是能量积分下限，并且中子能量 $E_n > E$，对 $M(E)$ 有贡献。对式 (2.160) 微分可得

$$\phi(E) = \frac{E}{N_H T \sigma(E)} \left| \frac{\mathrm{d}M(E)}{\mathrm{d}E} \right| \tag{2.161}$$

　　实验中测量反冲质子积分谱一般采用有机晶体探测器，由于有机闪烁材料含有大量的氢原子，n-p 散射截面较大，探测效率较高。对于能量小于 10 MeV 的单能中子，测量的脉冲幅度分布在高能区和低能区有较大涨落，如图 2.65 所示 [27]，对于薄塑料闪烁体探测器，测量的反冲质子谱接近台阶形状，产生原因包括：高能反冲质子从闪烁体逃逸；中子的二次散射；有机闪烁体光输出的非线性；中子与闪烁体中碳原子核相互作用引起的小幅度信号增加。如果闪烁体的体积足够大，中子在探测器内可以经历多次散射，在离开闪烁体前已损失了绝大部分能量。在这种情况下，光脉冲信号大小由所有反冲质子 (包括反冲碳核) 在闪烁体内的能损决定。由于有机闪烁体的光输出与质子能损存在非线性关系，因此能量一定的中子在探测器中产生的光输出依赖于反冲核的能量分布，其脉冲幅度分布的峰值大约是最大光输出的 70%，而分辨率大约为 30%。另一方面，此类探测器对低能中

子的探测效率可达 90% 以上，因此在许多计数测量场合应用广泛。图 2.66 是有机闪烁体 (NE213) 测量的不同中子能量的脉冲幅度分布 [28]。

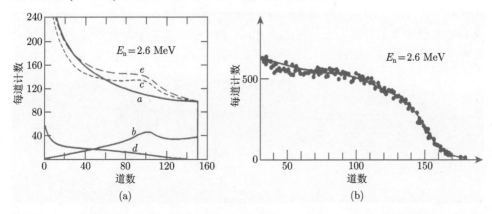

(a)   (b)

图 2.65　(a) 计算给出的有机闪烁体 (2.54 cm×2.54 cm) 对与 2.6 MeV 中子能量的响应函数，其中，a 为单次散射，包含探测器非线性和边缘效应；b 为中子的二次散射；$c=a+b$ (按 a 归一化)；d 表示质子反冲来自碳散射中子；e 为复合谱 $(c+d)$。(b) 实际测量 (同一晶体) 的脉冲高度谱

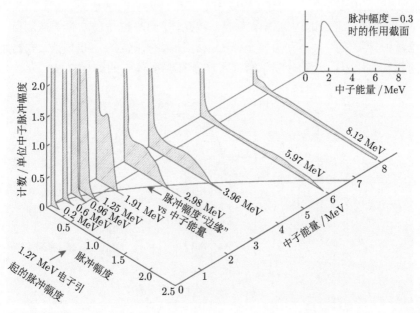

图 2.66　有机闪烁体 (NE213, φ50 mm×50 mm) 对于不同中子能量 (0.2~8.12 MeV) 的脉冲幅度分布

在中子物理实验中，利用强流中子束测量反冲质子微分谱，可有效提高测量

精度。由式 (2.153) 可以看出，中子能量一定时，反冲质子的能量仅依赖于反冲角度，当 θ 值一定时，中子能量 E_n 和 E_p 之间有一一对应的关系。因此，如果能准确测量 θ 方向飞出的反冲质子能谱，就能获得高分辨中子能谱。图 2.67 是一种反冲质子望远镜示意图，它通过 ΔE 和 E 两个探测器符合，配合准直体，可有效去除次级中子和 γ 射线进入探测器产生的本底。

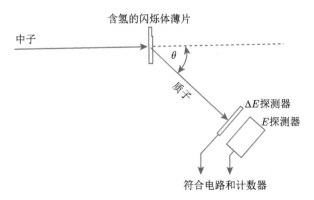

图 2.67　反冲质子 $\Delta E + E$ 望远镜示意图

图 2.68 是由多个气体探测器构成中子束流望远镜的示意图。为了提高系统探测效率，直接采用含氢的闪烁体作为一个转换体，同时也是反冲质子探测器。质子反冲角是由转射体的大小和沿质子路径的孔径大小决定的。Si(Li) 探测器用于测量小角度入射质子，能量分辨率取决于质子在辐射体中的能量损失、立体角和半

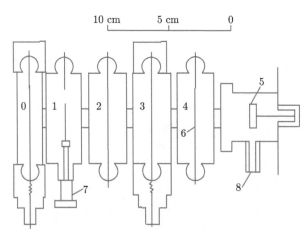

图 2.68　由多个气体探测器构成中子束流望远镜的示意图

0-反符合正比计数管；1-固体辐射体或作为气体靶的正比计数管；2，3，4-ΔE 探测器；5-Si(Li) 探测器；6-信号丝；7-变换辐射体转动手柄；8-充气管

导体探测器的分辨率。由于存在 γ 射线和其他带电粒子的本底, 以及中子与辐射体和探测材料中可能产生的 (n, d) 和 (n, α) 等其他反应过程, 实验采用三个 ΔE 探测器 (正比计数管) + E(Si(Li) 探测器) 符合, 以减少本底事例。在辐射体前放置一反符合正比计数管, 用来区分沿着轴线方向进入的能量较高的带电粒子。该望远镜系统的能量分辨率可达到 5% 左右, 可用来测量复杂的中子谱。

2. 核反应法

测量反冲质子微分谱, 通常需要准直中子束, 而中子在准直器壁上的散射和本底辐射对中子谱有一定影响。如果利用中子核反应产生的带电粒子间接测定中子能量, 就可以避免上述问题。因为由核反应所产生的粒子总能量与引起反应的中子入射的方向无关, 所以用这种方法测量中子能量, 不要求预先准直中子束, 常用于测量非点源的中子能谱。

用核反应方法测量中子能谱, 要求反应截面足够大, 在测量范围内, 截面不随能量变化, 并且核反应产生的核素没有低激发态能级, 否则反应产物和中子能量没有确定的对应关系。另一方面, 原子核应足够重, 使得能量最大的中子与核发生弹性散射时, 反冲核的能量小于由能量最小的中子所引起的核反应产物的总能量, 反应 Q 值愈大, 愈满足这个要求。然而, 对于 Q 值大的反应过程, 中子能量只是反应产物总能量的一部分, 导致能量测量的准确性降低, 同时, 还要求其他的反应道的截面较小。因此, 只有少数几种中子与轻核的反应在一定程度上满足这些要求。

^{3}He(n, P)T 反应的 Q 值为 +0.765 MeV。在中子能量低于 5 MeV 时, 没有其他带电粒子的反应道, 并且对 γ 射线不敏感, 反应截面较大且随能量的增加而缓慢减小, 是较理想的反应过程。用 ^{3}He 正比计数管测得的典型中子能谱, 如图 2.69 所示 [23], 除了由 ^{3}He(n, p)T 反应产生的峰外, 能谱分布存在以下几个特征:

(a) 当中子能量 E_n = 6.3 MeV 时, 出现明显的 ^{3}He 的反冲峰, 但在中子能量低于 1.02 MeV 时可以不考虑;

(b) 当 E_n > 5 MeV 时, 存在 ^{3}He(n, d)D 反应 (Q 为 -3.27 MeV) 峰;

(c) ^{3}He 对于热中子和超热中子的反应截面很大, 导致脉冲幅度谱中在 0.764 MeV 处有一条谱线。对于任何中子能量, 这个热中子峰总是存在的, 它可以作为一个能量刻度参考点。γ 和电子所产生的本底一般小于这个热中子峰。

^{3}He 正比计数管常用于测量 0.1~1 MeV 范围内的中子能量。低于 0.1 MeV 时, 中子谱的主峰已与热中子峰融合在一起; 超过 1 MeV 时, 在主峰和热中子峰之间还会出现 ^{3}He 反冲谱。这时, 允许测量的能量范围趋近于最大中子能量 E_n 的 1/4 与反应能 Q 值之和, 因为当中子在 ^{3}He 上散射时, 反冲核的最大能量约为 $3/4E_n$。

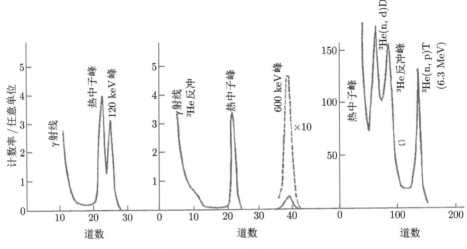

图 2.69   典型的 ^{3}He 中子能谱

3. 飞行时间法

利用加速器脉冲中子束、配合有机闪烁探测器构成中子飞行时间谱仪，可以精确地测量中子的能量，其能量分辨率可与带电粒子谱仪相比。

根据相对论运动学，中子的能量 E_n 与中子飞行距离 l 和飞行时间 t 有如下关系式：

$$E_n = E_0\left(\frac{1}{\sqrt{1-\beta^2}} - 1\right) = E_0\left(\frac{1}{\sqrt{1-l^2/c^2t^2}} - 1\right) \tag{2.162}$$

其中，$E_0 = 939.6$ MeV 是自由中子的静止能量；c 是光速。上式可改写为

$$\frac{t}{l} = \frac{1}{c}\left[1 - \left(\frac{E_0^2}{E+E_0}\right)^2\right]^{-1/2} \tag{2.163}$$

表示能量为 E_n 的中子飞过 1 m 距离所用的时间。中子能量低于 1 MeV 时，可采用式 (2.163) 的非相对论近似：

$$\frac{t}{l} = \left(\frac{E_0}{2E_nc^2}\right)^{1/2} = \frac{72.3}{\sqrt{E_n}} \text{ [ns/m]} \tag{2.164}$$

即能量为 1 MeV 的中子飞过 1 m 距离需要 72.3 ns，与相对论公式计算值相比，误差仅为 0.16%。表 2.4 给出了中子典型能量的 t/L 值。慢中子 TOF 时间分辨要求在 μs/m 范围内，快中子要求在 ns/m 范围内，由于时间测量覆盖很大范围，单一 TOF 谱仪无法满足整个中子能量测量范围 (eV~MeV)。

表 **2.4** 中子典型能量的 t/L 值

E/eV	$t/L/(\mu s/m)$	E/MeV	$t/L/(ns/m)$
0.01	722	0.1	228
0.1	228.5	1	72.3
1	72.2	2	51.2
10	22.8	5	32.4
100	7.2	10	23
1000	2.3	20	16

由式 (2.162) 及误差传递推导公式，可得到能量分辨一般关系式：

$$\frac{\Delta E_n}{E_n} = \frac{E_n + E_0}{E_n}\frac{\beta^2}{1-\beta^2}\left[\left(\frac{\Delta l}{l}\right)^2 + \left(\frac{\Delta t}{t}\right)^2\right]^{1/2} \tag{2.165}$$

在非相对论情况下，上式简化为

$$\frac{\Delta E}{E} = 2\sqrt{\left(\frac{\Delta l}{l}\right)^2 + \left(\frac{\Delta t}{t}\right)^2} \tag{2.166}$$

可见中子谱仪的能量分辨取决于飞行时间和距离的不确定性。实验测量中子飞行时间 Δt，必须记录中子飞行起点时刻和终点时刻，起点时刻可利用脉冲中子源的同步脉冲信号测量，终点时刻由位于终点的中子探测器测定。

脉冲中子源给出周期性的中子脉冲束流，各脉冲之间有一定的时间间隔，以利于中子飞行时间测量。图 2.70 是脉冲中子源的飞行时间谱仪的测量原理，由脉冲中子源的提供中子同步信号，闪烁探测器给出中子飞行一定距离后的时间信号，两个信号的时间间隔即为中子的飞行时间，幅度选择器给出开门信号，用于提高谱仪的鉴别能力。

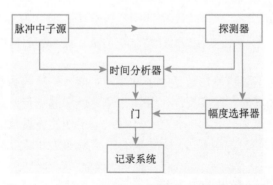

图 2.70　脉冲中子源的飞行时间谱仪的测量原理图

上述方法测量中子飞行时间 (Δt) 的误差包括：中子脉冲宽度不确定性, 取决于打靶的带电粒子束流宽度 (从几百 ns 到小于 0.1 ns)；中子探测器的时间分辨,依赖于有机闪烁体脉冲发光衰减时间，光电器件时间分辨；中子减速时间的不确定性 (如果中子被慢化)；以及电子学系统的时间分辨。Δl 的不确定性来自中子靶和探测器灵敏区有一定厚度。一般中子是在整个靶体积中产生的，并且在整个探测器体积内被探测，因此 l 本身的误差一般可以忽略。飞行路径越长，$\Delta l/l$ 不确定度越小。

对于核反应堆中子源，一般采用机械选速器方法来获得脉冲中子源。早在 1940 年，物理学家费米等就建立了第一个机械速度选通器 (又称斩波器 (chopper))。图 2.71 是它的结构示意图 [29]，在铀反应堆的热中子束引出孔方向安装一圆柱状转筒，它是由平行的铝层 (厚 0.75 mm) 和镉层 (厚 0.15 mm) 交替叠加构成，转筒绕轴旋转速度可达每分钟 15000 转。铝层和镉层被紧密地包在一直径为 38 mm，壁厚为 0.8 mm 的钢管里，铝和钢对于中子几乎是透明的，而镉材料则强烈地吸收热中子。当转筒的金属层平面与中子束的方向一致时，大约有 75% 的热中子通过，当转角大于 $2.7°(\Delta\theta/2)$ 时，中子束被完全切断了。转筒每旋转一周打开和遮住中子束各两次，即中子脉冲的频率是转筒旋转频率的 2 倍。中子脉冲产生的瞬间用平行光束和光电管信号来测量，当中子通过时，透射光通过光电管给出中子起始时刻信号。

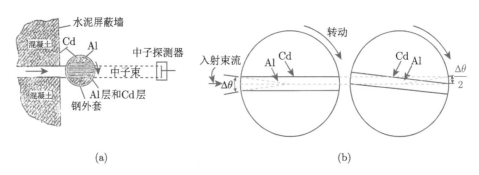

图 2.71　费米斩波器结构和转动示意图 ($\Delta\theta$ = 通道宽度/圆柱体半径)

中子斩波器的主要特性参数是中子脉冲的宽度。斩波器的脉冲形状基本上是三角形，三角形底宽与转速成反比，并随中子速度和通道形状的变化而变化。高分辨斩波器可获得宽度小于 0.5 μs 的中子脉冲，工作的能量范围从 10^{-4} eV 直到 10^4 eV。斩波器的具体结构取决于所要求的中子束通量和速度范围，以及可获得的最大转子速度。

能量大于 10 keV 的脉冲中子源一般是利用加速器打靶产生的。由于粒子与靶核作用时间都很小，产生中子的时间与带电粒子打到靶上的时间几乎同步，因此通常认为中子脉冲的宽度等同于带电粒子束脉冲的宽度，实际上与带电粒子束流强度和作用时间的调制方法有关。

基于加速器的散裂中子源 (spallation neutron source，SNS) 可提供高亮度慢中子束。中子散射实验除了用于基础物理研究外，通过中子散射能量，角度和图像测量，可用于材料 (如高温超导体、聚合物、金属和生物样品) 的分子结构分析，因此在生物学和生物技术、磁性和超导电性、化学和工程材料、纳米技术、复杂流体特性等领域有广泛的应用。

通常 SNS 的离子源通过直线加速器加速到约 GeV 能量 (或光速的 90% 左右)，离子剥离电子转化为质子被进一步加速和聚集形成高能脉冲质子束，质子与液态汞 (或钽钨) 靶作用产生高亮度中子束，然后经慢化 (液氢或液态甲烷) 后引入实验区。图 2.72 给出了世界上一些在运行和在建的散裂中子源装置的能量与束流电流参数。以 JPARC (Japan proton accelerator research complex) 实验装置为例，它包括三个主要部分：400 MeV 质子直线加速器、3 GeV 快速循环同步加速器 (RCS) 和 50 GeV 主环同步加速器 (MR)。束流实验站主要包括：中子或 μ 子束流用于材料和生命科学实验装置；重强子 (如 π 和 K 介子) 和中微子束流用于核物理实验，以及计划中的加速器驱动的核废料转化研究装置[30]。图中中国散裂中子源 (the China spallation neutron source，CSNS) 于 2018 年投入运行，其加速器包括直线和环形同步加速 (图 2.73[31]) 两部分。加速器产生的质子束能量可达 1.6 GeV，通过打钨靶 (用重水冷却) 产生高亮度中子束，束流功率为 120 kW(短脉冲 < 400 ns)，通量达到 1.63×10^{13}，并建有多个中子测试束实验站。

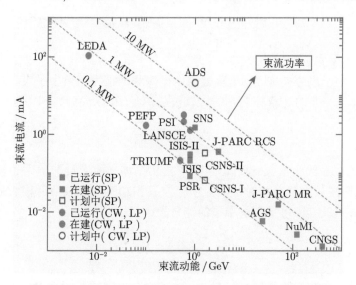

图 2.72　各种散列中子源装置和能量与束流平均电流参数

中子衍射方法是测量慢中子能量常用方法。晶体衍射谱仪是一种测量慢中子的高分辨谱仪。一个能量为 E_n 的中子对应德布罗意波长为

$$\lambda = \frac{h}{p} = \frac{h}{\sqrt{2mE_{\mathrm{n}}}} = \frac{0.028602}{\sqrt{E_{\mathrm{n}}}} \ [\mathrm{nm}] \tag{2.167}$$

式中，m 为中子质量；h 为普朗克常量。当中子波长 λ 与衍射晶体相邻两晶面的距离 d 可以比拟时，将产生衍射现象。

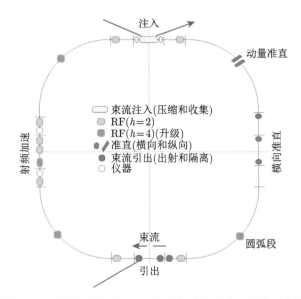

图 2.73   中国散裂中子源环形同步加速器束流环结构示意图

图 2.74 是中子衍射谱仪工作原理图。中子准直束以掠射角 θ 入射到晶体平面上，在与中子束方向成 2θ 角度处用中子探测器探测反射中子束。当反射中子的方向与晶体平面的夹角等于 θ 时，其波长满足 Bragg 条件：

$$n\lambda = 2d\sin\theta \tag{2.168}$$

式中，n 是衍射的级次 (整数)。当两个相邻晶体平面上反射的中子波的路程差 $2d\sin\theta$ 等于波长的整数倍时，反射中子波互相加强，形成衍射极大值。联立式 (2.167) 和式 (2.168) 可得衍射中子的能量表达式：

$$E_{\mathrm{n}} = \frac{n^2}{\sin^2\theta} \frac{h^2}{8md^2} \tag{2.169}$$

因此通过改变探测器和晶体之间角度 θ，不仅可以消除某些高级反射，而且可以获得能量连续变化的散射中子束，即

$$E_{\mathrm{n}} \approx \frac{1}{\sin^2\theta}$$

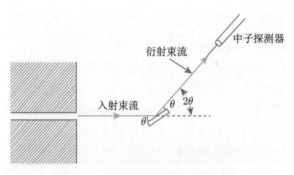

图 2.74　中子衍射谱仪工作原理图

中子衍射谱仪的能量分辨主要取决于角度 θ 的不确定性，也包含晶体结构缺陷对分辨率的影响。晶体衍射谱仪的能量分辨率可由式 (2.168) 和式 (2.169) 导出：

$$\frac{\Delta E_{\mathrm{n}}}{E_{\mathrm{n}}} = \frac{2\Delta\lambda}{\lambda} = \frac{2\Delta\theta}{\tan\theta} = \frac{4(\Delta\theta)d\sqrt{2mE_{\mathrm{n}}}}{nh}\left(1 - \frac{n^2h^2}{8md^2E_{\mathrm{n}}}\right)^{\frac{1}{2}} \tag{2.170}$$

可见，除了 $\Delta\theta$ 外，能量分辨率与晶格间距 d 有关，d 越小，分辨率越好。常用的晶体有石英、硅、锗、LiF 等。当中子能量为 1 eV 时，晶体衍射谱仪的能量分辨率一般好于 20%(图 2.75)，并随能量增加，分辨率显著变差，这是因为中子束流通量一般随 $1/E$ 规律下降，导致晶体反射率随 $1/E$ 变化，而中子探测器的效率也随中子能量的增加而下降。晶体衍射谱仪一般用于分析能量 < 100 eV 中子束，也可以用它来标定单能中子源，以满足各类中子束测试和分析需要。

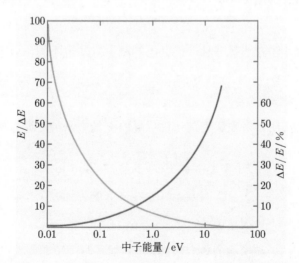

图 2.75　中子衍射谱仪的能量分辨率与中子能量的关系

($n = 1$, $d = 0.2$ nm, $\Delta\theta = 0.30$)

2.4.3 中子通量测量

不同方向的入射中子与物质作用的宏观效果是不能抵消的, 即中子通量没有方向性, 由于中子场分布的这一特性, 一般不用单位时间通过单位面积的中子数来表示中子流的强度, 而是用中子通量密度来表示中子流的强度, 它的定义是: 单位时间内进入以空间某点为中心的单位球体中子数除以该球体的最大截面积。在中子物理实验中习惯上把中子通量密度称为中子通量。

对于平行中子束, 单位体积内的中子数为 n, 中子的速度为 v, 则中子通量可以用垂直于中子束方向、单位面积和单位时间内通过的中子数来表示, 即 $\phi = nv$。对于各向同性的中子源, 中子通量容易计算, 若单位时间发出的中子数为 n, 则在离源距离为 R 处的通量为 $\phi = n/4\pi R^2$。加速器中子源, 中子产额通常是各向异性, 计算中子通量时必须考虑靶上产生的中子的角分布, 一般用给定方向单位立体角内的中子数来代替。反应堆中子源, 由于找不到一个与所有中子速度都垂直的平面, 按照中子通量密度的定义, 把单位时间内进入一个截面积为 $1\ \mathrm{cm}^2$ 球的中子数作为中子通量。

如果中子密度 (即单位体积内的平均中子数) 为 n, 中子的速度为 v, 则中子通量 $\phi = nv$。若中子束中包含不同能量 (或速率 v) 的中子, 则在 $v \sim v + \mathrm{d}v$ 区间的中子密度和中子通量分别用 $n(v)\mathrm{d}v$ 和 $\varphi(v)\mathrm{d}v$ 表示。观测点总的中子密度为

$$N = \int_v n(v)\mathrm{d}v \tag{2.171}$$

总的通量为

$$\Phi = \int_v \varphi(v)\mathrm{d}v = \int_v vn(v)\mathrm{d}v \tag{2.172}$$

测量中子通量的具体方法有多种, 能区不同测量方法也不同。以下是在实验中常用的两种测量方法。

1. 伴随粒子法

伴随粒子法长期以来被认为是一种优越的测量中子绝对通量的方法。常用的中子源反应有

$$\mathrm{D} + \mathrm{T} \longrightarrow {}^4\mathrm{He} + \mathrm{n} + 17.590\ \mathrm{MeV}$$

$$\mathrm{D} + \mathrm{D} \longrightarrow {}^3\mathrm{He} + \mathrm{n} + 3.269\ \mathrm{MeV}$$

$$\mathrm{P} + \mathrm{T} \longrightarrow {}^3\mathrm{He} + \mathrm{n} - 0.764\ \mathrm{MeV}$$

由于反应产物 α 粒子被探测的效率很高, 伴随粒子与中子之间有一一对应的关系, 如果已知入射粒子的能量和方向, 并在一定角度处测量了伴随 α 粒子的能量, 根据反应运动学即可定出出射中子的能量和方向。通过测量固定立体角内出射的伴

随粒子数，可给出相应立体角内出射的中子数，进而确定中子通量。例如，T(D, n) 4He 反应产生的 14 MeV 中子通量，因为 ^{4}He 的能量高，很容易和本底粒子区分开，当入射氘核的能量小于 500 keV 时，中子在质心系中的角分布是各向同性的。因此，测量一小立体角内的 α 粒子数，就能获得各个方向的中子通量，精度可达 1%。

如果在实验室参考系中，$\Delta\Omega$ 立体角内测得的 α 粒子计数率为 N_α，则在 θ_α 方向距离靶为 R 处的中子通量可表示为

$$\phi_{\mathrm{n}} = (4\pi/\Delta\Omega)\, A_\alpha\left(\overline{E_{\mathrm{d}}}, \phi_\alpha\right) N_\alpha \tag{2.173}$$

其中，A_α 为各向异性修正因子，它等于 α 粒子与中子从实验室系到质心系的立体角转换因子之比，与入射氘离子平均能量 $\overline{E_{\mathrm{d}}}$ 和 α 粒子的发射角 ϕ_α 有关。对于薄靶相互作用过程，E_{d} 可看成常数，这时

$$A_\alpha = \frac{(\mathrm{d}\Omega_{\mathrm{lab}}/\mathrm{d}\Omega_{\mathrm{cm}})_\alpha}{(\mathrm{d}\Omega_{\mathrm{lab}}/\mathrm{d}\Omega_{\mathrm{cm}})_{\mathrm{n}}} \tag{2.174}$$

对于厚靶情况，由于入射氘核在靶中的慢化作用使 E_{d} 不再是常数，因此各向异性修正因子需要通过积分来获得，即

$$A_\alpha = \frac{\displaystyle\int_0^{E_{\mathrm{d}}} \frac{\sigma_{\mathrm{n}}(E)\mathrm{d}E}{\eta(E)(\mathrm{d}\Omega_{\mathrm{lab}}/\mathrm{d}\Omega_{\mathrm{cm}})_{\mathrm{n}}(E)}}{\displaystyle\int_0^{E_{\mathrm{d}}} \frac{\sigma_{\mathrm{n}}(E)\mathrm{d}E}{\eta(E)(\mathrm{d}\Omega_{\mathrm{lab}}/\mathrm{d}\Omega_{\mathrm{cm}})_\alpha(E)}} \tag{2.175}$$

其中，$\sigma_n(E)$ 是 $T(\mathrm{d}, \mathrm{n})^4$He 反应截面，$\eta(E)$ 是氘核在靶中的阻止本领。用上述方法测量中子通量，由于 $\Delta\Omega$ 可以取得很小，因此用于测量的中子流强可超过 $10^{10}\ \mathrm{s}^{-1}$。

测量 D+D 或 P+T 反应产生的伴随粒子 ^{3}He 则比较复杂，因为 ^{3}He 能量较低，难以区分大量的其他带电粒子。为了测量 D(d, n)^{3}He 反应产生的中子通量，可以先测量 D(D, P)T 反应产生的质子，因为质子的能量较高，容易测量，但需根据上述两种竞争反应的分支比等参数，推导得出中子通量，因此误差较大。当入射氘核或质子能量较高时，一个较好的办法是采用气体靶或薄膜衬底靶，这样可在小于 90° 方向测量伴随粒子，同时也使入射粒子被散射进入探测器的概率大大减小。

除了伴随粒子法外，在有些情况下可通过对反应产物的射线测量来确定出反应中放出的中子数。例如，利用 ^{7}Li(p, n·γ)^{7}Be 反应，其特点是 γ 射线的总产额对中子的总产额之比是常数。由于 ^{7}Be 的 431 keV 能级的自旋是 1/2，因此 γ 射线是各向同性的。如果在任意角度准确地测定 431 keV γ 射线的强度，就能得出

发射的总中子数。通过测量 $^{51}V(p，n)^{51}Cr$ 等反应剩余核的放射性活度，也可间接获得中子源强度。此法的优点是适合于低能区中子通量的测量，又称为伴随放射性法。

2. 反冲质子法

用反冲质子法测量中子通量，首先需要知道 n-p 散射截面。当质心系的角分布是各向同性时，实验室系中微分截面可以用以下公式表示：

$$\sigma(\theta_L) = \sigma_T \frac{\cos\theta_L}{\pi} \tag{2.176}$$

这里，σ_T 是总截面；θ_L 是实验室坐标系中质子的反冲角度。当中子能量 $E_n < 5$ MeV 时，反冲质子在实验室坐标系中的能量分布可近似认为是矩形分布。当中子能量超过 5 MeV 时，角分布各向异性的程度随中子能量的增加而增加。质心系微分截面可用勒让德多项式表示：

$$\sigma(E_n, \theta_c) = \sum_{i=0}^{4} C_i p_i(\cos\theta_c) \tag{2.177}$$

其展开式中系数 C_i 可由表查得 [32]。这个公式比较精确地反映了角分布的形状，是质心系中微分截面的一种表达式。实验室系中的微分截面 $\sigma(E_n, \theta_L)$，可以通过以下相对论转换公式得到：

$$\sigma(E_n, \theta_L) = \sigma(E_n, \theta_c) \frac{4\cos\theta_L}{\gamma_c^2 (1 - \beta_c^2 \cos^2\theta_L)^2} \tag{2.178}$$

式中，β_c 是质心系反冲质子速度与光速之比，而 $\gamma_c^2 = (1 - \beta_c^2)^{-1}$，其中 θ_c 与 θ_L 之间的关系为

$$\cos\theta_c = \frac{\gamma_c^2 \tan^2\theta_L - 1}{\gamma_c^2 \tan^2\theta_L + 1} \tag{2.179}$$

在非相对论情况下，$\beta_c \approx 0$，$\gamma_c \approx 1$，式 (2.178) 简化为

$$\sigma(E_c, \theta_L) = 4\cos\theta_L \sigma(E_n, \theta_c) \tag{2.180}$$

其中 $\theta_c = 2\theta_L$。

微分截面的不确定性是反冲质子法测量中子通量误差的来源之一。实验测量误差取决于实验条件，例如用计数器望远镜来测中子通量时，测量的是反冲质子的最大能量 $(\theta_p \approx 0°，\theta_n \approx 180°)$，微分截面的不确定性影响较大，而用体积足够大的有机闪烁体来测量反冲质子时，几乎记录全部反冲质子，测量的是 n-p 散射的总截面，在此情况下，通量测量的精确性归结为已知总截面的精确性。用积分

谱法测中子通量的另一个例子是采用含氢正比计数管，由于对中子灵敏的含氢物质本身就是探测器的组成部分，再加上测量的是积分效应，所以是低能中子通量测量比较常用的一种方法。

在上述中子能量和通量测量中，一个重要的问题是探测系统标定。不同测量方法和探测装置需要研究不同的标定方法。对于有机闪烁体探测装置，可用标准源对探测器系统进行能量标定，以 n-p 散射测量为例，利用标准源刻度获得转换系数，将测量得到的脉冲幅度谱转化为反冲质子能谱。多数情况下，需要用专门的试验束进行 n-p 散射实验，特别是探测效率的标定，以精确测量探测器对于不同散射角度单能中子的探测效率以及能量响应系数。图 2.76 是实验测量的一种裂变中子与反冲质子能量分布的三维分布图 [33]。

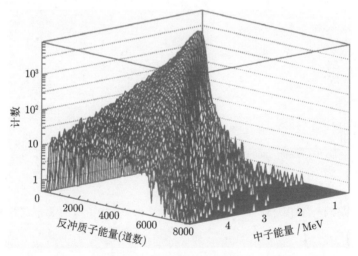

图 2.76　一种裂变中子与反冲质子能量分布的两维分布图

2.4.4　n-γ 鉴别方法

中子作用过程中常伴随 γ 射线，因此 n-γ 鉴别是中子测量中的常见问题。下面以闪烁探测器为例，讨论 n-γ 鉴别中常用的脉冲形状甄别方法。

在闪烁体中，荧光衰减的快、慢成分与入射粒子的电离密度有关。不同质量和电荷的粒子引起的电离密度不同，电离密度高的粒子，脉冲快成分被强烈猝灭，慢/快成分比就较大；电离密度低的粒子，慢/快成分比就较小。因此不同带电粒子引起的输出脉冲波形不同。如图 2.77 所示，标准芪晶体和有机闪烁体 (NE213) 对于不同粒子 (α、中子和 γ) 激发发射荧光信号和脉冲形状不同，并且具有很快的前沿 (≤ 0.1 ns)。从脉冲峰值开始，按指数衰减，快成分衰减时间为 2~6 ns，慢成分的持续时间对不同的探测器和不同的粒子大约从零点几微秒到几十微秒 [34]。

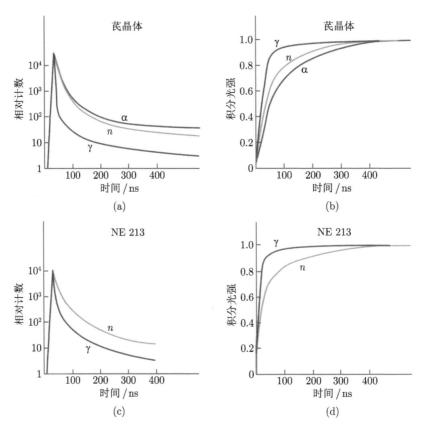

图 2.77　芪晶体和有机闪烁体 (NE213) 对于不同粒子 (α、中子和 γ) 激发发射的荧光信号与
脉冲形状

闪烁体的光脉冲强度可用下式近似表示:

$$N(t) \approx \frac{N_{\mathrm{f}}(\rho)}{\tau_{\mathrm{f}}} \mathrm{e}^{-t/\tau_{\mathrm{f}}} + \frac{N_{\mathrm{s}}(\rho)}{\tau_{\mathrm{s}}} \mathrm{e}^{-t/\tau_{\mathrm{s}}} \tag{2.181}$$

这里, ρ 是带电粒子在闪烁体中的电离密度。假设粒子入射到闪烁体上的时刻为
零时刻, 粒子在闪烁体中运动和激发时间可以忽略。$N(t)$ 为 t 时刻、单位时间内
发射的光子数, $N_{\mathrm{f}}(\rho)$ 和 $N_{\mathrm{s}}(\rho)$ 分别为单次发光中快、慢成分所包含的光子数, τ_{f}、
τ_{s} 分别为快、慢成分的衰减时间常数。一般情况下, 对于有机闪烁体, τ_{f} 与 ρ 无
关, τ_{s} 与有些晶体 ρ 有关 (有些无关)。对无机闪烁体, τ_{f} 是 ρ 的函数, τ_{s} 与 ρ
无关。

荧光光子由光电倍增管转换为电子, 经打拿极倍增后输出电流脉冲信号, 可
表示为

$$I(t) = I_{\mathrm{f}}(\rho)\mathrm{e}^{-t/\tau_{\mathrm{f}}} + I_{\mathrm{s}}(\rho)\mathrm{e}^{-1/\tau_{\mathrm{s}}} \tag{2.182}$$

式中, $I_f(\rho)$ 和 $I_s(\rho)$ 分别为电流脉冲中快、慢成分的最大值。由公式可看出, 电流脉冲的衰减时间包含荧光衰减时间的快、慢成分。当中子在闪烁体中产生反冲质子时, γ 射线在闪烁体内产生电子。由于质子和电子在闪烁体探测器产生的荧光衰减时间不同, 因此可以通过专门的脉冲形状甄别方法来鉴别。

在脉冲形状甄别方法中, 双微分过零甄别法是普遍采用的一种方法。当不同上升时间电压脉冲被双微分后, 它们与时间轴的交点, 即过零点的位置与电压脉冲的幅度大小无关, 只与它们的上升时间有关。如图 2.78 所示, t_{0e} 和 t_{0p} 分别表示电子和质子脉冲的过零时间。

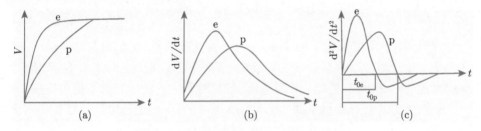

图 2.78　脉冲过零时间与上升时间的关系

(a) 电压–时间关系; (b) 一次微分脉冲幅度随时间变化; (c) 二次微分脉冲幅度随时间变化

图 2.79 是一种采用双微分过零甄别法的电路方框图[35]。n-γ 甄别电路由恒比定时器 (CFD)、双微分延迟放大器 (DDL amp) 和定时单道 (TSCA) 组成, 经时间–幅度转换 (TAC), 由多道分析器 (MCA) 测量获得 n-γ 鉴别时间谱。从探测器 (液闪 BC501A) 引出的打拿极信号经过前放 (pre-amp) 后分成两路, 一路送入

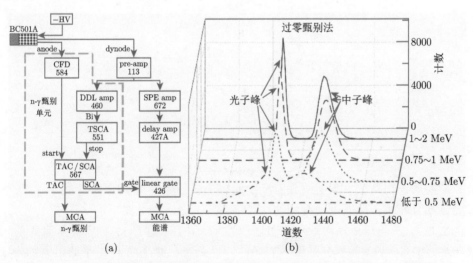

图 2.79　一种采用双微分过零甄别法的电路图 (a); 四个中子能区的 n-γ 甄别谱 (b)

n-γ 甄别电路，一路经能谱放大器 (SPE amp) 和延时放大器 (delay amp) 送入线性门 (linear gate)，并由 n-γ 甄别电路给出多道开门信号记录入射粒子的反冲质子能谱。

双微分脉冲形状甄别法的电子学线路比较简单，它不仅可用于闪烁探测器，原则上也可用于半导体和正比计数器，只要探测器对不同的粒子输出信号上升时间不同。实际测量中，其鉴别本领主要受到光电转换器件和电子学时间性能，以及噪声水平的限制。

2.5 宇宙线 μ 子测量

自 1936 年宇宙线 μ 粒子 (muon，μ 子) 被发现以来，人们对其性质进行了广泛的研究。μ 子是标准模型中与电子相似的基本粒子，电荷为 $-1e$，自旋为 $1/2$。与天然辐射 (α，β 或 γ 射线) 相比，μ 子的质量很大，所以它们不是由核素衰变产生的，以至于 μ 子在发现早期，被认为是一种介子。μ 子平均寿命为 2.2 μs，比许多其他粒子长得多，与自由中子衰变 (寿命约 15 min) 相似，其弱衰变过程总是产生 (或至少) 三个粒子，其中必须包括电子和两个不同中微子 (图 2.80)。

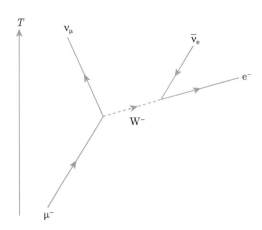

图 2.80 μ 子衰变费曼图

2.5.1 μ 子辐射来源

原初质子在高空大气层中簇射产生的粒子成分如图 2.81 所示。由于 μ 子不参与强相互作用，地面上观测到的次级宇宙线成分大部分是 μ 子 (约 75%)，其平均动量为 3~4 GeV，天顶角分布近似为 $\cos^2\theta$ (能量 $E < \text{TeV}$)，垂直入射 μ 子 (大于 1 GeV/c) 的积分强度 ~70 m$^{-2}\cdot$s^{-1}s$\cdot$r^{-1}，海平面上 μ 子通量大约为 1 cm$^{-2}\cdot$min^{-1}。因此宇宙线 μ 子是一种天然的带电粒子源，也是自然环境中电离辐

射本底的主要来源。

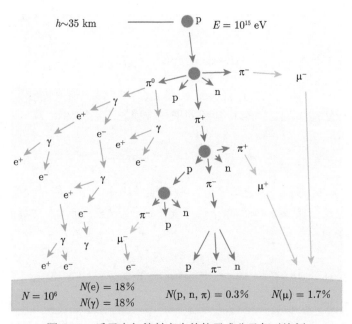

图 2.81 质子大气簇射产生的粒子成分及相对比例

地面宇宙线 μ 子分布特性的观测, 可以为研究宇宙线起源提供重要信息。宇宙线 μ 子的平均能量损失接近最小电离能损, 是一个理想的最小电离粒子源。通常大型谱仪在安装完成并正式运行之前, 利用宇宙线 μ 子对探测器的性能进行检验和刻度, 如 2.3.3 节提及的电磁量能器刻度。现代物理实验中, 可利用质子加速器打靶产生的 π 介子, 继而衰变产生 μ 子 (即: $\pi^{\pm} \longrightarrow \mu^{\pm} + \nu_e(\overline{\nu}_e)$)。μ 子穿透物质后的能量衰减和自旋转动特性, 可用于表面物理、辐射化学、化学动力学和地质结构等研究中。

2.5.2 μ 子与物质作用

μ 子与物质主要发生电磁相互作用, 库仑场弹性散射过程的微分截面最早由卢瑟福提出, 相对论情形下可使用 Mott 散射公式[36]。为修正类点粒子的局限性, 可以引入电荷、磁矩空间分布的形状因子, 进一步得到狄拉克理论下的罗森布拉斯 (M. N. Rosenbluth) 公式[37]。由于 μ 子质量较大、辐射能损较小, 并且不参与强相互作用, 因此它具有很强的穿透能力。对于粒子物理实验来说, 清晰的 μ 轻子衰变道的测量, 为轻/强子物理的许多重要发现提供了重要途径。例如, 粲粒子 (J/ψ) 产生、电弱玻色子 ($W^{\pm}$, Z^0) 和顶夸克 (t) 观测, 以及 Higgs 寻找等, 虽然这些粒子的强子衰变道有更高的分支比, 但 μ 子衰变特性使得它更加易于探测。

　　加速器和宇宙线产生的高能 (GeV) μ 子与物质作用，其平均能损半经验公式可表示为 [1]

$$-\mathrm{d}E/\mathrm{d}x = a(E) + b(E)E \tag{2.183}$$

其中，$a(E)$ 代表电离能损失过程；$b(E)$ 是正负电子对、轫致辐射和光–核作用贡献的总和。初始能量为 E_0 的 μ 介子的平均辐射长度 X_0 为

$$X_0 \approx (1/b)\ln(1 + E_0/E_{\mu c}) \tag{2.184}$$

其中，$E_{\mu c} = a/b$。图 2.82 显示了氢、铁和铀介质中的平均能量损失与 μ 子能量的关系，其中铁介质 $a(E) \approx 0.002~\mathrm{GeV \cdot g^{-1} \cdot cm^2}$，$b(E)$ 近似为常数。μ 子临界能量 $E_{\mu c}$ 可以通过

$$E_{\mu c} = \frac{a(E_{\mu c})}{b(E_{\mu c})} \tag{2.185}$$

求得，$E_{\mu c}$ 与原子序数 Z 的关系如图 2.83 所示。由于密度效应，气体的临界能量比具有相同原子数的固体或液体的临界能量高。碱金属的临界能量比拟合函数高出 3%~4%，而大多数其他固体拟合误差在 2% 范围内。对气体元素，拟合误差最大的是氦 (2.7%)。

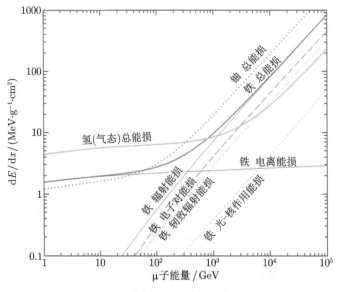

图 2.82　氢、铁和铀介质中的平均能量损失与 μ 子能量的关系

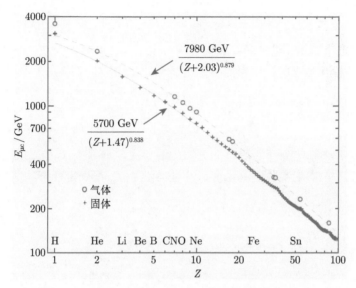

图 2.83 各种元素 (Z) 的 μ 介子的临界能量 (图中所示的拟合函数不包括氢元素)

2.5.3 μ 子望远镜测试系统

由于 μ 子不参与强相互作用, 具有很高的穿透能力, 是一种理想的最小电离粒子源。通过建立专门的宇宙线 μ 子望源镜, 用于探测器性能测试和刻度, 是实验室条件下常用的测试装置。

图 2.84 是典型的宇宙线 μ 子望远镜测试系统示意图, 其中待测探测器 MRPC (Multi-gap Resistive Plate Chamber) 放置于两个塑料闪烁探测器中间, 每个塑料闪烁体在两端分别连接两个光电倍增管 (PMT), 两个读出端测量的时间平均值与粒子击中的位置无关, 并且可利用读出信号的时间差给出粒子的击中位置信息。当宇宙线 μ 子穿过整个探测装置时, 四个 PMT 输出的信号经甄别和逻辑单元产生触发信号, 该触发信号表示有宇宙线事例穿过了待测探测器, 并作为 ADC 和 TDC 开门信号, 因此记录待测探测器有效计数和触发信号计数比值, 即可得 MRPC 的探测效率。

待测 MRPC 模块的时间分辨测量, 需要探测系统提供准确的粒子击中时间, 即参考时间 (T_0), 由闪烁探测器四路时间信号 (T_1, T_2, T_3, T_4) 的平均值给出, 即

$$T_0 = (T_1 + T_2 + T_3 + T_4)/4 \tag{2.186}$$

由于测量时间包含 μ 子击中时间 (T_μ) 贡献, 因此待测 MRPC 的本征时间分辨为 $\sigma(T_{\mathrm{mrpc}} - T_\mu)$, 而系统 T_0 的时间分辨为 $\sigma(T_0 - T_\mu)$。由式 (2.186) 可得

$$T_0 - T_\mu = (T_1 + T_2 + T_3 + T_4)/4 - T_\mu$$

$$= [(T_1 - T_\mu) + (T_2 - T_\mu) + (T_3 - T_\mu) + (T_4 - T_\mu)]/4 \qquad (2.187)$$

对于宇宙线准直事例 (或只选取准直事例), $(T_1 - T_\mu) + (T_2 - T_\mu)$ 与 $(T_3 - T_\mu) + (T_4 - T_\mu)$ 是相互独立的, 由误差传递公式和式 (2.187) 可得

$$\sigma^2(T_{\mathrm{mrpc}} - T_\mu) = \sigma^2(T_{\mathrm{mrpc}} - T_0) - \sigma^2(T_0 - T_\mu)$$
$$= \sigma^2(T_{\mathrm{mrpc}} - T_0) - \sigma^2[(T_1 + T_2 - T_3 - T_4)/4] \qquad (2.188)$$

上式即是用于计算待测探测器时间分辨的关系式, 等号右边 T_{mrpc}、$T_0 = (T_1 + T_2 + T_3 + T_4)/4$ 均为实验中测量值, 并且消除了 T_μ 不确定性影响。

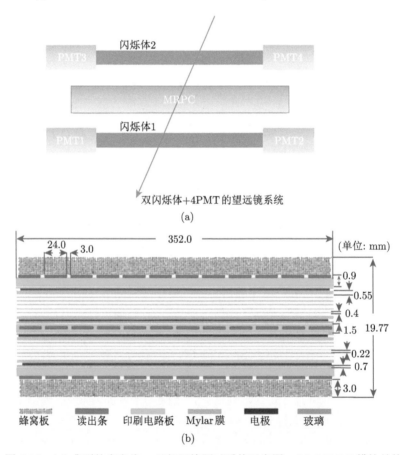

图 2.84　(a) 典型的宇宙线 μ 子望远镜测试系统示意图；(b) MRPC 模块结构
(BESIII-ETOF)[38]

实验中常利用多个性能相近的探测器模块组合, 对其中任一个待测探测器模块性能进行测试。图 2.85 是四个 MRPC 模块两两组合测量时间分辨原理图。当

粒子飞行距离较大时，需要考虑宇宙线动量分散对时间测量的影响。图 2.86 给出了海平面附近宇宙线 μ 子的动量分布曲线 [39]。

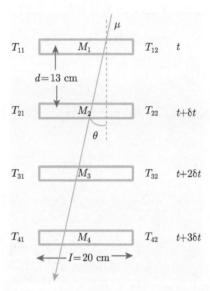

图 2.85　四个 MRPC 模块两两组合修正时间分辨的方法原理图

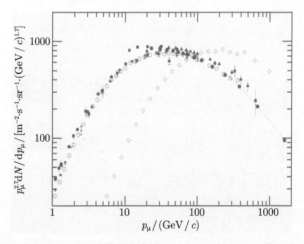

图 2.86　海平面附近宇宙线 μ 子的动量分布曲线：$\theta = 0°$ (除了空心菱形点) 不同测量数据点；$\theta = 75°$，空心菱形点

假设宇宙线 μ 子经过每层探测器后动量分散的影响呈线性递增，μ 子入射时间 t 晃动 (δt) 应该加上动量分散的修正。如图 2.85 所示，MRPC 由上至下依次编号为 M_1-M_4，采用双端读出方式，利用 TDC 可以对左右两端分别进行时间测

试。TDC 测量值记为 T_{ni}；n 表示 MRPC 编号 $n = 1 \sim 4$，$i = 1, 2$ 分别表示读出条左右两端记数。T_{Mn} 表示第 n 个 MRPC 忽略了动量分散影响的测量值；T'_{Mn} 表示包含动量分散的测量值。依据上述测量原理，有如下关系式：

$$T_{Mn} = \frac{T_{n1} + T_{n2}}{2} + t \tag{2.189}$$

$$T'_{Mn} = \frac{T_{n1} + T_{n2}}{2} + t + (n-1)\delta t = T_{Mn} + (n-1)\delta t \tag{2.190}$$

假设固定 M_2 作为待测探测器，选择 M_3 和 M_4 作为 T_0 组合，利用误差传递公式计算可得

$$\sigma^2(T'_{M2}) = \sigma^2\left(T'_{M2} - \frac{T'_{M3} + T'_{M4}}{2}\right) - \sigma^2\left(\frac{T'_{M3} - T'_{M4}}{2}\right)$$
$$= \sigma^2\left(T_{M2} - \frac{T_{M3} + T_{M4}}{2}\right) - \sigma^2\left(\frac{T_{M3} - T_{M4}}{2}\right) + 2\sigma^2(\delta t) \tag{2.191}$$

同理，利用 M_1, M_3 作为 T_0，或利用 M_1, M_4 作为 T_0，可以获得相似关系式。图 2.87 是不同 T_0 组合，测量 MRPC 不同读出条 (pad) 的实验分析结果[40]。这种方法对于批量探测器模块性能检测非常有效。

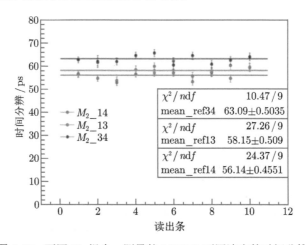

图 2.87　不同 T_0 组合，测量的 MRPC 不同读出的时间分辨

2.5.4　宇宙线 μ 子成像

宇宙线 μ 子成像是 μ 子探测技术的一个重要应用。2003 年，美国洛斯阿拉莫斯国家实验室 (Los Alamos National Laboratory，LANL) 在自然杂志上发表简讯，首次提出通过测量 μ 子在穿透物质后的散射角分布，能够快速区分出低 Z 和高 Z 物质，并且可以对散射物体实现三维成像[41]。2004 年，Schultz 等提出

PoCA(point of closest approach) 径迹重建方法和 ML-EM 数据优化算法 [42]。之后，缪子散射成像 (muon scattering tomography，MST) 技术研究开始进入国际前沿领域，研究重心主要集中在 MST 对高 Z 物质的识别方法、探测技术，以及图像重建与算法。由于宇宙线 μ 子高穿透能力，并且不受环境气候和地理位置的影响，MST 技术在核材料 (铀, 环) 检测、地球物理与火山学、环境科学与土壤厚度测量、反应堆与核燃料成像、机械工程与大型管道检测以及核武器监测等方面有广泛应用前景。

实际应用中 μ 子成像方法主要有两种：μ 子透射成像和 μ 子散射成像。μ 子透射成像方法研究得较早。一个比较成功应用是，利用宇宙线 μ 子透射方法，测量埃及金字塔密室。图 2.88(a) 是卡夫拉金字塔内部结构示意图，由于它仅有一个密室，与其他金字塔不同，考古学家怀疑还有其他未发现的密室。如果存在密室，当穿过金字塔时，如能够测量局部的 μ 子强度的变化，即可推测在该方向可能有密室。

μ 子强度随深度 h 的变化函数 $I(h)$ 可近似表示为

$$I(h) = k \cdot h^{-\lambda} \tag{2.192}$$

这里指数 $\lambda \approx 2$，对式 (2.192) 求导，可得

$$\frac{\Delta I}{I} = -\lambda \frac{\Delta h}{h} \tag{2.193}$$

由此可估计，当 μ 子穿过平均厚度 100 m 金字塔，如密室高度 5 m，则该位置垂直方向的相对强度增加约 10%。图 2.86(b) 是用于测量 μ 子强度变化的 μ 子透射望远镜，它由三个闪烁探测器 (2 m×2 m) 和四个位置灵敏火花室构成，火花室触发由三个闪烁探测器符合提供，下部铁吸收块用于排除低能 μ 子。实验通过几百万个 μ 子事例分析，并与 μ 子天顶角和方位角通量变化的模拟数据作比较，证明在该望远镜分辨范围内没有发现新的密室 [43]。

μ 子散射成像原理如图 2.89(a) 所示。μ 子与物质发生多次库仑散射，导致 μ 子方向偏离 $\Delta\theta$ 和位置偏离 Δx 均遵循一定的统计规律，μ 子出射方向分布可以由高斯分布近似 (假定入射 μ 子正入射，$\theta = 0$)：

$$\frac{\mathrm{d}N}{\mathrm{d}\theta_x} = \frac{1}{\sqrt{2\pi}\sigma_\theta} \mathrm{e}^{-\frac{\theta_x^2}{2\sigma_\theta^2}} \tag{2.194}$$

其中，θ_x 为出射 μ 子方向的 x 分量；σ_θ 为其平面均方根分布宽度，且与物体性质和厚度相关，

$$\sigma_\theta = \frac{13.6}{\beta cp}\sqrt{\frac{L}{L_0}}\left[1 + 0.038\ln\left(L/L_0\right)\right] \approx \frac{13.6}{\beta cp}\sqrt{\frac{L}{L_0}} \tag{2.195}$$

式中，p 为 μ 子动量；βc 为其速度；L_0 为该物体的辐射长度。辐射长度与物体原子参数和密度的关系如下：

$$L_0 = \frac{716.4\,(\text{g/cm}^2)}{\rho}\,\frac{A}{Z\,(Z+1)\log\left(287/\sqrt{Z}\right)} \tag{2.196}$$

因此精确测定 σ_θ 值，即可了解物体参数。除了出射方向的改变外，μ 子出射位置偏离 Δx 也具有类似的高斯分布，其均方根分布宽度为

$$\sigma_x = \frac{L}{\sqrt{3}}\sigma_\theta \tag{2.197}$$

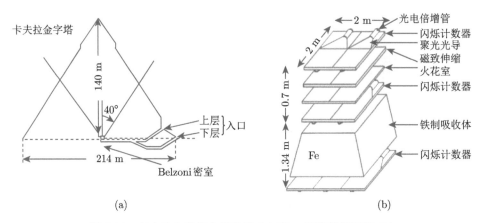

图 2.88　卡夫拉金字塔内部结构 (a) 和 μ 子透射望远镜 (b)

　　由于宇宙线 μ 子的平均动量为 3~4 GeV/c，μ 子出射方向偏离大多在十几毫弧度到几十毫弧度的范围内，因此 μ 子成像装置对 μ 子径迹方向的测量精度要求达到 1~2 毫弧度。μ 子在物体中的多次库仑散射还依赖于 μ 子动量，探测系统要求具有一定的动量分辨能力。要达到上述要求，需要研制专门的高分辨 μ 子探测装置，并建立快速、有效的成像算法。图 2.89(b) 是利用 PoCA(Point of Clostest Approach) 区域重建算法分析给出的 "USTC 铅块" 的断层图像，这里取 PoCA 点坐标的 XY 平面分量，利用 Mathematica 9.0 中的 Histogram 3D 函数获取三维柱状图，并对多次散射过程的出射点偏移量进行了近似处理。

　　图 2.90 是 LANL 合作组研制的 MMT(muon mini tracker) 装置对反应堆模型的 μ 子成像 [44]。该模型由两层混凝土屏蔽块和中间的铅组件组成，中心锥形铅块与反应堆熔化的堆芯形状是相似的；MMT 由两组由漂移管组成的 μ 子径迹室组成。一组 (x, y) 径迹室安装在 2.5 m 高处，另一组径迹室安装在地面。通过重

建散射角分布可以清楚地获得堆芯图像。以该方案为基础，正在研制的大型成像装置 FMT(fukushima muon tracker) 将用于日本福岛第一核电站事故堆芯监测。

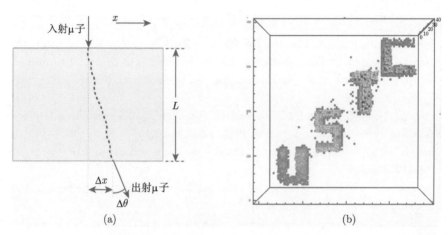

(a)   (b)

图 2.89　(a) μ 子与物体发生多次库仑散射作用示意图；(b) "USTC 铅块" 的模拟和重建图像，图中柱状色块表示散射径迹的统计涨落

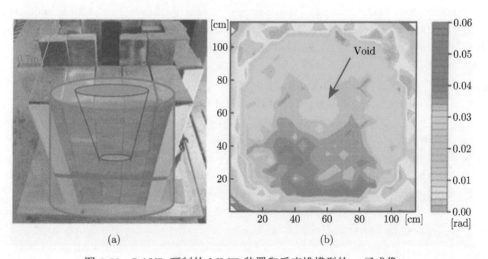

(a)   (b)

图 2.90　LANL 研制的 MMT 装置和反应堆模型的 μ 子成像

参 考 文 献

[1] Particle Data Group. Passage of particles through matter. Phys. Rev. D, 2018, 98: 03001. http://pdg.lbl.gov/

[2] Rossi B. High Energy Particles. Englewood Cliffs: Prentice-Hall, Inc., 1952.

[3] Bethe H, Ashkin J. Experimental Nuclear Physics. New York: Wiley, 1953: 253.

[4]   Bethe A H. Molirer's theory of multiple scattering. Phys. Rev., 1953, 89: 1256-1266.

[5]   Lynch G R, Dahl O I. Approximations to multiple Coulomb scattering. Nucl. Instrum. Methods B, 1991, 58: 6.

[6]   Grupen C, Sheartz B. Particle Detector. Camberidge University Press, 2008.

[7]   Marmine P, Shelodon E. Physics of Nuclei and Particles, Vol.1. NY: Academic, 1969.

[8]   Klein O, Sheldon Y. Über die Streuung von Strahlung durch freie Elektronen nach der neuen relativistischen Quantendynamik von Dirac. Zeischrift fur Physik, 1929, 52: 853-868.

[9]   Longo E, Sestili I. Monto Carlo calculation photo-initiated electromagnetic showers in lesd glass. Nucl. Instrum. Methods, 1975, 128: 283-307.

[10] Grau A, et al. Modeling pion and proton total cross-sections at LHC. 2010, airXiv: 1008.4199v[hep-ph].

[11] Cherenkov P A. Visible emission of clean liquids by action of γ radiation. Doklady Akademii Nauk SSSR, 1934, 2: 451.

[12] Tamm I. Radiation emitted by uniformaly moving electrons. Journal of Physics (USSR), 1939, 1: 439-445.

[13] Ratcliff B N. Imaging rings in ring imaging Cherenkov counters. Nucl. Instrum. Methods A, 2003, 502: 211.

[14] Cherry M L. Measurements of the spectrum and energy dependence of R-ray transition radiation. Phys. Rev. D, 1978, 17: 2245.

[15] Particle Data Group. Particle detectors at accelerators. Phys. Rev. D, 2018, 98: 03001.

[16] Standard NIM Instrumentation System (DOE/ER-0457T).

[17] https://esone.web.cern.ch/hibernation.pdf

[18] The VMEbus Specificatiob, ANS/IEEE STD1014-1987

[19] Leo W R. Techniques for Nuclear and Particle Physics Experiments-A How-to Approach. 1994.

[20] Walther B. The Coincidence Method, The Nobel Prize in Physics 1954, Nobelprize.org.

[21] Nygren D R, Marx J N. Phys. Today, 1978, 31(10): 46.

[22] Inner detector. ATLAS Technical Proposal. CERN., 1994.

[23] 于群, 等. 原子核物理实验方法. 北京: 人民教育出版社, 1961.

[24] Gilmore G R. Parctical Gamma-Ray Spectroscopy. John Wiley@Sons.Ltd, 2008.

[25] The Electromagnetic Calorimeter (ECAL), CERN-LHCC-2006-001; CMS-TDR-8-1.

[26] http://www.oecd-nea.org/janis/ Database NEA N ENDF/B-VII.1

[27] Harvey J A, Hill N W. Scintillation detectors for neutron physics research. Nucl. Instrum. Methods, 1979, 162: 507.

[28] Burrus W R, Verbinski V V. Fast-neutron spectroscopy with thick organic scintillators. Nucl. Instrum. Methods, 1969, 67: 181.

[29] Fermi E, Marshall L. A Thermal Neutron Velocity Selector and Its Application to the Measurement of the Cross Section of Boron. Phys. Rev., 1947, 72: 193.

[30] http://j-parc.jp/c/en/for-researchers/accelerators.html

[31]　Wei J, Fang S X, et al. China Spallation Neutron Source Design, APAC 2007(India)

[32]　Atomic Data and Nuclear Data Tables, 1971, A9: 137.

[33]　Yan J. Experimental study of angular neutron flux spectra emitted from polythene slab with D-T neutron source. PhD thesis, USTC, 2010.

[34]　Owen R B. The decay times of organic scintillators and their application to the discrimination between particles of differing spectific ionization. IRE. Trans, Nucl.Sci., NS-5, 1958, 3: 198.

[35]　Yan J, Liu R, Li C, et al. Comparison of n-γ discrimination by rise-time and zero-crossing methods. Sci. China Ser. G-Phys Mech. Astron, 2010, 53(8): 1453-1459.

[36]　Mott N F. The scattering of fast electrons by atomic nuclei. Proceedings of the Royal Society of London. Series A, Containing Papers of a Mathematical and Physical Character, 1929, 124(794): 425-442.

[37]　Rosenbluth M N. High energy elastic scattering of electrons on protons. Physical Review, 1950, 79(4): 615.

[38]　Yang S, et al. Test of high time resolution MRPC with different readout modes for the BESIII upgrade. Nucl. Instrum. Meth. A, 2014, 763: 190-196.

[39]　Particle Data Group. Cosmic rays. Phys. Rev. D, 2018, 98: 03001.

[40]　Zhen L, et al. Quality control and batch testing of MRPC modules for BESIII ETOF upgrade. Nuclear Instruments and Methods in Physics Research A, 2017, 874: 12-18.

[41]　Borozdin K N, Hogan G E, Morris C, et al. Radiographic imaging with cosmic-ray muons. Nature, 2003, 422(6929): 277.

[42]　Schultz L J, Borozdin K N, Gomez J J, et al. Image reconstruction and material Z discrimination via cosmic ray muon radiography. Nuclear Instruments and Methods in Physics Research Section A, 2004, 519(3): 68-694.

[43]　Alvarz L, et al. Search for hidden chambers in the Pyramids. Science, 1970, 167: 670.

[44]　Miyadera H, Konstantin N, et al. Imaging fukushima daiichi reactors with muons. AIP Advances, 2013, 3(5): 052133.

习　　题

2-1　一个能量为 1.06 GeV μ 子 ($\gamma = 10$) 与物质作用, 在一次散射中, 可传递给一个电子的最大动能是多少?

2-2　计算 10 MeV 电子穿过空气 (按 21％氧和 79％氮) 的比电离大小?

2-3　分别计算 5 MeV α 粒子和电子在硅半导体 ($Z = 14$, $A = 28$, $\rho = 2.33$ kg/m^3) 中的 dE/dx。

2-4　当 $E \gg m_\mathrm{e}c^2 / \alpha Z^{1/3}$ 时，证明电子的轫致辐射能损公式：

$$-\frac{\mathrm{d}E}{\mathrm{d}x} = 4\alpha N_\mathrm{A} \frac{Z^2}{A} r_\mathrm{e}^2 E \ln \frac{183}{Z^{1/3}}$$

给出相应的辐射长度 X_0 表达式?

2-5　5 MeV 光子在铅中的总吸收系数约为 0.04 cm^2/g。已知铅的密度为 11.3 $\mathrm{g/cm}^3$。问：强度减半的铅板厚度是多少? 允许 5% 光子透射的铅板厚度又是多少?

2-6　铅 $(A = 207, \rho = 11.3 \ \mathrm{g/cm}^3)$ 的辐射长度为 5.6 mm。计算高能光子与其作用的吸收系数和电子对产生截面。

2-7　计算 1 keV 光子在水 $(Z/A = 0.56)$ 中的康普顿散射平均路径长度。

2-8　在正电子发射层析成像 (positron emission tomography，PET) 中，正负湮没产生光子，可提供湮灭点的图像信息。为此在机体中引入 β^+ 发射放射性核素，当正电子静止时湮灭产生成对光子。假设光子是通过康普顿散射电子探测到的，求它们的最小和最大能量?

2-9　一个 1 GeV 电子束通常穿过一个厚度为 $X_0/20$ 的铅板 (X_0 是铅辐射长度)。指出可能发生哪一个过程：(1) 轫致辐射；(2) 多次散射。

2-10　估计 1 GeV 电子穿过铝板 (5 cm 厚) 辐射损失的平均能量。

$$\left[A = 27, Z = 13, \rho = 2.7 \ \mathrm{g/cm}^3, D = 4N_\mathrm{A}\alpha r_0^2 = 1.4 \times 10^{-3} \ \mathrm{cm}^2/\mathrm{g}\right]$$

2-11　动量为 700 MeV 的 5 μA 电子束击中厚度为 0.12 $\mathrm{g/cm}^2$ 靶 (^{40}Ca)。一面积为 20 cm^2，距离靶 1 m，位于束流入射方向 40° 的探测器用来测量散射电子。假设原子核的电荷分布是均匀的，球半径为 $1.18A^{1/3} - 0.48$。计算击中探测器的电子计数率。

如探测器位于 25°，并具有最大微分截面，计数率大约为 1400 s^{-1}。这个探测器由两个气体探测器顺序组合，每个充有 1 mm 厚的 Ar/Co₂ 混合气体，其密度为 1.8 $\mathrm{mg/cm}^3$，电离能是 15 eV，平均电离能损是 1.4 MIPs。假设产生一对电子–离子，其有效沉积能量是 10%，当

一个电子到达阳极 (电子到达每个阳极的概率 $P = 30\%$) 每个探测器产生一个计数。采用两个探测器符合信号作为有效计数，估计实验测量的计数率。

2-12 已知 pn 结型半导体探测器中的空穴的漂移速率为

$$v = \frac{\mathrm{d}x}{\mathrm{d}t} = -\mu_\mathrm{h}E$$

空穴运动所产生的感应电荷是多少？总收集的总电荷是多少？

2-13 已知电荷灵敏放大器反馈电容 $C_\mathrm{f} = C_\mathrm{d}/100$ (放大器的增益–带宽乘积是 $100/\tau$)，实验要求输出脉冲上升时间达到 10 ns，求该放大器的最小单位增益带宽。

2-14 依据脉冲信号反射原理，证明理想同轴电缆的反射系数关系式：

$$\rho = \frac{V_\mathrm{r}}{V_0} = \frac{-I_\mathrm{r}}{I_0} = \frac{R - Z}{R + Z}$$

式中，V_0 和 I_0 分别是原始信号的电压和电流，V_r 和 $-I_\mathrm{r}$ 分别是反射信号的电压和电流。

2-15 在实际测量中，如果有 q-k 路输入的是真事例信号，k 路输入的是偶然信号，同样会出现 q 重偶然符合。求 $k = 1$ 时其偶然符合计数表达式。

2-16 一硅半导体探测器的前端电子学 (见图 2.20 和图 2.21)。已知该探测器反向偏置电流为 100 nA，结电容为 100 pF，偏置电阻为 $R_\mathrm{b} = 10~\mathrm{M\Omega}$，探测器和前置放大器串联电阻为 10 Ω。等效输入噪声电压是 $1~\mathrm{nV}/(\mathrm{Hz})^{1/2}$，忽略 $1/f$ 噪声和电流噪声贡献。如电路采用 CR-RC (时间常数均为 1 μs，成形系数 $F_\mathrm{i} = F_\mathrm{v} = 0.924$) 脉冲成形，求：

(1) 该探测系统的等效噪声电荷表达式，各个噪声源贡献是多大？
(2) 在上述条件下，噪声电流和噪声电压贡献各是多少？时间常数取多大值时，其噪声最小？
(3) 要求总噪声影响小于 1%，偏置电阻最小值是多少？

2-17 一种测量 ^{239}Pu 衰变 (^{239}Pu$\rightarrow^{235}$U$+\alpha$) 的半衰期方法是将 120g 的 ^{239}Pu 源浸入液氮容器中，其体积足够大，足以吸收衰变 α。实验测量了功率为 0.231 W 的液体的蒸发速率，已知 α 粒子的动能为 5.144 MeV，计算出 ^{239}Pu 的半衰期。

2-18 一单能 β 源放在螺旋形磁场的轴线上，当磁场强度 $B = 200$ Gs 时，与轴线成 $\alpha = 30°$ 角，聚集在距离源 50 cm 位置点上，求 β 粒子的动能。

2-19　如图 2.91 所示，请说明用 NaI 探测器测量 γ 射线能谱有哪些作用过程，除全能峰外可能形成其他的峰？如何减少反散射峰和 KX 射线峰？

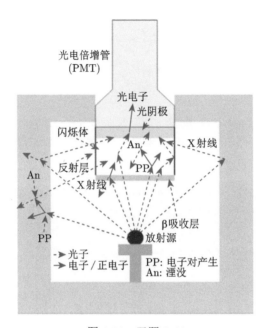

图 2.91　习题 2-19

2-20　如图 2.92 所示，请给出全能峰面积 (阴影部分) 计算公式和方均根误差表示式？

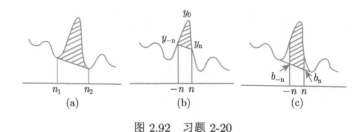

图 2.92　习题 2-20

2-21　已知测量的射线能量分布函数 $M(E)$ 可以表示为

$$M(E) = \int_0^\infty R(E, E') S(E') \mathrm{d}x'$$

式中，$S(E')$ $(0 < E < \infty)$ 为本征分布函数；$R(E, E')$ $(0 < E, E' < \infty)$ 为谱仪响应函数，并且

$$S(E) = \frac{S_0}{\sqrt{2\pi}\sigma_\mathrm{s}} \exp\left[-\frac{(E - E_0)^2}{2\sigma_\mathrm{s}^2}\right]$$

其中心 $E = E_0$，求测量能谱分布形状及半高宽 Γ。

2-22　实验测量一混合样品 (包含五种成分) 的 γ 能谱。已知谱仪第 i 道域对第 j 种成分的响应系数 a_{ij}，并且在所分析的谱中各种核素有不同的谱形，所有这些谱分布是线性无关的。请给出混合样品中第 j 种成分的未知活度 x_j 解析表达式。

2-23　氘气 ($_1^2\mathrm{H}$) 加热至温度 T，可能发生核作用过程的最低温度？涉及哪种相互作用？$K_\mathrm{B} = 8.6 \times 10^{-5}$ eV/K。提示：若氘之间的距离是 1 fm 数量级，则可能发生核相互作用。

2-24　中子能量小于 5 MeV，在质心系统中观测 (n-p) 散射是各向同性，质心系中的微分截面：$\sigma_\mathrm{c}(\theta) = \sigma_\mathrm{t}/4\pi$，其中 σ_t 是 (n-p) 散射总截面。已知在弹性碰撞中质心系与实验室系散射角：$\theta_\mathrm{c} = 2\theta$，在两种参考系中观测的反冲质子数是相同的，试证明：单能中子的质子反冲质子谱分布 $p(E_p)$ 满足关系式：

$$p(E_p)\mathrm{d}E_p = \frac{\mathrm{d}E_p}{E_\mathrm{n}}$$

2-25　一种基于 n-p 散射的中子飞行时间谱仪，由四个闪烁计数器 D_1、D_2、A_1 和 A_2 组成 (图 2.93)，其中 A_1、A_2 探测器是用来测量在入射和散射中子束中混有的带电粒子引起的事例。当入射中子在 D_1 中被氢核弹性地散射，给出起始信号，在 D_2 中给出飞行终止信号。设中子静止能量为 E_0，散射中子能量 E_n'，散射角度为 θ，证明入射中子能量 E_n 可表示为

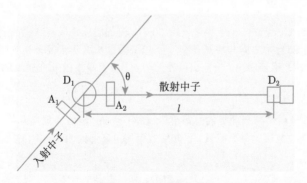

图 2.93　习题 2-25

$$E_n = \dfrac{2E_0}{\left[\left(1 + 2\dfrac{E_0}{E_n'}\right)\cos^2\theta - 1\right]}$$

2-26　中子活化法常用于反应堆中子通量的相对测量。设每平方厘米活化片俘获的 (或引起核反应的) 中子数为

$$A_0 = \phi n\sigma x$$

式中，ϕ 是中子通量；σ 是原子核的有效俘获截面 (或核反应截面)；x 是活化片厚度；n 是单位体积中的靶原子核数。n、x 和 σ 通常为已知的量，通过测定活化片的饱和放射性活度 A_0，可以得到中子通量。设初始时刻活化片内每单位时间生成的放射性核数目与衰变掉的核数目相等，即达到饱和放射性活度 A_0。当辐照样品的衰变概率 λ 很大时，证明：

$$A_0 = \dfrac{\lambda C}{\varepsilon\left(1 - e^{-\lambda t}\right)\left[e^{-\lambda(t_1 - t)} - e^{-\lambda(t_2 - t)}\right]}$$

式中，C 是从辐照样品取出时间 t_1 到测量结束时刻 t_2，探测器测量计数；ε 是探测效率。如果 λ 很小，求 A_0 的关系式。

2-27　一脉冲中子源飞行时间谱仪，用于中子脉冲束实验。已知中子脉冲的重复频率为 10^6 s^{-1}，中子飞行距离为 10 m，如果谱仪测量的最低中子能量为 1 MeV，求谱仪可测量的最大中子能量。(忽略中子脉冲宽度和谱仪的时间分辨影响)

2-28　一个光子 (或电子) 沉积能量在一组晶体中，量能器测量的信号 A 与能量 E 满足如下关系：

$$E = \sum_i^M a_i A_i$$

其中，A_i 已包含基线修正。由最小二乘法，试给出刻度系数 a_i 满足的线性方程。

2-29　一个 20 GeV/c 的 μ 子穿过一块 50 cm 厚的磁化铁板，产生的磁场 ($B = 2T$) 平行于板平面，μ 子的初始方向与板是正交。已知铁辐射长度和密度分别为 $X_0 = 1.8$ cm 和 $\rho = 7.87$ g/cm^3，求：磁偏转角，平板出口处的动量，以及平面内 μ 子轨迹的多次散射偏差值。

2-30　地球大气层在海平面上的总厚度为 1030 g/cm^2。估计垂直入射 μ 子 ($m_\mu = 106$ MeV/c^2) 穿过整个大气层的最小能量。已知空气平均电离势约为 10 eV，估计 μ 子到达地面产生的电子平均值。

2-31　由四个 MRPC 模块组成的宇宙线测试望远镜 (图 2.94)，如考虑动量分散的影响，求待测模块 M_2 的时间分辨关系式。(以 M_1 和 M_3 为参考时间)

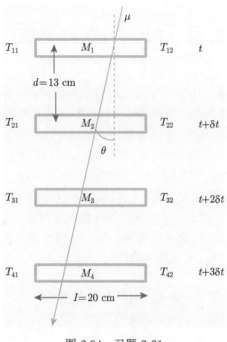

图 2.94　习题 2-31

2-32　高能宇宙线 μ 子近似为最小电离粒子，平均电离能损为 2 MeV·g^{-1}·cm^{-2}。已知海平面 μ 子能量分布近似表示为

$$N(E)\mathrm{d}E \propto \frac{\mathrm{d}E}{E^2}$$

试给出宇宙线 μ 子在岩石中的深度–强度关系式。估算深度 $h = 100$ m 处，高度 $\Delta h = 1$ m 的地下实验室中 μ 子强度变化。

2-33　μ 子与物质发生多次库仑散射，导致 μ 子方向偏离和位置偏离均遵循一定的规律 (图 2.89(a))。设 μ 子出射方向是高斯分布 (假定入射 μ 子正入射，$\theta = 0$)，计算 1 GeV μ 子穿过 1 cm 厚的水 (1.0 g/cm^3)、铅 (11.3 g/cm^3) 和钨 (18.3 g/cm^3) 时其辐射长度和库仑散射角方均根值。

第 3 章　质量和寿命测量方法

质量和寿命是原子核和粒子的基本属性。在相对论时空中，时间和空间统一为四维时空的分量，因此时间和空间类似，它所对应的广义动量是粒子的能量，在粒子静止系中观测表现为粒子的质量。寿命定义为一个粒子 (或核子) 从产生到衰变的时间间隔。实验测量的寿命值用静止时的平均寿命表示，质量用静止质量表示。

已经发现的大多数粒子 (或核素) 是不稳定的，即存在一定衰变概率，不稳定粒子的寿命不仅表征粒子状态参量，而且与相互作用机制有着密切关系。由于相互作用机制不同，粒子 (或核素) 的质量和寿命差别很大，所涉及的测量方法有很大不同。虽然如此，有关的测量原理和分析方法有许多共同点，这些共同点是实验设计的基础，也是实验方法研究的重点。

3.1　质量与寿命

实验上观测的不稳定粒子 (或核素) 质量具有一定分布，其分布函数一般用最可几值分布宽度 (或方均根值) 表示。以自由粒子一维运动为例，其波函数满足薛定谔方程

$$\mathrm{i}\frac{\partial \psi(x,t)}{\partial t} = H\psi(x,t) \tag{3.1}$$

其中，H 是该系统的哈密顿量，表示自由粒子的总能量。在相对该粒子静止的参考系中，它的测量值就是该粒子的质量。方程 (3.1) 的解为

$$\psi(x,t) = \mathrm{e}^{-\mathrm{i}m't}\psi(x) \tag{3.2}$$

其中，m' 是哈密顿量 H 的本征值；$\psi(x)$ 是本征值为 m 的本征函数，并满足波函数归一化条件：

$$\int |(\psi,t)|^2 \, \mathrm{d}^3 x = 1 \tag{3.3}$$

这里，波函数模平方的物理意义是 t 时刻粒子在 x 处存在的概率密度。归一化条件要求 t 时刻粒子在全空间中存在的总概率为 1，并表明粒子数不随时间而变化。

如果哈密顿量 H 的本征值 m' 是实数，则它就是稳定粒子质量，如果是不稳定粒子，则可表示为 $m' = m - \mathrm{i}\Gamma/2$。满足归一化条件的薛定谔方程解为

$$\int |\psi(x,t)|^2 \mathrm{d}^3 x = \mathrm{e}^{-\Gamma t}\delta(t) \int |\psi(x)|^2 \mathrm{d}^3 x = \mathrm{e}^{-\Gamma t}\delta(t) \tag{3.4}$$

其中，$\delta(t)$ 是阶跃函数：$\delta(t) = 1(t > 0)$ 或 $\delta(t) = 0(t < 0)$，即表示粒子在全空间存在的总概率在 $t < 0$ 时为 0；$t > 0$ 时为 $\mathrm{e}^{-\Gamma t}$。对比不稳定粒子衰变规律：

$$N(t) = N(0)\mathrm{e}^{-t/\tau} \tag{3.5}$$

可得测量的平均寿命 τ 和哈密顿量本征值虚部 Γ 满足关系：

$$\Gamma \tau = 1 \tag{3.6}$$

这个关系表明在相对论时空中质量和寿命有确定关系，对于不稳定粒子的寿命，可以直接测量，也可以通过测量质量密度分布参数 Γ 间接得到。

在实验室参考系，由上面给出的含时波函数对时间作傅里叶变换，类似于第 1 章有关共振态的截面算法，可得到归一化后的质量密度分布函数：

$$\rho(m) = \frac{\Gamma}{2\pi\left[(M - m)^2 + (\Gamma/2)^2\right]} \tag{3.7}$$

它表示实验观测不稳定粒子质量分布，需要用两个参数 m 和 Γ 来描述，Γ 的物理意义是观测的粒子质量分布宽度。当不稳定粒子的寿命很长时，可以通过测量粒子衰变时间或径迹长度来确定粒子的寿命；当粒子的寿命很短时，无法通过测量粒子衰变时间或径迹长度来确定粒子的寿命，可通过测量粒子的质量分布宽度 Γ，其倒数表示粒子寿命，显然分布宽度值愈大，愈易测准。因此，对于寿命较短，但质量分布宽度不够宽的粒子 (例如 10^{-14} s$<\tau<10^{-20}$ s)，寿命测量往往要求更高。

单位时间内衰变到第 i 衰变道的概率称为该衰变道的部分宽度 Γ_i，它和分布宽度 Γ 以及该衰变道的分支比 R_i 满足关系：

$$\Gamma_i = \Gamma R_i, \quad \sum \Gamma_i = \Gamma \tag{3.8}$$

质量分布宽度和各衰变道的分支比是实验可以直接测量的物理量。粒子各衰变道的部分宽度 Γ_i 可依据理论模型计算，进而推算得到粒子的质量分布宽度 Γ 和分支比 R_i。

3.2 核素质量测量

原子核是质子和中子组成的微观系统，其结合能反映了核子之间各种相互作用的总和，与结合能直接相关的原子核质量，对于强作用机制以及标准模型的检验具有重要意义。不同研究目标对质量精度有不同的要求，例如研究原子核的壳层结构以及核子之间的相互作用，要求质量测量精度达到 $10^{-6}\sim10^{-7}$，而 CPT 理论检验需要的精度好于 $10^{-10[1,2]}$。

3.2.1   质谱法

有关质谱测量原理在第 1 章已经论述。图 3.1 给出了核素图中部分核素测量误差分布 [3]。通常测量给出的是该核素对应的同位素原子的质量，其相对测量精度可以达到 10^{-6}。原子质量单位 (aum) 是以碳原子质量的 1/12 为基准, 定义为

$$1 \text{ aum}=1.66053886\times10^{-27} \text{ kg 或 } 931.494 \text{ 32 MeV}/c^2$$

大多数长寿命或稳定核素质量都是用质谱仪测定的。早在 1912 年，汤姆逊 (J. J. Thomson) 在正交电磁场中发现 Ne 的两个同位素 ^{20}Ne 和 ^{22}Ne，被认为是原子核质量测量开始的标志 [4]。之后，F.W.Aston 对质谱仪进行了改进，研制出了第一台能动量聚焦质谱仪，从 1919~1944 年，先后测量了 200 多种原子核的质量，相对精度可以达到 10^{-4} [5]。1968 年，H. Matsuda 进一步改进双聚焦质谱仪，质量测量精度可以达到 10^{-6} [6]。随着粒子加速器和探测技术的发展，质谱仪也从早期简单的电磁装置逐步发展到现在的飞行时间质谱仪、彭宁阱 (Penning trap) 和储存环等复杂的装置 [7,8]。

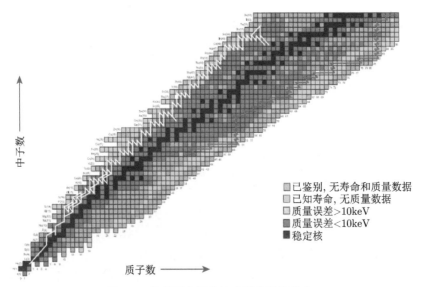

图 3.1   核素图中部分核素测量误差分布

图 3.2(a) 是早期曼哈顿项目中利用质谱分离技术的铀浓缩装置照片。图 3.2(b) 显示的是现代傅里叶变换离子回旋共振质谱仪，用于测定离子在固定磁场中的回旋频率及质量/电荷比。当离子被困在彭宁阱中 (见 3.3.1 节) 时通过垂直于磁场的振荡电场激发到较大的回旋半径，导致离子在一个波包中的相位移，由此产生类似正弦波叠加的干涉信号，获取该离子包在回旋加速轨道中运动的周期性信号，

并通过傅里叶变换可获取质量谱。质谱技术在同位素分析、气相色谱分析、生物医学、农业科学等领域有广泛应用。图 3.2(c) 是测量的肽分子同位素质谱 [9]。

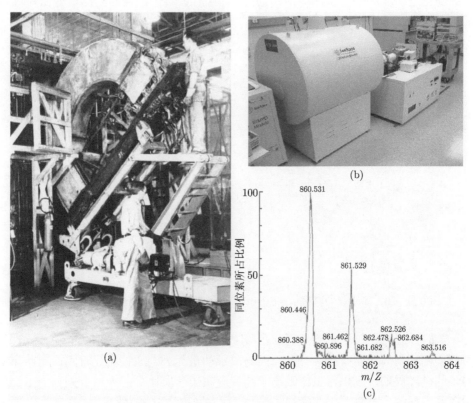

图 3.2　曼哈顿项目中铀浓缩卡尔特隆 (Calutron) 质谱仪 (a)，现代傅里叶变换离子回旋共振
质谱仪 (b) 和测量的肽分子同位素质谱 (c)

3.2.2　储存环质谱法

随着加速器和探测技术的发展，以及专用放射性束流线的建立，核素质量测量从稳定线附近的稳定核扩展到滴线附近的短寿命奇异核，质谱仪也从简单的电磁分离装置逐步发展成基于加速器放射性离子束的储存环质谱仪装置。储存环质谱仪的特点是通过增加离子飞行距离来提高质量测量精度。储存环上的质量测量有两种互补的方式：Schottky 质量谱仪 (SMS) 和等时性质量谱仪 (IMS)。图 3.3 是德国亥姆霍兹重离子研究中心 (Helmholtz Centre for Heavy Ion Research, GSI) ESR 实验研制的 Schottky 质量谱仪和等时性质量谱仪的原理示意图 [10]。

在 Schottky 质量谱仪中，储存环运行在正常模式，利用电子冷却将离子的速度分散降低到 10^{-7}，用 Schottky 探针测量所有离子的回旋频率，从而获得未知质量与参考核质量之间的关系。由于储存环中电子对离子的能损补偿，离子可以在环中运行很长的时间 (可达数小时)，故 SMS 的质量精度较高。由于束流与电子达到热平衡需要秒量级的时间，因此 Schottky 质量谱仪只能测量寿命在秒量级以上的核素质量。

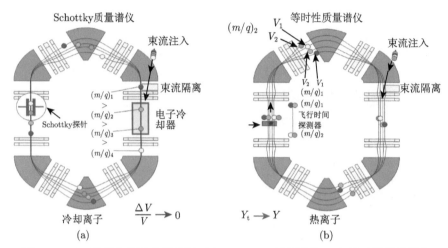

图 3.3　ESR 质谱仪的原理示意图: (a) Schottky 质量谱仪; (b) 等时性质量谱仪

　　等时性质量谱仪的实验环运行在等时模式，满足或接近等时性条件的离子，其循环周期只与离子的荷质比有关，而与离子动量无关。通过飞行时间探测器测量离子的循环周期，可以得出待测离子和参考离子荷质比之间的定量关系。由于离子在穿过探测器时有一定的能损，离子在环中回旋数百圈 (或更多圈) 之后偏离实验环的动量接受度，使得等时性质量谱仪的质量测量精度不如 Schottky 质量谱仪，但由于不需要冷却束流，因此 IMS 可以测量寿命为几十微秒的核素质量。

　　储存环上的 Schottky 质量谱仪和等时性质量谱仪都是通过测量环中离子的回旋频率 (或循环周期) 来标定不同离子的荷质比之间的关系，这两种质量谱仪的基本原理都是从相对论离子在磁场约束下的运动方程推导出来的，其基本关系是

$$B\rho = \frac{m}{q}\gamma v \tag{3.9}$$

式中，$B\rho$ 是离子的磁刚度；m/q 是荷质比；v 是离子运动速度；γ 是相对论洛伦兹因子。对式 (3.9) 微分，可以得到不同离子磁刚度的相对变化与荷质比变化，以及离子相对速度之间的关系:

$$\frac{\mathrm{d}(B\rho)}{B\rho} = \frac{\mathrm{d}(m/q)}{m/q} + \gamma^2 \frac{\mathrm{d}v}{v} \tag{3.10}$$

设速度为 v 的离子在实验环中运行轨道周长为 L，则离子循环周期 (或回旋频率 f) $T = 1/f = L/v$，不同离子循环周期的相对变化为

$$\frac{\mathrm{d}T}{T} = \frac{\mathrm{d}L}{L} - \frac{\mathrm{d}v}{v} \tag{3.11}$$

在同步加速器和储存环的研究中，通常定义动量压缩因子 α_p 来描述轨道长度 L 相对变化与磁刚度的相对变化之比：

$$\alpha_\mathrm{p} = \frac{\mathrm{d}L/L}{\mathrm{d}(B\rho)/(B\rho)} \tag{3.12}$$

定义 $\gamma_\mathrm{t} = 1/\sqrt{\alpha_\mathrm{p}}$ 为储存环的转变因子。联立式 (3.10)、式 (3.12) 和式 (3.11)，化简可得储存环上质量测量的关系式：

$$\frac{\mathrm{d}T}{T} = -\frac{\mathrm{d}f}{f} = \frac{1}{\gamma_t^2}\frac{\mathrm{d}(m/q)}{m/q} - \left(1 - \frac{\gamma^2}{\gamma_\mathrm{t}^2}\right)\frac{\mathrm{d}v}{v} \tag{3.13}$$

为减少离子速度分散对循环周期的影响，使得离子荷质比只是与循环周期有关，常用的有两种互补方法。

一种方法是通过电子冷却降低实验环中离子的速度分散。电子能够在几秒内与离子 (通常离子数小于 1000) 达到热平衡，此时离子的相对速度分散可达 $(\Delta v/v)10^{-6} \sim 10^{-7}$ 量级。由于离子的速度相同，荷质比不同，因此冷却后的离子磁刚度不相同，离子的运行轨道不同。为了使足够多的参考核与目标核同时注入，实验环要设置在接受度较大的模式。

另一种方法是设置实验环处在等时性模式，调节实验环的磁刚度使得目标核的洛伦兹因子等于实验环的转变点，即使目标核运动满足等时性条件 $\gamma = \gamma_\mathrm{t}$，公式 (3.13) 可简化为

$$\frac{\Delta(m/q)}{m/q} = \gamma_\mathrm{t}^2\frac{\Delta T}{T} \tag{3.14}$$

因此，不同离子的荷质比的差别在一级近似下由离子的相对循环周期 (或回旋频率) 决定，而循环周期的测量精度决定了目标核质量的统计误差。考虑到同种离子的质量是相等的，由公式 (3.13) 可得同种离子的循环周期分散度为

$$\frac{\Delta T}{T} = -\left(1 - \frac{\gamma^2}{\gamma_t^2}\right)\frac{\Delta v}{v} = -\left(\frac{1}{\gamma^2} - \frac{1}{\gamma_t^2}\right)\frac{\Delta p}{p} = \eta\frac{\Delta p}{p} \tag{3.15}$$

式中，η 为频率色散因子，则离子的循环周期变化主要是由离子色散因子和动量分散决定的。根据式 (3.14) 和式 (3.15)，可得出储存环上质谱仪的质量分辨 R 为

$$R = \left|\frac{\Delta m}{m}\right| = \left|\frac{\eta}{\alpha_\mathrm{p}}\frac{\Delta p}{p}\right| \tag{3.16}$$

在实际测量中，次级束在注入实验环后，超出实验环动量接受度的离子丢失很快，剩下的离子在实验环中做周期性运动，其循环周期 (或回旋频率) 可以用 Schottky 探针或飞行时间探测器测量。Schottky 探针方法是通过对离子穿过探针时的感应电流信号进行频谱分析，进而得到离子的回旋频率。由于离子穿过 Schottky 探针能损较小，而且电子冷却会对离子的速度进行补偿，因此离子在实验环中的回旋时间非常长 (可达数小时)。Schottky 探针的灵敏度依赖于被测离子的电荷态、离子数、动量分散以及傅里叶变换所需的信号时间长度。

对于 IMS，离子的循环周期用特殊设计的飞行时间探测器测量。这种时间探测器最早由 GSI 开发并运用到 ESR 等时性质量谱仪，其主要组成部分包括微通道板 (MCP)、碳膜 (石墨结构) 和电势板 (图 3.4)[11,12]。该探测器工作在正交的均匀电磁场中，均匀电场和磁场分别由平行电势板和二极磁铁提供。当实验环中的离子穿过碳膜时，离子会在碳膜表面电离产生几电子伏的二次电子，这些二次电子在正交电磁场的作用下偏转到微通道板上，微通道板对二次电子进行倍增产生可测量的信号，由电子学系统记录和处理。

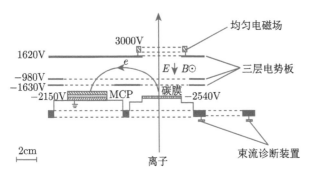

图 3.4　一种用于等时性质量谱仪的探测器结构和照片

图 3.5 是兰州重离子储存环放射性束线 (CSRm-RIBLL2-CSRe) 结构示意图和测量的 ^{78}Kr 裂变产生部分离子的循环周期谱 [12]。实验通过测定储存环中离子的飞行时间或循环周期，用已知质量的离子得出荷质比与循环周期之间的关系，再用质量未知的离子循环周期去计算相应的荷质比。由于在储存环中的离子几乎都是全剥离的，因此换算成原子核的质量为

$$M_{\mathrm{N}}(A,Z) = M(A,Z) - Z \times M_{\mathrm{e}} + B_{\mathrm{e}}(Z) \tag{3.17}$$

其中，$B_{\mathrm{e}}(Z)$ 是被剥去电子的总结合能。在数据分析中，经过离子鉴别，系统刻度和修正，以及误差分析获得最终结果。

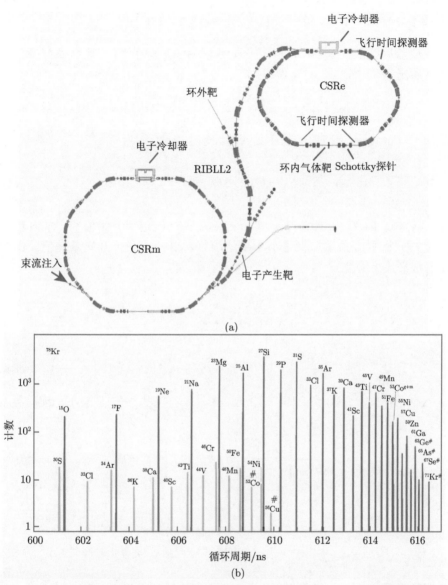

图 3.5 (a) 兰州重离子储存环 CSRm-RIBLL2-CSRe 结构示意图；(b) 实验测量的 ^{78}Kr 裂变产生部分离子的循环周期谱，其中 # 标记 (^{63}Ge，^{65}As，^{67}Se 和 ^{71}Kr) 是待测核素质量

3.2.3 核反应法

较短寿命的核素质量，可利用核反应前后能量守恒，通过测量反应前后粒子能量变化即反应 Q 值，计算得到反应生成核质量。

常见的核反应 a(b, c)d，其反应 Q 值表示为

$$Q = (M_a + M_b - M_c - M_d)c^2 \tag{3.18}$$

由于反应前后核子数守恒，反应前后质量数 A 相等，可用质量差 $\Delta M(Z,A)$ 代替核素质量 $M(z,A)$，即

$$\Delta M(Z,A) = m_k = (M - A) \times 931.5 \ [\mathrm{MeV}/c^2] \tag{3.19}$$

其反应 Q 值可以用反应前后的质量差的线性组合表示 [4]：

$$\sum_{k=1}^{l} B_{ik} m_k = Q_i \pm \Delta Q_i, \quad i = 1, 2, \cdots, n \tag{3.20}$$

这里 $B_{ik} = 0, \pm 1, Q_i \pm \Delta Q_i$ 表示实验测量的第 i 个反应道 Q 值和测量误差。

数据分析中可采用加权最小二乘法求解，以获得最可几质量差值。由公式 (3.20) 定义最小偏差 S 为

$$S = \sum_{i=1}^{n} \left(\frac{1}{\Delta Q_i} \right)^2 \left[\sum_{k=1}^{l} B_{ik} m_k - Q_i \right]^2 \tag{3.21}$$

对式 (3.21) 求极值，即 $\dfrac{\mathrm{d}S}{\mathrm{d}m_k} = 0$，解得最可几 m_k 值。式中 $\left(\dfrac{1}{\Delta Q_i} \right)^2$ 是测量值 $Q_i \pm \Delta Q_i$ 的权重。令 $a_{ik} = \left(\dfrac{1}{\Delta Q_i} \right) B_{ik}, q_i = \dfrac{1}{\Delta Q_i} Q_i$，则满足最小二乘法关系式

$$\frac{\mathrm{d}}{\mathrm{d}m_k} \left\{ \sum_{i=1}^{n} \left[\sum_{k=1}^{l} a_{ik} m_k - q_i \right]^2 \right\} = 0 \tag{3.22}$$

分别对 l 个 m_k 求导，可得到以下 l 个方程：

$$\sum_{s=1}^{n} \sum_{i=1}^{l} a_{st} a_{si} m_i - \sum_{s=1}^{n} a_{st} q_s = 0, \quad t = 1, 2, 3, \cdots, l \tag{3.23}$$

该方程组是最小二乘法解的归一化方程组，用矩阵形式表示：

$$\tilde{\alpha} a m = \tilde{\alpha} q \tag{3.24}$$

这里 a 是矩阵，其矩阵元是 a_{ik}，$\tilde{\alpha}$ 是 a 的转置矩阵，即 $\tilde{\alpha}_{ik} = a_{ki}$。方程 (3.24) 的解为

$$m = (\tilde{\alpha} a)^{-1} \tilde{\alpha} q = bq \tag{3.25}$$

这里 $(\tilde{\alpha} a)^{-1}$ 是矩阵 $\tilde{\alpha} a$ 的逆矩阵。矩阵 $b = (\tilde{\alpha} a)^{-1} \tilde{\alpha}$。

按式 (3.25)，m_i 是实验 Q 值的线性组合，可表示为

$$m_i = \sum_{s=1}^{n} b_{is} q_s = \sum_{s=1}^{n} (b_{is}/\Delta Q_s) Q_s \tag{3.26}$$

其标准偏差 Δm_i 由实验测量的 ΔQ_s 计算给出

$$(\Delta m_i)^2 = \sum_{s=1}^{n} \left[\left(\frac{\partial m_i}{\partial Q_s} \right) \Delta Q_s \right]^2 = \sum_{s=1}^{n} b_{is}^2 = (b\tilde{b})_{ii} = (\tilde{\alpha}\alpha)_{ii}^{-1} \tag{3.27}$$

这里假设了所有的 ΔQ_s 值是随机误差，彼此独立。由此可知，测量核素质量值的精度主要取决于 Q 值的测量精度。由于方程中包含的大量 Q 值往往取自不同的实验结果，因此在输入 Q 值数据以前需要对它们重新校正刻度。

对于 Q 值的检验，可以用多次循环方法。由于式 (3.20) 中往往包含比未知质量数 (l) 多的方程 (如 n 个，$n > 1$)，因此方程组中有 $(n - l)$ 个与 Q 相关的独立方程，称为反应循环方程，并满足条件:

$$\sum_{s} \alpha_s Q_s = 0 \tag{3.28}$$

α_s 是整数，通常为 ±1。在数据分析中，计算循环的总能量值及其偏差，当循环总能量值不为零且偏离标准方差较大时，则循环中的实验 Q 值至少有一个是错误的，可以单次试验循环中的一个 Q 值，依次进行检验，找出某个错误的 Q 值，以便把它从方程组中去除。

需要注意的是，采用核反应法测量核素质量，要求与反应方程相关的行列式 $|B_{ik}| \neq 0$，在一些复杂反应过程中，往往难以满足线性无关的条件，将导致方程无解，因此采用该方法需要精确的核数据和衰变分支比。在实际测量中，一些超重核质量可以通过 α 衰变反应能的测量推算得到。许多远离 β 稳定线的核素质量都是通过 β 衰变测量，由于中微子很难探测，所以需要外推零点衰变能，这也可能会引入系统误差。通常核反应方法测量精度可以达到小于 1 keV，为减少系统能量非线性可能引入的系统误差，对测量系统的能量刻度要求较高。

3.3　粒子质量测量

粒子的质量是无法直接观测物理量，需要通过对粒子运动学 (两个或两个以上) 参量的测定，根据运动学关系计算获得的。这些运动学参量可以是径迹长度、飞行时间、电离能损、射程、多次散射平均角、电离电荷分布，以及在磁场中运动的曲率半径等。在实验中，质量测量是粒子鉴别的依据，有关内容将在第 4 章详细论述。本节讨论的是粒子质量精确测量方法。

3.3.1 稳定粒子质量测量

1. 电子质量测量

稳定粒子最具代表性的基本粒子是电子。电子质量精确测量是通过测量电子与碳-12 离子在彭宁阱的回旋频率比值得到的。彭宁阱是由汉斯·乔治·德梅尔特 (H.G.Dehmelt, 1922—2017) 发明的，他从彭宁 (F.M.Penning) 设计的真空计测量原理得到启发，并以彭宁的名字命名。

彭宁阱是一种具有均匀轴向磁场和不均匀四极电场，可存储带电粒子的装置。如图 3.6 所示，在彭宁阱中，电子或离子被禁闭在超导磁铁提供的均匀强磁场和静电四极场中做周期性的运动，阱中离子的运动是三种谐振频率模式的叠加，这三种模式分别是：

修正回旋频率 (modified cyclotron frequency)

$$\omega_+ = \frac{\omega_\mathrm{c}}{2} + \sqrt{\frac{\omega_\mathrm{c}^2}{4} - \frac{\omega_z^2}{2}} \tag{3.29}$$

磁控频率 (magnetron frequency)

$$\omega_- = \frac{\omega_\mathrm{c}}{2} - \sqrt{\frac{\omega_\mathrm{c}^2}{4} - \frac{\omega_z^2}{2}} \tag{3.30}$$

轴向频率 (axial frequency)

$$\omega_z = \sqrt{\frac{qU}{md^2}} \tag{3.31}$$

它们与回旋频率的关系为

$$\omega_\mathrm{c} = \left(\frac{q}{m}\right) B = \sqrt{\omega_+^2 + \omega_-^2 + \omega_z^2} \tag{3.32}$$

其中，q 和 m 是被禁闭电子或离子的电荷和质量；U 是端盖与环形电极之间的直流电压；B 是磁场强度；d 是彭宁阱几何尺寸有关常数。回旋频率测量原理与上述飞行时间法在原理上相似，只是信号传感器有所不同。彭宁阱质谱仪的质量测量精度可达 $10^{-9} \sim 10^{-11}$，采用该方法测量电子质量的典型值为 [13]

$$m_\mathrm{e} = (0.51099907 \pm 0.00000015) \ \mathrm{MeV}/c^2$$

许多稳定核素的精确质量是用彭宁阱方法获得的。欧洲核子中心 (CERN) ISR-TRAP 实验，使用彭宁阱质谱仪测量了 200 多种核素的质量 [14]。彭宁阱不仅可用于电子和核素质量测量，也可以用于测量电子磁矩，但彭宁阱不适合测量寿命为秒量级以下的核素。近年来，彭宁阱测量方法被用于量子计算和量子信息实验研究。

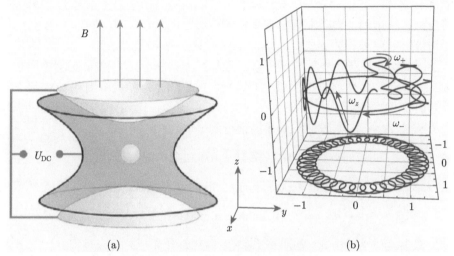

图 3.6 彭宁阱的原理图 (a) 以及阱中离子的运动方式 (b)

2. π 和 μ 粒子质量测量

π⁻ 和 μ⁻ 粒子质量的精确测量, 最早采用是奇异原子光谱法。所谓奇异原子, 是指在一定条件下, 原子核俘获带负电介子或轻子构成 μ 子原子、π 介子原子, 称为奇异原子, 因而可借助于光谱测量方法精确测定介子或轻子的质量。

为了使带负电介子或轻子有较大的俘获概率, 实验上将带负电粒子 (μ⁻, π⁻) 通过物质慢化, 并与电离气体混合形成奇异原子态, 这些原子通过俄歇电子或发射 X 射线跃迁到最低能态。通常原子发射的线光谱 (能量 $h\nu$ 或波数 $\tilde{\nu}$) 与原子的里德伯常数有如下关系:

$$\tilde{\nu} = R_A \cdot \left(\frac{1}{n_2} - \frac{1}{n_1} \right) \tag{3.33}$$

式中 R_A 为与原子质量 M_a 相关的里德伯常数；n_1, n_2 分别为原子跃迁前后所处能级状态的主量子数。对于奇异原子, 由于被俘获的 μ⁻ (或 π⁻) 的原子轨道半径很接近核的半径, 不能简单用类氢原子模型描述。考虑到轨道角动量和总角动量 (l, j) 贡献, 原子的轨道半径和发射光谱可表示为

$$r(n, l) = \frac{\lambda}{Z\alpha} f(n, l) \tag{3.34}$$

$$E_{nj} = -\frac{\mu c^2}{2} \left(\frac{\alpha Z}{n} \right)^2 f'(n, l, j), \quad \mu = \frac{m_x M_a}{m_x + M_a} \tag{3.35}$$

式中 $f(n, l)$ 和 $f'(n, l, j)$ 表示奇异原子态函数, 可借助量子力学对于光谱精细结构的分析方法得到。实验上测定多个特定能级之间跃迁能谱, 进而由 (3.35) 式计算得到带负电粒子质量 m_x。

不同的奇异原子, 不同的量子态跃迁辐射光谱能量区间和精细结构不同。对 μ 原子, 电荷数 Z 值不同的能级之间跃迁, 发射的光谱能量范围从 keV 到 MeV。对不同的 X 射线能区, 需要采用不同类型的探测器, 例如, 用 Ge(Li) 探测器测量中等 Z 核的 μ 子原子的 X 射线能谱得到 [15]

$$m_{\mu^-} = (105.65941 \pm 0.00031) \text{ MeV}/c^2$$

采用弯晶谱仪测量 π^- 的钙和钛原子的 4f-3d 量子态跃迁的 X 射线能谱, 得到 [16]

$$m_{\pi^-} = (139.56995 \pm 0.00035) \text{ MeV}/c^2$$

一些实验利用慢化 π^- 与质子 (氢靶) 构成奇异原子的反应过程: $\pi^- + \text{p} \longrightarrow \pi^0 + \text{n}$, 通过测量反应末态中子的四动量和飞行时间, 得到反冲 π^0 的四动量, 由四动量守恒计算得到

$$m_{\pi^0} = (134.9764 \pm 0.0006) \text{ MeV}/c^2$$

对于带正电荷粒子质量的精确测量, 可采用核磁矩方法。粒子的磁矩与其质量之间有以下关系式:

$$\mu_\text{i} = g_\text{i} \frac{e\hbar}{2m_\text{i}c} \tag{3.36}$$

电子的磁矩为

$$\mu_\text{e} = g_\text{e} \frac{e\hbar}{2m_\text{e}c} \tag{3.37}$$

两质量之比为

$$\frac{m_\text{i}}{m_\text{e}} = \frac{\mu_\text{e}}{\mu_\text{i}} \frac{g_\text{i}}{g_\text{e}} = \frac{\mu_\text{e}}{\mu_\text{p}} \frac{\mu_\text{p}}{\mu_\text{i}} \frac{g_\text{i}}{g_\text{e}} \tag{3.38}$$

这里 g_e, g_i 分别是电子和核子 (或粒子) 的 g 因子; μ_p 为质子的磁矩。质子磁矩的引入是因为历史上 μ_i 和 μ_e 的测量都是相对于 μ_p 进行的。实验测定 μ_i 和 g_i, 就可求得相应粒子的质量 m_i。采用该方法测量 μ^+ 粒子质量的数值为 [17]

$$\frac{m_{\mu^+}}{m_\text{e}} = 206.7685 \pm 0.0025$$

测量精度达到 $1/10^4$。

3. 电子中微子质量测量

理论预期中微子质量非常小, 对测量精度要求很高。常用的测量方法有 β 衰变能谱形状法, 中微子振荡法和双 β 衰变法, 其中 β 衰变能谱形状法是电子中微子质量的经典测量方法, 后两种测量方法在第 6 章中论述。

依据实验测量 β 衰变能谱形状，其能量分布可用下式描述 [18]：

$$N(p) = AFp^2\{\omega_1(E_0 - E)\sqrt{(E_0 - E)^2 - M_\nu^2}$$
$$+ \omega_2(E_0 - E^* - E)\sqrt{(E_0 - E^* - E)^2 - M_\nu^2}\} \tag{3.39}$$

式中，能量、质量为自然单位。这里 N 为计数率，A 为常数，F 为库仑修正因子，p 为动量，ω_1、ω_2 分别为 β 跃迁到基态和激发态的分支比，E_0 为该 β 衰变中 β 粒子的最大能量，E^* 为激发态能量，M_ν 为中微子质量。依据上述关系，以 $\sqrt{\dfrac{N}{p^2F}}$ 对 β 粒子能量 E 作标绘称为居里标绘 (Kurie plot)，如图 3.7 所示。对于允许型 β 跃迁，当 $M_\nu = 0$ 时，得到的居里标绘是分别由 ω_1 和 ω_2 表征的两条直线的叠加。在理想情况下 (如单原子 ^{3}H 的 β 衰变)，$\omega_2 = 0$，这时得到的居里标绘是单一的直线，当 $M_\nu \neq 0$ 时，在 β 能谱端部，居里标绘将偏离直线，M_ν 的大小不同，其过零点不同，由此可确定中微子质量上限。

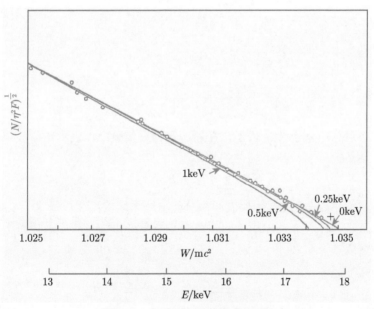

图 3.7　典型的 β 能谱居里标绘

实验中多采用磁谱仪和高分辨半导体探测器测量 β 谱方法。M_ν 的测量精度取决于谱仪的能量分辨本领和统计误差。由于各种本底以及衰变到激发态其他 β 射线影响，居里标绘的复杂化限制了测量精度。

3.3.2   不稳定粒子质量测量

1. 不变质量谱测量方法

在相互作用的过程中, 不变质量是指一个粒子系统的四动量标量积用静止质量表示是一个确定值, 即在实验室参考系 (L) 和质心参考系 (C) 中系统的四动量标量积相同。若系统是动量为 p 的单粒子, 在 L 系中可表示为

$$p^{\mu} = (E, P) \tag{3.40}$$

在 C 系中观测粒子是静止的, 四动量可表示为

$$p^{'\mu} = (m, 0) \tag{3.41}$$

于是有

$$p^{\mu}p_{\mu} = p'^{\mu}p'_{\mu} = E^2 - p^2 = m^2 \tag{3.42}$$

表示单粒子标量积等于粒子静止质量平方。对于多粒子系统的四动量标量积, 可表示为

$$\text{L 系: } p^{\mu} = \left(\sum E_{\mathrm{i}} \sum p_{\mathrm{i}} \right) \tag{3.43}$$

$$\text{C 系: } p'^{\mu} = \left(\sum E'_{\mathrm{i}} \sum p'_{\mathrm{i}} \right) \tag{3.44}$$

$$\left(\sum E_{\mathrm{i}} \right)^2 - \left(\sum p_{\mathrm{i}} \right)^2 = \left(\sum E'_{\mathrm{i}} \right)^2 = S = M_{\mathrm{eff}}^2 \tag{3.45}$$

这里, 质心系总能量用 $\sqrt{S}$ 表示, 在加速器物理实验中, 表示碰撞系统的有效质量 M_{eff}。因为

$$\sqrt{S} = \sum (T_{\mathrm{i}}' + m_{\mathrm{i}}) \geqslant \sum m_{\mathrm{i}} \tag{3.46}$$

式中, T_{i}' 表示质心系动能。因此质心系总能量即系统的不变质量大于 (或等于) 粒子静止质量之和, 除非各个粒子的相对质心系是静止的。质心系相对于实验室系的运动学参数可表示为

$$\beta_{\mathrm{c}} = \frac{\sum p_{\mathrm{i}}}{\sum E_{\mathrm{i}}}, \quad \gamma_{\mathrm{c}} = \frac{\sum E_{\mathrm{i}}}{\sqrt{S}} \tag{3.47}$$

因此,一个相互作用的粒子系统相对于实验室参考系的运动,可以看作质量为 $\sqrt{S}$, 能量和动量分别为 $\sum E_{\mathrm{i}}$, $\sum p_{\mathrm{i}}$ 的单粒子运动。

在粒子物理中, 许多短寿命粒子 (如寿命在 $10^{-20} - 10^{-24}$ s 共振态粒子), 无法精确测量径迹; 如果粒子是中性的, 即使寿命较长, 也无法直接测量。这时可

采用不变质量 (或有效质量) 谱分析方法。下面以共振态产生实验为例，说明不变质量谱分析方法，该反应末态包含以下三种过程：

$$\pi^+ + p \longrightarrow p + \pi^+ + \pi^0 \tag{3.48a}$$

$$\pi^+ + p \longrightarrow \Delta^{++} + \pi^0 \tag{3.48b}$$
$$\hookrightarrow p + \pi^+$$

$$\pi^+ + p \longrightarrow p + \rho^+ \tag{3.48c}$$
$$\hookrightarrow \pi^+ + \pi^0$$

设反应以式 (3.48b) 进行，末态粒子 (p，π^+) 与中间态粒子 Δ^{++} 之间有确定的关系。Δ^{++} 的寿命极短，飞行距离只有 $\approx 10^{-15}$ m, 它与衰变粒子之间的运动学关系如图 3.8 所示，由能量、动量守恒关系得到 $p\pi^+$ 系统的能量为

$$E = \sqrt{p_1^2 + M_1^2} + \sqrt{p_2^2 + M_2^2} \tag{3.49}$$

$p\pi^+$ 系统的动量为

$$p = p_1 \cos\theta_1 + p_2 \cos\theta_2 \tag{3.50}$$

$p\pi^+$ 系统的不变质量为

$$M_{\text{eff}} = \sqrt{E^2 - \boldsymbol{p}^2} = \left[(E_1 + E_2)^2 - (\boldsymbol{p}_1 + \boldsymbol{p}_2)^2 \right]^{1/2}$$
$$= \left\{ M_1^2 + M_2^2 + 2 \left[E_1 E_2 - p_1 p_2 \cos(\theta_1 + \theta_2) \right] \right\}^{1/2} \tag{3.51}$$

这里，p_1、p_2 和 E_1、E_2 分别为粒子 1 和 2 的动量和能量；M_1、M_2 分别为它们的质量 (单位：MeV)；θ_1 和 θ_2 分别为粒子 1 和 2 相对于中间态粒子运动方向的夹角。

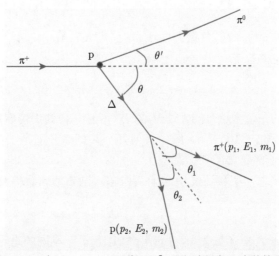

图 3.8 $\pi^+ + p \longrightarrow p + \pi^+ + \pi^0$ 反应过程中运动学关系

实验上测出 p_1、p_2、E_1、E_2、θ_1、θ_2，并对 π^+ 和 p 粒子进行鉴别，则可以得出中间态粒子的有效质量 M_{eff}。这种方法不限于衰变成两个粒子的系统，可以推广到多粒子系统，相应的有效质量公式为

$$\left(\sum_i E_i\right)^2 - \left(\sum_i \boldsymbol{p}_i\right)^2 = M_{\text{eff}}^2 \tag{3.52}$$

需要指出的是，不变质量分布需要通过大量事例的测量而得到，从一次或几次末态事例无法决定 p、π^+ 和 π^0 来自哪种反应道。

如果反应仅仅以式 (3.48a) 进行，则测得 p、π^+ 的有效质量分布在相空间里是一条平滑曲线，如图 3.9(a) 所示。它的质量分布由动量、能量和角动量守恒所允许的 p 和 π^+ 关系所确定，M_{eff} 分布于 $(M_p + M_\pi)$ 和 $(W - M_{\pi^0})$ 之间，W 为相互作用系统在质心系中的总能量。当反应以式 (3.48b) 进行时，在相空间中有效质量的分布如图 3.9(b) 所示，有效质量峰的位置即为 Δ^{++} 的质量。通常两个反应同时发生，在实验上就能观察到在随机本底上叠加上一个峰，如图 3.9(c) 所示，中间态粒子质量在峰对应的位置上，这部分反应所占比例为虚线上峰的面积。

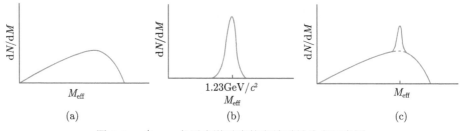

图 3.9　$\pi^+ + p$ 各反应道对应的有效质量分布示意图

图 3.10(a) 是 π^+p 散射共振态曲线 [19]。当入射粒子动能达到 189.7 MeV 时与质子碰撞，产生共振态：

$$\pi^\pm + p \longrightarrow \Delta(1232) \longrightarrow \pi^\pm + p \tag{3.53}$$

其中共振峰对应的是质量为 1232 MeV 的 Δ^{++} 粒子，共振峰宽度 $\Gamma \approx 120$ MeV，相对于寿命 $\tau \approx 5.63 \times 10^{-24}$ s。图中其他几个共振峰分别是 $\Delta(1520)$，$\Delta(1688)$，和 $\Delta(1950)$ 的粒子都是重子共振态粒子。

除了重子共振态，实验还发现介子共振态，例如第一章提及的：

$$\pi^+ + p \longrightarrow \rho^+ \longrightarrow \pi^+ + \pi^0 \tag{3.54}$$

π^+ 和 π^0 都是介子，重子数为 0，所以 ρ^+ 是介子。不同的是这里有一个中性粒子 π^0，它的能量、动量以及相对于衰变母粒子运动方向的夹角可通过相互作用的

能量、动量关系得到，也可以通过测量 π^0 的衰变的 γ 能量和方向得到。实验测得的 $\pi^+\pi^0$ 衰变道的质量分布在 770 MeV 附近有一个峰，即 ρ^+ 介子质量，其共振宽度约为 150 MeV，对应的寿命约为 4×10^{-24} s。此外，实验还发现 ρ^0 和 ρ^- 介子，该介子共振态的同位旋 $I=1$，自旋为 $J=1$，宇称 $P=-1$。图 3.10(b) 是实验测量的 $\pi^- + \text{p} \longrightarrow \rho^0(760) \longrightarrow \pi^+ + \pi^-$ 衰变道的不变质量谱 [20]。共振态粒子的发现是夸克模型的重要依据。

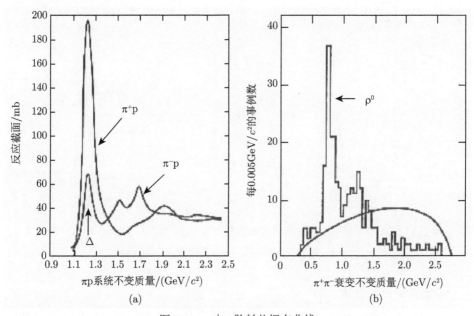

图 3.10 π^+p 散射共振态曲线

对于衰变粒子的能量、动量和相对角度的测量，需要用多个探测器等组成的测量系统来实现。对于图 3.8 所示衰变过程，θ_1 和 θ_2 是衰变粒子相对于衰变母粒子运动方向的夹角，而母粒子往往是中性粒子或短寿命带电粒子，不能由其本身径迹来确定它的运动方向，需要通过测量入射粒子和反应产生的次级粒子的动量和方向来确定。实验中，常用磁偏转配合位置灵敏探测器测出粒子运动的曲率半径，用位置灵敏探测器测定粒子的径迹，用飞行时间谱仪或切连科夫计数器测定其速度，用量能器测定 π 介子的能量。系统测量精度取决于每个探测器对各个物理参数的测量精度。

粒子物理实验中发现的很多短寿命粒子都是基于不变质量谱分析方法发现的，如第 1 章介绍的中间玻色子 $\text{W}^\pm$。实验在 CERN 的 SPS $\text{p}\bar{\text{p}}$ 对撞机上（$\sqrt{S} = 540$ GeV）进行，数据分析发现有大横动量丢失。假设这是由中微子带

走的, 且认为该过程是两体衰变, 即

$$W^{\pm} \longrightarrow e^{\pm} + \nu_e \tag{3.55}$$

根据电子能量、中微子的动量、能量和角度分布, 且选择 p_T^e、$p_T^\nu > 30\text{GeV}/c$ 的事例, 作它们的不变质量谱 (图 3.11(a)), 则在 $76\text{GeV}/c^2$ 附近有增强峰, 其平均质量值与拟合质量值之间存在一定差值, 作相关的模型修正, 得到 $M_W = (80.9 \pm 1.5)\text{GeV}/c^2$, 即为中间玻色子 $W^{\pm}$ 的质量值 (图 3.11(b))[21]。

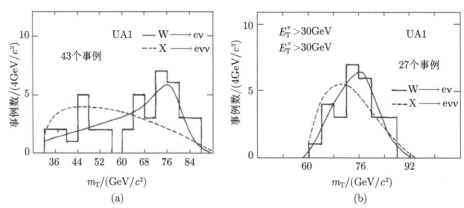

图 3.11　UA1 实验测量的电子和中微子横向质量分布 (a), 修正后的电子–中微子横向质量分布 (b), 曲线是 $e^{+/-}\nu$ 和 $e\nu\nu$ 衰变道的拟合结果

2. 达里兹分析方法

当末态粒子数较多时, 可对末态粒子作各种不同的组合, 并利用四动量守恒, 对末态粒子运动学相空间进行限制, 在此限制范围内粒子数统计分布受到物理作用机制和守恒定律的制约, 衰变末态只能落在确定相空间范围内, 这种限定相空间的粒子数分布图示方法, 称为达里兹 (R.Dalitz) 分析方法。

这里仍以 $\pi^+ + p \longrightarrow p + \pi^+ + \pi^0$ 为例, 对 $p\pi^+$ 和 $\pi^+\pi^0$ 系统的质量平方 $M^2(p\pi^+)$ 和 $M^2(\pi^+\pi^0)$ 作二维图。四动量守恒限制了 $p\pi^+$ 的质量值在最小值

$$M_{\min}(p\pi^+) = M_p + M_{\pi^+}$$

和最大值

$$M_{\max}(p\pi^+) = W - M_{\pi^0}$$

之间。同样, $\pi^+\pi^0$ 的质量值限于

$$M_{\min}(\pi^+\pi^0) = M_{\pi^+} + M_{\pi^0}$$

和

$$M_{\max}\left(\pi^+\pi^0\right) = W - M_p$$

之间。这里 W 是质心系中参与反应的总能量。在质量平方图上 (图 3.12),每个事例点被限于矩形的范围内,加上动量守恒定律,进一步被限于图中的三角形范围内。如果不存在共振态 (中间态),则反应事例将均匀地分布在三角形范围内,当存在共振态时,图中的密度分布将呈现局部增强。图中给出了 5 GeV/c 的 π^+p 实验点,在均匀的本底显现局部的密集事例点,分别在质量平方值 $M^2(p\pi^+) = 1.5(\text{GeV})^2$ 和 $M^2(\pi^+\pi^0) = 0.58(\text{GeV})^2$ 处,对应的质量值分别为 $1.23\text{GeV}(\Delta^{++}$ 粒子$)$ 和 $765\text{MeV}(\rho^+$ 粒子$)$,可见三个反应式 (3.48a)~(3.48c) 在 Dalitz 图中可同时体现出来。

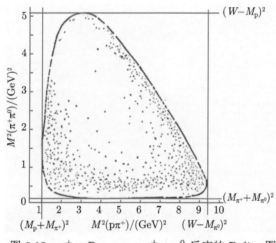

图 3.12 $\pi^+ + \text{P} \longrightarrow \text{p} + \pi^+ + \pi^0$ 反应的 Dalitz 图

3. 丢失质量谱法

当衰变事例中包含中性介子 (如 π^0) 时,数据分析过程中可以通过初始粒子与次级粒子之间的能量丢失来判断。有些情况下,引进一个中性介子,可使能量平衡恢复,但在另外一些情况下,特别是在较高能量的相互作用中,所产生的中性介子数有多个,单个 π^0 介子的引入不能使平衡恢复。显然,要推断在反应中有多少个中性介子存在是不可能的,所能做的只能是从丢失的能量和动量推断出丢失的中性粒子的有效质量,这种分析方法称为丢失质量谱法。

对于反应 $\pi^+ + \text{p} \longrightarrow \text{p} + \pi^+ + \pi^0$,$\pi^0$ 介子的有效质量是相对于 $(\text{p}\pi^+)$ 的丢失质量,$\pi^+\pi^0$ 的有效质量是相对于 p 的丢失质量,等等。以下面反应过程为例:

$$\pi^- + \text{p} \longrightarrow \text{p} + \text{x}^- \tag{3.56}$$

根据电荷守恒定律，已知 x 应是带负电的，包含一个带电粒子和若干个中性粒子。当测量了反冲质子 p 的能量、动量及反冲角度后，可计算出相对于质子所丢失的能量和动量，进而计算得出相对于质子的丢失质量。x^- 可能是以下各种粒子的组合情况：

$$x^- = \pi^- = \pi^- \pi^0 = \pi^- \pi^0 \pi^0 = \pi^- \pi^+ \pi^- = \cdots$$

这里，用 M_x 代表 x^- 相对于 p 的丢失质量。由运动学关系推导出 π^-、p 和 M_x 之间的关系，图 3.13 为它们的反应运动学关系示意图。图中，π^- 经分析其动量为 p_1，定义它的入射角 $\theta_1 = 0°$；反冲质子 p 的动量为 p_3，反冲角为 θ_3；x^- 的动量为 p_2，则相对于 p 的丢失质量 M_x 为

$$
\begin{aligned}
M_x &= \sqrt{E_2^2 - \boldsymbol{p}_2^2} = \left[(E_1 - E_3)^2 - (\boldsymbol{p}_1 - \boldsymbol{p}_3)^2 \right]^{\frac{1}{2}} \\
&= \left[M_1^2 + M_3^2 - 2 \left(E_1 E_3 - p_1 p_3 \cos \theta_3 \right) \right]^{\frac{1}{2}}
\end{aligned}
\tag{3.57}
$$

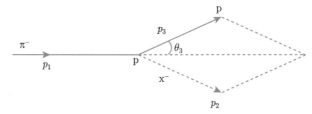

图 3.13　$\pi^- + p \longrightarrow p + x^-$ 反应运动学关系

这里 M_1、M_3 分别为入射粒子 π^- 和反冲质子 p 的质量；E_1、E_3 分别为对应粒子的能量；M_1、M_3、$\boldsymbol{p}_1$ 和 E_1 是已知量，$\boldsymbol{p}_3$ 和 θ_3 由谱仪测量得到，则 M_x 由上式可以计算得到。

图 3.14 是欧洲核子研究中心 (CERN) 建造的第一代反冲质子动量谱仪，又称为单臂谱仪 [22]。整个谱仪可转动的角度为 θ_2。π^- 介子束入射，通过闪烁描迹仪 H_1, H_2 和计数器 T，组成一个入射束流的望远镜，以确定入射束流的入射方向。π^- 打到氢靶上，按一定的概率发生反应 $\pi^- + p \longrightarrow p + x^-$。反冲质子的出射方向 θ_3 (近似等于 θ_2) 由两个火花室 s_1 和 s_2 精确测定，而动量 p_3 由 T 与 R_1 之间的飞行时间以及在吸收体 (A_1、A_2、A_3) 中的射程确定 (扣除入射粒子在 T 和 H 之间的飞行时间)。其中，闪烁探测器 R_1、R_2 用于鉴别质子，吸收体 A_1、A_2 和 A_3 有不同厚度，可使得质子能通过 A_1 和 A_2，但停止在 A_3 中。x^- 中的带电粒子触发判选条件如下：

(1) 由探测器 V_1 和 V_2 提供。当 x^- 中仅有一个带电粒子 (π^-) 时，如 $x^- = \pi^- + \pi^0$，则两个 V 探测器中只有一个探测器有信号。整个测量系统的触发条

件为

$$H_1 \cdot H_2 \cdot T \cdot R_1 \cdot R_2 \cdot \bar{R}_3 \cdot V_1 \; (\text{或} V_2)$$

当 x⁻ 中带有三个带电粒子时,如 x⁻ = π⁻π⁺π⁻,则 95% 以上的情况是 V_1 和 V_2 中都有信号,触发条件为

$$H_1 \cdot H_2 \cdot T \cdot R_1 \cdot R_2 \cdot \bar{R}_3 \cdot V_1 \cdot V_2$$

(2) 由闪烁探测器阵列 M 提供。它分成四个模块,每个模块由三个水平单元和四个垂直单元构成。测量得到 x⁻ 中的带电粒子数,并给出它们的运动方向,它的触发条件为

$$H_1 \cdot H_2 \cdot T \cdot R_1 \cdot R_2 \cdot \bar{R}_3 \cdot M$$

由于丢失质量的测量存在一定的统计涨落,考虑到反冲质子的角度和动量分布,为了减少误差,在数据处理中可取角度分布的峰值和对应的动量求得质量。

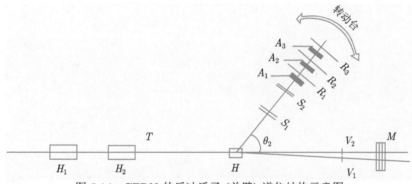

图 3.14　CERN 的反冲质子 (单臂) 谱仪结构示意图

H_1 和 H_2 是束流望远镜;H 是氢靶;V_1、V_2 和 R_1、R_2、R_3 是闪烁探测器;M 是闪烁探测器阵列;S_1, S_2 是火花室;A_1, A_2, A_3 是铝吸收体

在 π⁻ + p ⟶ p + x⁻ 测量过程中,选择入射粒子 π⁻ 的动量 $p_1 = 4.5 \text{GeV}/c$,以丢失质量为参数,分别取 M_x=500,600,700, ⋯ (单位:MeV),根据式 (3.52) 计算得到角 θ_3(以 $\cos\theta_3$ 的值标出) 与动量 p_3 之间的关系 (图 3.15(a))。实验上测出反冲质子的动量 p_3,在该实验条件下得到 p_3 的范围为 $320 \leqslant p_3 \leqslant 400$ MeV,同时测量该动量范围的反冲质子的实验室角分布 (图 3.15(b)),峰值位于 $\cos\theta_3 = 0.4$ 附近。在图 3.15(a) 的纵坐标上找到 $320 \sim 400$ MeV 的范围,在横坐标上找到 $\cos\theta_3 = 0.4$ 的位置,可见该丢失质量范围为 700~800 MeV (尖头所指的 g 区域)。为得到精确的值,把 p_3 (用飞行时间测到的数据或射程数据) 和对应的 θ_3 一系列数值代入式 (3.57),把所得的 M_x 值与对应于 p_3、θ_3 的事例数 N 作曲线,并

作本底修正，得到的丢失质量谱如图 3.15(c) 所示，可见峰值在 768 MeV，即为 $\rho^-(\pi^-\pi^0)$ 的丢失质量，谱宽 $\Gamma = 130$ MeV。

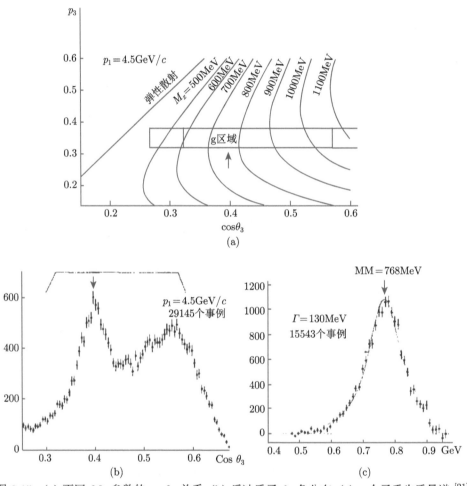

图 3.15   (a) 不同 M_x 参数的 p_3-θ_3 关系; (b) 反冲质子 θ_3 角分布; (c) ρ 介子丢失质量谱 [21]

4. 共振态截面和阈值测量方法

在对撞物理实验中对共振态粒子作有效质量扫描，当粒子产生截面与质量有明确关系时，可通过对共振激发曲线分析确定粒子质量。图 3.16 是 CERN/LEP 实验中，在 $\sqrt{s}$=88~94 GeV 能区扫描的结果，图中的实线是经辐射修正后的理论拟合曲线，拟合结果给出 Z^0 粒子质量为 [23]

$$M_{Z^0} = (91.188 \pm 0.007)\text{GeV}, \quad \Gamma = (2.491 \pm 0.007)\text{GeV}$$

北京谱仪 (BES) 在实验中利用 τ 轻子质量 m_τ 与产生截面的关系：

$$\sigma(e^+ + e^- \longrightarrow \tau^+ + \tau^-) \propto (W^2 - 4m_\tau)(W^2 + 2m_\tau)$$

式中，W 为质心系总能量。当 $W = 2m_\tau$ 时，产生截面为零，即产生阈值。实验测量了在该阈值附近的 τ 轻子截面随质心系能量 W 变化曲线 (图 3.17)，图中点划线分别是理论计算和末态辐射修正结果，实线是经束流能散度刻度和初态辐射修正后实验激发曲线，可见曲线过零点对 τ 轻子质量十分敏感。数据分析中取阈值附近 10 个能量点扫描数据，采用最大似然拟合，获得 τ 轻子质量值为 [24]

$$m_\tau = 1776.96^{+0.18+0.25}_{-0.21-0.17} \text{MeV}$$

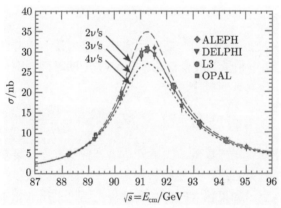

图 3.16　LEP 实验中在 $\sqrt{s}$=88~94 GeV 能区扫描的共振曲线

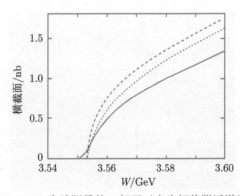

图 3.17　BES 实验测量的 τ 轻子对产生阈值附近激发曲线

3.4 核素寿命测量

核素寿命与衰变能,以及衰变前后的自旋、宇称等物理量有着密切关系。各种放射性原子核、核激发态和粒子的平均寿命 τ(即衰变常数 $1/\lambda$) 表示发生衰变的概率大小,理论上衰变概率与跃迁矩阵元及理论模型有关,通过实验测量与理论计算比较,可以对各种理论模型进行直接检验。各种核素衰变寿命差别很大,例如 α 衰变核素 ^{226}Ra 半衰期为 1.6×10^3 年, 而 ^{212}Po 半衰期为 3.0×10^{-7} 年, 因此在实验设计中, 需要按照具体要求选择不同测量方法。按照寿命长短划分, 大致可分为长寿命 ($\tau \geqslant 10^{-3}$ s) 和短寿命 ($\tau < 10^{-3}$ s) 测量方法。以下将讨论几种典型的寿命测量方法。

3.4.1 直接测量方法

核素衰变寿命大于 10^{-3} s, 一般采用直接测量方法。该方法是在保持测量条件不变的情况下, 通过测量其衰变计数率 $-\mathrm{d}N/\mathrm{d}t$ 随时间的变化来确定样品的衰变寿命。由放射性核素衰变规律可得

$$-\frac{\mathrm{d}N}{\mathrm{d}t} = \frac{N_0}{\tau}\mathrm{e}^{-t/\tau} \quad \text{或} \quad \tau = \frac{N}{-\mathrm{d}N/\mathrm{d}t} \tag{3.58}$$

其中 N_0 是初始时刻衰变核数量,如果只是单一衰变过程,衰变率随时间的变化在半对数坐标上是一条直线,直线的斜率为 $1/\tau$,即由该直线的斜率可直接求出不稳定核的寿命大小。如果包含两种衰变过程,则可采用双指数拟合获取衰变寿命值 (图 3.18)。

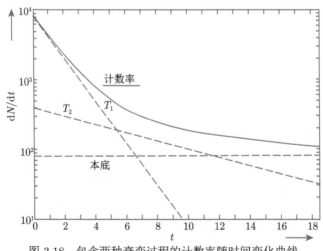

图 3.18 包含两种衰变过程的计数率随时间变化曲线

其中 T_1 和 T_2 为半衰期, 本底计数来自探测系统

对于寿命很长的核素 (例如 $\tau > 10$ 年)，由于样品衰变率的变化太小，很难直接测量放射性活度的变化，可采用比活度测量法。比活度定义为样品的放射性活度除以样品的总质量，即

$$a = \frac{-\mathrm{d}N/\mathrm{d}t}{m} \qquad (3.59)$$

单位质量的放射性物质中所包含的原子核数为

$$N_m = N/m \qquad (3.60)$$

其中，N 为样品内含有的衰变原子核总数；m 为样品的质量。将式 (3.59) 和式 (3.60) 式代入式 (3.58)，可得

$$\tau = \frac{N_m}{a} \qquad (3.61)$$

因此，比活度方法要求准确测量样品的绝对衰变率和单位质量放射性样品中的衰变原子核的数目，后者可以直接对样品用天平称重的方法测定。当样品的量太少时，不能直接称重，可采用同位素稀释法，即把已知量的非放射性物质加入未知量的放射性样品中，制备成标准溶液，然后用质谱仪测出两种物质的克分子量比值，以确定样品中衰变原子核的数目。

当样品比活度太小时，样品的衰变率难以准确测量，这时比活度测量方法不再适用，可采用子核含量测量方法。由放射性物质衰变规律导出

$$t = \frac{1}{\lambda} \ln \frac{N_0}{N} \qquad (3.62)$$

如果母核衰变只有一种子核产物，假设 t 时刻产生的子核数为 N_D，则 t 时刻尚存留的母核数为 $N = N_0 - N_D$，式 (3.62) 可以改写为

$$t = \frac{1}{\lambda} \ln \left(1 + \frac{N_D}{N} \right) \qquad (3.63)$$

其中，N_D/N 就是在 t 时刻子核与母核的克分子比。用质谱仪测出 N_D/N 的值，已知 t，便可求出 λ。如果母核有两种或两种以上的子核产物，例如人体中常见的放射性同位素 ^{40}K，其衰变包含两种子核产物 ^{40}Ca 和 ^{40}Ar，取子核 ^{40}Ar 的原子核数代入式 (3.63)，即可得

$$t = \frac{1}{\lambda} \ln \left(1 + \frac{\lambda}{\lambda_{\mathrm{Ar}}} \frac{N_{\mathrm{Ar}}}{N_{\mathrm{K}}} \right) \qquad (3.64)$$

式中，$\lambda_{\mathrm{Ar}}/\lambda$ 是 ^{40}K 通过电子俘获衰变到 ^{40}Ar 的分支比；λ_{Ar} 是该分支的部分衰变常数；$N_{\mathrm{Ar}}/N_{\mathrm{K}}$ 是 t 时刻 ^{40}Ar 和 ^{40}K 的克分子比。

在许多情况下，样品中所包含的子核不都是由母核衰变所产生的，例如 ^{206}Pb 是 ^{238}U 衰变的最后产物，但是在样品中可能含有杂质铅，而在杂质铅中也含有 ^{206}Pb。因此，在测量 ^{238}U$\longrightarrow$^{206}Pb 的衰变时，必须从测量的 ^{206}Pb 总量中减去与杂质铅对应的那部分 ^{206}Pb 的含量。一般地，可以根据 ^{204}Pb、^{207}Pb 和 ^{208}Pb 的相对丰度求出 ^{206}Pb 的原初含量，但要注意 ^{207}Pb 也可以由 ^{235}U 衰变产生。如果样品中还包含钍，^{208}Pb 也可能是 ^{232}Th 衰变的最后产物，这些杂质的存在将会使铅的各种同位素的相对丰度发生改变。因此，在具体计算中，必须仔细考虑各种衰变过程的影响。

实际应用中，经常使用的是这种方法的逆过程，即根据已知放射性核素半衰期，通过测量子核产物的含量，推算样品的生成年代。这种方法在地质和考古学中得到广泛应用，例如可以利用放射性 ^{14}C 测定考古对象生成年代。地球大气层的 ^{14}C 核素是通过宇宙线次级中子作用过程产生的，其反应过程为

$$n + {}^{14}_{7}N \longrightarrow {}^{14}_{6}C + {}^{3}_{1}H$$

并且 ^{14}C 通过 β 衰变 ($T_{1/2} = 5730$ 年) 又转变为 ${}^{14}_{7}$N 核素：

$$ {}^{14}_{6}C \longrightarrow {}^{14}_{7}N + \beta^- + \overline{\nu}_e $$

大气中 ^{14}C 与 ^{12}C 的比值经长期衰变而保持一定平衡，其比值为

$$R_a = \frac{N({}^{14}_{6}C)}{N({}^{12}_{6}C)} = 1.2 \times 10^{-12} \tag{3.65}$$

由于植物吸收空气中二氧化碳，动物和人类又食用植物，因此生物体内这个比值与空气中相同，而生物体死亡后不再吸收碳核素，其遗体中的 ${}^{14}_{6}$C 因衰变而不断减少，测量古生物遗骸中 ^{14}C 与 ^{12}C 的存量比 R_s，可以推算出考古对象的死亡时间 t 为

$$t = \frac{1}{\lambda} \ln\left(\frac{R_a}{R_s}\right) \tag{3.66}$$

由于 ^{14}C 衰变产生的电子最大能量只有 155 keV，并且考古对象的 ^{14}C 含量很低，因此需要专门低本底测量装置。需要指出的是，由于现代大量矿物质燃烧和大气层被破坏，大气中 ^{14}C 与 ^{12}C 的比值 R_a 发生变化，如利用 ^{14}C 测定近代考古年代，需要用年代已知的样品对放射性碳含量进行刻度，以降低测量误差。

3.4.2 延迟符合测量法

延迟符合测量法常用于激发态核寿命测量方法，其可测寿命范围为 $10^{-11} \sim 10^{-3}$ s。大多数激发态核是通过 γ 辐射 (或内转换) 发生衰变的，其测量方法不仅与核寿命的长短有关，而且与反应机制有关。

图 3.19(a) 是用延迟符合方法测量 ^{92}Mo 激发态寿命电路 [25]。实验采用质子束 (6~9 MeV) 打钼靶 (0.56 mg/cm^2) 形成 ^{92}Mo(P, P′γ) 反应，利用 P-γ 信号测量激发态寿命。图中的闪烁 (NaI) 探测器用于测量 γ 射线，薄半导体探测器用于提供质子击中靶的信号，两个探测器分别给出激发态核生成的 "起始" 和衰变的 "停止" 信号。两路时间信号经定时甄别器，时-幅转换电路，以及线性符合门送入多道脉冲幅度分析器。同时用慢符合电路对探测器的输出脉冲信号幅度经单道分析器，对不同能级的 γ 射线信号进行适当的选择，并给出逻辑开门信号。图 3.19(b) 是 ^{92}Mo 衰变能级图，以其中 5$^-$(2527 keV) 能级寿命测量为例，单道分析器 1 和 3 用于鉴别退激发 (5$^-$-4$^+$ 衰变) 产生的 244 keV-γ 射线信号，单道分析器 2 用于鉴别 1509 keV(2$^+$-0$^+$)γ 射线信号，后者作为符合电路时间分辨的参考信号。

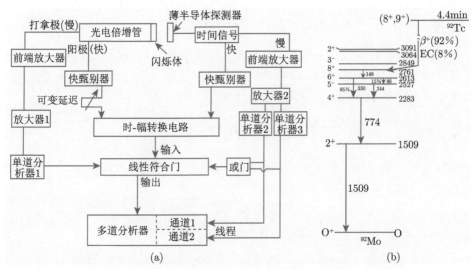

图 3.19 延迟符合方法测量 ^{92}Mo 激发态寿命的电路和衰变能级图

实际测量中通过改变快符合逻辑电路的延迟时间，获得延迟符合曲线。由于符合测量电路本身具有一定的分辨时间，因此实验测量的延迟时间分布，即延迟符合曲线包含了符合电路的贡献。图 3.20 是实验测量的 ^{92}Mo 激发态能级 5$^-$(2527 keV) 寿命和 6$^+$(2613 keV) 的延迟符合曲线。图中虚线代表归一化的符合电路的瞬时符合曲线 (用 $P(t_d)$ 表示)，实际上表示两个时间间隔为 t_d 的事例进入符合系统产生符合计数的概率。为了从实验测量的延迟符合曲线 (用 $F(t_d)$ 表示) 求出核激发态的寿命，首先必须测量符合电路的瞬时符合曲线 (图 3.20 中虚线所示)。

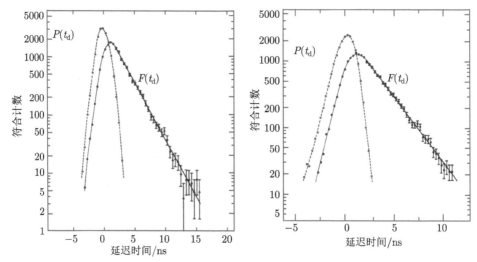

图 3.20　^{92}Mo 激发态能级 5^-(2527 keV) 寿命和 6^+(2613 keV) 的延迟符合曲线

设激发态核在生成后 t 秒衰变的概率为 $f(t)$。当延迟时间为 t_d 时，两个符合测量脉冲的相对时间延迟为 $t_d - t$，它们在符合系统中发生符合的概率为 $P(t_d - t)$。如果 $F(t_d)$、$P(t_d)$ 和 $f(t)$ 都满足归一化条件，则

$$F(t_d) = \int_{-\infty}^{+\infty} f(t) P(t_d - t) \, dt \tag{3.67}$$

如果只测量一种衰变，则当 $t < 0$ 时，$f(t) = 0$；$t \geqslant 0$ 时，$f(t) = \lambda e^{-\lambda t}$。将 $f(t)$ 代入式 (3.67)，并设 $y = t_d - t$，可得

$$F(t_d) = \lambda e^{-\lambda t_d} \int_{-\infty}^{t_d} e^{\lambda y} p(y) dy \tag{3.68}$$

将上式求微商，则

$$\frac{dF(t_d)}{dt_d} = \lambda \left[P(t_d) - F(t_d) \right] \tag{3.69}$$

将式 (3.68) 取对数再求微商，可得

$$\frac{d}{dt_d} \left[\ln F(t_d) \right] = -\lambda \left[1 - P(t_d) / F(t_d) \right] \tag{3.70}$$

如果 $P(t_d) \ll F(t_d)$，则

$$\frac{d}{dt_d} \left[\ln F(t_d) \right] = -\lambda \tag{3.71}$$

因而由延迟符合曲线 $F(t_d)$ 的对数斜率，可以求出待测核激发态的寿命。由图 3.20 测量的曲线斜率拟合值的倒数，可得 ^{92}Mo 5^-(2527 keV) 能级寿命是 (2.24 ± 0.06) ns；6^+(2613keV) 能级寿命是 (2.22 ± 0.07) ns。

如果将式 (3.69) 在 t_{d_1} 和 t_{d_2} 间积分，可得

$$\tau = \frac{\displaystyle\int_{t_{d_1}}^{t_{d_2}} F\left(t_d\right) dt_d - \int_{t_{d_1}}^{t_{d_2}} P\left(t_d\right) dt_d}{F\left(t_{d_1}\right) - F\left(t_{d_2}\right)} \tag{3.72}$$

即由延迟符合曲线和瞬时符合曲线在 t_{d_1} 和 t_{d_2} 之间所包的面积之差，求出核能级的平均寿命。延迟符合方法测量精确度一般小于 1%，可用于瞬时符合曲线的对数斜率 λ 大于 30% 以上的寿命值测量，如果进行适当的修正，也可测量接近 λ 的寿命。

用瞬时符合曲线的对数斜率表示可测量的最短寿命称为斜率法。当核素寿命小于 λ 时，斜率法不再适用，对此可采用曲线矩算法，通过计算瞬时符合曲线 $P(t_d)$ 和延迟符合曲线 $F(t_d)$ 的矩心，求出激发态的寿命。

根据曲线矩的普遍定义，任意变量 $g(x)$ 矩可表示为

$$M_n[g(x)] = \int_{-\infty}^{\infty} x^n g(x) dx \tag{3.73}$$

由于 $F(t_d)$ 和 $P(t_d)$ 是归一化的，有

$$\int_{-\infty}^{\infty} F\left(t_d\right) dt_d = \int_{-\infty}^{\infty} P\left(t_d\right) dt_d = 1 \tag{3.74}$$

对于延迟符合曲线关系式 (3.67)，由曲线矩定义可以证明 $F(t_d)$ 曲线矩与 $P(t_d)$ 和 $f(t)$ 的曲线矩之间有下列关系式：

$$M_n\left[F\left(t_d\right)\right] = \sum_{k=0}^{n} \frac{n!}{k!(n-k)!} M_{n-k}\left[P\left(t_d\right)\right] M_k[f(t)] \tag{3.75}$$

该式是延迟符合曲线 $F(t_d)$ 的曲线矩的普遍关系式。当 $n = 1$ 时，即

$$M_1\left[F\left(t_d\right)\right] = M_1\left[P\left(t_d\right)\right] M_0[f(t)] + M_0\left[P\left(t_d\right)\right] M_1[f(t)] \tag{3.76}$$

其中

$$M_0\left[P\left(t_d\right)\right] = \int_{-\infty}^{\infty} P\left(t_d\right) dt_d = 1$$

$$M_0[f(t)] = \int_{0}^{\infty} \lambda e^{-\lambda t} dt = 1$$

$$M_1[f(t)] = \int_{0}^{\infty} \lambda t e^{-\lambda t} dt = 1/\lambda$$

故有

$$\tau = \frac{1}{\lambda} = M_1\left[F\left(t_d\right)\right] - M_1\left[P\left(t_d\right)\right] \tag{3.77}$$

因此，通过测量 $F(t_\mathrm{d})$ 和 $P(t_\mathrm{d})$，并计算其矩心，就可以求出核素的寿命。显然，如果瞬时符合曲线 $P(t_\mathrm{d})$ 对 $t_\mathrm{d} = 0$ 是对称的，则 τ 与延迟符合曲线 $F(t_\mathrm{d})$ 的矩心相等。同样，由 $F(t_\mathrm{d})$ 和 $P(t_\mathrm{d})$ 的二级矩、三级矩也可求出核衰变的平均寿命。通常用矩心法可以测量的最短寿命约为瞬时符合曲线 $P(t_\mathrm{d})$ 半高宽的 0.5‰。

利用曲线矩算法获得核激发态寿命一个典型例子是测量 $^{40}\mathrm{Ca}(\mathrm{p,\,p'}\gamma)$ 反应中生成的 $^{40}\mathrm{Ca}$ 3.74 MeV(3^-) 激发态能级寿命。实验通过测量延迟符合曲线，由多项式拟合得到寿命 59 ps，其半高宽 (313 ps) 与瞬态符合曲线半高宽 (285 ps) 相近，如图 3.21(a) 所示 [26]．图 3.21(b) 给出归一化 χ^2 值与测量寿命 τ 和矩心计算值 T 的关系，其 χ^2 检验参数定义为

$$\chi^2 = \frac{1}{N} \sum_i \omega_i \left[Y_i - F(t_i + T) \right]^2 \tag{3.78}$$

式中，N 是自由度；ω 是权重因子；Y 是实验数据点，对应于 $\chi^2 = 0.87$，其测量误差在 ± 5 ps。

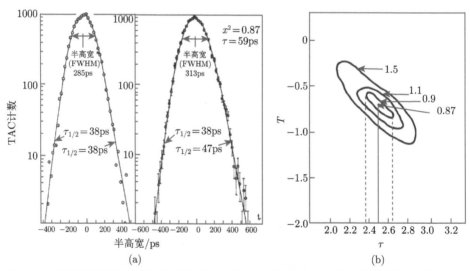

图 3.21   测量的瞬态符合曲线与延迟符合曲线 (a)；测量寿命 τ 和矩心计算值 T 关系 (b)

3.4.3   多普勒线移法

当核反应中生成的激发态原子核以速度 υ 做反冲运动时，退激发所发射的 γ 光子的能量将产生多普勒线移。如果忽略二次项以上的高次项，则发生多普勒线移的 γ 射线的能量为

$$E_\gamma = E_0 \left(1 + \frac{\upsilon}{c} \cos\theta \right) \tag{3.79}$$

式中，E_0 是当激发核处在静止状态时发射的 γ 射线的能量；θ 是激发核的反冲方向和 γ 射线观测方向的夹角。多普勒线移法是基于上述原理测量激发态核寿命的一种方法。由于测量方法的不同，多普勒线移法又分为反冲距离法和线移衰减法。前者是借助反冲核的飞行距离来测量时间，而后者是利用反冲核在阻止材料中的慢化时间推算出待测时间。

1. 反冲距离法

如图 3.22 所示，入射粒子束轰击薄靶并与靶原子核发生核反应，生成的激发核脱离靶箔后，在真空中做自由反冲运动。在靶后距离 D 处放置一个厚金属块，使反冲激发核慢化并最后达到静止。假设反冲核沿束流方向的反冲速度分量为 v，如果它们的存在时间 $t \leqslant D/v$，则它在到达金属块之前就已经发生衰变，即在飞行过程中发生衰变。这些核激发态发射的 γ 光子将发生多普勒线移，在 θ 方向探测到的 γ 光子的能量为 E_γ。如果反冲核的存在时间 $t > D/v$，则它在发生衰变之前就已经抵达金属块并停止在金属块中，这些激发态核发射的 γ 光子不会产生多普勒线移，探测到的 γ 光子的能量为 E_0。显然，在飞行中衰变的核和在静止中衰变的核可以通过测量衰变 γ 射线的能量差别进行区分。

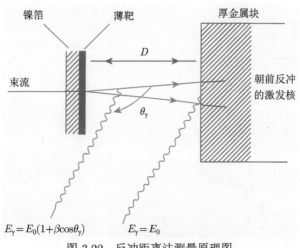

图 3.22　反冲距离法测量原理图

根据放射性衰变定律，发生多普勒线移的 γ 光子的强度为

$$I_s \approx N_0 \left(1 - e^{-D/v\tau}\right) \tag{3.80}$$

而不发生多普勒线移的 γ 射线的强度为

$$I_0 \approx N_0 e^{-D/v\tau} \tag{3.81}$$

式中，N_0 是衰变核的总数；D 是金属块和靶之间的距离，即反冲核的飞行距离。设不发生多普勒线移的光子与全部光子的比值为 R，则由式 (3.80) 和式 (3.81) 可得

$$R = I_0/(I_0 + I_s) = e^{-D/v\tau} \tag{3.82}$$

式中，反冲速度 v 可以由实验测得的发生多普勒线移的 γ 射线的峰位能量和 θ 值代入式 (3.79) 求得，也可由反应运动学推算出来。因此，测出 R 随反冲距离 D 的变化关系就可以求出反冲核激发态的寿命。

　　图 3.23 是用反冲距离法测量的 ^{52}Cr 3113 keV 能级衰变 γ 射线的能谱，以及 R 值随 D 的变化关系 [27]。实验采用 α 粒子 ($E_\alpha = 145$ MeV) 打钛金属靶 (30 μg/cm²)，产生核激发态的反应式是 ^{49}Ti$(\alpha, n, \gamma)^{52}$Cr。一个高分辨 Ge(Li) 探测器放置在与束流方向的夹角为 0° 方向用于探测 γ 射线，其分辨率为 2.5 keV@1332 keV，足以分辨 γ 反冲信号 (典型值约 6 keV@E_0=1 MeV)，即多普勒线移峰与非线移峰可明显分辨。

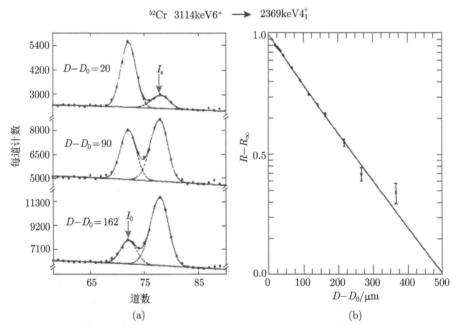

图 3.23　用反冲距离法测量的 ^{52}Cr 部分能级衰变 γ 射线的能谱和 R 随 D 的变化

　　实际测量中，由于入射粒子在靶中大角度散射导致核反冲速度的离散，因此式 (3.82) 用平均速度表示，并改写为

$$R = Ae^{-(D-D_0)/\bar{v}\tau} + R_\infty \tag{3.83}$$

式中，D_0 是测量的初始位置，R_∞ 是 R 的本底值，A 是归一化系数，即 $A+R_\infty=1$（或 $R(0)=1$）。对测量的曲线拟合得出 ^{52}Cr – 3114 keV 能级的平均寿命 $\tau=(59.5\pm3.3)$ ps。

由式 (3.79) 可见，θ 或 v 的任何变化都将直接影响反冲距离法测量的精确度，因此要求反冲核有尽量好的单向性和单能性，为了能够有效地分辨两个 γ 射线峰 I_s 和 I_0，实验对反冲速度的大小也有一定的要求。显然，反冲速度大，飞行距离长，可测量的最短寿命也越小。例如核反冲速度为 $v/c=3\%$，测量核寿命是 10^{-12} s，反冲核在发生衰变前可以飞行的最大距离为 $v\tau\approx5$ μm。为了在这样短的距离上进行精确测量，要求靶体足够平整，靶与金属块应平行垂直，并保持稳定不变，同时要求 γ 射线探测器的能量分辨率必须小于 v/c，以能够分辨多普勒线移峰。

图 3.24 是一种典型的反冲距离测量装置 [28]。经过准直的束流入射到薄靶的中心，并被阻止在钽金属块中。金属块的位置由螺旋测微器推动滑动台进行调节和控制，测角器用来调整金属块与靶的平行度。整个装置安装在一个对 γ 射线吸收很小的圆柱形的真空室中，靶区冷却至液氮温度，以改善靶区的真空度。反冲激发核发射的 γ 射线用放置在 $\theta=0°$ 方向的 Ge(Li) 探测器探测。金属块与靶是电绝缘的，它们之间有一个保护环，金属块和靶组成一个平板电容器，其电容量的大小与金属块和靶之间的距离成反比，用于金属块和靶之间的距离刻度和检测。

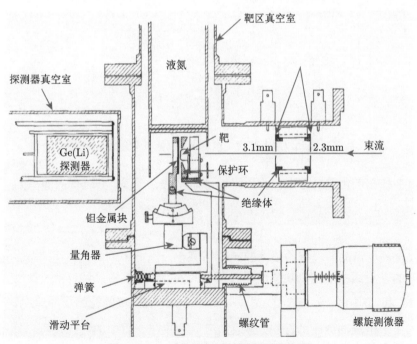

图 3.24　一种典型的反冲距离测量装置

上述测量中, 为了获得精确的测量结果, 必须对各种可能造成测量误差的因素进行修正, 包括: 反冲核慢化时间的修正; 高激发能态衰变的修正; 反冲速度离散和距离分布的修正。此外, 运动的原子核发出的电磁辐射前向角分布, 探测器有限的几何尺寸以及探测效率随辐射能量的改变等因素, 也可能造成测量结果的误差。

2. 线移衰减法

多普勒线移衰减法与反冲距离法的不同之处在于反冲核不是在真空中飞行, 而是通过固体或气体介质慢化。如图 3.25 所示, 入射的束流粒子 m_1 轰击靶核 m_2, 引起核反应并产生反冲激发核 m_3^*。当反冲核在介质中运动时, 将与介质原子中的电子 (或者原子核) 发生电磁作用 (或核力作用) 而损失能量, 使反冲核的速度逐渐减小, 直至停止在介质中。

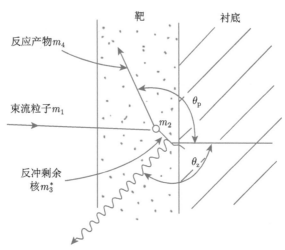

图 3.25   用多普勒线移衰减法测量核寿命原理图

反冲核在慢化的过程中, 将以平均寿命 τ 发生衰变, 其衰变的速率为

$$\frac{\mathrm{d}N(t)}{\mathrm{d}t} = -(N_0/\tau)\,\mathrm{e}^{-t/\tau} \tag{3.84}$$

由于反冲核在运动的过程中反冲速度不断减小, 因此不同时刻发生衰变的反冲核所发射的 γ 射线的多普勒线移大小是不相同的, 经历多普勒线移的 γ 射线能量分布在 E_0 和 $E_0\left(1 + \dfrac{v_0}{c} \cdot \cos\theta\right)$ 之间, 其中 v_0 是反冲核的初始反冲速度。

为了求出反冲速度的分布, 必须知道反冲核在介质中的慢化过程。通常反冲核在介质中的能量损失率与反冲速度 v 成正比, 即

$$\mathrm{d}E/\mathrm{d}x = -k_\mathrm{e}\left(v/v_\mathrm{b}\right) \tag{3.85}$$

式中，k_e 是实验标定常数；$v_\mathrm{b} = e^2/h = c/137$ 是玻尔轨道速度。设反冲核的质量为 m_3，则

$$\mathrm{d}E/\mathrm{d}x = m_3 a = m_3 \mathrm{d}v/\mathrm{d}t \tag{3.86}$$

由式 (3.85) 和式 (3.86) 可得

$$m_3 \mathrm{d}v/\mathrm{d}t = -k_3\left(v/v_\mathrm{b}\right) \tag{3.87}$$

该方程的解为

$$v(t) = v_0 \mathrm{e}^{-t/a} \tag{3.88}$$

式中，$a = m_3 v_\mathrm{b}/k_\mathrm{e}$ 为介质材料的特征慢化时间，它表示反冲速度减小到初始速度的 $1/e$ 所经过的时间。对固体介质，a 的特征值为 $2 \times 10^{-13} \sim 5 \times 10^{-13}$ s。

定义多普勒线移衰减因子为

$$F(\tau) = \bar{v}/v_0 \tag{3.89}$$

将式 (3.88) 代入式 (3.89) 可得

$$F(\tau) = \bar{v}/v_0 = \frac{1}{v_0 \tau} \int_0^\infty v(t)\mathrm{e}^{-t/\tau}\mathrm{d}t = a/(a+\tau) \tag{3.90}$$

可见，衰减因子 $F(\tau)$ 与初始反冲速度 v_0 无关，反冲速度的离散对测量的寿命值影响不大，这一特性有利于测量条件的选择。实验上，首先测量多普勒线移 γ 射线的平均能量 $\bar{E}_\gamma$，再利用关系式

$$\bar{E}_\gamma = E_0 \left(1 + \frac{\bar{v}}{c}\cos\theta\right) \tag{3.91}$$

对测量数据点进行拟合得出 $\bar{v}$，进而由式 (3.90) 求出衰减因子 $F(\tau)$ 和平均寿命 τ。

图 3.26 是测量的 ^{43}Ca 核激发态能级寿命曲线 [29]。实验用能量为 5.5 MeV 的 α 粒子轰击固体靶 ^{40}Ar，产生 ^{40}Ar$(\alpha, n, \gamma)^{43}$Ca 反应，其反冲激发态核 (^{43}Ca*) 在固体靶慢化过程中发生 γ 射线多普勒线移。不同能级其寿命不同，相应的多普勒线移量不同。图中给出了几种不同能量 γ 射线能量平均值随 $\cos\theta$ 的变化，以及对应的 F 因子与寿命 τ 的拟合曲线。

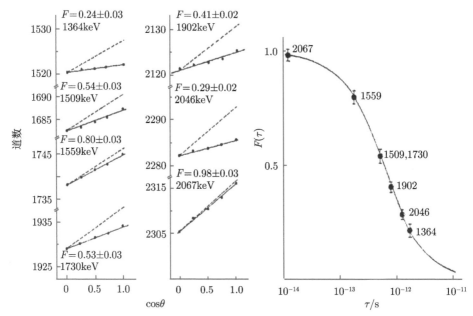

图 3.26　多普勒线移衰减方法测量 ^{43}Ca 核激发态能级 $F(\tau)$ 曲线

3.4.4　核能级共振法

当 γ 射线与靶原子核作用，其能量与靶核某一激发能级的能量恰好相等时，将发生共振散射和共振吸收。通过测量共振散射和共振吸收的截面，可以求出核激发态的能级宽度，再根据关系式 $\Gamma \cdot \tau = \hbar$，推算出核能级的平均寿命 τ。

根据理论计算，γ 射线在原子核中的共振吸收和共振散射的截面分别为

$$\sigma_{\mathrm{a}} = \frac{2J_{\mathrm{f}}+1}{2J_{\mathrm{i}}+1}\frac{\lambda}{8\pi}\frac{\Gamma\Gamma_{\gamma}}{(E_{\gamma}-E_0)^2 + \dfrac{\Gamma^2}{4}} \tag{3.92}$$

$$\sigma_{\mathrm{s}} = \frac{2J_{\mathrm{f}}+1}{2J_{\mathrm{i}}+1}\frac{\lambda}{8\pi}\frac{\Gamma_{\gamma}^2}{(E_{\gamma}-E_0)^2 + \dfrac{\Gamma^2}{4}} \tag{3.93}$$

其中，E_{γ} 是 γ 射线的能量；λ 是 γ 射线的波长；E_0 是核激发态的能量；J_{f} 和 J_{i} 分别是核激发态和基态的总角动量；Γ 和 Γ_{γ} 是核激发态能级总宽度和单 γ 跃迁的部分宽度。显然，当 $E_{\gamma} = E_0$ 时，吸收截面和散射截面有最大值，因此 E_0 也称为共振能量。

在核共振实验中，首要问题是选择一个合适的 γ 射线源。这个 γ 射线源既要有足够的强度，又要有确定的共振能量。实验中常采用与散射体相同的核素作为 γ 射线源，但在发射和散射过程中不可避免地存在核反冲能量损失。假设原子核的

质量为 m，根据能量和动量守恒定律，它在发射和吸收 γ 光子的过程中，核反冲带走的能量为 $E_\gamma^2/2mc^2$，总的反冲能量损失为 $\Delta E = E_\gamma^2/mc^2$。当这个能量差大于核能级的宽度时，不可能发生共振。为了补偿反冲能量损失，可采用以下几种方法。

1. 机械运动补偿法

利用机械方法使放射源对散射体做相对运动，当相对运动的速度 $u = E_\gamma^2/mc$ 时，由于多普勒效应在运动方向上发射的 γ 射线的能量将增加 $\Delta E_\gamma = E_\gamma u/c = E_\gamma^2/mc^2$，正好补偿核反冲损失的能量。但是，放射源和散射体中原子核的热运动也会使 γ 射线的能量分布加宽，如果辐射 γ 射线的原子核和散射的原子核因热运动产生相对运动的速度为 v，则因热运动引起的能移 $E_\gamma v/c$，因此，式 (3.92) 和式 (3.93) 中的 $(E_\gamma - E_0)$ 项应包括核反冲引起的能移 E_γ^2/mc^2，以及放射源和散射体相对机械运动和热运动引起的多普勒能移 $E_\gamma(u+v)/c$，即

$$E_\gamma - E_0 = E_\gamma(u+v)/c - E_\gamma^2/mc^2 \tag{3.94}$$

原子核热运动的速度服从玻尔兹曼分布。假如放射源的温度为 T_1，散射体的温度为 T_2，则放射性原子核和散射原子核热运动相对速度的分布为

$$p(v)\mathrm{d}v = \left[\frac{m}{2\pi k\,(T_1 + T_2)}\right]^{\frac{1}{2}} \mathrm{e}^{-\frac{mv^2}{2k(T_1+T_2)}}\,\mathrm{d}v \tag{3.95}$$

式中，k 为玻尔兹曼常数；T_1、T_2 是绝对温度；m 是原子核的质量。实验中测量的共振截面是在热运动相对速度分布范围内的平均截面。将式 (3.94) 代入式 (3.92) 和式 (3.93)，并考虑热运动的相对速度分布关系式 (3.95)，得到平均共振截面表达式：

$$\bar{\sigma}_\mathrm{a} = \frac{2J_\mathrm{f}+1}{2J_\mathrm{i}+1}\frac{\lambda}{8\pi}\int_{-\infty}^{\infty}\frac{p(v)\Gamma\Gamma_\gamma\mathrm{d}v}{\frac{E_\gamma^2}{c^2}\left(u+v-\frac{E_\gamma}{mc}\right)^2 + \frac{\Gamma^2}{4}} \tag{3.96}$$

$$\bar{\sigma}_\mathrm{s} = \frac{2J_\mathrm{f}+1}{2J_\mathrm{i}+1}\frac{\lambda}{8\pi}\int_{-\infty}^{\infty}\frac{p(v)\Gamma_\gamma^2\mathrm{d}v}{\frac{E_\gamma^2}{c^2}\left(u+v-\frac{E_\gamma}{mc}\right)^2 + \frac{\Gamma^2}{4}} \tag{3.97}$$

因为被积函数在 $v = \dfrac{E_\gamma}{mc} - u$ 有极大值，$p(v)$ 是一慢变化函数，所以可近似地用 $p(E_\gamma/mc - u)$ 代替 $p(v)$，代入式 (3.96) 和式 (3.97) 积分可得

$$\bar{\sigma}_\mathrm{a} = \frac{2J_\mathrm{f}+1}{2J_\mathrm{i}+1}\frac{c^2h^2\Gamma_\gamma}{4E_\gamma^3}\left[\frac{mc^2}{2\pi k\,(T_1+T_2)}\right]^{\frac{1}{2}}\mathrm{e}^{-\frac{m(E_\gamma/mc-u)^2}{2k(T_1+T_2)}} \tag{3.98}$$

$$\bar{\sigma}_{\mathrm{s}} = \frac{2J_{\mathrm{f}}+1}{2J_{\mathrm{i}}+1} \frac{c^2 h^2 \Gamma_\gamma^2}{4E_\gamma^3 \Gamma} \left[\frac{mc^2}{2\pi k\,(T_1+T_2)} \right]^{\frac{1}{2}} \mathrm{e}^{-\frac{m(E_\gamma/mc-u)^2}{2k(T_1+T_2)}} \tag{3.99}$$

可见，平均截面的大小随机械运动的速度 u 而改变，并且当 $u=E_\gamma/mc$ 时达到最大值。

　　显然，由共振散射实验可以获得 Γ_γ/Γ，而由共振吸收实验可以获得 Γ_γ，进而求出核能级的宽度 Γ，以及核能级寿命。如果单 γ 跃迁的分支比 $\Gamma_\gamma/\Gamma \approx 1$，则由共振散射实验便可直接得到 Γ。图 3.27(a) 显示的是用机械运动补偿反冲能量损失的共振散射测量装置，以及测量得到的 ^{203}Tl 279 keV 能级的寿命[30]。由图可见，^{203}Hg 射线源装在高速离心机的离心管内，只有沿转子运动的切线方向发射的 γ 射线才能到达散射体，高速运动的转子使 γ 射线从多普勒效应获得所需要的补偿能量，其最佳线速度约为 470 m·s^{-1}。通过测量 Tl 散射体和 Pb 比较散射体的散射曲线，得到如图 3.27(b) 所示的共振散射曲线，获得 ^{203}Tl 的 279 keV 能级寿命为 $(5.00\pm0.19)\times10^{-10}$ s。

2. 加热补偿法

　　在室温条件下，放射性原子核和散射原子核的热运动速度所产生的多普勒线移能量增加还不足以补偿核反冲能量损失，因此不能发生共振。如果把放射源或者散射体加热至高温，或把两者同时加热至高温，则由于能量分布加宽，辐射谱和吸收谱将有可能发生重叠，一部分高速运动的原子核所产生的多普勒效应可以补偿反冲能量的损失，实验上将能观测到部分共振效应。

3. 核辐射补偿法

　　如果共振测量涉及级联衰变，可利用在前级辐射中的核反冲运动所产生的多普勒能量增加来补偿后级辐射的反冲能量损失，使其满足产生核共振的条件。例如，对于级联 γ 跃迁，假设前级跃迁光子为 γ_1，其能量为 E_{γ_1}；后级跃迁光子为 γ_2，其能量为 E_{γ_2}，则原子核在第一次衰变中获得的反冲速度 $u_1=E_{\gamma_1}/mc$。如果 γ_1 和 γ_2 的夹角为 θ，且 $E_{\gamma_1}>E_{\gamma_2}$，则当 $E_{\gamma_2}=-E_{\gamma_1}\cos\theta$ 时，γ_2 可获得从前级辐射的核反冲运动能量，当获得能量达到一定值时，可满足产生核共振的条件。

4. 核反应补偿法

　　如果核反应中的生成核处在激发态，并且是通过发射 γ 射线退激发到基态，则可以利用这种 γ 辐射来进行核共振研究。在这种情况下，γ 辐射的反冲能量损失可从反应生成核的反冲运动的多普勒效应得到补偿。例如，在质子俘获反应中，生成激发核的运动方向与入射束方向一致，并且反冲速度的大小也是确定的，这时，只要选择合适的 γ 射线发射角，就可使 γ 辐射的反冲能量损失得到完全补偿，实现共振。

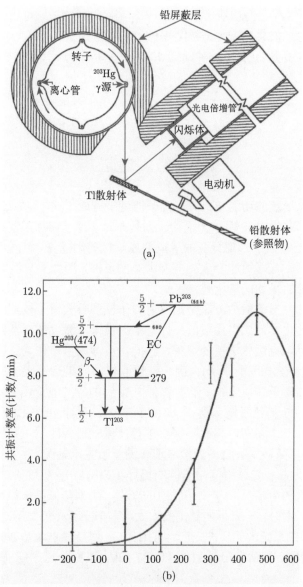

图 3.27 一种机械运动补偿反冲能量损失的共振散射测量装置 (a)，共振散射测量值与理论计算 (实线) 和 ^{203}Tl 衰变纲图 (b)

3.4.5 无反冲共振吸收法

以上讨论的各种方法都是利用多普勒效应来补偿 γ 射线的反冲能量损失，从而达到核共振的条件。1958 年，穆斯堡尔 (R.L. Mössbauer) 提出了无反冲核共振吸收方法，通常称之为穆斯堡尔效应 [31]。利用这种效应，可以消除核反冲能量损失，也就避免了核共振吸收与核共振散射的能量损失。

假设原子核质量为 M，反冲动量 P_N，反冲动能为

$$E_R = \frac{P_N^2}{2M} \tag{3.100}$$

由动量守恒 $P_\gamma = P_N = E_\gamma/c$，有

$$E_R = \frac{P_\gamma^2}{2M} = \frac{E_\gamma^2}{2Mc^2} \tag{3.101}$$

上式说明反冲原子核的动能 E_R 与 γ 光子能量平方成正比，与原子核质量成反比。当原子核从激发态通过发射 γ 光子跃迁到基态时，除了将激发能 E_0 的大部分交给 γ 光子外，还有很小一部分变成了反冲原子核的动能 E_R。同理，处于基态的同类原子核吸收 γ 光子时也会发生同样大小的反冲，因此同一激发态的 γ 光子的发射谱和吸收谱的平均能量相差 $2E_R$。

实现无反冲共振散射的方法是把发射原子核和吸收原子核都固定在晶格位置上，由于晶格的化学键比自由核的反冲动能大很多，激发核在发射光子时所获得的反冲动能不足以克服化学键的束缚，因此，反冲动量将作为一个整体传输给整块晶体 (一般含有 10^{19} 个原子)。因为整块晶体的质量远远大于单个原子核的质量，根据能量和动量守恒定律，这时辐射 γ 射线的反冲能量损失变得很微小。例如对质量数为 100 的原子核，当 E_γ=100 keV 时，反冲动能约为 10^{-19} eV，它比能级的自然宽度要小得多，因此不需要进行能量补偿就能发生共振吸收和共振散射。图 3.28 是穆斯堡尔吸收谱测量原理和测量装置示意图。

由于无核反冲 γ 光子强度与晶体的德拜 (Debye) 温度和 γ 光子的能量有关，为了得到足够大的无核反冲 γ 光子发射的概率，必须降低晶体温度，选择德拜温度较高的晶体。同时，γ 光子能量不能太大，一般小于 150 keV，并具有合适的半衰期，否则将降低系统的无反冲效应。常用 ^{57}Co 穆斯堡尔源是通过电子俘获衰变到 ^{57}Fe 的激发态，然后发出 γ 射线 (14.37 keV) 退激发到 ^{57}Fe 基态。

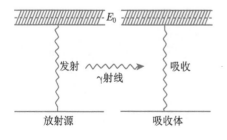
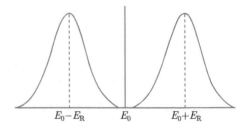

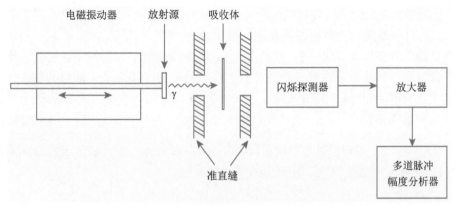

图 3.28 穆斯堡尔吸收谱测量原理和测量装置示意图

穆斯堡尔谱仪可探测到核能级随环境的微小变化, 可用于原子超精细结构、原子核磁矩以及材料结构分析, 在生物无机化学及含铁蛋白质和酶研究中, 使用该技术可精确测定铁元素的氧化状态。因穆斯堡尔效应的广泛应用价值, 他本人获得 1961 年诺贝尔物理学奖。作为实验核物理的一个典型应用, 下面讨论用穆斯堡尔效应测量原子核磁矩的方法。

设原子核从自旋为 I_1 激发态跃迁到自旋为 I_0 的基态, 其无核反冲时 γ 辐射能量为

$$hv_0 = E_1 + \Delta E_1^{(0)} - \left[E_0 + \Delta E_0^{(0)} \right] \tag{3.102}$$

其中, $\Delta E_1^{(0)}$ 和 $\Delta E_0^{(0)}$ 分别是核激发态和基态因电子与原子核相互作用产生的同质异能态能量变化。假定实验使用 γ 射线源不受磁场影响, 也不存在核电四极矩相互作用, 即放射源是无能级劈裂的, 当 γ 射通线过与放射源同类核素的吸收体, 吸收体中原子核的环境和放射源相同, 并且放射源和吸收体相对静止, 则无核反冲的共振荧光吸收达最大值, 即透射强度最小。

当吸收体原子核受到磁场 B 作用时, 自旋为 I 的核能级劈裂成 $2I+1$ 个子能级, 两个相邻子能级的能量差为

$$\Delta E_I = -g_I \mu_N B \tag{3.103}$$

假定吸收体原子核基态能级自旋 $I_0 = 0$, 因此只有自旋为 I_1 的激发态产生能级劈裂。当无能级劈裂的放射源与吸收体做相对运动时, 实验可观察到穆斯堡尔吸收谱呈现 $2I_1+1$ 个最小值, 相邻两个最小值之间的距离为 ΔE_I。由于磁感应强度 B 是已知的, 则由式 (3.103) 求得激发态 g_I 因子, 进而从吸收谱上极小值的数目可推出自旋 I_1 和磁矩 $\mu_I = g_I I_1 \mu_N$。可见测量核激发态磁矩, 需要精确测量核磁矩和外磁场相互作用所产生的能级劈裂的间距。

　　当吸收体的原子核基态自旋 I_0 不等于零时，由于在外磁场中也将产生能级劈裂，此时穆斯堡尔吸收谱较为复杂。图 3.29 是核素 ^{57}Fe-14.37 keV 在外磁场中分裂及相应的穆斯堡尔谱 [32]，实验用 ^{57}Fe 作为穆斯堡尔 γ 射线源，并把它均匀掺入铂箔中，采用顺磁材料铂作为基材的优点是放射源不会产生能级劈裂，铁吸收体中含有核素 ^{57}Fe。由图可见，^{57}Fe 激发态能级 ($I = 3/2^-$) 劈裂成四个子能级。^{57}Fe 基态自旋 $I_0 = \dfrac{1}{2}$，该能级在磁场中劈裂成两个子能级，通过磁偶极辐射吸收 ($L = 1$)，$I_0 = 1/2$ 基态可被激发到 $I_1 = \dfrac{3}{2}$ 激发态，由于磁量子数必须满足选择定则 $|M_{I_0} - M_{I_1}| \leqslant 1$，因此共有六根吸收线。

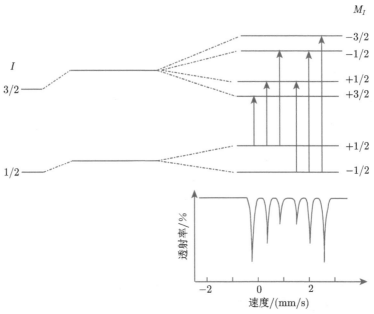

图 3.29　^{57}Fe 核能级的外磁场分裂及相应的穆斯堡尔谱

吸收谱线之间的距离与原子核的 g_I 因子直接相关，既有

$$E(\beta) - E(\alpha) = \Delta E_1^{(B)} = g_{I_1} \mu_{\mathrm{N}} B_{\mathrm{in}} \tag{3.104}$$

$$E(\delta) - E(\beta) = \Delta E_0^{(B)} = -g_{I_0} \mu_{\mathrm{N}} B_{\mathrm{in}} \tag{3.105}$$

式中，α，β，δ 分别代表相邻谱线；B_{in} 表示作用在 ^{57}Fe 核上的内部磁场。由这两个式子，可得到 $g_{I_1} = -0.102 \pm 0.0003$，$B_{\mathrm{in}} = -33.3$ T。由于放射源和吸收体的核化学环境不同，测量吸收谱中心相对于零速度处有一位移，位移的大小反映源核和吸收核库仑作用的能量位移差值。

由以上讨论可知，采用穆斯堡尔效应测定原子核能级在外磁场中产生的能级劈裂间距 ΔE，ΔE 必须满足如下条件：

$$\Delta E > 2\Gamma \tag{3.106}$$

其中，Γ 为激发态能级宽度，$\Gamma = \dfrac{\hbar}{\tau}$。上式中的因子 2 是因为实验上观察到的穆斯堡尔吸收谱线是放射源发射的 γ 光子能量离散和激发态能级宽度之和。一般静态磁偶极矩或电四极矩相互作用产生的能级劈裂通常为 $\Delta E \approx 10^{-7}$ eV，由式 (3.106)，对应的激发态能级寿命为

$$\tau > \frac{2\hbar}{\Delta E} \approx 10^{-8}\text{s} \tag{3.107}$$

在铁磁物质中，由于内磁场非常强，能级劈裂间距要比 10^{-7} eV 大好几个量级，采用脉冲电磁铁产生的磁场强度高达 10^2 T，测量的激发态寿命 τ 可减小到 10^{-12} s。

3.5 粒子寿命测量

在已经发现的几百种粒子当中，绝大多数都是不稳定粒子。由于粒子衰变机制不同，粒子的平均寿命差别很大，测量的方法也不相同，实验上大体上可分为如下几种。

(1) 平均寿命 $\tau > 10^{-9}$ s，可采用直接测量衰变时间分布方法；

(2) 平均寿命 10^{-16}s $< \tau < 10^{-9}$ s，由于衰变时间太短，无法直接测量衰变时间谱，可采用高分辨径迹探测器测量衰变径迹长度，这种方法又称为衰变长度法；

(3) 平均寿命 $\tau < 10^{-17}$ s，无法直接测量，需要通过测量粒子质量的自然宽度，再根据测不准关系 $\Delta E \cdot \Delta \tau = \hbar$ 推算出粒子的寿命，例如不变质量谱测量 ρ 介子的寿命和共振态粒子寿命。

关于方法 (3)，前面章节已经讨论，以下论述主要是针对方法 (1) 和 (2)。

3.5.1 衰变时间测量方法

衰变时间测量方法是通过直接测量粒子衰变事例的时间分布，求出粒子的寿命，为此需要准确地测量衰变事例的起始时间和停止时间。在实际测量中，待测寿命的粒子可能存在不止一种衰变方式，而且粒子衰变后生成的新粒子可能仍然是不稳定粒子，会继续发生衰变，并且入射粒子束往往混有其他种类的粒子。为有效地选择事例，实验一般需要用多个探测器构成粒子鉴别系统。下面是早期实验中几个典型粒子寿命测量方法。

1. π^+ 介子寿命的测量

π^+ 介子的衰变过程为

$$\pi^+ \longrightarrow \mu^+ + \nu_\mu$$
$$\mu^+ \longrightarrow e^+ + \nu_e + \bar{\nu}_\mu$$

测量 π^+ 介子寿命的具体的实验安排和电子学及触发逻辑电路如图 3.30 所示 [33]。当加速器打靶产生的 π^+ 介子通过吸收体 A 和 B 时，损失其大部分能量，使得大多数 π^+ 介子被阻止在闪烁体 3 中。停止在闪烁体 3 中的 π^+ 介子经过一段时间衰变为 μ^+ 子和中微子。如果指定 π^+ 介子停止在闪烁体 3 中的时刻为起始时间，而产生 μ^+ 子的时刻为其衰变时间，则它们的平均时间间隔即是 π^+ 介子的平均寿命。

由于粒子束中混有电子，其速度比 π^+ 介子大得多，而在闪烁探测器 1 中能量损失比 π^+ 介子小，所以可根据闪烁探测器 1 输出脉冲幅度的大小，区分 π^+ 介子和电子。于是，停止在闪烁体 3 中的 π^+ 介子的事例判选条件是：

$$1(幅度较大) + 2 + 3 + \bar{4}$$

停止在闪烁体 3 中的 π^+ 介子衰变生成的 μ^+ 子的能量约为 4.1 MeV。由于 μ^+ 子的能量很小，不会穿过闪烁体 3，因此 π^+ 介子衰变产生 μ^+ 子的事例判选条件是：

$$3 + \bar{2} + \bar{4}$$

μ^+ 子经过一段时间发生衰变，衰变产生平均能量约为 50MeV 的正电子，这些正电子将逃逸出闪烁体 3, 被围绕闪烁体 3 的闪烁体 2 或 4 吸收，因此该事例的判选条件是：

$$3 + 2 + \bar{4} \ 或 \ 3 + 4 + \bar{2}$$

由上述判选条件，可以区分 $\pi^+ \longrightarrow \mu^+ \longrightarrow e^+$ 衰变中所涉及的三个带电粒子，测出 π^+ 介子和 μ^+ 子事例之间的时间间隔。根据 π^+ 介子的衰变数随时间的指数变化曲线，拟合得出 π^+ 介子的平均寿命值。图 3.31 是测量的 π^+ 介子衰变曲线和寿命拟合结果，实验总共记录了 8×10^6 个停止在闪烁体 3 中的 π^+ 介子，其中有 4.3×10^6 是 $\pi^+ \longrightarrow \mu^+$ 衰变事例，由衰变曲线的斜率求出 π^+ 介子的寿命，经误差修正后拟合值为 $(26.38 \pm 0.12)\text{ns}$。

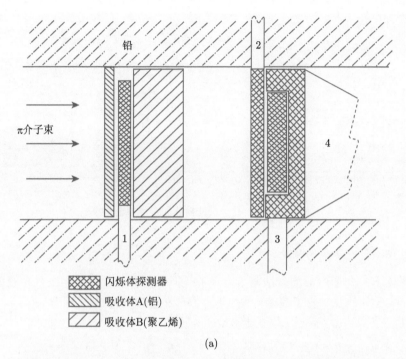

(a)

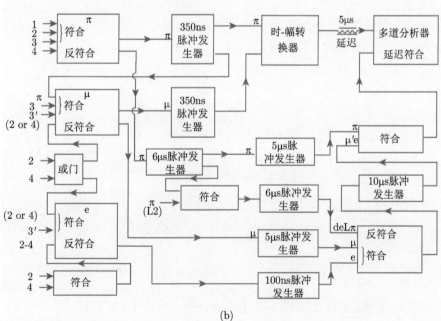

(b)

图 3.30 π^+ 介子寿命测量实验装置 (a) 和电子学电路图 (b)

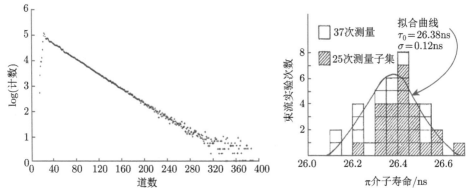

图 3.31　π^+ 介子衰变曲线和寿命拟合结果

2. K^+ 介子寿命的测量

测量 K^+ 介子寿命的方法与 π^+ 介子类似。由于 K^+ 介子存在几种衰变方式，因此，实验要比 π^+ 介子复杂一些。K^+ 介子的主要衰变方式有 [34]：

(1) $K^+ \longrightarrow \mu^+ + \nu_\mu$，分支比 63.5%；

(2) $K^+ \longrightarrow \pi^+ + \pi^0$，分支比为 21.17%；

(3) $K^+ \longrightarrow \pi^+ + \pi^+ + \pi^-$，分支比为 5.59%。

每一种衰变方式在探测装置中都具有其特征信号。图 3.32 是对 K^+ 介子第 1 和 2 种衰变的寿命测量装置示意图。

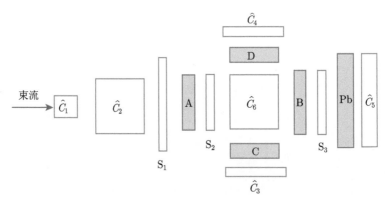

图 3.32　K^+ 介子寿命的测量装置示意图

由于入射束流包含质子和 π 介子，而只有较少的 K 介子 (每 400 个 π 介子有一个 K 介子)，为了识别 K 介子，实验采用了两个切连科夫计数器 $\hat{C}_1$ 和 $\hat{C}_2$，根据相同动量的质子、π 介子和 K 介子具有不同速度，对 K 介子进行分辨。选择不同折射率的 $\hat{C}_1$ 和 $\hat{C}_2$ 的辐射体，使得速度最大的 π 介子在 $\hat{C}_1$ 和 $\hat{C}_2$ 中都能产生信号，速度最小的质子在 $\hat{C}_1$ 和 $\hat{C}_2$ 中不产生信号，而 K 介子只在 $\hat{C}_1$ 中产生信号，在 $\hat{C}_2$ 中不产生信号，即 K 介子的触发逻辑是：

$$\hat{C}_1\bar{\hat{C}}_2$$

为了使 K 介子停止在 $\hat{C}_6$ 中，用吸收体 A 对 K 介子进行慢化，能够到达 $\hat{C}_6$ 并停止在其中的 K 介子的触发逻辑是：

$$\hat{C}_1\bar{\hat{C}}_2 S_1 S_2 \hat{C}_6 \bar{S}_3$$

K 介子的衰变产物是在各个方向上发射的，根据反应运动学，无论是第 (1) 种衰变方式的衰变产物 μ 子，还是第 (2) 种衰变方式的衰变产物 π 介子，都具有单一的能量，并且 μ 子将具有较大的能量。选择足够厚的吸收体 C 和 D，使得 π 介子被阻止，只允许 μ 子进入 $\hat{C}_3$ 和 $\hat{C}_4$。所以，衰变 μ 子的触发逻辑是：

$$\hat{C}_6 \hat{C}_3 \bar{\hat{C}}_4 \quad \text{或者} \quad \hat{C}_6 \bar{\hat{C}}_3 \hat{C}_4$$

吸收体 B 的厚度能够阻止 π 介子，但不能阻止 μ 子，所以衰变 π 介子的触发逻辑是：

$$S_2 \hat{C}_6 \bar{S}_3$$

通过测量停止在 $\hat{C}_6$ 中的 K 介子信号与衰变 μ 子信号或者衰变 π 介子信号之间的时间间隔分布，可以获得 K 介子的寿命。上述方法测量的精确度约为 10%，两种衰变方式的平均寿命分别为

$$\tau\left(K_\mu^+\right) = \left(11.7^{+0.8}_{-0.7}\right) \times 10^{-9}\ \text{s}, \quad \tau\left(K_\pi^+\right) = \left(12.1^{+1.1}_{-1.0}\right) \times 10^{-9}\ \text{s}$$

3. π⁻ 介子寿命的测量

理论上由 CPT 守恒可以推测，在一级近似下，正粒子和反粒子的寿命是相等的，所以可以通过实验精确测量正、负 π 介子的平均寿命的比值，进而从 π⁺ 介子的寿命值推算出 π⁻ 介子的平均寿命。对于带正电荷的 π 介子和 K 介子测量，前面讨论的方法都是首先使其慢化，然后通过测量粒子从停止至衰变的时间间隔求出寿命值。对于带负电荷的粒子，情况就不同了，因为慢化的负粒子将与吸收体的原子核发生相互作用，例如 π⁻ + p + n ⟶ 2n，并且 π⁻ 介子与吸收体原子核的作用概率远大于它的衰变概率，因此只能在飞行中测量 π⁻ 介子的寿命。

测量正、负 π 介子平均寿命比值的实验装置如图 3.33 所示 [35]。束流的动量大小和方向由位于屏蔽墙内的计数器 S_1 和 S_2、偶极磁铁 M 前的狭缝 S、计数器 S_3 和 S_4 以及环形反符合计数器 $A_1 - A_4$ 测定。π 介子信号满足逻辑条件 $S_1 S_2 S_3 S_4 \bar{A}_1 \bar{A}_2 \bar{A}_3 \bar{A}_4$。束流中除 π 介子外，还包括 μ 子和电子。不同粒子通过 S_2 和 S_4 之间的距离所需的时间 (飞行时间) 不同，可以根据粒子的飞行时间谱区分 π 介子与其他粒子。

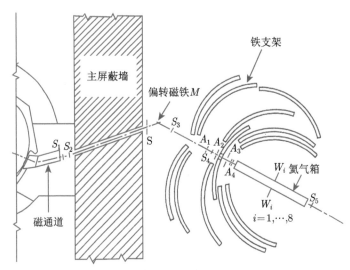

图 3.33   测量正、负 π 介子平均寿命比值的实验装置

为了减小 π – μ 衰变计数的散射本底，2m 长的 π 介子衰变区中充有氢气。π 介子衰变产生的 μ 子用由 8 个环形计数器 W_1 – W_8 组成的阵列进行探测，所以 π – μ 衰变事例就是一个 π 介子信号与探测器阵列 W_1 – W_8 中的一个 μ 子信号的瞬时符合事例。通过改变偏转磁铁的磁场方向，可以任意地选择 π^+ 或 π^- 介子。图 3.34 是利用飞行时间望远镜 (S_2-S_5) 测量的 π^+ 介子和 π^- 介子的飞行时间谱，由此可得 $(\pi^+ \longrightarrow \mu^+)/\pi^+$ 和 $(\pi^- \longrightarrow \mu^-)/\pi^-$ 两者的比值，即 π^+ 介子和 π^- 介子的衰变率的比值，也就是 π^+ 介子和 π^- 介子的平均寿命的比值。

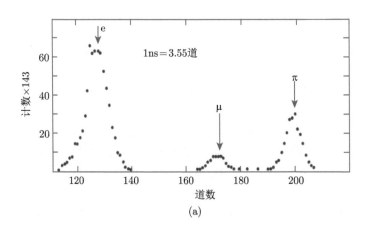

(a)

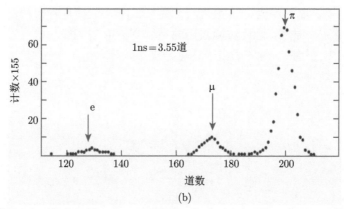

(b)

图 3.34 利用飞行时间望远镜 (S_2-S_5) 测量的 π^+ 介子 (a) 和 π^- 介子 (b) 的飞行时间谱

实验共获取了 4×10^5 个 π^+ 介子和 π^- 介子事例, 分析获得寿命的比值为: 1.004 ± 0.007, 其结果证明在实验测量精度范围内, 正粒子和反粒子的寿命相等。

3.5.2 衰变长度测量方法

衰变长度测量方法是利用径迹探测器 (如气泡室、漂移室、硅微条等) 精确测量短寿命粒子的衰变长度 ℓ。在实验室系中衰变长度可表示为

$$\ell = \gamma\beta ct = \frac{pt}{m} \tag{3.108}$$

式中, p 为衰变粒子的动量; m 为衰变粒子的质量。可见, 通过测量粒子的衰变时间 t 及其分布, 可求出粒子的平均寿命。粒子衰变事例随时间的变化服从指数分布, 为了从大量衰变事例中求出粒子的平均寿命, 通常采用最大似然分析方法对实验点进行拟合, 其拟合函数表示为

$$L(\tau) = \prod_{i=1}^{N} \frac{(1/\tau)\exp\left(-t_i/\tau\right)}{\exp\left(-t_i^{\min}/\tau\right) - \exp\left(-t_i^{\max}/\tau\right)} \tag{3.109}$$

式中, τ 是衰变粒子的平均寿命; t_i 是观测的第 i 个事例的衰变时间; $t_i^{\min}$ 是与第 i 个事例可探测的最小衰变长度相对应的时间; $t_i^{\max}$ 是与第 i 个事例可探测的最大衰变长度相对应的时间。以下是采用衰变长度测量法的实例。

1. Λ^0 超子寿命测量

Λ^0 超子 (hyperon) 首次被发现于 1950 年 [36]。实验用气球携带的核乳片, 在 2.1 万米高空探测到宇宙射线中质子衰变的一种产物, 显示它是一个中性的粒子, 质量达到约 1.12 GeV, 并将它列为重子, 而不是介子, 与之前发现的 K 介子 (1947 年) 不同, 它寿命为 10^{-10} s 数量级。Λ^0 超子的主要衰变式为

$$\Lambda^0 \longrightarrow P + \pi^-$$

Λ^0 超子的衰变长度大约为 cm 数量级。显然，不可能在这样短的距离上安排探测器直接测量衰变时间，因此实验采用的是衰变长度法。图 3.35 是在一个直径为 2m 的气泡室中拍摄的一张 Λ^0 超子衰变径迹的照片。

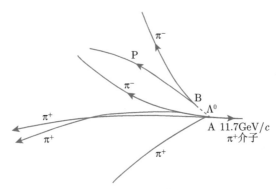

图 3.35　气泡室中拍摄的一张 Λ^0 超子衰变径迹的照片

入射粒子是 11.7 GeV/c 的 π^+ 介子，π^+ 介子在 A 点与核子发生作用并产生 Λ^0 超子。Λ^0 在 B 点发生衰变产生 P 和 π^-，在气泡室中形成 V 形径迹。虽然 Λ^0 不带电荷，在照片中看不到它的径迹，但是，Λ^0 的产生点 A 和衰变点 B 是很明显的，A、B 两点之间的距离就是 Λ^0 的衰变长度。在强磁场的作用下，带电的 P 和 π^- 介子的径迹发生了偏转。测量径迹的曲率半径可求出它们的动量，而 Λ^0 超子的动量是 P 和 π^- 介子动量之和。当 Λ^0 的质量已知时，则根据式 (3.108) 和式 (3.109)，由它的动量和衰变长度就可以计算出它的平均寿命。

为了得到精确的测量结果，实验分析数万张照片，积累了几千个衰变事例，分析得出 Λ^0 超子的寿命为 $(2.521 + 0.021) \times 10^{-10}$ s[37]。进一步对 Λ^0 衰变机制进行分析，发现了奇异夸克和奇异数守恒定律。

2. π^0 介子寿命测量

1957 年，物理学家 Harris 领导的合作组首先提出，通过 K$^+$ 介子在核乳胶中的衰变测量 π^0 介子的寿命。当 K$^+$ 介子在核乳胶中静止时发生衰变，由 K$^+ \longrightarrow \pi^+ + \pi^0$ 衰变道可以产生具有单一速度的 π^0 介子，接着 π^0 介子衰变后生成两个 γ 光子，而在 π^0 的 Dalitz 衰变道，一个衰变光子转变为正、负电子对，所以衰变方式变成 $\pi^0 \longrightarrow$ e$^+ +$ e$^- + \gamma$，同时 π^+ 衰变为 μ 子和正电子。

如果能在实验中找到 K$^+$ 介子的衰变点 (即 π^0 介子的产生点) 和正、负电子的产生点 (即 π^0 介子的衰变点)，它们之间的距离就是 π^0 介子的衰变长度。由 K$^+$ 介子衰变运动学可以确定 π^0 介子的动量，进而求出它的寿命。上述 K-π^+ 和 π^0 介子 Dalitz 衰变统称为 KD 事例。图 3.36(a) 是用核乳胶测量的典型的 KD 事例 [38]。

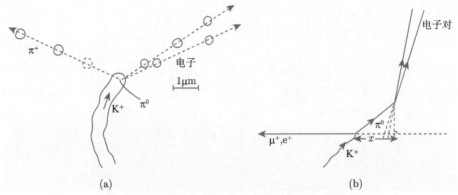

图 3.36 乳胶测量的典型的 KD 事例 (a) 和衰变长度测量方法 (b)

实验用核乳胶叠层 (由数百张核乳胶片组成) 对高能 K$^+$ 介子束进行曝光。选择合适的束流能量，使得大部分 K$^+$ 介子能够在乳胶叠层的中心达到静止。曝光以后，利用自动投影测量装置，对 K$^+$ 介子停止密度最大的区域进行扫描，找出测量所需要的事例。为了重建事例，首先求出 π$^+$ 介子和电子径迹上每个颗粒中心的坐标，然后用直线拟合的方法求出它们的最佳径迹拟合线，同时要测出 K$^+$ 介子径迹最后一个颗粒的中心点，并规定以 K$^+$ 介子径迹的末端至 π$^+$ 介子径迹的交点为 π^0 介子的产生点 (或 π^0 介子的衰变点)；又规定正负电子径迹的交点为 π^0 介子的衰变点，并与 π$^+$ 介子径迹垂线相交，作为两点之间的距离 x (图 3.36(b))，测量 x 以及与正负电子径迹的交点距离，即可确定 π^0 介子的衰变长度。

Evans 等 (1965 年) 在实验中，共测量了 7000 个 K$^+$ 介子衰变事例，并从中找出 10^3 个 KD 衰变事例。在这些事例中，可能混有 K$^+$ 三体衰变事例，例如 K$^+ \longrightarrow \pi^+ + \pi^0 + \pi^0$，这种衰变方式的次级粒子在核乳胶中具有不同的颗粒密度，可以通过测量颗粒密度的方法把它们排除掉。同时，还要排除倾斜角太大的事例。最后选择了 67 个有效事例, 给出的 π^0 介子寿命为 $1.6^{+0.6}_{-0.5} \times 10^{-16}$ s。由于 π^0 介子的寿命很短，它在核乳胶中的平均衰变长度为 $l \approx 3.9 \times 10^{-2}$ μm，即使对于非常高能量的 π^0 介子 (例如 $p = 5 \mathrm{GeV}/c$)，衰变长度仅为 1 μm 数量级，因此通过直接测量衰变长度获得 π^0 粒子寿命，其测量精度受到较大限制。

冯·达德尔 (G. Von Dardel) 等 (1963 年) 提出了另一种测量方法，实验利用 CERN 质子同步加速器质子束 (18 GeV) 轰击金属铂靶，测量原理如图 3.37 所示。设在靶 dx 处产生中性 π 粒子的概率为 $K\mathrm{d}x$ (K 是靶核作用截面常数)，经路径 y 后，中性 π 介子在 dy 中衰变的概率是 $\exp(-y/\lambda)\,\mathrm{d}y/\lambda$，衰变产生的光子在靶中发生正负电子对转换的概率是 $(t - y - x)/X$ 中，这里 X 是 γ 射线转换路径长度 ($X \gg t$)。考虑到 π^0 粒子有限的衰变长度，正负电子对转换的平均路径长度 $t/2$

减去 λ，由此可推得在厚度为 t 的靶中电子对的产生概率 R 为

$$R(t) = Kt\left\{B + \frac{1}{X}\left[\frac{t}{2} - \lambda + \frac{\lambda^2}{t}(1 - \mathrm{e}^{-t/\lambda})\right]\right\} \tag{3.110}$$

式中，B 是 π^0 衰变中正电子所占比例数。这里忽略了粒子在薄靶中的能量衰减（很小修正项）。式 (3.110) 说明了中性粒子在靶中产生的正电子数与靶厚 t 的直接关联。对于确定靶材料，t 是已知量，K、X 可通过刻度 (或计算) 获得，因此精确测定 B 和 $R(t)$ 关系，可获得 λ 值，进而计算得到 π^0 粒子寿命。

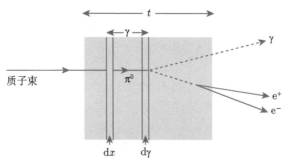

图 3.37　π^0 粒子实验测量原理

　　整个实验装置安排如图 3.38 所示。靶系统由四条厚度分别为 3 μm、4 μm、18 μm 和 58 μm 的铂金属条（ $X \sim 1\,\mathrm{cm}$, $\lambda/X \sim 10^{-4}$, $\lambda/X \ll B$ ）组成，安装在一个可旋转的轴上，这样不同厚度的箔片就可以依次翻转并与入射质子束有相同的方位角。打靶产生混合粒子束通过偏转磁铁、聚焦磁铁和准直器进行动量选择 ($5\,\mathrm{GeV}/c$)，并由闪烁体 S_1 和 S_2 给出符合信号。带电粒子中的正电子由阈式切连科夫计数器 C_1 和 C_2 (10 m 长，充满氢气) 鉴别，对于正电子探测效率达到 100%。通过符合比 $(S_1 + S_2 + C_1 + C_2)/(S_1 + S_2)$ 可得到正电子比例数 B。同时利用衰变 $\pi^0 \longrightarrow 2\gamma$ 和 $\gamma \longrightarrow \mathrm{e} + \mathrm{e}^-$ 作为中性粒子衰变时间的判选条件，用于提高的 π^0 粒子的鉴别效率。

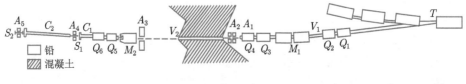

图 3.38　π^0 衰变寿命的实验装置

T：靶；Q_1—Q_6：四极聚焦磁铁；M_1，M_2：径迹偏转磁铁；A_1—A_5：准直器；C_1，C_2：氢切连科夫计数器；S_1，S_2：闪烁体

图 3.39 是实验测量正电子 (5 GeV/c) 衰变数随靶厚度变化，由式 (3.110) 计算可得中性 π 介子的平均衰变长度：$\lambda = (1.5\pm0.25)\mu m$，进而得到 [39]

$$\tau_{\pi^0} = (1.05 \pm 0.18) \times 10^{-16} \text{ s}$$

拟合 B 值与由独立测量得到的正电子事例率基本一致。

更精确的 π^0 粒子寿命测量是贝拉蒂尼 (G. Belletini, 1965) 等基于重核库仑场中中性 π 介子的光子产生截面与衰变寿命成反比关系 (类似于核能级寿命与共振截面关系)，考虑到总截面中核作用影响以及对 π 介子吸收的贡献，修正后得出 [40]:

$$\tau_{\pi^0} = (0.73 \pm 0.11) \times 10^{-16}\text{s}$$

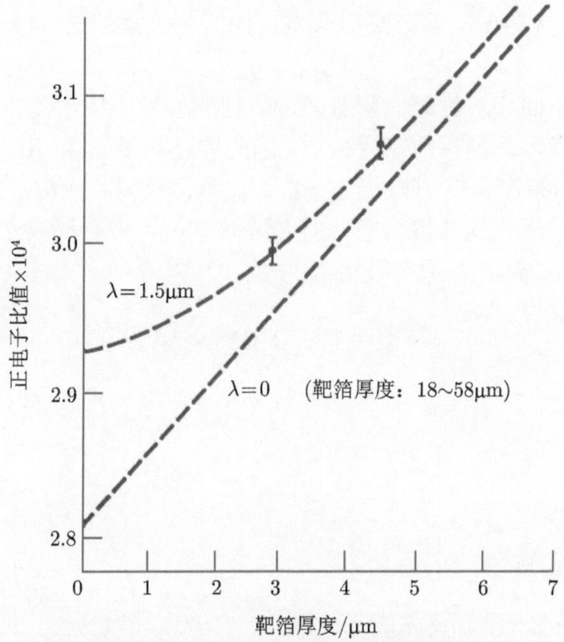

图 3.39 π^0 粒子衰变长度测量结果

直线是正电子数随靶箔厚度的预期变化 (假设衰变长度 λ=0)。两个测量点对应的箔厚分别是 3 μm 和 4.5 μm，与预期分布的偏差为 1.5%

3. Ω^- 重子寿命测量

Ω^- 重子 (质量 1.67 GeV/c^2) 寿命精确测量是 20 世纪 80 年代高能物理实验的范例。图 3.40 显示了整个实验装置结构 [41]。实验利用 CERN-SPS 质子束打靶产生 Ω^-，利用 DISC 计数器 (Differential Isochronous Self-lollimating Cherenkov Counter) 提供 Ω^- 粒子触发信号，并通过漂移室测量衰变粒子径迹来识别以下衰变过程:

$$\Omega^- \longrightarrow \Lambda + K^-, \quad \Lambda \longrightarrow \pi^- + p$$

实验分析中首先通过 π^- 和 p 粒子径迹方向相反特征选择包含 Λ 粒子 (有效质量在一定范围内) 的事例，然后由测量的 K^- 粒子和径迹计算获得 ΛK^- 系统的有效质量。实验测量的事例中包含的主要背景事例是

$$\Xi \longrightarrow \Lambda + \pi^-$$

由于 Ξ 的质量是 1.321 GeV/c^2，选择 π^- 径迹事例且有效质量大于 1.35 GeV/c^2 作为限制条件，可排除 Ξ 衰变事例 (约占 Ω^- 衰变事例的 14%)。实验通过一系列触发和动量选择，排除 $\Omega^- \longrightarrow \Xi + \pi^-$ 事例，以及其他的污染事例，最终获得 12000 个 $\Omega^- \longrightarrow \Lambda + K^-$ 有效衰变事例，同时将测量的 Ξ 衰变事例用于探测系统监测。

由于高能粒子的相对论时间膨胀效应，在实验室系中观测不稳定粒子衰变长度与粒子寿命具有显著的指数衰变关系，因此通过测量 Λ 和 K^- 径迹的交点来重建 Ω^- 衰变点，由衰变长度的指数分布斜率计算可获得 Ω^- 粒子寿命。图 3.41 是测量获得的 Ω^- 粒子衰变长度分布，对曲线斜率进行拟合提取寿命值，经系统误差修正和 χ^2 检验，确定其最可几值为

$$\tau_{\Omega^-} = (0.823 \pm 0.013) \times 10^{-10} \text{ s}$$

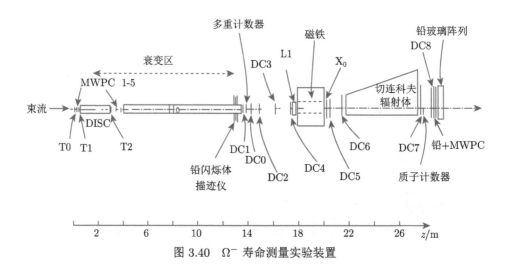

图 3.40 Ω^- 寿命测量实验装置

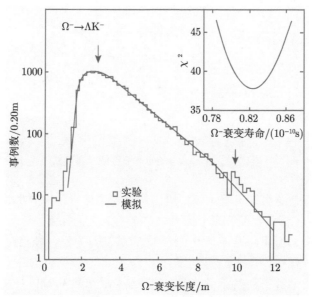

图 3.41 实验测量的 Ω^- 粒子衰变长度和寿命 χ^2 检验

3.5.3 质子寿命测量

按照粒子物理标准模型, 在一切相互作用中重子数是一个绝对守恒量, 质子是具有非零重子数的最低质量态, 由重子数守恒定律可以得出结论, 质子是绝对稳定的粒子。但是, 在弱电统一理论基础上, 物理学家们一直在研究包括强作用在内的大统一理论 (grand unified theories, GUT)。按照大统一理论, 存在着带夸克和轻子量子数的矢量玻色子, 质子可以通过交换这种玻色子自发衰变, 其主要衰变道是

$$p \longrightarrow e^+ + \pi^0 \tag{3.111}$$

SU(5) 对称性理论预言该衰变分支比占各种可能过程的约 30%。如图 3.42 所示, 组成质子的 d 夸克存在一定的衰变概率, 通过交换带电的 X 矢量玻色子转变成正电子, 使得一个 u 夸克转变为反夸克 $\bar{\mathrm{d}}$。$\bar{\mathrm{d}}$ 夸克和组成质子的另一个 d 夸克耦合形成 π^0 介子。质子衰变的寿命与矢量玻色子的质量有如下关系式 [42]:

$$\tau_{\mathrm{p}} = \frac{A m_{\mathrm{X}}^4}{\alpha_{\mathrm{g}}^2 m_{\mathrm{p}}^5} \tag{3.112}$$

其中, m_{X} 是 X 矢量玻色子的质量; m_{p} 是质子的质量; α_{g} 是大统一理论的耦合系数, 粗略地估计, 如果取 $\alpha_{\mathrm{g}} \approx 1/40$, $A \approx 1$ (与理论模型有关的常数), $m_{\mathrm{X}} = 10^{15} \mathrm{GeV}/c^2$, 则 $\tau_{\mathrm{p}} = 6 \times 10^{31}$ 年。

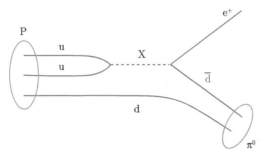

图 3.42 理论预言的质子衰变的一种模式

由于质子寿命是大统一理论模型给出的最重要预言，因此尽管存在着巨大的困难，还是吸引了许多实验物理学家开展许多有意义的探索。到现在为止，实验测量的质子寿命的最低下限是 $\tau \geqslant 10^{33}$ 年。有关测量方法，概括起来可分为两类，即子核含量法和直接测量法。

子核含量法是基于如果原子核存在质子衰变，并产生可以分辨的子核，当这种子核是单一衰变过程产生时，可通过探测这种子核衰变生成的剩余核，推算质子的衰变寿命。例如 J.C.Evans 等测量 $3.8g^{130}$Te(半衰期 2.5×10^9 年) 古老矿石中衰变产生的 ^{129}Xe 的含量，并推算给出质子的寿命 $\tau_p > 1.6 \times 10^{25}$ 年 [43]。该方法的优点是对满足上述条件的各种核素衰变道都是适用的，缺点是环境和样品本底问题不易解决，用这种方法得到的质子或核子寿命的下限为 $\tau \geqslant 10^{26}$ 年。在目前技术条件下，这种方法的灵敏度还远不如直接探测法，

直接测量法是通过直接探测在核子衰变中发射的粒子来寻找稀少的核子衰变事例，再由已知的核子总数和测量时间，根据核物质衰变定律，推算核子的衰变寿命。粗略地估计，一吨物质中大约包含 10^{30} 个核子，如果质子的寿命是 10^{31} 年，那么采用 100 吨物质，平均每年大约有 3 个质子发生衰变。为了增加可探测的事例数，必须采用大量的物质，这些物质不仅是核子衰变源，而且它们本身又作为探测辐射的物质，主要的实验方案是建立超大体积的水切连科夫探测装置。水既是核子源，又可作为探测介质。当相对论带电粒子 $(\beta > \frac{1}{n} = 0.75)$ 穿过水介质时，将沿着粒子径迹发射切连科夫光，其光锥体最大张角为 $\arccos \frac{1}{n} = 41°$。采用排列在探测器表面的光电倍增管阵列，可以记录在质子衰变中产生的次级电子和光子信号 (图 3.43)。次级电子产生的切连科夫光锥与水的表面相交成椭圆光圈，光圈的宽度与径迹的长度有关，根据不同位置上的光电倍增管的相对触发时间可以决定径迹的方向。多径迹事例的识别则可由数个光锥的重建来确定。

水切连科夫探测方案具有以下几个优点：水介质是均匀的，粒子径迹的方向不会变模糊；μ 子衰变产生的电子作为 μ 子的延迟脉冲 (2 μs) 是可以区别的；探

测器的体积可以做得很大, 以便把质子衰变事例完全包含在探测器的灵敏体积之中; 水中大约有 11% 的核子为自由质子; 对质子衰变的强子产物的核吸收效应比较小。图 3.44 是 IMB(Irvine Michigan Brookhaven) 水切连科夫探测装置及其光电倍增管 (PMT) 的排列图。该装置位于美国俄亥俄州一个盐矿底部, 是最早开展此类研究的大型实验装置 [44]。整个探测系统使用了 6880 吨水和 2048 只 (ϕ12.7 cm) 光电倍增管。

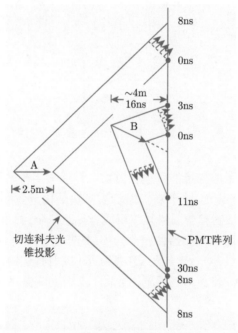

图 3.43　水切连科夫探测器测量质子衰变信号原理图

对于这类实验, 一个主要困难是如何排除本底事例, 在自然环境中, 有两个主要的本底来源: 第一种是宇宙射线在大气中产生的 μ 子。由于 μ 子的穿透能力很强, 即使把 IMB 探测器放置在 600m 岩层以下, 每年仍将有大约 10^8 个 μ 子穿过探测装置, 而其中大约会有 1% 停止在探测器中, 可通过在探测器的上方安装反符合探测器排除这类本底。第二种本底来源, 也是难以解决的本底来源, 是宇宙射线在大气中产生的中微子, 这些中微子可以和探测物质 (或者探测装置周围的岩石) 发生相互作用而产生本底事例。例如, 一个高能电子反中微子 $\bar{\nu}_e$ 可以从一个核子上发生散射, 生成 $e^+ + \pi^0$ 和其他粒子, 如果 e^+ 和 π^0 具有适当的动能, 这个事例看起来就好像是一个质子衰变事例。实验显示这种本底在 10^{30} 年测量灵敏度时开始有贡献, 当测量灵敏度达到 10^{33} 年以上时, 将成为实验需要解决的关键问题。

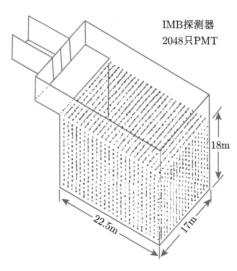

图 3.44   IMB 探测器 PMT 排列示意图

另一类实验是基于取样量能器设计方案，一般采用铁转换体和气体探测器夹层结构。图 3.45 是 Frejus 质子衰变探测器模块结构示意图 [45]，整个实验装置 (6 m×6 m×13 m) 由法国和德国科学家组成合作组研制, 重 800 吨，安放在 Frejus 隧道中。由于介质密度大，探测器体积比较小；具有径迹分辨 (约 1cm)，比切连科夫探测器要小 1 个数量级；对带电粒子 (包括强子) 簇射径迹短，有利于事例重建。但这类方案受灵敏体积及自身本底限制，对质子寿命的测量下限只达到 10^{32} 年。来

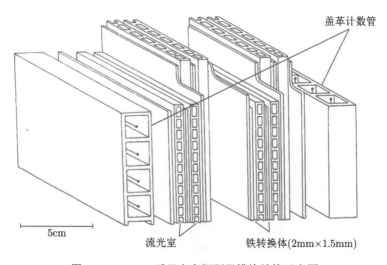

图 3.45   Frejus 质子衰变探测器模块结构示意图

自日本神冈核子探测实验 KamiokaNDE(Kamioka nucleus detection experiment) 的水切连科夫探测器测量数据给出：质子的衰变半衰期下限为 1.08×10^{34} 年, 接近超对称理论 (SUSY) 预测的 $10^{34}\sim10^{36}$ 年 [46]。升级版 Hyper-KamiokaNDE 可提高灵敏度 5~10 倍, 有望进一步提高测量下限。

参 考 文 献

[1] Lunney D, Pearson J M, Thibault C. Recent trends in the determination of nuclear masses. Rev. Mod. Phys., 2003, 75: 1021–1082.

[2] Blaum K. High-accuracy mass spectrometry with stored ions. Physics Reports, 2006, 425(1): 1-78.

[3] Audi G, Wang M, Wapstra A, et al. The Ame2012 atomic mass evaluation. Chinese Physics C, 2012, 36: 12.

[4] Thomson J J. XIX. Further experiments on positive rays. Philosophical Magazine Series 6, 1912, 24(140): 209-253.

[5] Aston F W. Mass Spectra and Isotopes. Longmans, Green & Company, 1942.

[6] Fukumoto S, Matsuo T, Matsuda H. ^{40}Ca-^{40}Ar mass difference measurement by high resolution mass spectrometer. Journal of the Physical Society of Japan, 1968, 25(4): 946-950.

[7] Kluge H J. Penning trap mass spectrometry of radionuclides. International Journal of Mass Spectrometry, 2013, 349-350(0): 26-37.

[8] Bosch F, Litvinov Y A. Mass and lifetime measurements at the experimental storage ring of GSI. International Journal of Mass Spectrometry, 2013, 349-350(0): 151-161.

[9] https://en.wikipedia.org/wiki/Mass_spectrometry

[10] Wollnik H. History of mass measurements in time-of-flight mass analyzers. International Journal of Mass Spectrometry, 2013, 349-350(0): 38-46.

[11] Bowman J, Heffner R A. Novel zero time detector for heavy ion spectroscopy. Nuclear Instruments and Methods, 1978, 148(3): 503-509.

[12] Shuai P. Accurate mass measurements of short-lived nuclides at the HIRFL-CSR facility. PhD thesis, USTC, 2014.

[13] Farnham L D, et al. Determination of the electron's atomic mass and the proton/electron mass ration via Penning trap mass spectroscopy, Phys. Rev. Lett., 1995, 75: 3598

[14] Björn J. ISOLDE and its contributions to nuclear physics in Europe. Physics Reports, 1993, 225(1-3): 137-155.

[15] Tauscher L, et al. Test of quantum electrodynamics by muonic atoms: An experimental contribution. Phys. Rev. Lett., 1975, 35: 410.

[16] Shafer R E, et al. Pion-mass measurement by crystal diffraction of mesonic X rays. Phys. Rev., 1967, 163: 1451.

[17] Casperson D E, et al. New precise value for the muon magnetic moment and sensitive test of the theory of the hfs interval in muonium. Phys Rev. Lett., 1977, 38: 956.

[18]　Bergkvist K E. A high-luminosity, high-resolution study of the end-point behaviour of the tritium beta-spectrum(I). Nucl. Phys. B, 1972, 39: 317.

[19]　Askin J, et al. Pions proton scattering at 150 and 170 MeV. Phys. Rev., 1956, 101: 1149.

[20]　Erwin A R, et al. Evidence for a $\pi + \pi$-Resonance in the $I = 1$, $J = 1$ State. Phys. Rev. Lett., 1961, 7: 178.

[21]　UA1 Collaboration. Further evidence for charged intermediate vector bosons at the SPS collider. 1983，129B: 3, 4.

[22]　Blienden H R, et al. Observation of ρ meson with a missing-mass spectrometer operating in region of "jacobian peaks". Phys. Lett., 1965, 19: 5.

[23]　Particle Data Group. Plot of cross section and related quantities. Eur. Phys. J., 1998, C3: 203.

[24]　Bai J Z, et al. Measurement of the mass the τ lepton. Phys. Rev. D, 1996, 53: 20.

[25]　Cochavi S, et al. Experimental study of electromagnetic matrix elements in ^{90}Mo. Phys. Rev. C, 1971, 3: 3.

[26]　Tape J W, et al. The lifetime of the 3.74MeV (3^-)state of ^{40}Ca. Phys. Letts., 1972, 40B: 6.

[27]　Rrowon B A, et al. Lifetime measurements and E2 effective charges for nuclei in the $1f_{7/2}$ shell. Phys. Rev. C, 1974, 9: 3, 1031.

[28]　Alexander T K, et al. A target chamber for recoil-distance lifetime measurements. Nuclear Instruments and Methods, 1970, 81: 22-26.

[29]　Nolan P T, et al. The measurement of the lifetimes of excited nuclear states. Rep. Prog. Phys., 1979, 42: 1.

[30]　Deutch B I, Metzger F R. Nuclear resonance fluorescence from the 279 keV level of Tl^{203} with an ultracentrifuge. Phys. Rev., 1961, 122: 3.

[31]　Mössbauer R L. Kernresonanzfluoreszenz von Gammastrahlung in Ir$^{191''}$. Zeitschrift für Physik A (in German), 1958, 151(2): 124-143.

[32]　Kerler W, Neuwith W. Messungen des Mbauer-Effekts von Fe57 in zahlreichen Eisenverbindungen bei verschiedenen Temperaturen. Zeitschrift Für Physik, 1962, 167(2): 176-193.

[33]　Kinsey K F, et al. Measurement of the lifetime of the positive pion. Phys. Rev., 1966, 144: 4.

[34]　Particle Data Group. Physical Review D, 2018, 98, 030001.

[35]　Bardon M, et al. Comparison of pion and antipion lifetimes. Phys. Rev. Lett., 1966, 19: 17.

[36]　Hopper V D, Biswas S. Evidence concerning the existence of the new unstable elementary neutral particle. Phys. Rev., 1950, 80(6): 1099.

[37]　Amsler C, et al. Particle Data Group. Particle listings. Lawrence Berkeley Laboratory, 2008.

[38]　Evans D A. Mean lifetime of the π^0 meson. Phys. Rev., 1965, 139: 4B.

[39]　Von Dardel G, et al. Mean life of the neutral pion. Physics Letters, 1963, 4: 51-54.

[40]　Bellettini G, et al. A measurement of the π^0 lifetime via the inverse decay process. Physics Letters, 1965, 18: 333-338.

[41]　Bourquim M, et al. Measurement of Ω^- decay properties in the CERN SPS hyperon beam. Nucl. Phys. B, 1984, 241: 1-47.

[42]　Goldhabar M, et al. Is the proton stable? Science, 1980, 210: 4472.

[43]　Evans J C, et al. Nucleon stability: A geochemical test independent of decay mode. Science, 1977, 197: 4307.

[44]　Perkons D H. Proton decay experiments. Ann. Rev. Nucl. Part. Sci., 1984, 34: 1-52

[45]　Berger C, et al. (Fréjus Collaboration), The Frejus nucleon decay detector. Nucl. Instr. Meth., 1987, A262: 463.

[46]　Nishino H. Super-K collaboration, search for proton decay via $p^+ \longrightarrow e + \pi^0$ and $p^+ \longrightarrow \mu + \pi^0$ in a large water cherenkov detector. Physical Review Letters., 2012, 102(14): 141801.

习　　题

3-1　在动量接受度 $(\Delta P/P)$ 为 10^{-3} 的储存环中，已知等时性条件下频率色散因子绝对值小于 10^{-3}，求离子循环周期的相对分散度数量级。

3-2　考虑下面的中子捕获反应：

$$n+p \longrightarrow d+\gamma$$

假设初始粒子处于静止状态，测量得到的光子能量 $E_\gamma = (2.230 \pm 0.005)\mathrm{MeV}$。计算氘核质量及其误差。

3-3　碳-14(半衰期为 5730 年) 是宇宙射线与大气作用产生的碳同位素。如果宇宙射线的通量随时间的变化保持不变，它与稳定同位素 $^{12}_{6}\mathrm{C}$ 的比值达到平衡值，即 $^{14}\mathrm{C}/^{12}\mathrm{C}$ 的比值为 10^{-12}。现测得一生物样品的 $^{14}\mathrm{C}$ 活度为活样品的 1/3，估算该样品距今的年代？如要求测量精度为 ± 50 年 (标准偏差) 需要多少克样品？假定测量时间是 1h，忽略探测效率和本底影响。

3-4　已知铝原子 $(Z = 13)$ 俘获形成类氢 μ 原子，计算该 3d 态类氢 μ 原子的平均寿命，已知氢原子在 3d 态平均寿命为 1.6×10^{-8} s。

3-5　已知 $^3\mathrm{H}$ 的 β 衰变半衰期 $T_{1/2}=12.5$ 年，测量的氢气样品中包含 0.1 克氚，每小时放热 21 卡。求：

(1) 对应 β 射线平均能量；

(2) β 能谱特征；

(3) 如何通过对氚的 β 谱测量，确定电子中微子质量上限。

3-6   在一个采用多普勒线移反冲距离法测量核寿命的实验中，把放射源移动 0.07 mm，计数率减少一半。如果衰变态的平均寿命是 7×10^{-11} s，求反冲速度的大小。

3-7   为了用多普勒线移反冲距离法测量核激发态的寿命，用能量为 150 MeV 的 ^{32}S 离子去激发原子核 ^{64}Zn 。当金属块距离靶 20 mm 时，探测的 γ 射线有 30% 处在多普勒线移峰中。假设探测是与反散射的 ^{32}S 离子进行符合，计算所测核态的寿命。

3-8   计算 ^{198}Hg 411 keV 能级的辐射线和吸收线之间的反冲线移。为了实现共振吸收，放射源的线速度应该有多大？

3-9   在加速器实验中产生中性 K^0 介子，其静止时衰变为

$$K^0 \longrightarrow \pi^+ + \pi^-$$

已知 $m_{\pi\pm} = 139.6$ MeV$/c^2$，实验测量它们的动量为 206.0 MeV$/c$。求 K^0 介子的质量。

3-10   用不变质量谱法可以测定短寿命粒子的质量。证明反应过程中 (图 3.46)，其中间态粒子 Δ 的有效质量 m 满足以下关系式：

$$m = \left\{ m_1^2 + m_2^2 + 2 \left[E_1 E_2 - p_1 p_2 \cos(\theta_1 + \theta_2) \right] \right\}^{1/2}$$

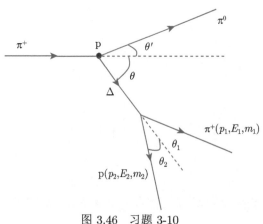

图 3.46   习题 3-10

3-11　1955 年人类发现反质子。实验采用质子打固定靶，产生的反应为 p+p $\longrightarrow$ p+p+ p+$\bar{\text{p}}$，同时有大量的 π 介子产生。经磁场分析和动量分析，得到在 1.2 GeV/c 带电粒子束中，β(π)=0.99, β(p)=0.76。求反应过程产生的反质子阈动能。实验采用切连科夫探测器鉴别 p 和 π，要求其速度分辨 $\Delta\beta$ 达到多少？

3-12　已知 ρ 介子是质量为 769 MeV，宽度为 154 MeV 的介子共振态。实验用 π$^-$ 打氢靶，观测到如下反应：

$$\pi^- + \text{p} \longrightarrow \rho^0 + \text{n}$$

计算：

(1) 5 GeV 的 ρ^0 的寿命和平均衰变距离是多少？

(2) 为产生 ρ^0，π$^-$ 的阈能是多少？

(3) 若反应截面 1 mb(=10^{-27} cm^2)，液氢靶长 30 cm，平均可产生多少 ρ^0？

(4) 若 ρ^0 $\longrightarrow$ π$^+$ + π$^-$，求实验室系中 π$^-$ 和 π$^+$ 之间的最小夹角？

3-13　一个正负电子对撞机实验 (E_{cm}=29 GeV) 研究 τ 轻子 (m_τ=1777 MeV/c^2) 产生：

$$\text{e}^+ + \text{e}^- \longrightarrow \tau^+ + \tau^-$$

(1) τ 的能量是多少？

(2) 估计 τ$^+$ 平均寿命 (τ$^+$ 衰变分支比约为 18%)：

$$\tau^+ \longrightarrow \text{e}^+ + \nu_e + \bar{\nu}_\tau$$

(3) 实验半径为 5cm 的圆柱形探测器，沿两个碰撞束围绕束流管安置，能够跟踪所有带电粒子，问是否能观察到 τ 的衰变？

3-14　如图 3.47 所示是测量宇宙线 μ 子衰变寿命探测器 (A, B, C). 采用延迟符合测量法，设计并给出测量电路方框图，说明其测量原理。

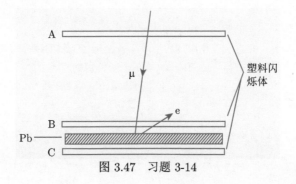

图 3.47　习题 3-14

3-15　根据 π^+ 介子寿命实验，分析说明其电子学电路 (见第 3 章图 3.30) 测量原理。

3-16　设计一个实验装置，用于测量 $\pi^- + p \longrightarrow \Delta^{++} + \pi^0$ 反应中的 Δ^{++} 粒子方向，并给出其运动学关系，说明其测量原理。

3-17　计算 $\pi^+ p \longrightarrow p\pi^+\pi^0$ 反应中双 π 系统的最小不变质量数值。

3-18　入射 π^- 子束击中质子靶，产生反应：

$$\pi^- + p \longrightarrow \Lambda + k^0$$

计算允许反应的最小 π 能量？设能量为 $E_\pi = 2$ GeV$/c^2$，在实验室系中观测 Λ 粒子是否存在最大出射角？

3-19　实验观察到能量为 10 GeV 的中性粒子衰变为 $\pi^+\pi^-$，其夹角的最小值约为 $5.2°$. 计算该粒子的质量。

3-20　一个 12 GeV$/c$ π^+ 束与液氢气泡室作用，观察到与两个带电径迹和两个中性顶点，并指向相互作用点。两个 V^0 分别距离初始作用顶点 37 cm 和 11 cm，测量得到第一个 V^0 是 $p_1^+ = 0.4$ GeV$/c$，$p_1^- = 1.9$ GeV$/c$，$\theta_1 = 24.5°$；第二 V^0 是 $p_2^+ = 0.75$ GeV$/c$，$p_2^- = 0.25$ GeV$/c$ 和 $\theta_2 = 22^0$($+$，$-$ 代表电荷的符号)，测量的不变质量谱的动量分析误差约为 5%. 问：

(1) 哪一种粒子源于两个 V^0；

(2) 可观测的反应道；

(3) 估计这两种粒子的寿命。

3-21　Λ 重子的磁矩首先用核乳胶测量获得 (1971 年)。一叠核乳胶安放在距靶 10 cm 处，Λ 由如下反应产生：

$$\pi^- + p \longrightarrow \Lambda + K^0$$

π^- 具有 1 GeV$/c$ 动量。在这个强作用过程中，Λ 被极化 $P \approx 1$ 沿垂直于法线散射面。证明：在相互作用中，垂直极化是宇称守恒的结果 (提示：如果自旋的一个分量在反应平面内，表明它违反了宇称守恒)。

3-22　考虑以下事例衰变率：

$$\Gamma\left(\mathrm{D}^+ \longrightarrow \bar{\mathrm{K}}^0 + \mathrm{e}^+ + \nu_\mathrm{e}\right) = 7 \times 10^{10}\ \mathrm{s}^{-1}, \quad \Gamma\left(\mu^+ \longrightarrow \mathrm{e}^+ + \nu_\mathrm{e} + \bar{\nu}_\mu\right) = \frac{1}{2.2\mu\mathrm{s}}$$

说明这两种数值之间的关联。

3-23　考虑衰变过程：$\mu^- \longrightarrow e^- + \bar{\nu}_e + \nu_\mu$ 和 $\tau^- \longrightarrow e^- + \bar{\nu}_e + \nu_\tau$，其分支比前者约为 100%，后者为 18%，$\mu$ 粒子平均寿命是 2.2 μs，计算 τ 粒子平均寿命。($\mu = 106$ MeV/c^2，$\tau = 1777$ MeV/c^2)

3-24　实验研究包含 K^0 产生的反应：

$$p + p \longrightarrow K^0 + X$$

其中，X 表示任意粒子系统 (一个或多个粒子)，求它的特性参数 (电荷 Q，B，S，$\cdots$) 的值。由已知粒子给出可能产生的粒子。

3-25　基于大统一理论，重子数不守恒，质子可以发生衰变。假设质子衰变的平均寿命为 10^{32} 年，如果用水作为介质测量质子的寿命，为了每月能够观测到一次衰变事例，至少需要用多少吨水？

3-26　为了寻找大统一理论预测的质子衰变，实验由一个立方形状的巨大水容器组成，通过质子衰变产物产生的切连科夫辐射光，观察以下衰变：

$$p \longrightarrow e^+ + \pi^0$$

正电子和光子 ($\pi_0 \longrightarrow \gamma\gamma$) 在探测器中产生电子簇射，其中含带电粒子发射切连科夫光子。求：
(1) 完全包含电磁级联簇射所需探测器的大小；
(2) 假设在探测波长区间，切连科夫光产额大约是 $I_0 = 400$ cm^{-1}，估计光子总数。已知：水的辐射长度 $X_0 \approx 36$ g/cm^2，临界能量 $E_c \approx 80$ MeV，电子质量 $m_e \approx 0.511$ MeV/c^2，质子质量 $m_p \approx 0.94$ GeV/c^2，中性 π 粒子质量 $m_{\pi^0} \approx 0.135$ GeV/c^2。
提示：忽略 π^0 衰变中的光子发射角，衰变近似为两个背靠背级联簇射。

3-27　高能宇宙线簇射产生 π 介子穿过水切连科夫探测装置时，与质子相互作用产生质子与 X 粒子。已探测到入射 π 介子平均动量为 12 GeV/c，X 粒子质量为 2.4 GeV/c^2，求质子最大散射角及这时的质子动量？

3-28　阅读参考文献 [46] 说明 Super-K 实验的测量原理及测量方法。

第 4 章　粒子鉴别和谱仪

当代粒子物理实验更多地依赖于加速器产生的不同类型粒子束开展研究。随着粒子加速器能量和亮度不断提高，碰撞产生的事例越来越复杂。由于粒子产生机制不同，其衰变模式不同，同时实验中感兴趣事例的产生截面很小，需要从大量的背景辐射中分辨出感兴趣的事例，并且实验中能够直接测量的是反应末态的稳定粒子或有一定寿命的粒子，这些粒子在穿越探测器时具有不同径迹 (或簇射) 特征 (图 4.1)，其他粒子是在鉴别这些粒子基础上，利用反应事例的运动学规律重建得到的。解决这类问题的实验方法，统称为粒子鉴别方法 (Particle Identification, PID).

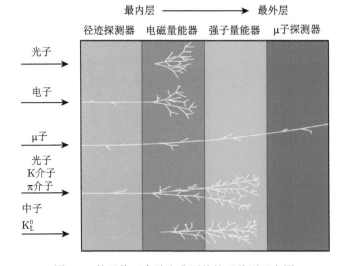

图 4.1　粒子物理实验中典型的粒子鉴别示意图

为了获得每个事例的详细信息，需要许多不同类型的探测器进行组合测量，通常把这种由许多探测器，包括磁铁和有关的电子学系统所组成的实验装置统称为谱仪。谱仪的结构需要根据物理目标和束流特性来设计，一般可分为两类：①粒子束与固定靶碰撞，由于反应产物集中在束流打靶的前向有限的立体角内，实验采用的谱仪结构有单臂谱仪、双臂谱仪、大孔径谱仪等；②粒子束相互对撞，产生的次级粒子是各个方向的，要求谱仪尽量覆盖 4π 立体角，通常采用的是以束流对撞点为中心的对称结构，对撞机物理实验中的谱仪主要采用这种结构。

由于篇幅有限，本章以论述粒子物理实验中的常用鉴别方法为主，兼顾介绍核物理实验部分鉴别方法。

4.1 动量分辨与磁场

粒子质量是区分粒子的主要物理量,实际测量的大多数粒子是单电荷粒子 (包括 $e^{\pm}, \mu^{\pm}, \pi^{\pm}, K^{\pm}, p\bar{p}$)。在粒子物理实验中，一般通过测量的两个独立的运动学参量，即动量和速度实现粒子鉴别。

对于一个动量为 p, 质量为 m, 速度为 $\beta = v/c$ 的粒子，由相对论动量表达式可得

$$m = \frac{p}{c\beta\gamma} \tag{4.1}$$

式中 $\gamma = (1 - \beta^2)^{-1/2}$，由误差传递规律可得质量分辨率关系式:

$$\left(\frac{\mathrm{d}m}{m}\right)^2 = \left(\frac{\mathrm{d}p}{p}\right)^2 + \left(\gamma^2 \frac{\mathrm{d}\beta}{\beta}\right)^2 \tag{4.2}$$

即质量分辨由动量分辨和速度分辨决定。

对于相对论粒子 ($\gamma \gg 1$)，质量分辨与速度测量精度直接相关。粒子速度 β(或者 γ) 测量主要有如下四种方法:

(1) 电离能损 ($\mathrm{d}E/\mathrm{d}x$);

(2) 飞行时间 (TOF);

(3) 切连科夫辐射;

(4) 穿越辐射。

每种方法仅限于一定的动量或能量范围。

对于两个动量相同的粒子 A 和 B, 定义 R_A 和 R_B 分别是两个粒子与速度相关物理量的实验测量值，$\langle \sigma_{A,B} \rangle$ 是对应的标准误差平均值，则分辨本领 n_σ 可定义为

$$n_\sigma = \frac{R_A - R_B}{\langle \sigma_{A,B} \rangle} \tag{4.3}$$

图 4.2 给出不同鉴别方法 ($K/p, n_\sigma \geqslant 3$) 的动量覆盖区间和探测距离的关系 [1]。

在实验方案设计及 PID 选择时，除了分辨本领外，还必须考虑束流亮度和事件产生率、探测器大小和空间要求、多次散射影响、技术可行性、几何覆盖率，以及系统与其他探测器的兼容性。

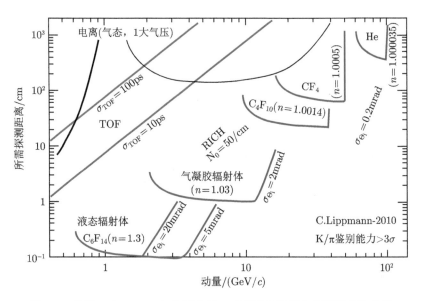

图 4.2　粒子 K/π($n_\sigma \geqslant 3$) 鉴别本领: 动量覆盖区间和探测距离的关系

　　带电粒子动量测量方法 (前面章节已经讨论), 可通过测量粒子在磁场中的偏转曲率半径得到, 一个重要的问题是如何根据实验要求选择磁场大小与结构。

　　对于粒子束打靶实验, 当碰撞系统的质心以很大的速度运动时, 反应产物的横向动量受到限制, 反应产物的出射方向与入射粒子方向 (通常规定为 z 轴方向) 的夹角很小, 这时谱仪的磁体多数采用偶极型, 并且磁场方向与 z 轴垂直。

　　设一个动量为 (p_x, p_y, p_z) 的单电荷粒子进入宽度为 L, 垂直于 (x, z) 平面的均匀磁场 $(0, B_y, 0)$ 时, 其横向动量变化为

$$\Delta p_{\mathrm{T}} = p \sin\theta \approx 0.3 B\rho \tag{4.4}$$

即粒子穿过磁刚度为 $1\mathrm{T} \cdot \mathrm{m}$ 均匀磁场, 其横动量最大变化是 $0.3\ \mathrm{GeV}/c$。偶极磁体的动量分辨可近似表示为

$$\left(\frac{\delta p}{p}\right)_{\mathrm{dipole}} \approx \frac{p_{\mathrm{T}}}{BL} \tag{4.5}$$

该公式表示磁刚度越大, 动量分辨越高。但在实际测量中, 磁场长度 L 增大, 将可能导致外围探测器单元或占有度增加, 另一方面强磁场可能导致低动量带电粒子丢失, 因此磁场的选择往往是探测器最佳空间分辨和最佳占用率之间的折衷。

　　固定靶实验采用偶极型 (dipole) 磁体形状有 C 型和 H 型 (图 4.3 (a))。H 型磁铁具有对称的通量回路磁轭, C 型轭铁的磁通量回路是不对称的, 磁场也不够均匀, 但比较节省磁铁, 所需的磁体尺寸取决于气隙中的磁感应强度的要求。与

固定靶的情况不同，在对撞束的实验中，相互作用的事例率较低，所产生的次级粒子向各个方向发射，要求磁场能够覆盖 4π 立体角，谱仪设计中采用的磁体构型，除了偶极型 (包括分裂偶极磁铁)，通常采用螺线管 (solenoid) 和环流型 (toroid) 磁体 (图 4.3 (b)，(c))。

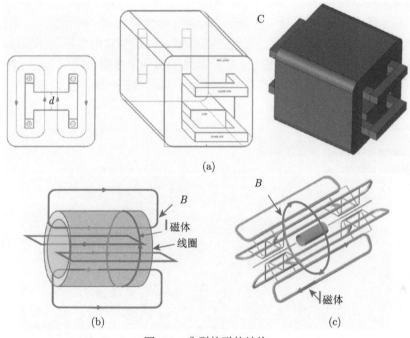

(a)

(b)　　　　　　　　　　　　　　(c)

图 4.3　典型的磁体结构

(a) 偶极子型磁体; (b) 螺线管型磁体; (c) 环流型磁体

螺线管磁体的磁力线与束流方向平行，对于垂直于束流方向运动的带电粒子动量分辨高。大部分正负电子对撞机采用超导螺线管磁体，以获得更强的磁场和更小的体积，其动量分辨可表示为

$$\left(\frac{\delta p}{p}\right)_{\text{solenoid}} \approx \frac{p\sin\theta}{BR^2} \tag{4.6}$$

式中，R 是磁体半径；θ 是粒子径迹与束流方向的夹角。环流型磁体具有更大体积，磁场方向环绕入射束流方向。由于内部导体材料对次级粒子多次库仑散射效应将导致动量分辨变差，因此环流型磁体一般置于谱仪外围，用于穿透力强的 μ 子动量测量，其动量分辨近似为 [2]

$$\left(\frac{\delta p}{p}\right)_{\text{toroid}} \approx \frac{p\sin\theta}{B_{\text{in}}R_{\text{out}}\ln\left(\frac{R_{\text{out}}}{R_{\text{in}}}\right)} \tag{4.7}$$

式中，B_{in} 是内半径 R_{in} 和外半径 R_{out} 之间的磁场；比值 $R_{\text{out}}/R_{\text{in}}$ 一般在 3~5 之间。

图 4.4 是欧洲核子研究中心 (CERN) 大型强子对撞机 (LHC) 实验 ATLAS 谱仪结构示意图[3]。它包括中心径迹探测器 (硅像素 + 半导体微条)、穿越辐射径迹探测器、液氩电磁量能器、强子量能器和 μ 径迹室。中心径迹探测器配合螺线管磁体 (2T) 用于鉴别带电粒子，电磁量能器和强子量能器提供电子、强子、光子及中性粒子能量沉积和鉴别信号，外围 μ 子探测器配合环流型磁体用于 μ 子鉴别。

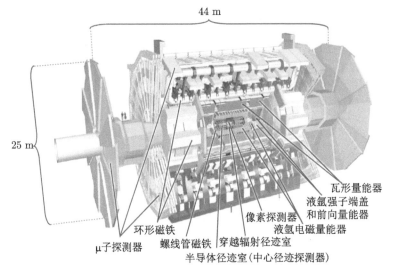

图 4.4   LHC ATLAS 谱仪结构示意图

尺寸：高度为 25 m，长度为 44 m

4.2   电离能损鉴别方法

4.2.1 $(p, \mathrm{d}E/\mathrm{d}x)$ 鉴别方法

$(p, \mathrm{d}E/\mathrm{d}x)$ 是鉴别带电粒子的基本方法。重带电粒子在物质中的平均电离能量损失可近似表示为

$$-\frac{\mathrm{d}E}{\mathrm{d}x} \propto \frac{z^2}{\beta^2}\ln\beta\gamma \tag{4.8}$$

即电离能损与粒子质量 M 无直接关系, 只与粒子速度有关, 并且对作用介质的性质 (Z/A) 不灵敏。dE/dx 随粒子运动速率变化的一个显著特征是：在低能区 $(\beta\gamma < 2)$ 时

$$-\frac{dE}{dx} \propto \frac{z^2}{\beta^2} \tag{4.9}$$

在能量较高的相对论区 $(5 < \beta\gamma < 50)$ 时：

$$-\frac{dE}{dx} \propto z^2 \ln \beta\gamma \tag{4.10}$$

在这两个能区, 通过电离能损的测量, 可得到粒子运动速度及动量关系。图 4.5 是带电粒子平均电离能损与粒子动量的关系曲线 [1]。通过实验测量 p 和 dE/dx, 可在相应的曲线上区分带电粒子的类型。

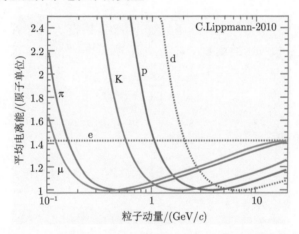

图 4.5 带电粒子平均电离能损与粒子动量的关系曲线

影响 $(p, dE/dx)$ 鉴别本领的主要因素是电离过程的统计涨落。对于气体探测器, 其电离能损具有朗道分布特征, 不能简单用平均算法处理, 一般采用截断平均的高斯分布方差 σ_E 表征。截断平均方法是将所有的单次能损测量值最大部分 (例如大于 30%) 舍去, 然后将剩余数据取平均, 以减少高能 δ 电子形成的 "朗道尾巴" 影响。

根据式 (4.3) 定义, 对于动量相同的两个粒子 (A 和 B) 的电离能损分辨本领可定义为

$$n_{\sigma_E} = \frac{\Delta E_A - \Delta E_B}{\langle \sigma_{A,B} \rangle} \tag{4.11}$$

式中平均方差为 $\langle \sigma_{A,B} \rangle = (\sigma_{E,A} + \sigma_{E,B})/2$。图 4.6 给出的是气体探测器的电离能损鉴别本领 (用 n_σ 表示) 与粒子动量的关系 [1]。

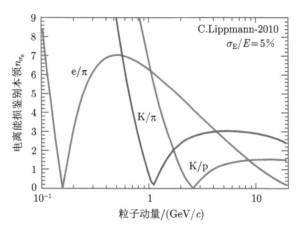

图 4.6 典型的气体探测器电离能损鉴别本领 (能量分辨率为 5%)

常用的另一种分析方法是似然函数统计方法。假设 A 粒子在单个灵敏层中的信号幅度分布服从概率密度函数 $P_A(A_i)$，A 粒子的似然函数可表示为

$$L_A = \prod_{i=1}^{N} P_A(A_i) \tag{4.12}$$

同理，对 B 粒子有

$$L_B = \prod_{i=1}^{N} P_B(A_i) \tag{4.13}$$

分辨两个粒子似然比为

$$R_A = \frac{L_A}{L_A + L_B} \text{ 或 } R_B = \frac{L_B}{L_A + L_B} \tag{4.14}$$

这里 A_i 表示每个粒子产生的一组信号值，并且各层测量幅度信号值是独立无关。通常似然函数算法比较费时，但它利用所有能损信息，多数情况下比截断平均算法精度高。

为减少电离能损统计涨落的影响，一个有效的手段是采取多次取样法，即对同一个径迹增加有限测量次数 N。例如，对于一个厚度为 L 的探测器，取样层厚度为 L/N，其分辨率正比于 $1/\sqrt{N}$(或 $\sqrt{L}$)。另一方面，过多取样层可能导致每一层能损减小，信号统计涨落增加，因此任何一种取样型探测器存在一个最佳取样次数值。

时间投影室 (TPC) 可以看成多次取样型径迹探测器。图 4.7 是美国布鲁克海文国家实验室相对论重离子对撞机 (RHIC) STAR 谱仪中 TPC 测量的径迹分布和 dE/dx 与粒子动量关系 [4]。STAR-TPC 的长度为 4.2 m，直径为 4 m，工作气体采用 10%CH$_4$ + 90%Ar。内部场强约为 135 V/cm。为提高鉴别能力，探测系统是基于带有读出 Pad 的多丝正比室 (MWPC)，整个系统分为 12 个扇区，每个扇区又分为内扇区和外扇区，共有 136608 个读出 Pad, 用于径迹信号多次取样。STAR/TPC 的接收度覆盖 ±1.8 个赝快度区间，放置在一个磁场强度为 0.5T 的螺线管磁体内。通过径迹重建可以反推回到原初顶点，顶点分辨达到 350 μm，dE/dx 鉴别的粒子动量范围达到 100 MeV/c ~1 GeV/c。由于 TPC 直接给出粒子径迹的空间坐标，其信号的投影与漂移时间自然关联，适用于高多重数实验场合，因此相对论重离子物理实验中的径迹测量大多数采用 TPC 方案。

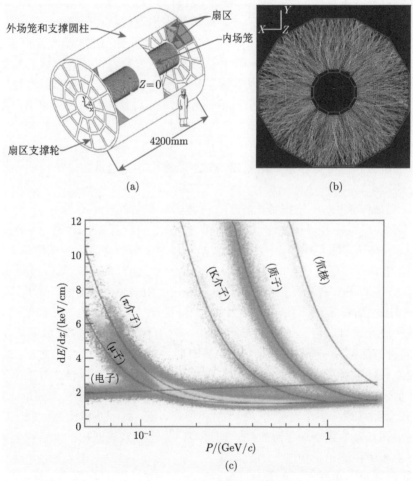

图 4.7 STAR/TPC 结构 (a)；Au-Au 200 GeV 对撞中 TPC 重建的粒子径迹 (b)；STAR/TPC dE/dx 与粒子动量关系 (c)

上述测量中，一个关键的问题是径迹重建 (或寻迹) 方法。由于大多数径迹探测器只能提供带电粒子有限的击中点位置，径迹重建的任务是将这些击中点坐标划分为互为独立的数组，在考虑可能的噪声、背景事例的影响下，最大可能地保留原始径迹数据，并按照一定算法进行分析给出径迹数据。由于算法模型与径迹室性能参数和粒子类型相关，与径迹探测器结构和外磁场分布也有密切关系，因此在实验设计时，确定不同粒子的径迹识别模式，评估其探测器性能缺陷，包括探测效率、测量误差、噪声信号等影响是非常重要的环节。

通常把径迹重建方法分为全局 (global) 算法和局域 (local) 算法。在全局算法中，考虑各种可能出现的径迹模式进行分类组合，对每种组合用径迹测量数据进行模型识别，当数据拟合符合预期测量精度时，则认为是一个有效径迹。局域算法一般用于可预测粒子径迹的情况，即测量中出现明显可分辨的径迹点，按照径迹的数学模型 (如空间螺旋线，二次抛物线) 进行外推，预测下一个相邻的匹配位置，经多次重复计算和检验，确定有效的算法模型，使得径迹数据的局域不确定性最小化。另一方面，全局算法涉及粒子在整个谱仪径迹的分布，而局域算法一般与粒子在单个探测器的径迹信号特征有关，在大型粒子物理实验中，两者往往同时使用。

由图 4.1 可见，粒子在谱仪中的径迹信号主要有五种类型，其中径迹重建主要是顶点重建和内径迹测量。这里以 TPC 径迹模式径迹重建算法为例，说明其径迹重建原理。

(a) 局域模式识别：依据带电粒子在探测器中产生的径迹信号特征，寻找局域径迹。TPC 局域径迹寻找是通过最外层读出 pad 至最内层 pad 进行卡尔曼滤波 (Kalman filter) 算法实现的。卡尔曼滤波是一种对于离散动态系统的估算方法 (详细论述推荐阅读 M. RegIer and R. Frlihwirth, Reconstruction of Charged Tracks. In: Concepts and Techniques in High Energy Physics V, Plenum Publishing Corporation, New York，1990)。如果把粒子的径迹分布理解为一个离散系统，任意一条径迹元素可以用 2 个位置参数，2 个方向参数，1 个曲率 (或动量)，5 维 "状态向量" 表示。在预测下一个击中位置点时，将当前测量参数与之前的测量进行比较，通过数据平滑 (如加权平均)，并对上一个状态进行拟合，外推下一个状态向量值。这种算法又称为递归径迹拟合方法。

(b) 全局寻迹：由于内径迹 (TPC) 和顶点径迹 (硅径迹探测器) 的分布差异，可采用不同径迹单元组合寻迹方法，通过与内径迹螺旋线匹配，确定径迹测量参数，并由多个径迹元素构造一个数据集。

(c) 径迹拟合和外推：利用卡尔曼滤波和拟合算法，排除可能的伪径迹，直到数据 χ^2 检验达到预期值，并把所有候选径迹串送入专门的模糊处理器 (ambiguity processor) 构建一个优化径迹集合。

(d) 进一步循环识别：由外推径迹确定新的径迹元素，通过局域识别和全局比配，重复过程 (c) 和 (d)，最终获得一组可靠的径迹数据。图 4.8 给出了典型的 TPC 径迹重建循环步骤。

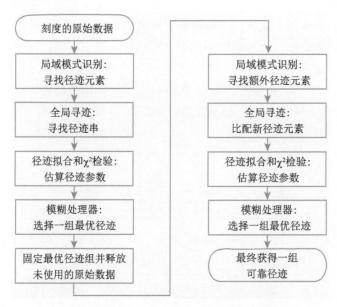

图 4.8 典型的 TPC 径迹重建算法流程图

4.2.2 ΔE-E 鉴别法

在中低能核物理实验中，电离能损鉴别方法常用于重带电粒子 (α 粒子, 重离子，核碎片等) 鉴别。在非相对论近似条件下，一个能量为 E，质量为 M，电荷数为 Z 的粒子，其平均电离能损公式可近似为

$$-\frac{\Delta E}{\Delta x} \propto MZ^2/E \tag{4.15}$$

即 $\frac{\Delta E}{\Delta x} \propto \frac{1}{E}$。实验中常用以下关系式：

$$\Delta E \cdot E \propto MZ^2 \Delta x \tag{4.16}$$

其中 ΔE 为粒子在厚度为 Δx 的探测器中损失的能量。当入射粒子是重离子时，公式中的电荷 Z 应换成有效电荷数 q_{eff}，因为重离子往往不完全剥离，q_{eff} 往往不等于它的原子序数，只有当完全剥离时，$q_{\text{eff}} = z$。

实验中常用 ΔE 探测器和 E 探测器构成 $\Delta E - E$ 望远镜系统，可用于重带电粒子鉴别。用该方法实现粒子鉴别的具体方案很多，鉴别本领依赖于对各种粒子能量损失信息的精确测量。图 4.9 是实验中常用的一种典型的 $\Delta E - E$

望远镜电路。入射粒子穿过 ΔE 探测器停止在后面的 E 探测器中。探测器输出信号经定时电路，一路送至快符合电路，选出通过 $\Delta E - E$ 的粒子；另一路经放大和甄别器，剔除本底和噪声信号。两路信号送至慢符合电路，从慢符合电路输出信号去打开两个线性门，两个放大器的输出信号通过线性门，分别由加法电路获得总能量信号，由鉴别电路获得鉴别信号。鉴别电路可用专用集成电路来完成，或者用数字化电路配合计算机来完成，或两者同时采用。图 4.10 是质子 (40 MeV) 打靶 (^{16}O) 实验中，利用 $\Delta E - E$ 望远镜测量得到的重带电粒子鉴别谱 [5]。

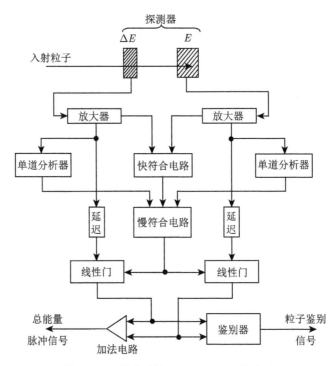

图 4.9　一种典型的 $\Delta E - E$ 望远镜电路

用 $\Delta E - E$ 方法鉴别粒子，要求粒子在 ΔE 探测器的能量损失尽量小，即 $\Delta E \ll E$。实际上，在粒子能量范围较大和多种粒子鉴别时，较低能量的粒子或较大质量的粒子，在 ΔE 探测器之内将会有较大的能量损失。之外，探测器对给定粒子的输出信号随着粒子的能量降低而减小，而且这种变化也随粒子种类的不同而不同，因此需要对不同粒子给出 $\Delta E \cdot E$ 随能量变化曲线，给出准确的刻度参数。

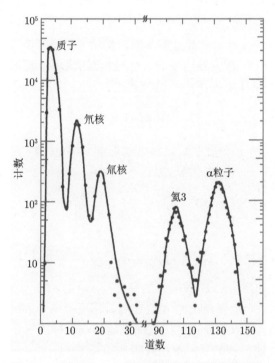

图 4.10 用 $\Delta E - E$ 望远镜测量的重带电粒子谱

$\Delta E - E$ 望远镜所使用的探测器常采用高分辨半导体探测器, 例如 50 MeV 的 α 粒子在硅中的射程大约为 2 mm, ΔE 探测器的可采用厚度小于 200 μm 的面垒型 (或结型探测器) 半导体, E 探测器可用厚度大于 3 mm 的面垒型 (或锂漂移) 探测器。当需要更厚的探测器以满足长射程粒子的要求时, 可以用多个 E 探测器叠加, 或用高纯锗或锂漂移探测器。后两种探测器灵敏层厚度可达 15 mm 以上, 但要求在真空和低温条件下运行, 并要求真空环境, 因此带来冷却装置的入射窗问题。

在一些实验中, 对于重离子的或能量较低粒子的鉴别, 即使最薄的硅探测器 (约 5 μm), 吸收厚度也较大, 厚度为 10 μm 的硅探测器与一个大气压下厚度为几百毫米的气体质量相当。在这种情况下, 可选择气体探测器方案。另一个需要注意的问题是重离子对半导体材料的辐射损伤效应, 因此在重离子物理实验中, 多采用 ΔE 气体探测器 $+E$ 半导探测器设计方案; 一些实验为鉴别射程非常短的离子, ΔE 和 E 探测器都用气体探测器。

$\Delta E - E$ 鉴别器的分辨本领是系统性能的重要指标。鉴别器的分辨本领主要由产生信号的物理过程和电子学噪声决定, 包括: 粒子在探测器中的能损和电子学噪声引起的信号涨落; ΔE 探测器灵敏层厚度不均匀导致的 ΔE 信号涨落等。当 ΔE 探测器中损失的能量很小, 或探测的是重离子时, 信号涨落明显增大, 限

制了 $\Delta E - E$ 鉴别系统的能力。

　　为提高 $\Delta E - E$ 鉴别系统的分辨本领，实验可采用多重探测器鉴别系统，例如，由 ΔE_1、ΔE_2 和 E 探测器构成的三重探测器望远镜。这时离子穿过两个 ΔE 探测器，依据能量–射程之间的半经验公式 [6]：

$$R \approx aE^b \tag{4.17}$$

式中，$a \approx 1/MZ^2$，b 是刻度参数。利用适当电子学电路对信号进行判选和运算，可得到如下两个独立的鉴别器运算关系

$$(E + \Delta E_1)^b - E^b = \frac{\Delta x_1}{a} \tag{4.18}$$

和

$$(E + \Delta E_2)^b - (E + \Delta E_1)^b = \frac{\Delta x_2 - \Delta x_1}{a} \tag{4.19}$$

这里 Δx_1 和 Δx_2 为两个 ΔE 探测器的厚度，$a \approx 1/MZ^2$，E 是经过 ΔE 探测器后剩余能量。当两个运算得出的 a 值在测量精度范围一致时，认为鉴别的是一种粒子。图 4.11(a) 和 (b) 分别是二重探测器和三重探测器系统测量的同位素鉴别谱 [6]，可见后者比前者的分辨本领有明显提高。

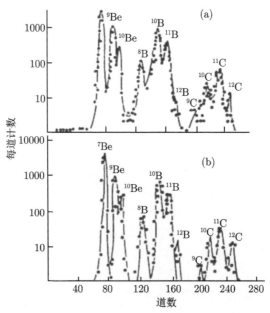

图 4.11　$\Delta E - E$ 探测系统测量的同位素鉴别谱

(a) 二重探测器；(b) 三重探测器

4.2.3 布拉格峰鉴别法

电离能损鉴别方法的一个重要应用是通过测量布拉格谱 (以发现者 W. H. Bragg 命名)，依据射程和电离能损分布特征，分析得到重元素原子序数 Z。当重带电粒子 (如质子、α 射线和重离子) 通过物质时，所损失的能量与其速度平方成反比，并随着带电粒子能量的减少，其作用截面增大，在粒子静止之前达到最大值，即形成布拉格峰 (Bragg peak, BP)。

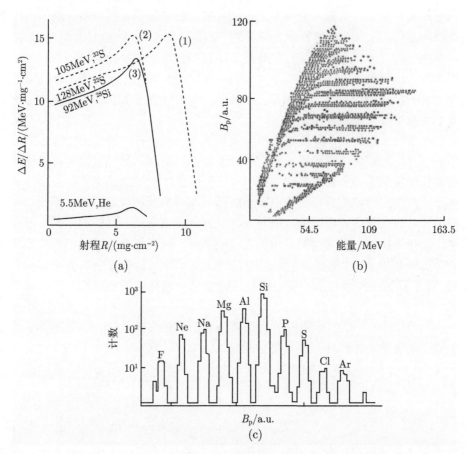

图 4.12　不同离子 (即 Z 不同) 在室中有不同的布拉格峰值 (a)；用布拉格谱仪测到的 $B_{\mathrm{p}} - E$ 散射点 (b)；投影在 B_{p} 轴上的分布图 (c) [7]

实验中常采用气体电离室作为布拉格谱探测器，用于鉴别中等重元素 (或重离子)。由于重带电粒子在气体产生电子–离子对的平均能量近似为常数，沿粒子径迹的电子–离子对数正比于该粒子在其中的能量损失。在均匀电场中，当粒子径迹与电场方向平行且能量足够大时，沿粒子径迹 (对应射程 R) 的电离能损将形成布拉格曲线。如图 4.12(a) 所示，不同离子 (即 Z 不同) 有不同的布拉格峰值 B_p(如曲线 1 和 3)，而与离子的能量无关；相同离子不同能量有相同的布拉格峰值 (如曲线 1 和 2)，只是在电离室中的射程 R 不同。因此，通过测量 B_p 的幅度值，可确定元素的原子序数 Z[7]。

实验可采用一组气体探测器组成布拉格谱仪。例如，用一个薄电离室作为 ΔE 探测器，用多丝正比室作为布拉格峰探测器。因为先到达电离室阳极对应的是布拉格曲线末端的电离电子，所以到达阳极的电子信号正好是布拉格曲线的反演。在阳极回路上接上放大器，选择放大器的时间常数与收集布拉格曲线最大值处电离的时间相当，记录下布拉格曲线的峰值 (B_p)。当选择放大器时间常数大于总的电子收集时间时，即对曲线进行积分测量，则得到离子的总能量 E。图 4.12 (b) 是用布拉格谱仪测到的 $B_p - E$ 散射点图，图中每一条水平阴影表示不同能量的同种元素的相同 B_p 值。图 4.13(c) 是投影在 B_p 轴上的分布图，可清楚地分辨出重离子反应中产生的多种元素。

当布拉格谱仪的 B_p 测量与 ΔE 探测器相结合时，只需测量 B_p 和 ΔE 信号之间的飞行时间即可以得到质量的信息，因而元素的 MZ 被完全确定。显然，布拉格谱仪可鉴别的离子能量范围与被测粒子和阻止物质的原子序数有关。

布拉格效应的特点是在重带电粒子射程末端电离能损显著增大，因此利用布拉格效应可有效破环肿瘤细胞，而对人体表面组织损伤较小。研究不同离子对细胞组织的作用机制，是医学物理研究的重要课题。用离子加速器治疗癌症比通常辐射 (如 γ 和中子) 更有效，其原因是高密度离子电离能损可使得肿瘤细胞中的 DNA 分子双链结构断裂而不可自修复，特别当电离径迹的宽度与 DNA 分子大小相当时。

实际应用中，^{12}C 离子束治疗癌症被认为是最佳选择之一，一个重要原因是，^{12}C 除了电离激发过程外，本身可分裂成为 ^{11}C 和 ^{10}C，这两种同位素 (半衰期分别是 20.38 m 和 19.3 s) 很快衰变为

$$^{11}\mathrm{C} \longrightarrow {}^{11}\mathrm{B} + \mathrm{e}^+ + \nu_e$$

$$^{10}\mathrm{C} \longrightarrow {}^{10}\mathrm{B} + \mathrm{e}^+ + \nu_e$$

正电子在人体组织中的射程很短 (典型值 <1 mm)，当正电子静止时发生正负电子湮灭效应，产生两个运动相反的光子 (511 KeV)，可利用正电子发射计算机断层成像 (PET) 对肿瘤组织破坏效应进行实时监测。肿瘤细胞的损伤率与肿瘤的剂量当量和离子束作用深度有关，图 4.13(a) 给出了 ^{12}C 离子束单次照射不同深度的能损与 ^{60}Co-γ 照射吸收剂量的分布曲线 [8]。

实际上，不仅重离子，带电强子 (如质子、π 介子) 电离能损也具有布拉格峰效应，同样可以用于肿瘤治疗，特别是质子治癌，由于加速器质子束 (几百 MeV)

更容易产生，因此应用更加广泛。图 4.13(b) 是加速器产生的质子束 (250 MeV) 曲线 (窄峰) 在人体中的吸收曲线 [9]。图中蓝色曲线是通过增加能量范围而加宽的 "改良质子束"，可用于治疗较大体积的肿瘤。

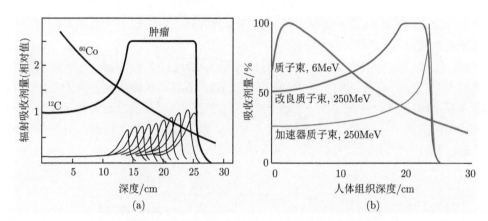

图 4.13 (a) ^{12}C 离子束单次照射不同深度与 ^{60}Coγ 照射吸收剂量的对比；(b) 加速器产生的不同能量 (6 MeV，250 MeV) 质子束在人体中的吸收剂量率

4.3 飞行时间鉴别方法

4.3.1 TOF 鉴别本领

飞行时间鉴别法是通过直接测量粒子的飞行时间 t 和飞行距离 L，得到粒子飞行速度 $\beta = v/c = L/tc$，结合径迹探测器给出的粒子动量 p 来实现粒子鉴别。粒子飞行时间是用飞行时间探测器 (Time of Flight，TOF) 测量得到的。

由相对论速度关系式：

$$\beta = \frac{1}{\sqrt{\left(\dfrac{mc}{p}\right)^2 + 1}} \tag{4.20}$$

可得到一个质量为 m、动量为 p 的粒子，其飞行时间 t 与质量 m 的关系：

$$m = \frac{p}{c}\sqrt{\frac{c^2 t^2}{L^2} - 1} \tag{4.21}$$

对于两个质量分别为 m_A 和 m_B、动量相同的粒子，其飞行时间差为

$$|t_A - t_B| = \frac{L}{c}\left|\sqrt{1 + \left(\frac{m_A c}{p}\right)^2} - \sqrt{1 + \left(\frac{m_B c}{p}\right)^2}\right| \tag{4.22}$$

当 $p \gg mc$ 时，$\sqrt{1 + (mc/p)^2} \approx 1 + (mc)^2/2p^2$，故分辨本领可表示为

$$n_{\sigma_{\mathrm{tof}}} = \frac{|t_{\mathrm{A}} - t_{\mathrm{B}}|}{\sigma_{\mathrm{tof}}} = \frac{Lc}{2p^2 \sigma_{\mathrm{tof}}} \left| m_{\mathrm{A}}^2 - m_{\mathrm{B}}^2 \right| \tag{4.23}$$

式中 σ_{tof} 是 TOF 探测系统测得的时间分布的方差，由此可以估算该系统可分辨粒子的动量范围。例如：对于 π 和 K 介子 ($m_\pi = 139.6$ MeV/c^2, $m_{\mathrm{K}} = 493.7$ MeV/c^2)，当飞行距离为 3.5 m，TOF 时间分辨为 100 ps 时，要实现 3σ 分辨，其动量上限为 2.1 GeV；在相同实验条件下，可鉴别 K 介子和质子的动量上限为 3.5 GeV。图 4.14 给出了飞行距离 $L = 3.5$ m 时，不同 TOF 时间分辨对应的粒子鉴别能力与动量的关系 [1]。在粒子物理实验中，由于受到飞行距离和飞行时间分辨能力的限制，TOF 一般用于 2.0 GeV/c 以下动量范围内的 K/π 鉴别。

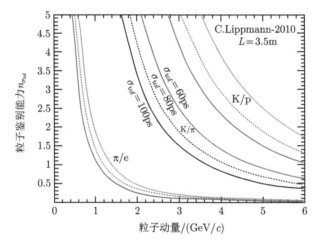

图 4.14　不同 TOF 时间分辨对应的粒子鉴别能力与动量的关系

对于 TOF 鉴别方法的质量分辨，由误差传递规律可得

$$\frac{\mathrm{d}m}{m} = \frac{\mathrm{d}p}{p} + \gamma^2 \left(\frac{\mathrm{d}t}{t} + \frac{\mathrm{d}L}{L} \right) \tag{4.24}$$

在一般情况下，径迹系统测量径迹长度 L 和动量 p 具有相当好的测量精度 (例如：$\sigma_p/p \approx 1\%$, $\sigma_L/L \approx 10^{-3}$)，因此 TOF 的质量分辨主要取决于飞行时间测量精度。实际测量的飞行时间由两部分组成：$t = t_1 - t_0$, t_0 表示起始时间，t_1 表示停止时间，并且 $t_1 > t_0$，因此 TOF 系统时间分辨是

$$\sigma_{\mathrm{tof}} = \sqrt{\sigma_1^2 + \sigma_0^2} \tag{4.25}$$

时间 t_0 与粒子束相互作用点 (IP) 时间相关,可由关联的束流信号和小角度散射事例提供;粒子击中探测器的时间信号 (t_1) 经定时电路送入 TDC,并给出飞行时间。

常用的闪烁探测器 TOF 的时间分辨可表示为

$$\sigma_{\mathrm{t}} = \sqrt{\frac{\sigma_{\mathrm{sci}}^2 + \sigma_{\mathrm{trc}}^2 + \sigma_{\mathrm{pmt}}^2}{N_{\mathrm{pe}}} + \sigma_{\mathrm{elec}}^2} \qquad (4.26)$$

其中,σ_{sci} 是闪烁体发光衰减时间和传输时间贡献;σ_{trc} 是径迹不确定性及击中位置不同导致的光子发射角度变化;σ_{pmt} 是光电倍增管渡越时间的贡献;σ_{elec} 是电子学定时误差;N_{pe} 是有效光电子数,可表示为

$$N_{\mathrm{pe}} = L_{\mathrm{pe}} \cdot E_{\mathrm{d}} \cdot \eta_{\mathrm{c}} \cdot Q_{\mathrm{s}} \qquad (4.27)$$

这里,L_{pe} 表示闪烁体光产额 (光子数/MeV);E_{d} 是沉积的能量;η_{c} 是光收集效率;Q_{s} 是光电器件的量子效率。其中,电子学定时误差占有重要部分。由于探测器输出的信号涨落和噪声,仅仅由信号成型和定时电路 (如恒比定时) 是不可能完全消除时间游动和晃动带来的测量误差,特别是对于快脉冲信号。实际测量需通过离线数据分析,进一步修正定时测量的误差。

4.3.2 TOF 定时修正方法

常用的定时修正方法有幅度修正、过阈时间修正及双阈值定时修正。幅度修正是最直接的修正方法,由于时间游动与信号幅度涨落有一一对应关系,因此,在测量时间 T 的同时测量信号的幅度 A,由 T-A 关系对测量时间进行修正。过阈时间修正是指模拟信号过阈时间宽度 (又称 TOT(time over threshold),如图 4.15(a) 所示) 与信号前沿时间有明确的相关性,同样可以用于时间游动的修正,由于不需要模拟信号测量电路,有效降低了电子学成本。

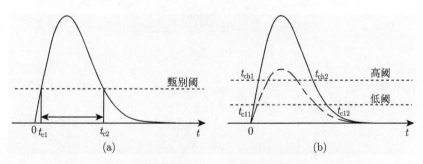

图 4.15 过阈时间宽度示意图 (a) 和双阈值定时修正示意图 (b)

如果将模拟信号输入两个前沿定时电路，每个定时电路设置不同的阈值，用于定时修正称为双阈值修正。采用双阈值定时方法，对模拟信号理论上可以获得 4 个过阈时刻，如图 4.16(b) 所示。在实际应用过程中，并不是所有定时信息都能被利用。例如，低阈值用来定时，高阈值用来排除噪声信号，同时利用低阈值前沿定时和高阈值后沿定时的差值进行修正，该方法可用于幅度较大的皮秒信号定时测量。

图 4.16 是北京谱仪 (BESIII) 结构示意图, 其中飞行时间探测器由桶部和端盖两部分构成。桶部 TOF 采用双层塑料闪烁体 (长度 2 m) 配合抗磁场细栅型 (fine-mesh)PMT 读出，采用前沿定时，系统时间分辨达到 90 ps。端盖部分采用单层塑料闪烁体，端盖部分漂移室大量的电子学材料造成多次散射影响，导致击中位置不确定性和二次散射效应，使得时间分辨较差。为此 BESIII 对 ETOF 进行升级，升级后的 ETOF 采用多气隙电阻板室, 有效减少了多次散射导致的击中位置不确定性的影响。图 4.17(a) 是实验测量的粒子击中时间与预期时间差随 TOT 变化关系，经击中位置和 TOT 修正后，整个 TOF 系统时间分辨 (包括 T0 和电子学等贡献) 达到 65ps(图 4.17(b))，探测效率大于 96%，对 π/K 粒子的鉴别能力可提高到 1.4 GeV [10]。

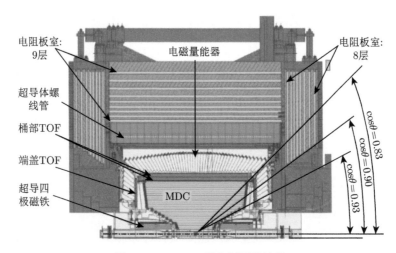

图 4.16　BESIII 谱仪探测器结构

图 4.18(a) 是一种双阈值定时方法原理图，它利用粒子穿过两个 TOF 信号前沿经过两个阈值的时间差与定时的关系 (图 4.18(b)) 进行修正，修正后 TOF 时间分辨小于 10 ps [11]。

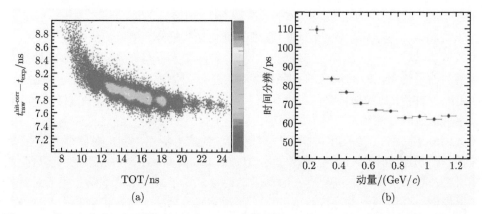

图 4.17 粒子击中时间与预期时间差随 TOT 变化关系 (a)；BESIII- ETOF 时间分辨与粒子动量关系 (b)

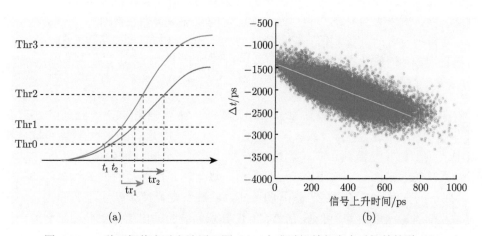

图 4.18 一种双阈值定时方法原理图 (a)；上升时间差与击中时间差关联 (b)

近年来，高速波形数字化取样技术的发展推动了波形数字化的定时技术在大型物理实验中的应用。图 4.19 是波形数字化的定时电路基本结构。探测器输出信号经放大，通过采样电路将连续的模拟信号转换为时间和幅度离散的数字信号，并经过数字信号处理获得精确的时间信息。

图 4.19 波形数字化的定时电路基本结构

波形采样电路可以采用模数转换器 (ADC) 或者开关电容阵列 (switched capacitor arrays, SCA)+ADC 实现，主要指标包括采样率、模拟输入带宽、有效位、单通道功耗等。一般要求在信号上升沿至少有两个采样点，实际采样率需要高于两倍的信号带宽。时间信息的提取有多种方法，类似于模拟定时方法，有数字前沿定时、数字恒比定时，以及在此基础上发展的波形内插技术、数字采样技术。以数字前沿定时方法为例，设探测器输出的模拟信号为 $x(n)$，经过采样电路后得到离散信号 $\{x[n]\}$，表示第 n 个采样周期 (T) 的信号幅度，其定时阈值为 th；如在 $\{x[n]\}$ 中找到一个 n，并使得 $x[n-1]<$th，且 $x[n] \geqslant$th，则 nT 表示信号到达的时刻。数字前沿定时同样存在时间游动现象，为了减少幅度涨落，需要对信号幅度做归一化处理，并进行数据分析，如频谱滤波算法、波形识别和人工神经网络算法等。

需要指出，对于对撞束实验，当需要探测的低动量粒子的飞行时间与高动量粒子的飞行时间差相近或超过束流对撞的重复周期时，将扰乱并限制飞行时间的测量精度。对于束流打靶实验，当反应产生的粒子多重数较高时，为提高鉴别能力，可选择飞行时间探测器与靶的距离较长，增大 TOF 接受面积，但由于飞行路程长，各种散射效应对径迹影响加大，同样限制了 TOF 鉴别粒子的动态范围。

4.3.3   dE/dx+TOF 鉴别法

在实验中，经常发现一些粒子 (或核素) 的 MZ^2 值相同，单独采用 dE/dx 或飞行时间无法进行粒子 (或核素) 鉴别，这时可采用 dE/dx+TOF 两者联合测量 [12]。图 4.20 是重离子实验测量的核素二维质量分布，横坐标是 $\Delta E - E$ 望远镜系统的输出信号，它正比于 MZ^2 值，纵坐标是用飞行时间法测得的质量数 A，线条的宽度反映了 MZ^2 信号的分布，各线条的高度表示由于时间测量误差而引起的质量测量误差。可见，在 $\Delta E - E$ 鉴别系统的输出信号重叠而不能鉴别出

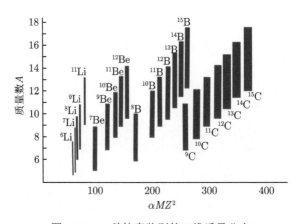

图 4.20   一种核素鉴别的二维质量分布

粒子的部分，增加飞行时间测量后可分辨质量数 (如图中 ^{9}C 和 ^{14}B、^{15}B)。反之亦然，在飞行时间法测得的质量数重叠部分，可由 $\Delta E - E$ 系统测量的 MZ^2 值区分 (如图中 ^{7}Li 和 ^{7}Be)。图 4.21 是 LHC 实验中相对论重离子谱仪 (ALICE) 测量二维粒子鉴别谱，可以看出联合 TOF+ dE/dx 方法可以有效区分电子与强子 [13]。

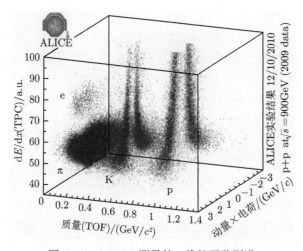

图 4.21　ALICE 测量的二维粒子鉴别谱

4.4　切连科夫效应鉴别方法

利用切连科夫效应实现粒子鉴别，其动量覆盖范围比 TOF 宽 (几 GeV~ 几百 GeV/c)，并适用于高计数率实验场合, 但切连科夫探测器的结构复杂，研制成本较高。常用的切连科夫辐射探测器有两类：一类是通过测量和判断是否发生了切连科夫辐射，即给定动量的粒子是否达到切连科夫速度阈值实现粒子鉴别，称为阈式切连科夫探测器，在技术上较易实现，但由于实际可用辐射材料有限，可探测的运动学范围有较大限制；另一类则是精确地确定切连科夫辐射角，通过与各种粒子预期发射角比较，实现粒子鉴别，为此不仅要求精确测量带电粒子的动量，而且光传感器的位置分辨本领也要足够好，实验中常使用的有两种类型：环形成像切连科夫探测器 (Ring-Imaging CHerenkov，RICH)，内反射切连科夫光探测器 (Detection of Internally Reflected Cherenkov Light，DIRC)。

用切连科夫效应鉴别粒子，其质量分辨由粒子速度的测量和动量分析精度决定，即

$$\frac{\mathrm{d}m}{m} = \left[\left(\gamma^2 \frac{\mathrm{d}\beta}{\beta} \right)^2 + \left(\frac{\mathrm{d}p}{p} \right)^2 \right]^{1/2} \tag{4.28}$$

一个动量为 p 的高能粒子束, 质量为 M_1 和 M_2 的两粒子之间的相对速度差与质量之间的关系如下:

$$\left(\frac{\Delta\beta}{\beta}\right)_{m_1m_2} = \frac{(m_2^2 - m_1^2)\, c^2}{2p^2} \tag{4.29}$$

当 $\beta \to 1$ 时, 有

$$(\Delta\beta)_{m_1m_2} = \frac{(m_2^2 - m_1^2)\, c^2}{2p^2} \tag{4.30}$$

这里, m_1、m_2 和 p 的单位分别为 GeV/c^2 和 GeV/c。可见, 两粒子的质量平方差越小, 对速度分辨的要求越高。如要求分辨 10 GeV/c 的 K/π, 速度分辨要好于 10^{-3}; 分辨 10 GeV/c 的 μ/π, 则要求速度分辨好于 5×10^{-5}。

常规的切连科夫探测器主要有两个部分: 对紫外光透明的辐射体和单光子灵敏的光敏器件。收集的光电子数 (N_{pe}) 可以近似表示为 [14]

$$N_{\mathrm{pe}} \approx N_0 z^2 L \sin^2(\theta_{\mathrm{c}}) \tag{4.31}$$

其中, L 是粒子通过辐射体的路径长度; z 是粒子电荷数; N_0 是量化因子 (或品质参数)。由于切连科夫辐射产生的光强很微弱, 因而对光的收集和探测要求很高, 与这些因数有关的贡献, 包括光电器件的光子转换和收集效率, 都包含在参数 N_0 中。N_0 的典型值为 30~180 cm^{-1}。

4.4.1 阈式切连科夫鉴别法

阈式切连科夫计数器应用的成功范例是 1955 年发现反质子 $\overline{\mathrm{p}}$ 实验 [15]。该实验利用 LBNL 质子同步加速器 (Bevatron) 产生的能量为 6.2 GeV 的质子束与固定铜靶作用, 可产生的反应为

$$\mathrm{p} + \mathrm{p} \longrightarrow \mathrm{p} + \mathrm{p} + \mathrm{p} + \overline{\mathrm{p}}$$

同时产生大量的 π 介子, 经过磁场的电荷选择和动量分析后, 在 1.2 GeV/c 的带负电粒子中混有 π^- 和 $\overline{\mathrm{p}}$ 粒子, 对应的阈速度分别为 $\beta_{\pi^-} = 0.99$, $\beta_{\overline{\mathrm{p}}} = 0.76$, 并且 $\overline{\mathrm{p}}/\pi^- \approx 10^{-5}$。

为了鉴别 $\overline{\mathrm{p}}$, 排除 π^-, 实验安排如图 4.22 所示。偏转磁铁选择一定动量 (1.2Gev) 带负电粒子, 其中包含 π^- 和 $\overline{\mathrm{p}}$, 对应速度 $\beta_{\pi^-} = 0.99$, $\beta_{\overline{\mathrm{p}}} = 0.76$, 采用两个阈式切连科夫探测器 ($C_1$, C_2) 测量粒子速度, 同时要求粒子在 S_1 和 S_2 间的飞行时间 51 ns > t > 40 ns, 来选择粒子质量。切连科夫计数器 C_1, 阈速度为 $\beta = 0.79$, 产生的信号与闪烁计数器 S_1、S_2、S_3 的信号反符合, 对 π^- 的抑制率可达 99.9%。微分式切连科夫计数器 C_2 的 (阈值范围为 0.78 > β > 0.75), 可以达到 $\overline{\mathrm{p}}$ 对 π^- 的选择比为 1:10^5 ~1:10^6。

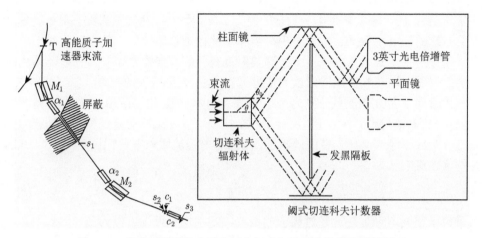

图 4.22 发现反质子的实验安排和阈式切连科夫计数器测量原理

4.4.2 环形成像 (RICH) 鉴别法

固定靶实验常采用的气体阈式 (或微分式) 切连科夫鉴别方法，由于结构限制，一般难以满足对撞机实验对于大动量粒子和 4π 空间探测的要求，在这种情况下，RICH 是最佳可选方案之一。

RICH 探测器采用光学聚焦方式测量切连科夫辐射所产生的环形图像。由公式：

$$\beta = \frac{1}{\sqrt{\left(\dfrac{mc}{p}\right)^2 + 1}} \tag{4.32}$$

$$\cos(\theta_c) = \frac{1}{\beta n} \tag{4.33}$$

可以导出

$$m = \frac{p}{c}\sqrt{n^2 \cos^2(\theta_c) - 1} \tag{4.34}$$

即从粒子动量 p 和切连科夫角 θ_c 的测量，确定带电粒子的质量。由公式 (4.33) 可得粒子速度分辨与切连科夫角分辨 σ_{θ_c} 的关系：

$$\frac{\sigma_\beta}{\beta} = \tan(\theta_c)\sigma_{\theta_c} \tag{4.35}$$

其中，σ_{θ_c} 与探测器的尺寸，辐射体材料和长度，以及光子收集效率有关 (其数值一般为 0.1~5 mrad)，并与测量的切连科夫光电子数 N_{pe} 直接相关。如定义单光电子平均角分辨率为 σ_{θ_i}，则总的分辨率为

$$\sigma_{\theta_c}^2 = \left(\frac{\sigma_{\theta_i}}{\sqrt{N_{pe}}}\right)^2 + \sigma_{Glob}^2 \tag{4.36}$$

这里，σ_{Glob} 包含除了单光电子测量的所有贡献，如光传感器像素没有对齐、多次散射导致的分辨率下降、背景击中事例和重建径迹参数计算中的误差。对于单光电子角分辨率，必须考虑相对于光源发射点有关的几何位置误差，辐射器体色散产生的误差，以及光探测器像素或信号读出 Pad 大小引入的误差。

假设动量为 p 和质量分别为 m_{A} 和 m_{B} 的两个粒子，对应的切连科夫角分别为 $\theta_{\text{c,A}}$ 和 $\theta_{\text{c,B}}$，则分辨率 σ_{θ_c} 决定了两个粒子可以分离的动量范围，而切连科夫角饱和效应将导致光环半径间隔趋近，因而对角分辨要求很高。由式 (4.3)，RICH 鉴别本领可表示为

$$n_{\sigma_{\theta_c}} = \frac{\theta_{\text{c,A}} - \theta_{\text{c,B}}}{\langle \sigma_{\theta_c} \rangle} \tag{4.37}$$

对于粒子速度 $\beta \approx 1$ 远远超过阈值的情况，鉴别本领可以近似为

$$n_{\sigma_{\theta_c}} \approx \frac{c^2}{2p^2 \langle \sigma_{\theta_c} \rangle \sqrt{n^2 - 1}} \left| m_{\text{B}}^2 - m_{\text{A}}^2 \right| \tag{4.38}$$

值得注意是，上式与式 (4.23) 比较，RICH 有一个额外的因子 $1/\sqrt{n^2 - 1}$，它允许调整辐射体的折射率，以获得更大的动量覆盖。

由式 (4.36) 和式 (4.38) 可见，在实验设计中，如何探测获得最大光子数和最小单光电子角分辨率，是实现 RICH 最佳分辨本领的关键。图 4.23(a) 是 LHCb 实验中的 RICH 结构。该探测器采用三种不同折射率辐射体：气凝硅胶 $(n = 1.03)$，$C_4F_{10}(n = 1.0014)$ 和 $CF_4(n = 1.0005)$ 气体，分别用于动量范围为 $p \leqslant 10$ GeV，$10\ \text{GeV} \leqslant p \leqslant 60\ \text{GeV}$ 和 $16\ \text{GeV} \leqslant p \leqslant 100\ \text{GeV}$ 的粒子鉴别 (图 4.23(b))[16]。

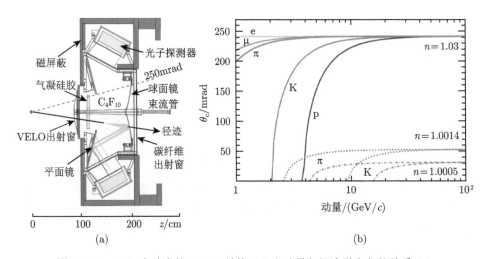

图 4.23　LHCb 实验中的 RICH 结构 (a) 和动量与切连科夫角的关系 (b)

4.4.3 内反射切连科夫光 (DIRC) 鉴别法

相对于 RICH 结构, DIRC 一般采用熔融石英作为辐射体并作为内反射光传输介质 (图 4.24(a)), 其结构比 RICH 紧凑, 可有效地降低谱仪整体造价, 但对辐射体光学性能提出了更高要求。DIRC 通过测量切连科夫辐射角, 结合粒子动量测量来区分不同种类的带电粒子, 如图 4.24(b) 所示, 图中蓝线是计算给出的带电粒子 e, π, K 和 p 的预期结果, 这里

$$\sin^2 \theta_c = \sin^2 \theta_0 - \cos^2 \theta_0 \frac{m^2}{p^2} \tag{4.39}$$

式中, θ_0 代表在粒子速度极限 $(v = c)$ 时的切连科夫辐射角, 即 $\cos^2 \theta_0 = \frac{1}{n}$; 图中的灰色区域是模拟结果, 其不确定度可表示为 [17]

$$\sum\nolimits_m^2 (p) = \delta^2 \left(\sin^2 \theta_c\right) + 4\cos^2 \theta_0 \frac{m^4}{p^4} \left(\frac{\delta p}{p}\right)^2 \tag{4.40}$$

通过两个参数 $\Delta \sin^2 \theta_c$ 和 $\sum\nolimits_m^2 (p)$, 可以确定 DIRC 的粒子鉴别本领。图中右侧纵坐标 N_1 是收集的切连科夫光子数。

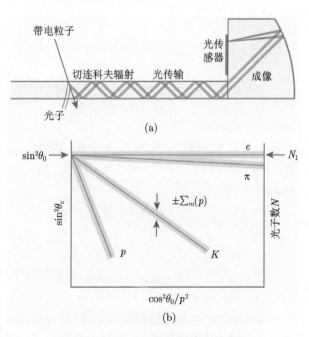

(a)

(b)

图 4.24 DIRC 粒子鉴别原理示意图

4.4.4　DIRC-Like 鉴别法

光传输时间计数器 (time of propagation Cherenkov counter，TOP) 是一种 DIRC-Like 探测器。它利用切连科夫光在熔融石英辐射体中的全反射传输，配合端部的位置灵敏光传感器实现对光子击中二维位置和时间进行精确测量，即采用位置和时间测量取代 RICH 中复杂的光学成像系统，可实现在较小空间范围内实现紧凑型的切连科夫辐射成像探测，取而代之的是位置灵敏光电倍增管。图 4.25(a)、(b) 是 TOP 测量原理示意图 [18]。在辐射体端部完成二维位置 $(x-t)$ 测量，获得清晰的切连科夫光成像特征, 进而实现粒子鉴别。

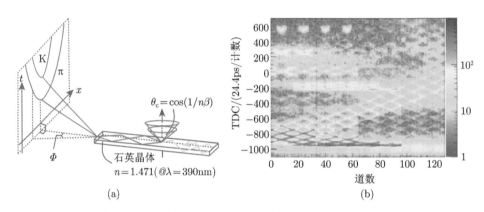

图 4.25　TOP 测量原理示意图 (a) 和切连科夫光成像 (b)

基于内反射切连科夫光的时间探测器 (time of internally reflected CHerenkov light detector, TORCH) 是另一种 DIRC-Like 探测器。TORCH 利用切连科夫光传输时间和发射角度之间的关联来鉴别粒子，工作原理如图 4.26(a) 所示。切连科夫光传输时间可分为两部分：带电粒子发生切连科夫辐射时在介质内的飞行时间 t 和介质色散相关的传播时间 τ_γ。由于 $\mathrm{d}t / \mathrm{d}m$ 和 $\mathrm{d}\tau_\gamma/\mathrm{d}m$ 有相同的属性，两者可以相加，并满足以下关系式：

$$t + \tau_\gamma = \frac{x}{c}\sqrt{1+\left(\frac{m}{p}\right)^2} + \frac{d_\gamma n_g}{c} \tag{4.41}$$

式中第一项是飞行时间运动学关系式，其中 x 和 p 分别是粒子的击中位置和动量 (由径迹探测器测定)；第二项是取决于切连科夫光子的飞行方向和传播路径长度 d_γ，其中 n_g 是光色散因子，可以通过测量光子传输时间与全反射出射角 θ 确定。相同动量、不同质量粒子的光出射角 θ_z 不同，并且与光发射角 θ_c 有确定关系，因此只要精确测量其时间差就可以实现粒子鉴别。

图 4.26(b) 是 LHCb 实验设计的大面积 TORCH 模块 [19]，它由 250 cm ×
66 cm × 1 cm 的石英辐射体，光反射和聚焦镜，以及多个光敏器件 (MCP-PMT)
构成，其系统时间分辨达到约 15 ps, π/K 的动量分辨范围达到 2~10 GeV。

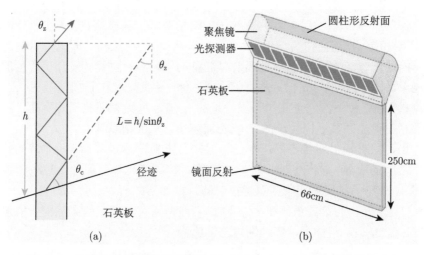

图 4.26　TORCH 测量原理示意图 (a) 和 LHCb/TORCH 模块结构 (b)

4.5　穿越辐射效应鉴别方法

上述几种粒子鉴别方法都是通过对粒子的速度 β 测量，进而实现粒子鉴别。
当能量很高时，不同粒子的 β 值都接近于 1，如 1 GeV/c 电子和 100 GeV/c 以上
的强子，它们的 β 值都趋近于 1，这些方法将失效，即使是采用超高分辨 RICH,
由于没有合适的辐射材料，在 200 GeV/c 以上存在局部非灵敏区，限制了应用范
围。图 4.27 给出不同鉴别方法可覆盖的动量区间。比较而言, 穿越辐射探测方法
(traversing radiation，TR)，动量从几 GeV/c 到 1000 GeV/c 连续灵敏，是极端
相对论带电粒子鉴别的主要方法。

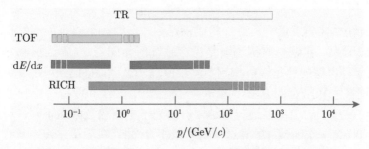

图 4.27　不同鉴别方法，对于 K/π 鉴别可覆盖的动量区间

穿越辐射总能量正比于洛伦兹因子 γ，而 $\gamma = E/Mc^2$，即相同能量的不同粒子的 γ 值与质量成反比关系，即

$$\gamma_1/\gamma_2 = M_2/M_1 \tag{4.42}$$

式中，γ_1、γ_2 和 M_1、M_2 分别为两粒子的洛伦兹因子和质量数。例如，相同能量的 π 介子和电子，它们的 γ 值比为 $\gamma_e/\gamma_\pi = M_\pi/M_e \approx 280$，即电子引起的穿越辐射总能量是 π 介子引起的穿越辐射总能量的 280 倍，同样，π 介子产生的穿越辐射能量是 K 介子的 3.5 倍，是质子的 6.7 倍。因此，在粒子的能量 E 已知 (或同时测量) 的条件下，通过测量不同粒子的 γ 值，达到鉴别粒子的目的，特别是在极端相对论能区，不同粒子的 β 值相差越小，γ 值相差越大。

与切连科夫辐射明显不同，穿越辐射是带电粒子通过非均匀介质 (如两种不同介质之间的边界) 时产生的一种电磁辐射。按照穿越辐射原理 (见第 2 章有关的论述)，从粒子鉴别角度概括穿越辐射的特性如下：

(a) 两个介质的等离子频率 ω_{p1} 和 ω_{p2} 差别越大，产生的穿越辐射能量就越大。在 $\omega_{p1} \gg \omega_{p2}$ 条件下，穿越辐射总能量为

$$W = \frac{2}{3}\alpha\gamma\omega_{p1} \tag{4.43}$$

辐射光子能量区间一般为 3~50 keV，即集中在 X 射线能区；

(b) 辐射分布集中在前向很窄的锥面体内，最可几发射角为

$$\theta \approx 1/\gamma \tag{4.44}$$

由于 TR 发射角 θ 较小，例如 $\gamma \approx 10^3$，$\theta \approx 10^{-3}$ rad，因此要从空间上区分带电粒子的电离信号和穿越辐射的光子信号，辐射体与探测器之间要有一定的探测距离；

(c) 辐射的平均光子数 $\langle N \rangle$ 具有 α 数量级，即

$$\langle N \rangle \approx \alpha\frac{\gamma h\omega_{p1}}{h\overline{\omega}} \propto \alpha \tag{4.45}$$

因此，在实验中需要多层介质叠加构成辐射体才能获得足够可探测的光子数。

实际应用中，穿越辐射探测器是由穿越辐射体配合 X 射线探测器组成。图 4.28(a) 是一种典型的穿越辐射探测器测量原理示意图。它是采用位置灵敏漂移室与脉冲甄别技术相结合的方法，区分穿越辐射 X 射线和原初带电粒子的电离信号。由于带电粒子的电离径迹与穿越辐射的光子电离径迹分布不同，以及两者在发射方向有一定分离角度 (虽然这个角度很小)，并且在漂移过程中具有不同的漂移时间和信号幅度。图 4.28(b) 给出充 Xe 漂移室测量的带电粒子的电离信号和

辐射光子电离信号的时间分布。通过电子学设定的定时信号门宽和甄别阈，可以有效区分带电粒子电离信号和穿越辐射 X 射线信号[20]。

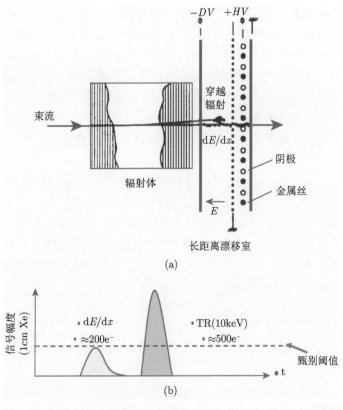

图 4.28 典型的穿越辐射探测器工作原理 (a) 和信号的时间分布示意图 (b)

对于质量分别为 M_1 和 M_2 的两种粒子，由 $\gamma_1/\gamma_2 = M_2/M_1$，其分辨率可表示为

$$\frac{\gamma_1 - \gamma_2}{\gamma_2} = \frac{M_2 - M_1}{M_1} \tag{4.46}$$

或

$$\frac{\Delta\gamma}{\gamma} = \frac{\Delta M}{M} \tag{4.47}$$

例如，鉴别质量相近的 π 和 μ，要求

$$\frac{\Delta\gamma}{\gamma} = \frac{M_\pi - M_\mu}{M_\pi} \approx 0.21 \tag{4.48}$$

即系统的分辨率要求小于 20%。

　　实际测量的 γ 值分辨率正比于 $1/\sqrt{N_{\mathrm{ph}}}$,这里 N_{ph} 是探测到的穿越辐射光子数。因此,在实验设计中,需要考虑增加辐射光子数、减少被吸收的光子数、提高对 X 射线的探测效率,以减少电离过程中各种统计涨落影响。值得注意的是,TRD 辐射材料的 Z 值越高,产生光子的概率越大,其中发射 X 射线的概率与 $Z^{1/2}$ 成正比,但是高 Z 材料中对低能 X 射线存在强烈吸收,吸收概率与 Z^4 成正比,因此在一般情况下采用低 Z 材料 (如锂膜、聚酯薄膜,液氩等),其中,在液氩辐射中的 X 射线被吸收的概率最小,但对材料的处理工艺比较复杂。增加辐射体的层数虽增加了辐射光子的产额,但同时也增加了自吸收,因此,TRD 设计中多采用分层夹心或辐射体本身也是探测介质方案。

　　在 TRD 数据分析中,可根据测量的识别粒子能谱构造最大似然概率分布 L:

$$L = \frac{P_{\mathrm{e}}}{P_{\mathrm{e}} + P_{\pi}}, \quad P_{\mathrm{e}} = \prod_{i=1}^{N} P(E_i^{\mathrm{e}}), \quad P_{\pi} = \prod_{i=1}^{N} P(E_i^{\pi}) \tag{4.49}$$

其中,$P(E_i^{\mathrm{e}})$ 和 $P(E_i^{\pi})$ 分别是电子和 π 粒子在第 i 辐射层中产生的能量信号的概率分布。图 4.29 是 π 介子和电子在单辐射层中沉积的总能量谱和在六个辐射层中最大似然分布的谱。实验中常用该似然概率分布曲线评价穿越辐射探测器的粒子分辨率 (或误判率) 指标。

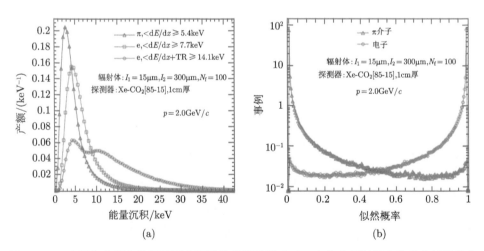

图 4.29　π 介子和电子在单辐射层中沉积的总能量谱 (a);在六个辐射层中的最大似然分布的谱 (b)

　　图 4.30(a) 是 ATLAS 穿越辐射探测器模块结构示意图 [21]。整个 TRD 系统用三十多万个充 Xe 气体漂移管 (俗称稻草管) 构成,各个稻草管之间用聚丙烯有机薄膜分隔,同时也是辐射体。由于漂移管具有很好的空间分辨 (130 μm),可提

供粒子径迹, 因此又称为 TRT(transition radiation track)。图 4.30(b) 是测量的电子与 π 粒子径迹探测效率的关系, 图中左上角小图显示的是 e/π 在单个漂移管中的能量沉积, 穿越辐射光子典型能量在 8~10 keV, 最小电离粒子平均能量沉积约为 2 keV。图中曲线显示, 当电子径迹探测效率为 90% 时, π 粒子的误判率为 1.58%[22]。

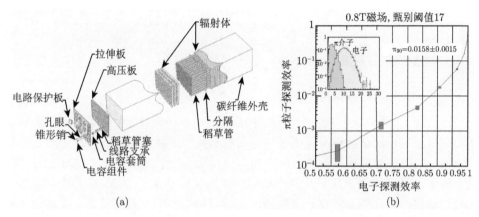

(a)   (b)

图 4.30 ATLAS TRD 单个模块结构示意图 (a); 测量的电子与 π 粒子径迹探测效率的关系 (b)

穿越辐射测量方法不仅应用于加速器物理实验中, 由于它的重量相对较轻, 具有大动态范围, 在粒子天体物理、高能宇宙线物理等研究领域同样有重要应用。图 4.31 是著名的空间探测装置——α 磁谱仪 (alpha magnetic spectrometer, AMS 02) 结构示意图和地面测试照片, 它包含多种粒子鉴别探测器, 其中顶部充 Xe 气体稻草管的 TRD 可提供超高能电子、强子和离子鉴别信息[23]。

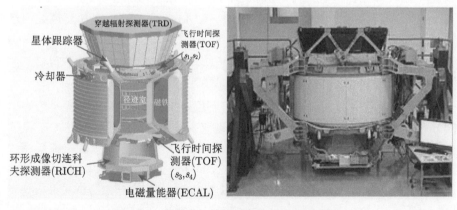

图 4.31 α 磁谱仪结构示意图和地面测试照片

4.6　量能器鉴别方法

鉴别电子、光子与强子 (P、K、π)，除了前面介绍的通过测量运动学参数方法外，利用电子 (包括光子) 与强子在物质中的电磁簇射和强子簇射能损过程不同, 设计不同结构的量能器，通过测量这些粒子在介质中能量沉积分布特征实现鉴别。

4.6.1　能量沉积鉴别法

一般来说，粒子穿过探测物质时，通过各种相互作用将它的大部分动能转化为热能，小部分转化为可测的信号 (如闪烁光、切连科夫光、电离电子等)，而量能器的作用是尽可能使这些可测信号与被测粒子数和能量沉积成正比。在第 2 章已经论述，电磁簇射能量沉积的纵向和横向分布用辐射长度 $X_0(\propto A/Z^2)$ 表征，而强子簇射能量沉积的纵向和横向分布用核作用长度 $\lambda_I(\propto A^{1/3})$ 来表征，在高 Z 吸收物质中两者有明显差别。量能器的设计是依据的这一重要特征，实现电子与强子鉴别。鉴别方法包括：

(a) 利用两种簇射的纵向发展不同，鉴别电子和强子。通常电磁量能器置于强子量能器前部，利用电磁量能器的能量沉积与粒子动量比值，以及簇射纵向分布重心特征，区分电子与强子；

(b) 利用强子簇射横向分布宽度大于电磁簇射横向分布宽度，采用具有横向位置分辨量能器，区分电子与强子；

(c) 利用电子和强子在高 Z 材料中能量沉积差别很大的特点，在粒子入射方向放置薄的 $(1\sim 2X_0)$ 预簇射探测器 (per-shower detector，PSD)，排除本底，以提高 e/π 鉴别能力 (图 4.32(a))[24]。例如，$\pi^-+p \longrightarrow \pi^0+n$ 电荷交换过程产生 $\pi^0 \to 2\gamma$ 本底，而这类 π^0 簇射起点与 λ_I 有关。

(d) 利用量能器中电磁作用能损要快于核作用能损，可利用电子和强子信号时间分布不同，提高鉴别能力 (图 4.32(b))[25]。

对于簇射过程中的大量 π^0/γ 事例，可利用单个光子与 π^0 衰变光子所产生的簇射分布不同，并利用外部径迹室信息实现鉴别。例如，光子簇射在 CsI 晶体量能器中，沉积的能量分布在一个晶体阵列 (例如 5×5 单元) 中，如果能量超过一定阈值 (例如，大于 1 MeV) 的簇团分布存在局部最大值，则该簇团被认为是单光子簇射引起的；如果同时有两个 (或两个以上) 较大且具有一定方向关联，则表示 π^0(或 $2\pi^0$) 衰变产生。

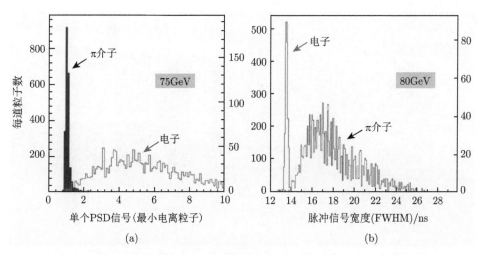

图 4.32 两种不同 e/π 鉴别方法：(a) 信号幅度分布 $(2X_0, PSD)$；(b) 脉冲信号时间分布
(FWFM: full width at one-fifth of the maximum amplitude)

量能器的结构分为全吸收型 (或均匀介质型) 和取样型两类。全吸收型量能器由多个均匀介质单元组成，它既是入射粒子产生簇射的介质，又是对簇射带电次级粒子灵敏的探测器介质。取样型量能器由簇射介质和探测器灵敏层叠加而成，簇射的信号由位于簇射层之间的探测器灵敏层给出。实验中，高分辨电磁量能器能量多采用全吸收型结构，用于测量能量在几百 MeV 以上的电子和光子，而强子量能器一般为取样型，用于能量 1 GeV 以上的强子和 μ 子鉴别。量能器的测量精度取决于各种作用过程的涨落，其能量沉积的统计涨落远高于其他类型的探测器 (如径迹室)，在实验设计中需要按照特定物理目标，通过大量模拟和测试进行结构优化。因此，量能器可看作一种 "经验型" 的探测器，需要用已知能量的试验粒子束，对量能器性能进行测试，以获取刻度参数，并通过模拟计算，对刻度参数进行修正和优化。实际运行过程中，量能器的性能，如由辐射损伤效应和其他物理效应引起的性能变化，也是实验方法研究的重要环节。

图 4.33 是 LHC 实验中 CMS 谱仪结构和粒子鉴别示意图，其中电磁量能器 (全吸收型) 是由 75000 多根 $PbWO_4$ 晶体构成的，强子量能器 (取样型) 由多层吸收体 (黄铜)+ 闪烁探测器 (共 6912 路) 构成 [26]。图 4.34 是 π-粒子 (5GeV，100 GeV) 分别在电磁量能器 (ECAL) 和强子量能器 (HCAL) 中的能量沉积信号分布，可看出统计平均值 (Mean) 和分布 (RMS) 明显的区别 [27]。

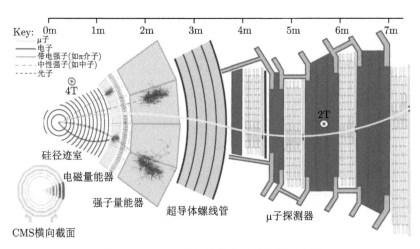

图 4.33　CMS 谱仪结构和粒子鉴别示意图

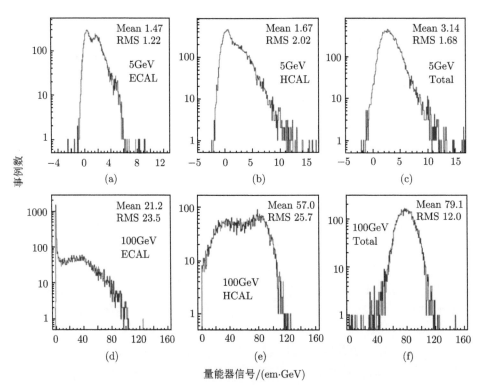

图 4.34　π-粒子 (5 GeV 和 100 GeV) 分别在电磁量能器 (ECAL) 和强子量能器 (HCAL) 中的能量沉积信号分布

由于 π 和 µ 的质量相近 ($m_\mu = 105.7$ MeV, $m_\pi = 139.6$ MeV)，很难用一般

的 (p，β) 方法鉴别，因此 π/μ 鉴别能力是表征整个谱仪粒子鉴别能力的重要指标。一个主要特性是 μ 子不参与强相互作用，也不产生电磁簇射，在各个探测器中能量沉积相当于最小电离粒子，配合内径迹探测器和外层 μ 子径迹测量，以及在量能器中的信号分布特征，实现 π/μ 和 e/μ 鉴别。μ 探测器中的主要本底来源于直接进入 μ 探测器的其他粒子，包括初级强子，簇射产生的次级强子，以及强子衰变产生的 μ 子等。

图 4.35(a)、(b) 是 CMS 和 ATLAS 实验 4μ 衰变径迹的模拟结果 [28]。CMS 谱仪中采用 4 个 μ 子站，不仅可以提供许多轻子衰变信息 (如 t → μμ，W → μν，Z → μμ)，也可以提供高能 μ 子衰变径迹和部分沉积能量，对于 Higgs → 4μ 衰变事例的精确测量具有重要作用。ATLAS 实验设计采用三个 μ 子探测器站，每个站距离 5.35 m，总共有 20 个测量点给出单径迹偏转大小。磁场强度约 0.7 T(弧矢约为 0.75 mm)，动量分辨为 6.4%。实际测量中，尽管 μ 子质量比电子大得多，同样存在多次散射贡献，特别是低动量 μ 子。此外，高能 μ 子与介质原子的电磁作用会导致大能量转移，例如轫致辐射和电子对产生，大量的次级粒子有可能导致径迹测量和重建效率误差。

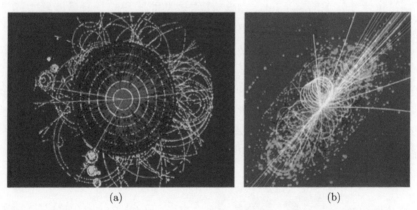

(a)   (b)

图 4.35   CMS(a) 和 ATLAS(b)4μ 衰变径迹的模拟结果

4.6.2 粒子流鉴别法

随着加速器能量和亮度不断提高，碰撞产生大量的粒子喷注 (jet) 事例。喷注是夸克和胶子碎裂产生的，主要有彼此靠近的中性和带电强子流，理论上认为喷注起源于部分子，反映了部分子衰变和强子化过程。喷注现象首先在正负电子对撞实验中 (DESY, 1979) 被发现，其后在正反质子实验中 (CERN SPS) 被进一步证实。常规量能器是利用预先设定的观测窗，利用一定算法找出相应的能量簇团分布，确定该喷注的最大似然值 (Jet likelihood)。由于存在大量的背景事例导致的误判，其分辨本领非常有限。因此，需要专门研制的粒子流 (particle flow) 量能器，以实现喷注事例中单粒子簇射的鉴别。

模拟计算表明 Jet 的成分中大约有 60% 的带电强子，30% 的光子，10% 的中性强子 [29]。考虑到谱仪中径迹探测器可以对带电粒子进行非常精确的测量 (精度远好于量能器)，电磁量能器可以对光子进行比较精确的测量，而真正需要由强子量能器鉴别的是中性强子。如果要求量能器能够重建和区分 Jet 中每个粒子引起的簇射，需要对单粒子簇射与径迹探测器测量的径迹进行精确匹配，以区分带电强子簇射，而电磁作用产生的光子由电磁量能器测量，Jet 剩下的 10% 中性强子由强子量能器测量，这样使得系统总体分辨能力有效提升。预期粒子流量能器的分辨指标比常规量能器高一倍以上，能量分辨可达到

$$\frac{\sigma_{\mathrm{E}}}{E} \leqslant \frac{0.3}{\sqrt{E(\mathrm{GeV})}} \tag{4.50}$$

为此，量能器颗粒度要足够小，以区分 Jet 不同粒子的能量沉积，同时需要发展专门的粒子流算法 (particle flow algorithm，PFA)，以识别单粒子能量沉积。图 4.36 显示的常规量能器与粒子流量能器粒子鉴别示意图。图 4.37 是模拟给出的 W$\longrightarrow$ Jet + Jet 和 Z$\longrightarrow$ Jet + Jet 在常规量能器和粒子流量能器中的重建图像 [30]。

粒子流量能器作为新一代高分辨探测技术，有两种研发方案。①模拟量能器：探测单元粒度可以稍大，每个单元每次允许多个粒子击中，需要测量沉积能量或信号幅度；② 数字量能器：探测单元粒度很小，每个单元每次最多只有一个粒子击中，一般采用过阈测量或信号计数，但电子学通道数量较大。图 4.38 是国际直线对撞机实验中两种探测器研制方案示意图 [31,32]，分别采用是硅径迹探测 + 数字量能器模式 (SiD) 和气体径迹室 + 模拟量能器模式 (GLC)。

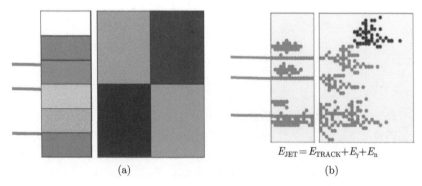

$$E_{\mathrm{JET}} = E_{\mathrm{TRACK}} + E_\gamma + E_{\mathrm{n}}$$

(a)　　　　　　　　　　(b)

图 4.36　常规量能器 (a) 与粒子流量能器 (b) 粒子鉴别示意图

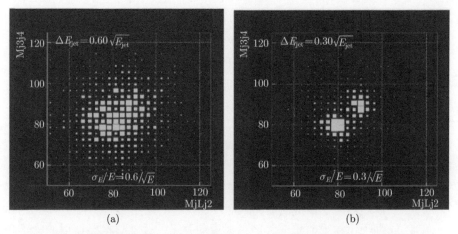

图 4.37 常规量能器 (a) 和粒子流量能器 (b) 中的图像重建比较 (模拟结果)

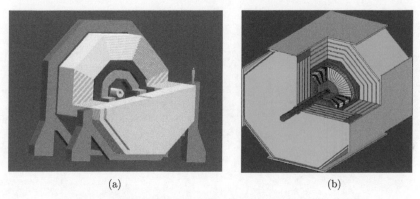

图 4.38 国际直线对撞机实验中两种探测器研制方案示意图: SiD(a); GLC(b)

4.7 相对论重离子物理实验与粒子鉴别

相对论重离子物理实验是高能核物理研究的前沿领域。按照宇宙起源 "大爆炸理论",宇宙在演化初期,经历了从高温高密度的夸克–胶子等离子体态 QGP (Quark Gluon Plasma) 演变成夸克–胶子禁闭 (质子、中子、胶球等) 状态,这一过程对于物质产生具有极其重要的意义。正在运行的相对论重离子对撞机 (RHIC) 和大型强子对撞机 (LHC) 可以在原子核尺度范围内以极短的时间实现极高温和极高密度物质状态,试图重演宇宙形成早期及 QGP 产生过程,对于理想极端条件下物质性质和起源有丰富的科学含义。

4.7.1　QGP 产生与测量

按照标准模型，核子之间受强相互作用，使得夸克和胶子束缚在强子内部，处于色禁闭态。格点量子色动力学认为处于高温度和高密度下，夸克与胶子之间的交换动量不断增加，它们之间的距离不断减小，可使得夸克和胶子之间处于渐进自由态，并且预测在极高温度和高密度下，可形成重子数密度几乎为零的夸克-胶子等离子体 [33]。

图 4.39 是相对论重离子对撞产生 QGP 的时空演变过程示意图。当重离子加速接近光速时，由于洛伦兹收缩效应，重离子分布呈现圆盘状，剧烈碰撞使得核子损失了大部分能量，在高温和高能量密度的碰撞中心区有可能形成 QGP。根据流体动力学规律，等离子体将快速膨胀而冷却，当冷却温度达到相变临界温度时，发生 QGP 向强子化物质的转变，产生大量的强子，并伴有电磁作用的光子和轻子过程。图中给出是理论预言存在的各种物质态，有待实验进一步证实。

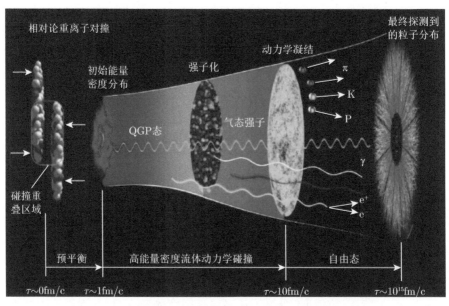

图 4.39　相对论重离子对撞产生 QGP 的时空演变示意图

在上述演变过程中，实验无法直接观察 QGP 产生和演化过程，但通过测量碰撞产生的末态粒子相空间分布特性，依据热力学系统的运动规律，可以分析 QGP 形成和相变的可能机制。大量实验结果表明双轻子和重味夸克 (包括粲夸克和底夸克) 测量是研究 QGP 性质的理想探针。这里以 RHIC/STAR 实验为例，说明有关测量原理。图 4.40 是 RHIC/STAR 谱仪结构示意图。它由位于顶点附近的重味径迹探测器 (HFT)，时间投影室 (TPC)，飞行时间探测器 (TOF)，桶部电磁

量能器 (BEMC)，磁铁和 μ 子望远镜探测器 (MTD)，以及端盖部分其他探测器构成，用于测量核–核碰撞过程中产生的各种粒子 [34]。

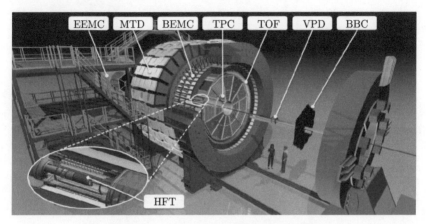

图 4.40 RHIC/STAR 谱仪结构示意图

4.7.2 双轻子衰变与测量

量子色动力学 (quantum chromodynamics) 认为在 QGP 物质中，夸克和反夸克相互作用可通过虚光子衰变为轻子和反轻子，即双轻子过程。由于碰撞区轻子不参与强相互作用，其电磁作用截面约为 $(\alpha/\sqrt{s})^2$ 量级 (α 是精细结构常数，$\sqrt{s}$ 是轻子的质心系能量)，因而轻子的平均自由程相当大，有较大概率穿过碰撞区被探测器观测到。另一方面，轻子对产额和动量分布依赖于 QGP 中夸克和反夸克动量分布，并受制于形成过程的热力学状态，因此双轻子携带重离子碰撞及演化过程的重要信息。通过测量双轻子不变质量谱的变化特征，可获取 QGP 产生的重要信息。

图 4.41 给出核物质相变过程的双轻子来源，实验分析中把双轻子的不变质量谱分为三个质量区间 [35]。

(a) 高质量区间 (HMR,$m_{ll} > m_{\mathrm{J/\psi}}$)，双轻子主要由初始的硬过程产生 (如 Drell-Yan，夸克偶素衰变)。Drell-Yan 过程如图 4.42(a) 所示，在这一过程中忽略核子与核子的关联作用，轻子对 (l^+, l^-) 的产生可认为来自独立核子-核子碰撞的累积效应。

(b) 中间质量区间 (IMR: $m_\phi < m_{ll} < m_{\mathrm{J/\psi}}$)，双轻子主要由 QGP 热辐射以及重味夸克衰变产生，其中热辐射产额可用于测量 QGP 的温度。

(c) 低质量区间 (LMR: $m_{ll} < m_\phi$)，双轻子主要由强子 (如 π 介子，见图 4.42(b)) 和强子共振态衰变产生 (如 ρ，ω，φ 和 J/ψ 衰变)，可用于研究热化介质中的手征对称性恢复。

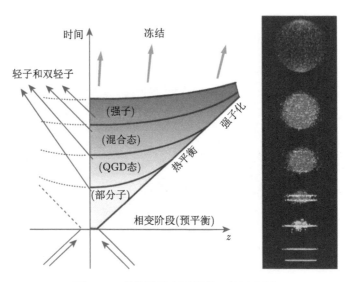

图 4.41　核物质相变过程的双轻子来源

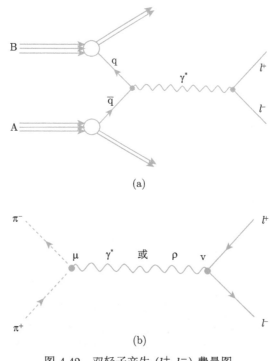

(a)

(b)

图 4.42　双轻子产生 (l^+, l^-) 费曼图

(a) Drell-Yan 过程；(b) π 介子作用过程

为精确测量双轻子衰变道，首先需要鉴别电子与强子。图 4.43 是 RHIC(U+U,

193 GeV) 对撞实验中，STAR/TPC 联合 TOF 测量的电子与强子鉴别谱 [36]。图中归一化的分辨率定义为

$$n\sigma_{\mathrm{e}} = \frac{1}{R}\log\frac{\langle \mathrm{d}E/\mathrm{d}x\rangle^{\mathrm{mea}}}{\langle \mathrm{d}E/\mathrm{d}x\rangle_{e}^{\mathrm{th}}} \tag{4.51}$$

这里 R 为 STAR-TPC 的分辨率 (典型值约 8%)。为获得有效事例，排除各种背景和假事例，数据分析中采用以下步骤。

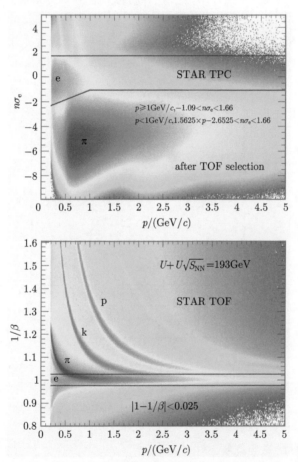

图 4.43   RHIC(U+U, 193 GeV) 对撞实验中 STAR/TPC 联合 TOF 测量的电子与强子鉴别谱

(a) 设置对撞事例判选条件。例如，设定事例的原初顶点 (primary vertex) 到探测器束流管道中心的距离，以排除束流打到管壁上产生的信号；原初顶点在束流方向上的位置和 TPC 测量的结果偏差在一定范围，以防止出现对撞事例的堆积，等等。

(b) 设置粒子径迹 (track) 判选条件。例如, 选择一定动量范围带电粒子, 确保径迹能够通过 TPC; 用于拟合径迹的击中数大于一定数值, 确保径迹的分辨率足够好; 排除二次衰变产生的径迹, 等等。

(c) 对电子谱的背景事例进行修正。例如, 利用混合事例计算得到的电子对不变质量谱, 对背景信号修正; 利用电子对产生的电子对夹角很小的性质, 排除光子在探测器材料中产生的电子对信号, 等等。

(d) 测量的误差来源分析。例如, 探测效率和关联背景事例修正, 理论模型和模拟分析修正, 等等。

图 4.44 是 STAR 实验 (U+U, 193GeV) 各种衰变产生的双轻子不变质量谱分析结果 [36], (b) 是与理论模型比较, 可见在动量区间 (0.3~0.76 GeV/c^2), 其分布明显增强。

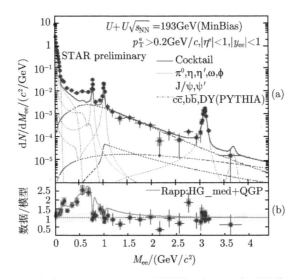

图 4.44　RHIC-STAR 实验 (U+U, 193GeV) 测量的双轻子不变质量谱 (实验使用最小偏差触发事例 (minbias), 并与 PYTHIA 模拟结果进行对比)

4.7.3　重味夸克产生与测量

重味夸克是另一类重要探针。由于重味夸克质量很大, 重味夸克的热产生受到抑制, 主要是通过碰撞初期的硬散射产生, 因而重味夸克的产额与碰撞的初始状态紧密相关, 并且经历整个系统的演化过程。图 4.45 是理论预期的重夸克强子产生过程示意图, 当粲夸克和底夸克穿过 QGP 时, 与 QGP 介质发生弹性和非弹性碰撞并损失能量, 并产生 D 介子。理论预测这种能损与夸克自身的质量有关, 即越重的夸克损失的能量越少, 系统研究粲夸克和底夸克的产生对理解这种能量损失机制是非常必要的。尽管重味夸克的热产生被抑制，但重味夸克强子化而形成的重味强子的相对比例有可能被 QGP 改变，因此精确测量各种重味强子衰变，对于分析 QGP 演变的强子化过程，确定 QGP 相变机制和相变点具有重要意义。

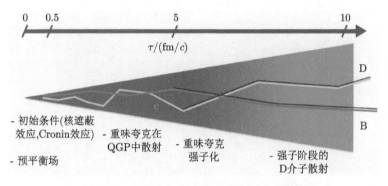

图 4.45　预期的重夸克强子产生过程示意图

由于重味夸克衰变长度较短，实验上测量重味夸克一般通过两种方法。一种方法是半轻子衰变道测量。半轻子衰变道衰变产生的电子通常称为非光电子 (NPE)。这种方法具有较大的衰变分支比，同时电子容易被探测器识别，有较高的探测效率，但是区分半轻子衰变来自粲夸克衰变还是来自底夸克衰变，依赖复杂的理论模型，同时实验上测量半轻子衰变所对应的重味夸克母粒子通常来自非常宽的动力学区间，致使测量具有较大的不确定性。

另一种方法是强子衰变道测量。强子衰变道可以有效获取粲夸克强子的动力学参数，可避免测量半轻子衰变在这方面不确定性影响，但由于重建强子衰变道随机组合的背景事例非常大，衰变分支比和衰变长度相对小，因此要实现这方面测量需要高分辨粒子径迹探测器，为此 STAR 谱仪进行了重味径迹探测器 (Heavy Flavor Tacker，HFT，如图 4.46(a) 所示) 升级。整个探测器由三部分组成：SSD(Silicon Strip Detector)；ISD(Intermediate Silicon Detector) 和 PXL(Pixel Detector) 组成，其等效物质厚度接近 $0.5X_0$，可有效减少多次散射影响。

图 4.46(b) 是 Au+Au(200 GeV) 对撞实验中测量的径迹分辨 σ 与动量关系，这里径迹分辨用 DCA(Distance of Closest Approach) 表示。HFT 的位置分辨达到 30 μm@p=1.5 GeV/c^2。通过强子衰变通道对 D 介子衰变事例进行拓扑重建，可以把 D 介子的衰变顶点从束流碰撞顶点中分离出来。下面以 D_0 介质衰变长度及寿命测量为例，说明其鉴别方法。

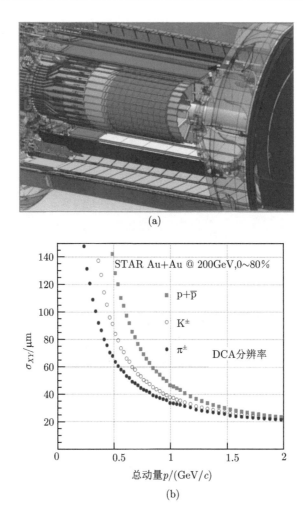

图 4.46　STAR/HFT 结构示意图 (a)；Au+Au(200 GeV) 实验中测量的径迹 DCA 分辨 σ 与动量关系 (b)

表 4.1 给出 D^0 和 D^+ 的质量、衰变长度和衰变分支比，其 K-π 衰变道的分支比仅为 3.89%。为了提高鉴别效率，D^0 衰变顶点通过随机组合的 K 和 π 径迹的两个最近点之间的中点进行拓扑重建 (图 4.47)，利用该方法可以提高单径迹 (K/π) 动量分辨 [37]。K 和 π 粒子动量可通过计算其在磁场中的轨迹获得，进而计算得到 D^0 不变质量谱 (图 4.48(a))；由测量的衰变长度 (图 4.48(b))，即衰变点与碰撞产生点之间的距离，计算得到 D^0 寿命。D^0 在不同的 $c\tau$ 范围内的原始产额可以通过高斯加线性函数拟合来提取，精确测量需要对混合背景事例和探测效率进行修正。

表 4.1 D^0 和 D^+ 的质量、衰变长度和衰变分支比

粒子符号	夸克成分	静止质量/(MeV/c^2)	衰变道	衰变长度/μm
D^0	$c\bar{u}$	1864.84 ± 0.17	$K^-\pi^+$ 3.89%	~ 120
D^+	$c\bar{d}$	1869.62 ± 0.20	$K^-\pi^+\pi^+$ 8.98%	~ 312

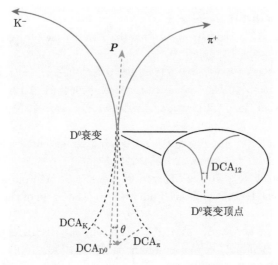

图 4.47 D^0 衰变顶点及 K 和 π 径迹的拓扑重建示意图

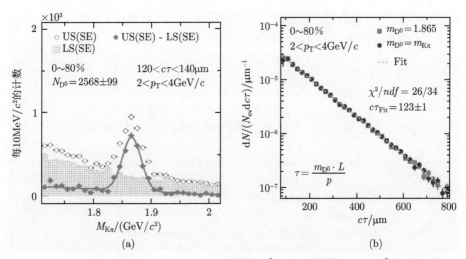

图 4.48 STAR 实验 (Au+Au，200 GeV) 测量的 D^0 不变质量谱 (a) 和 D^0 衰变长度 L(b)

红色和黑色数据点分别表示用 D^0 固定质量值和 D^0 测量质量的分析结果

参 考 文 献

[1] Lippmann C. Particle identification. Nucl. Instr. and Meth. A, 2002, 666: 148.

[2] Gaddi A. A magnet system for HEP experiment. Nucl. Instr. and Meth., A, 2012, 666: 10.

[3] http://www.cern.ch/LHC/experiments

[4] Anderson M, et al. A readout system for the STAR time projection chamber. Nucl. Instr. and Meth. A, 2003, 499: 679.

[5] Goulding F S, et al. A new particle identifier technique for $Z = 1$ and $Z = 2$ particles in the energy range> 10 MeV. Nucl. Instr. Meth., 1964, 31: 1-12.

[6] Goulding F S, et al. Ion identification with detector telescopes. Nucl. Instr. and Meth., 1979，162：609.

[7] Yu L Z, Moroni A, et al. Position sensitive and Bragg curve spectroscopy detector system. Nucl. Instr. and Meth. A, 1984, 225: 57.

[8] Kraft G. Radiobiology of Heavy Charged Particles. GSI preprint 96-60, 1996.

[9] Harald P, Thomas B. Proton Beam Radiotherapy-The State of the Art1 p.16A, APM, 2016.

[10] Li X, Sun Y J, et al. Study of MRPC technology for BESIII endcap-TOF upgrade. Radiation Detection and Technology Methods, 2017, 1: 13.

[11] Cao Q, Li X, Wang Y G. FPGA based pico-second time measurement system for a DIRC-like TOF detector. 21st IEEE Real Time Conference, 2018.

[12] Butler G W, et al. Identification of nuclear fragments by a combined TOF, ΔE-E technique. Nucl. Instr. and Meth., 1970, 89: 189.

[13] ALICE Collaboration. Addendum to TOF technical design report. CERN/LHCC 2002-016, 2002.

[14] Amsler C, et al. Review of particle physics. Phys. Lett. B, 2008, 667.

[15] Chamberlain O, Segre E, et al. Observation of Antiprotons. Phys. Rev., 1955, 100: 947.

[16] Augusto Alves Jr. A et al. The LHCb detector at the LHC. Journal of Instrumentation, 2008, 3: S08005.

[17] Schwiening J, et al. Performance of the BaBar-DIRC. Nucl. Instr. and Meth. A, 2005, 553: 317.

[18] Inami K. TOP counter for particle identification at the Belle II experiment. Nucl. Instr. and Meth. A, 2014, 766: 5.

[19] van Dijk M W U, et al. TORCH—a Cherenkov based time-of-flight detector. Nucl. Instr. and Meth. A, 2014, 766: 118.

[20] Deutschmann M, et al. Particle identification using the angular distribution of transition radiation. CERN-EP80-155, 1980.

[21] Andronoc A, Wessele J P. Transition radiation detectors. Nucl. Instr. and Meth. A, 2014, 666: 130.

[22] Abat E, et al. The ATLAS TRT barrel detector. Journal of Instrumentation 2008, 3: P02014.

[23] Battiston R. The antimatter spectrometer (AMS-02): A particle physics detector in space. Nucl. Instr. and Meth., 2008, 588: 1-2.

[24] Albrow M G, et al. A preshower detector for the CDF Plug Upgrade: Test beam results. Nucl. Instr. and Meth. A, 1999, 431: 104.

[25] Acosta D, et al. Electron-pion discrimination with a scintillating fiber calorimeter. Nucl. Instr. and Meth. A, 1991, 302: 36.

[26] Hartmann F, Sharma A. Multipurpose detector s for high energy physics, an introduction. Nucl. Instr. and Meth. A, 2012, 666: 1.

[27] Akchurin N, et al. The response of CMS combined calorimeters to single hadrons, electrons and muons. CERN-CMS-NOTE-2007-012.

[28] Sharma A. Muon tracking and triggering with gaseous detectors and some applications. Nucl. Instr. and Meth. A, 2012, 666: 98.

[29] http://physics.uoregon.edu/~lc/wwstudy/concepts/

[30] Albrow M, Raja R. Proceedings of hadronic shower simulation workshop. Batavia, USA, September 6-8, 2006.

[31] Abe T, et al. ILD Concept Group-Linear Collider Collaboration. The International Large Detector: Letter of Intent. 2009.

[32] The SiD Collaboration. Letter of Intent for SiD detector concept presented to ILC IDAG, arXiv: 0911.0006v1.

[33] Ludlam T, McLerran L. What have we learned from the relativistic heavy ion collider? Physics Today, 2003, 56 (10): 48.

[34] Ackermann K, Adams N, Adler C, et al. STAR detector overview. Nucl. Instr. and Meth. A, 2003, 499(2-3): 624.

[35] Wong C Y. Introduction to High Energy Heavy Ion Collisions. World science and technology publishing co., Ltd., 1994.

[36] Yang S. Dielectron production in U+U collisions at $\sqrt{Snn}$ = 193GeV at RICH, PhD thesis, USTC, 2016.

[37] Chen X L. Prompt and non-prompt D_0 meson production in Au+Au collisions at $\sqrt{Snn}$ = 200 GeV at RHIC. PhD thesis, USTC, 2019.

习 题

4-1 一个 300 MeV/c 的 μ 子进入磁场区域,其截面如图 4.49 所示。假设磁场是均匀的,与图形平面是正交,强度为 0.5 T。初始 μ 子方向与磁场方向垂直。在 t_0 时刻磁场打开,μ 子在图中的 O 处,并保持在半径 R 的圆形轨道上运动。μ 子穿过的介质密度为 $\rho=10^{-3}\mathrm{g/cm^3}$,并沿着其轨迹穿过两个 2 mm 厚的铁隔离体 (ρ_{Fe}=7.87 g/cm³)。

(1) 估计 $\Delta B = B' - B$ 是多少?B 是 t_0 时刻的磁场强度,B' 是保持 μ 子处于圆形轨道所需的磁场强度。

(2) 同一个装置在真空中，并且移除铁隔离体，μ 子在衰变前旋转的平均圈数是多少？

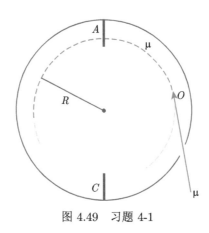

图 4.49　习题 4-1

4-2　一个 $\Delta E - E$ 探测系统 (能量在 10～100 MeV)，基于能量–射程之间的经验关系式：

$$R \approx aE^{1-n} = aE^b$$

其中常数 a 与离子的类别有关，即 $a \approx 1/MZ^2$。证明满足如下粒子鉴别关系式：

$$\frac{\Delta x}{a} \propto MZ^2$$

说明鉴别原理，并设计一个离子鉴别电路。

4-3　定量分析 $\Delta E - E$ 结合磁刚度 $B\rho$ 鉴别方法可有效提高系统鉴别本领。

4-4　一个带电的 π 粒子束，动量在 0.5～1.5 GeV/c，在穿过一个 $L = 1.1$ m 长的区域后 (其中磁铁产生 0.2 T 均匀场) 进入 1 cm 宽的准直缝 (图 4.50)。如选择动量 $p_0 = 1$ GeV/$c \pm 5\%$，狭缝和磁铁末端之间的距离 d 是多少？

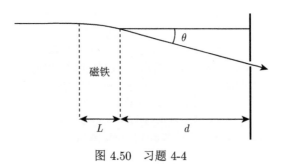

图 4.50　习题 4-4

4-5　某实验设计的 $\Delta E - E$ 鉴别粒子，使用硅探测器 (300 μm 厚) 测量 dE/dX，E 探测器使用全吸收晶体探测器。已知 μ/π 混合粒子束的能量 10 MeV，测得 $\Delta E \cdot E = 5.7\ \text{MeV}^2$。问测得这一乘积是其中哪个粒子信号？(硅半导体的密度 $= 2.33\ \text{g/cm}^3$，$Z = 14.4$，$A = 28$，平均电离能约为 140 eV)

4-6　在中低能核物理实验中，一个能量为 E，质量为 m 的粒子，在时间 t(ns) 内飞行过距离 L(m) 时，试证明其非相对论质量分辨，可表示为

$$\left(\frac{\sigma_{\text{m}}}{m}\right)^2 = \left(\frac{\sigma_{\text{E}}}{E}\right)^2 + \left(\frac{2\sigma_{\text{t}}}{t}\right)^2 + \left(\frac{2\sigma_{\text{L}}}{L}\right)^2$$

说明能量较高和较低时，影响其质量分辨的主要因数有哪些？

4-7　由于最大适用的电场上限约为 50 MV/m(真空中)，一个相对论质子 (能量 E=10GeV) 在此电场作用下最大偏转半径是多少？如采用磁偏转，需要的磁场强度是多少？

4-8　一带电粒子在磁场中沿径迹偏转 $(\rho B)_1 = 2.7$T·m，经过介质损失部分能量，径迹偏转 $(\rho B)_2 = 0.34$T·m。实验用飞行时间谱仪测得变慢的粒子速度为 $v_2 = 1.8 \times 10^3$m / s。求：

(1) 该粒子的静止质量 (以电子质量为单位) 和减速前后的动能；

(2) 减速后的粒子飞行 4 m 后，有 50%概率发生衰变，计算这种粒子在其静止系中的半衰期。

4-9　一光子击中液氢气泡室的壁产生电子对，如图 4.51 所示。磁场 $B = 0.8$T 垂直于图形的平面上，密度为 ρ=0.071 g/cm³。在气泡室中测量的电子和正电子径迹是两个相反的弧，测量的直径是 80 cm(粒子径迹的出入点之间距离) 求光子的能量 (忽略液氢中的能量损失)。如考虑能损，估计光子的能量。

提示：考虑到能量损失，在一级近似下，径迹长度是相同的，如同没有损失的情况。

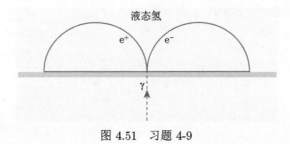

图 4.51　习题 4-9

4-10　实验测量给出一带电粒子在磁场 ($B = 1\mathrm{T}$) 中的径迹长度 L_1=80 cm, 对应的曲率弧矢 S_1=3 cm。然后该粒子通过介质, 在同样的磁场中的曲率半径 R_2=121 cm。在同一区域, 飞行时间探测器测量给出的速度 v_2=2.8×10^8 m/s, 求:

(1) 在减速之前粒子的静止质量和动能;

(2) 粒子在介质中的能量损失;

(3) 已知飞行时间测量距离是 14 m。对相同的粒子进行相同的测量, 只有 50% 的粒子到达最后一个探测器。如果是粒子衰变导致的这种损失, 计算其平均寿命。

4-11　一空间粒子探测望远镜 (图 4.52), 由两个硅微条探测器 (D1, D2)、一个 BGO 晶体探测器 (D3) 和一个塑料闪烁体探测器 (D4) 组成 $\Delta E - E$ 粒子鉴别系统。试分析该望远镜鉴别粒子的原理, 给出 D3 和 D1 探测器的输出幅度 (V_3, V_1) 之间的关系, 并根据测量原理画出电路方框图。

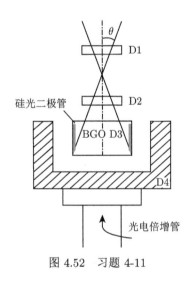

图 4.52　习题 4-11

4-12　估算最小电离粒子穿过 5 cm 厚的塑料闪烁体 TOF, 其本征时间分辨的数量级。设 TOF 系统的时间分辨可达 100 ps, 带电粒子飞行距离 $L = 1.0$ m。如要求 3σ 分辨能力, 计算可鉴别带电粒子的最大动量值 $P_{\max}(\pi/\mathrm{k})$ 和 $P_{\max}(\mathrm{k/p})$。

4-13　一束流望远镜, 为鉴别动量为 2 GeV/c K/π 的粒子, 采用闪烁探测器, 粒子飞行距离为 12 m。实验要求 $\Delta t = 4\sigma_t$, 同样情况下, 如距离可减少到 2 m, 问探测器 σ_t 要达到多少?

4-14　Ω^- 粒子是由 K^- 打氢靶反应发现的，其反应过程如下：

$$K^- + p \longrightarrow \Omega^- + k^+ + k^0$$

求：

(1) 该反应阈动能 (用粒子静止质量表示)；

(2) 当 k^0 以 $0.8c$ 的速度衰变成 2π 时，计算实验室系中 π 与 K^0 介子之间最大夹角。

4-15　实验发现 J / Ψ 粒子质量是 3.097 GeV，衰变宽度为 87 keV。动量为 100 GeV 的 J / Ψ 粒子主要衰变道为 $J / \Psi \to e^+ + e^-$。

(1) J / Ψ 粒子在衰变前平均飞行距离是多少？

(2) 若衰变产生的两个电子动量相同，求实验观测的电子能量。

(3) 电子和 J / Ψ 运动方向的夹角是多少？

4-16　计算 10 GeV/c 中性 K^0 ($m_{K^0} \approx 0.5\text{GeV}/c^2$) 粒子束飞行距离 20 m，其短寿命 $K_S^0(\tau = 0.86 \times 10^{-10}$ s$)$ 和长寿命 $K_L^0(\tau = 5 \times 10^{-8}$ s$)$ 衰变强度比值。试说明该实验测量 K^0 衰变中 CP 不守恒的原理。

4-17　实验观测 D^0 粒子在径迹室中飞行 3 mm 后衰变，衰变产物总能量是 20 GeV，已知其静止质量为 1.86 GeV/c^2，求 D^0 在其静止参考系中的寿命。

4-18　实验观测一组 D^0 衰变事例，在 D^0 静止参考系中给出期望的时间分布关系式。如要求观测到 50% 以上的衰变事例，径迹室分辨率至少要达到多少？(参考习题 4-17 已知条件)

4-19　一台 RICH 由充氢气 (折射率 $=1+1.35\times10^{-4}$，在 1 个大气压，20 ℃ 条件下) 转换体和角分辨 $\delta\theta=10^{-3}$ 光学系统组成。

(1) 电子穿过时，所需最小动量 (阈动能) 是多少？

(2) 一束动量为 100 GeV 的带电粒子 (静止质量 $m = 1$ GeV)，求其质量测量的相对误差值。

4-20　在强相互作用中，由于产生电荷交换效应，$\pi^{\pm} + N \longrightarrow n\pi^0 + N'$，大部分 $\pi^{\pm}$ 转变为 π^0，π^0 立即衰变成 2γ，并产生电磁簇射过程，它与原有的 e 或 γ 无法区别。当该事例发生在探测器后部时，根据信号位置可区分它们；如发生在探测器的前部，如何鉴别？

4-21   实验用 20 GeV/c π^+ 束打薄靶研究 $\sum^+$ 衰变，使用径迹探测器测量如下反应道：

$$\pi^+ + p \longrightarrow \sum{}^+ + K^+$$

探测器是一圆柱体 (半径 R 和长度 L)，轴线与束流线重合，并放置在目标的下游。假设所有的 $\sum^+$ 都在其平均值寿命 ($\tau = 0.799 \times 10^{-10}$ s) 的三倍之内衰减，设计一种探测装置能够探测所有的 $\sum^+$，请回答：

(1) 包含所有 $\sum^+$ 衰变径迹点的最小探测器长度是多少？

(2) 满足相同要求的最小探测器半径是多少？

(3) 所设计的探测装置是否能够检测衰变产生的全部 K^+？

(4) 如果只可探测到部分 K 介子，求可探测的 K 介子比例。

$$(m_\Sigma = 1.189 \text{ GeV}/c^2, \quad m_k = 0.494 \text{ GeV}/c^2)$$

4-22   能量为 E_π 的 π 粒子束撞击氢靶，产生质量为 M 的共振态粒子，并迅速衰减成质量分别为 m_1 和 m_2 的两个粒子。已知 $M = 2.58 m_1$，m_2 相对于 m_1 可以忽略不计。

(1) 求使粒子 1 具有最大发射角对应的 E_π 最小值。

(2) 如产生的共振态粒子是 Δ(2420 MeV)，括号中的数字代表不变的质量，其衰变通道是

$$\Delta(2420) \longrightarrow \sum + K$$

假设束流能量是确定的，如果在质心系中 $\sum$ 发射角度为 120°，在实验室系统中相应的角度是多少？动量是多大？

(3) 用一个实验装置来探测上述反应中产生的 $\sum$。探测器长度为 26 cm，满足至少 99% 的 $\sum$ 衰变事例测量要求，求测量 $\sum$ 的平均寿命。

4-23   通过实验测量 $\pi^0 \to \gamma\gamma$ 衰变中发射光子，来确定中性粒子 π^0。假设 π^0 的能量为 1GeV 左右，一个铅板 (1cm 厚) 用来转化为正负电子，并被下游探测器测量，已知铅辐射长度为 5.6 mm，求 π^0 粒子探测效率。

提示：这里探测效率是指 π^0 衰变的两个光子转换一个或多个电子的概率。

4-24   考虑弱作用过程：

$$\Xi^0 \longrightarrow \sum{}^+ + e^- + \bar{\nu}_e$$

设 Ξ^0 重子 ($M_{\Xi^0} = 1.315$ GeV/c^2) 是静止的，计算电子能量的最大值和最小值。

4-25   一动量为 20 GeV/c 的 π^- 粒子束打在氢靶上，产生如下反应：

$$\pi^- + p \longrightarrow \sum{}_c^0 + \overline{D}^0$$

产生的 $\bar{D}^0$ 在实验系有最大角, 并且衰变为 $\pi^+ + \pi^-$, 计算两个 π 之间的夹角。

$[M_D = 1.86 \text{ GeV}/c^2, \quad M_{\Sigma^0} = 2.45 \text{ GeV}/c^2]$

4-26　考虑以下两个相似的弱作用衰变过程:

$$\mu^+ \to e^+ + \nu + \tilde{\nu}, \quad \tau^+ \to e^+ + \nu + \tilde{\nu}$$

已知 μ^+ 的平均寿命是 2.2×10^{-6} s, 实验测得 τ^+ 衰变的分支比为 16%, 估计 τ^+ 粒子的平均寿命。如果 τ^+ 是正负电子对撞产生的, 即 $e^+ + e^- \to \tau^+ + \tau^-$, 当质心系能量为 19 GeV 时, 求实验观测的 τ^+ 衰变前飞行的平均距离。

4-27　在 $D^0(= c\bar{u}, M_{D0} = 1865 \text{ MeV}/c^2)$ 的衰变中, 两种衰变模式的测量比值如下:

$$\frac{BR(D^0 \to K^- + e^+ + \nu_e)}{BR(D^0 \to \pi^- + e^+ + \nu_e)} = 11.37 \pm 0.05$$

分析说明这一实验结果。(提示: 考虑夸克混合态和相空间贡献)

4-28　阅读参考文献 [23], 说明空间探测装置 α 磁谱仪 (图 4.28) 的粒子鉴别和测量原理。

第 5 章　加速器亮度和截面测量

带电粒子加速器是核与粒子物理研究不可缺少的实验设备。高能加速器可以产生各种能量的带电轻子、强子及重离子，可以把质子能量加速 TeV 以上。利用加速粒子与物质作用，可以产生各种带电的和不带电的次级粒子，如 γ 光子、中子以及各种介子、超子、反粒子等。这些初级粒子和次级粒子为研究微观物质结构和相互作用机制及寻找新粒子和新物质形态提供了非常有效的手段。

本章简要介绍加速器工作原理、束流传输与监测，以及束流亮度和截面测量方法，这些知识对于开展核与粒子物理实验是必要的。

5.1　粒子加速器与粒子束[1]

20 世纪 30 年代，美国科学家柯克罗夫特 (J.D.Cockcroft) 和爱尔兰科学家沃尔顿 (E.T.S.Walton) 研制成功了世界上第一台直流高压加速器。该加速器采用质子束 (0.4 MeV) 轰击锂靶，产生 α 粒子和氦，这是第一次用人工加速粒子实现的核反应。其后，美国科学家范德格拉夫 (R.J.Van de Graaff) 发明了另一种高压加速器，即著名的范德格拉夫静电加速器。奈辛 (G.Ising) 于 1924 年，维德罗 (E.Wideroe) 于 1928 年，先后分别发明了用漂移管构成的直线加速器，由于受当时高频电压技术的限制，这种加速器只能将离子 (K^+) 加速到 50 keV。在此基础上，美国物理学家劳伦斯 (E.O.Lawrence, 1932 年) 发明了回旋加速器，并用它产生人工放射性同位素 (^{24}Na, ^{32}P, ^{131}I)，为此获得了 1939 年的诺贝尔物理学奖。这些发明为加速器理论和技术的发展奠定了基础。之后，为了满足核物理实验需求，建造更高能量的粒子加速器，1945 年，苏联科学家维克斯列尔 (V.I.Veksler) 和美国科学家麦克米伦 (E.M.McMillan) 各自独立提出了自动稳相原理，是加速器发展史上的重大创新，促使了一系列高能加速器产生，包括同步回旋加速器 (粒子回旋频率与加速电场同步)、质子直线加速器、同步加速器 (磁场强度随粒子能量提高而同步增加，但加速场频率不变) 等。图 5.1 给出世界上一些高能粒子加速器运行年份和质心能量 [2]。

图 5.2 是欧洲粒子物理研究中心 (CERN) 加速器系统示意图，它包括 Linac 2 质子加速器；Linac 3 离子加速器，Linac 4 负氢离子加速器，AD 反质子减速器，LHC 强子和重离子对撞机，LEIR 离子加速，以及 PSB, SP, SPS 质子和离子加速器。LHC(large hadron collider) 是目前世界上最大的粒子对撞机，其束流

储存环周长达 27 km[3]。整个储存环上有四个束流对撞点，并安装了四个大型谱仪：ATLAS，ALICE，CMS 和 LHCb。

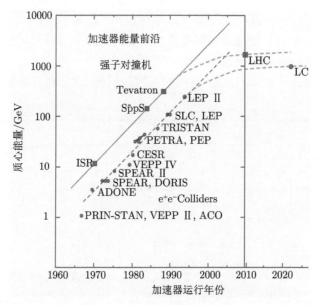

图 5.1 世界上一些高能粒子加速器运行年份和质心能量 (至 2010 年)

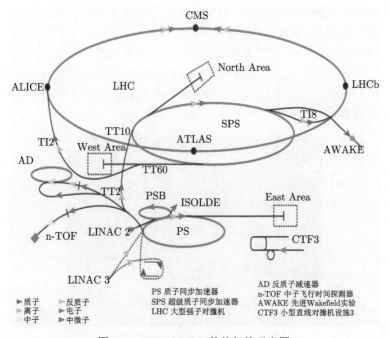

图 5.2 CERN LHC 整体架构示意图

5.1.1　加速器基本工作原理

　　加速器可看作一种可控的带电粒子加速装置，它利用电磁能量转换原理使电子、质子或离子加速，并产生具有一定能量和亮度的粒子束。图 5.3 是直线加速器工作原理示意图，它是由沿着直线排列的金属圆筒状漂移管组成，漂移管奇数电极和偶数电极分别连接在高频电源的两个输出端上，电场随着高频电源的频率交变，电子在漂移管做漂移运动，并在每个漂移管间隙处获得加速。

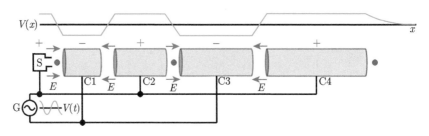

图 5.3　直线加速器工作原理示意图

　　漂移管是一种简单的带电粒子加速装置。现代加速器采用更加有效的波导管加速粒子方法，并按所采用的电磁场模式把直线电子加速器分为行波直线加速器和驻波直线加速器。行波直线加速器多用来加速电子，驻波直线加速器既可以加速电子又可以加速离子。行波电子波导管中的电场矢量沿着束流方向，在波导管中引入适当间隔的金属圆盘 (中间有孔以便让束流通过)，使射频的相速度与电子束的运动速度相匹配，电子在其中运动时不断地从电磁波获得能量，从而得到加速。著名的斯坦福电子直线加速器 (Stanford linear accelerator center, SLAC)，采用射频加速可使正负电子的能量达到 50 GeV。该加速器长 3.2 km，是世界上最长的直线加速器之一。图 5.4 是 SLAC 束流线局部照片 [2]。

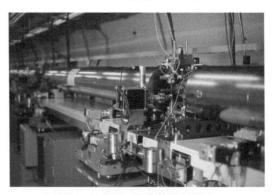

图 5.4　SLAC 束流线局部照片

驻波电子直线加速器是利用谐振腔产生驻波电磁场来加速电子,在加速管中心轴上有多个加速腔,其电磁场空间分布随时间变化是恒定的。在加速腔旁边驻波波节处安放另一个腔,以便把相邻两个加速腔耦合起来,称为边耦合腔。由于加速腔和边耦合腔是分开的,可单独设计,轴线上的电场强度很高,从而在较短的加速管内把电子加速到较高的能量。因此,驻波电子直线加速器比行波直线加速器电子流强度大,加速效率高,可产生强流电子束源。利用它打靶产生的强流γ射线源,广泛地应用于医疗、辐射化学和工业无损检验等领域。

回旋加速器 (cyclotron) 是通过恒定磁场限制粒子做螺旋轨道运动,并由快速变化的射频电场使带电粒子获得加速。图 5.5 是回旋加速器工作原理示意图 [2],其回旋频率 ω 可以表示为

$$\omega = \frac{zeB}{\gamma m_0} = \frac{\omega_0}{\gamma} = \omega_0 \sqrt{1 - \left(\frac{v}{c}\right)^2} \tag{5.1}$$

式中,$\omega_0 = zeB/m_0$ 是初始运动频率;B 是外加磁场。粒子速度 v 增加和轨道运动频率变化,将导致粒子通过加速间隙的相位和加速电场不一致,这种不一致逐渐累积,使得加速作用降低,甚至使粒子减速。为了克服这一问题,需要改变加速电压的频率与粒子回转频率同步,即达到谐振条件,使得粒子在一个加速周期中获得最大能量。该类型加速器称为同步回旋加速器 (synchrocyclotron)。

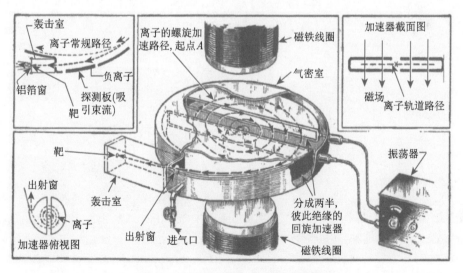

图 5.5 回旋加速器工作原理示意图

同步回旋加速粒子能够达到的最大能量是由磁感应强度和粒子运动的最大轨道半径决定的。随着能量的提高,同步回旋加速器中使用的磁铁尺寸和重量以及

造价急剧上升，而大尺寸环形磁铁的横向聚焦力较差，真空盒尺寸很大，磁铁的磁极间隙也增大。1952 年美国科学家柯隆 (E. D. Courant)、李温斯顿 (M. S. Livingston) 和史耐德 (H. S. Schneider) 发表了强聚焦原理的论文 [4]，根据这个原理建造强聚焦加速器可使真空盒尺寸和磁铁的造价大大降低，使得研发更高能量的同步加速器成为可能。

同步加速器 (synchrotron) 的基本结构包括真空环形管道、一系列磁铁和射频发生器 (图 5.6(a))。为了把粒子加速到更高的能量, 一般采用交变梯度聚焦 (即强聚焦) 模式。这种交变梯度聚焦使粒子运动振荡幅度大幅度降低，束流管截面很小，相应的磁铁截面减小，因而加速器的造价大大降低。例如，美国劳伦斯国家实验室 1954 年建成的一台 6.2 GeV 能量的普通聚焦质子同步加速器，磁铁的总重量为 1 万吨，而布鲁克海文国家实验室 33 GeV 能量的强聚焦质子同步加速器，磁铁总重量只有 4 千吨。由于同步加速器是在确定的周期内加速粒子，因此输出的是脉冲束，其重复率基本上由上磁场的最小值到最大值的循环周期决定。

图 5.6(b) 是 CERN 质子同步加速器 (PS) 基本结构示意图。其加速系统包括 500 keV 高压倍加器作为预注入器，50 MeV 直线加速注入器，800 MeV 增强器，以及加速器主环 (直径为 200 m)。主环由真空束流管、10 个加速腔、100 个磁铁单元 (偏转 + 聚焦) 组成。质子束流最大能量可达到 28.5 GeV[5]。

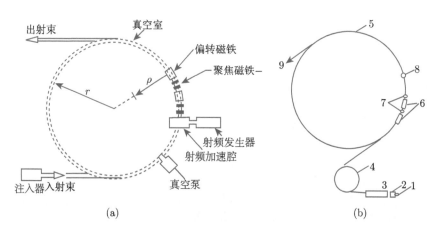

图 5.6　同步加速器基本结构 (a)；质子同步加速器 (CERN-PS) 基本结构 (b)1-离子源；2-预注入器；3-直线加速器；4-增强器；5-同步加速器；6-偏转磁铁；7-聚焦磁铁；8-高频加速站；9-束流引出

电子和质子质量相差 1836 倍，导致两种类型的同步加速器在设计中有明显差别。对于电子，注入同步加速器时的初始能量大于几 MeV，它们的速度已接近光速，旋转周期不会随着进一步加速而有明显的变化，因此加速电子时射频频率的调制范围较小。与此不同，一个 50 MeV 的质子，其速度大约为 $0.3c$，当质子能量提高到接近光速，旋转频率成倍增加，在技术上，这样宽的频率调制是比较困难的。另一方面，按照电磁辐射理论，回旋运动的带电粒子所辐射的能量正比于 $(E/m_0c)^4$，其中 E 和 m_0 分别为带电粒子的能量和静止质量，因此电子辐射能损是同样能量质子辐射能损的 10^{13} 倍，导致电子同步加速器比质子同步加速器的有效能量低很多。

5.1.2 加速器实验束

利用加速器产生的初始电子和质子与靶核作用可产生各种次级粒子，利用这些次级粒子束，需要建立专门束流引出线和束流望远镜系统。图 5.7 给出质子轰击靶核产生的次级带电粒子多重数和强子碰撞反应总截面随质心系能量的变化关系 [6]，可见在产生的次级粒子中，π 介子是最丰富的，并随着能量提高，π^+ 和 π^- 产额趋于相同。K 介子产生的平均数比 π 介子约低一个数量级以上，而反质子的平均数更少。通常初始质子能量越低，它们之间的产额差别也越大；质子的能量越高，产生的次级粒子平均数越高；产额高的次级粒子能量通常较低，产额低的次级粒子能量往往较高。由这些粒子构成的混合束，其相对成分取决于初始质子的能量，并随着飞行距离增加，相对成分发生改变。例如，K 介子首先衰变，其次是 π 介子，在衰变过程中往往伴随 μ 子产生，因此束流线长度不同，其相对成分一般是不同的。

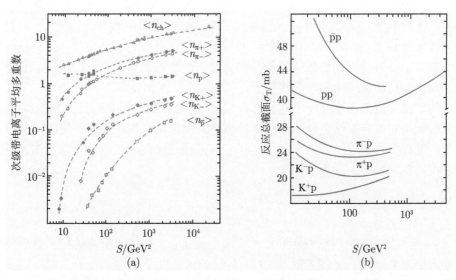

图 5.7 质子轰击靶核产生的次级带电粒子多重数 (a) 和强子碰撞反应总截面 (b) 随质心系能量 (S) 的变化

　　通常一个大型加速器实验室总是要建立多条束流线，即实验束流线，使得不同的实验能够同时进行。这些束流线包括原始质子束，未分离次级粒子束、高强度 π 束、高能或低能分离束、中性粒子束、中微子束、μ 子束、电子束以及极化粒子束等。带电粒子能够聚焦成很细束斑，而中性粒子束的束流性能相对较差。在带电粒子中，只有那些平均寿命较长或稳定的粒子可用作实验束，常用的粒子是电子、质子、π 介子和 μ 子，加上它们的反粒子，总共有八种粒子。

　　此外，对于确定的粒子束，除了的能量和通量参数外，束流的占空比和束团精细结构随时间的变化也是实验关注的重要参数。这里占空比定义为加速器传送的粒子束可用于实验的时间比例，它与加速器类型、结构和输运过程有关，是加速器技术研究的重要课题。

5.1.3　束流分离与监测

　　在束流实验中需要对加速器产生的混合粒子束进行分离。常用分离方法是在束流输运过程中，利用偏转磁铁对不同质量的粒子进行动量选择。

　　偏转磁铁通常做成两个平行的磁极，束流在两磁极中间通过。两个极之间的磁场是与束流的运动方向垂直的。当动量为 p 的单电荷粒子通过长度为 L 的均匀磁场 B 时，偏转轨迹的曲率半径为 ρ，偏角 θ 由于较小，可近似表达式为

$$\theta \approx \frac{L}{\rho} = \frac{0.3BL}{p} \tag{5.2}$$

式中，B 的单位：特斯拉 (T)，p 的单位 GeV/c；L 的单位米 (m)。动量不同的粒子偏转角 θ 也不同。通常在偏转磁铁前端安装一个可控的狭缝装置，使得只有那些动量在所要求范围内的粒子才能穿过狭缝。改变磁感应强度 **B** 的数值和方向，可以选择不同动量或电荷符号的粒子。

　　为了减少束流传输过程中的扩散和偏离，需要在偏转磁体附近安装四极磁铁。束流传输中的偏转磁铁类似于光学中的棱镜，而四极磁铁在束流传输中具有聚焦作用，又称为四极透镜。图 5.8(a) 给出一种四极透镜内部磁场分布示意图。设在孔径中心范围场强大小为

$$B_x = Gy, \quad B_y = Gx, \quad B_z = 0$$

这里 G 是确定值，由磁铁线圈绕组结构和电流决定。当带正电荷的粒子束沿 z 轴方向入射，部分粒子偏离 z 轴方向时，将被偏转趋向于 x 轴和离开 y 轴，因此这种装置产生垂直聚焦和水平发散。

　　粒子通过磁铁时，在垂直方向的聚焦作用如图 5.8(b) 所示。由于沿着 x 轴的磁场分量的作用而受到偏转。其大小依赖于 $\mathrm{d}B_x/\mathrm{d}y$，常用磁刚度 $(B\rho)$ 作归一

化，并定义聚焦强度为

$$\kappa = \frac{1}{B\rho}\frac{\mathrm{d}B_x}{\mathrm{d}y} \tag{5.3}$$

在位移 y 处，通过长度为 L 和强度为 k 的四极磁铁时的偏转角为

$$\theta \approx \frac{LB}{B\rho} = \frac{L(\mathrm{d}B_x/\mathrm{d}y)y}{B\rho} = L\kappa y \tag{5.4}$$

当 $L = f, f = \dfrac{y}{\theta}$，于是

$$f = \frac{1}{\kappa L} \tag{5.5}$$

上式是与 y 无关的，因此具有同样动量的粒子平行于 z 轴进入磁铁将在离磁铁同样的距离处与 x-z 平面相交，而与它们最初的垂直位置 y 无关，即四极磁铁可看作焦距为 f 的透镜。对于磁铁在水平方向的作用可以作类似的讨论，它具有发散透镜的作用，焦距也是 f。如果将磁铁绕组电流的方向反接，则具有垂直发散和水平聚焦的作用，因此四极磁铁与光学球面透镜差别在于，它不具有轴对称效应，其行为更像两个接近放置的圆柱形透镜。

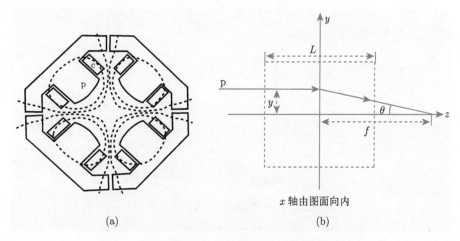

(a)   (b)

图 5.8 四极透镜内部磁场分布 (a) 和聚焦作用 (b)

c 表示线圈；p 表示磁铁

粒子打靶产生的是具有一定动量的混合粒子束，需要依据粒子的质量不同进行再分离，以获得具有一定动量的单一粒子束。图 5.9 是一种典型射频分离装置示意图。它由两个射频空腔构成，用于产生横向偏转电场。两个空腔 (S_1 和 S_2) 沿着束流方向的间隔为 L；一个四极磁铁置于两个空腔中点位置，对于一定动量

粒子束，空腔位于其共轭焦点上。当两个具有不同质量 (M_1, M_2) 的相同动量 (p) 的粒子进入 S_1 时，适当调节射频横向电场 E 的相位使粒子获得最大的偏转，其偏转角 θ 为

$$\theta = \frac{\Delta p}{p} = \frac{eEd}{pc}\frac{1}{\beta} \qquad (5.6)$$

式中，d 是射频腔内电场纵向长度。图中两个粒子开始沿着同样的轨迹运动，但由于质量不同到达第二个空腔的时间不同，通过对空腔的射频电场周期 T 进行适当调节，使得需要的粒子在空腔 S_2 中受到进一步的偏转，而不需要的粒子偏离到原来的束流方向，并将吸收体 (或束流阻止器) 放在束流方向上以阻止该粒子。通常是取两种粒子的飞行时间差为射频周期 T 的 $1/2$ 作为分离条件，即

$$\frac{L}{\beta_2 c} - \frac{L}{\beta_1 c} = \frac{T}{2} \qquad (5.7)$$

可近似表示为

$$\frac{Lc}{2P^2}(M_2^2 - M_1^2) = \frac{\lambda}{2c} \qquad (5.8)$$

即

$$\frac{L}{\lambda} = \frac{p^2}{(M_2^2 - M_1^2)c^2} \qquad (5.9)$$

其中，λ 是激发空腔的射频波长。

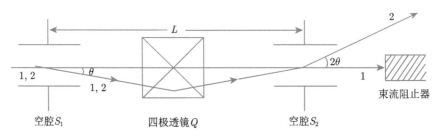

图 5.9　一种典型射频分离装置示意图

在这类射频分离器中，粒子最大偏转角是 2θ，但实际偏转角依赖于粒子进入 S_1 空腔的时间，其值在零和最大值之间随射频的相位而变化，因而在束流阻止器中会损失部分粒子。实际上，束流中不可避免地存在少量其他粒子，包括一些短寿命的衰变粒子，为了分离并引出混合粒子束中某种粒子，可采用多级分离方式。例如，质子打靶产生的 π 介子强度要比 K 介子强度大得多，并伴随 π 介子衰变产生的 μ 子，如需要产生 K 介子束，可采用多级分离方法对 K/π 和 K/μ 进行分离。

在实验束的设计中，主要考虑如何获得所要求粒子束最大可能的通量和纯度，以及大的动量变化范围和小的动量分散。强子束流的纯度常以 π/K 和 $\pi/\bar{p}$ 比值来表征，这一比值过大可导致实验本底过高。不仅如此，一个完备的束流实验站要求能提供的粒子束的动量、强度、束流大小、触发时间和粒子鉴别实时信息，用于开展各种精确测量。图 5.10 是 CERN-H4 实验束流线结构图 [3]。该束流线使用质子 (60 GeV) 打靶，可提供初级质子和电子束，次级混合强子和 μ 子束，束流强度最大为 $10^7 s^{-1}$，动量分辨可达 $\pm 1.4\%$。整个束流线上，除了束流光学 (偏转、聚焦和准直) 系统外，还包含飞行时间和触发探测器，偏转磁铁 + 光纤束流径迹监测器，粒子鉴别阈式切连科夫探测器，以及实验平台和辅助设备等。

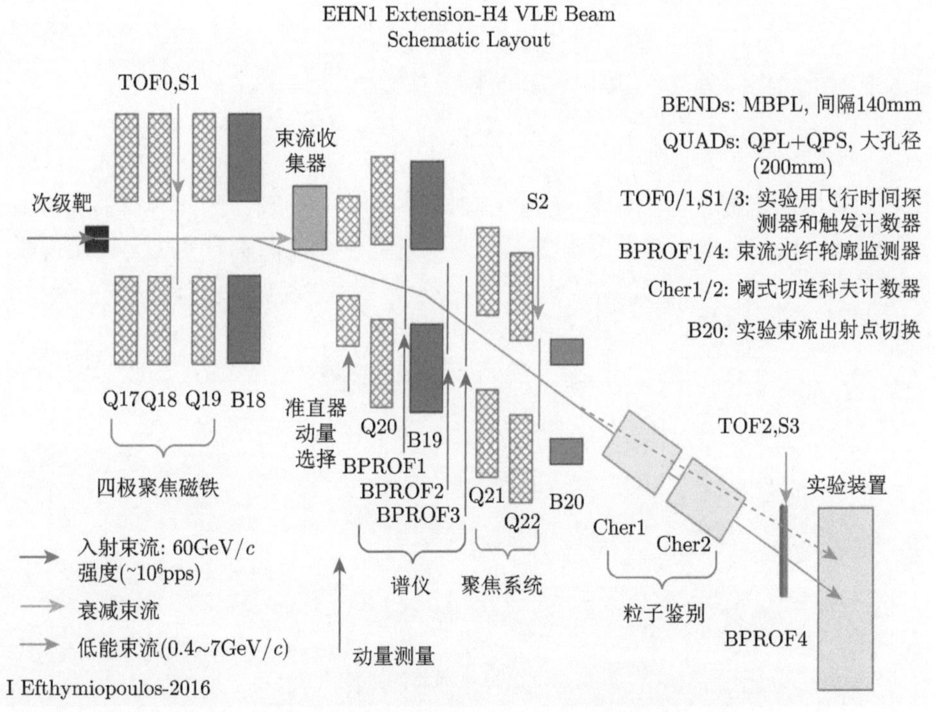

图 5.10　CERN-H4 混合粒子束分离和监测系统结构图

Q18-Q22 是四极聚焦磁铁；S1-S3 是飞行时间望远镜；BPROF1-BPROF4 是束流光纤轮廓监测器；Cher1 和
Cher2 是阈式切连科夫计数器

在加速器束流输运过程中，一定动量的粒子束是通过束流监测器提供粒子束通量实时参数。粒子通量定义为单位时间通过与束流垂直的单位面积上的粒子数。常用的束流绝对通量测量是一种称为法拉第桶的装置，当带电粒子进入法拉第圆筒被收集电极收集时，在外电路上产生电流，根据测得的电流或入射粒子所携带的电荷量，就可确定单位时间内的入射粒子数。由于加速器产生的束流是随时间变化的，为了提高测量精度，需要测量一定时间间隔内的入射粒子数。

法拉第圆筒的工作原理如图 5.11 所示。当没有束流输入时，电容器两端的电压为零，触发器不工作，放电开关处于断开位置。当法拉第圆筒有电流输出时，电荷通过电容 C 充电，电容器两端电压随着时间不断升高，当电压 V 升高到某一值 V_0(对应于电容器充电电荷 Q_0) 时，触发器开始工作，定标器开始计数，同时放电开关闭合，使电容器对地短路；当电容器上的电荷全部放完时，触发器停止工作，放电开关断开，电路恢复到初始状态。设在脉冲束一个周期时间内定标器计数为 n，记录的总电荷量为

$$Q = Q_0 n = V_0 C n \tag{5.10}$$

若入射粒子的电荷为 Ze，则收集到的粒子总数 N 为

$$N = \frac{Q}{Ze} = \frac{V_0 C n}{Ze} \tag{5.11}$$

其中 e 是电子电荷。由于测量的是一定时间内的积分电荷，因此测得的粒子数与法拉第圆筒接收到的总电荷量有关，而与入射粒子束流的瞬时变化无直接关联。

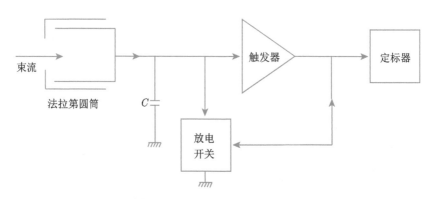

图 5.11　法拉第圆筒的工作原理

利用电磁感应原理对脉冲束流的强度变化进行实时监测是常用的束流监测方法。图 5.12 是电磁感应束流监测器工作原理图。当脉冲束流通过高磁导率圆环中心时，在圆环的线圈上产生感应电流，线圈中的电流脉冲经电容积分送到放大器，其输出电压脉冲幅度与输入电荷成线性关系。这种方法经法拉第筒刻度可提供束流脉冲强度周期性变化信息，在实际束流实验中应用广泛。此外，在加速器物理实验中，常采用具有快时间响应探测器作为束流监测器，以提供实时束流强度变化值和时间触发信号。

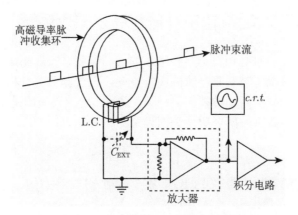

图 5.12　电磁感应束流监测器工作原理图

图 5.13 是北京正负电子加速器 (BEPCII)E2 和 E3 束流线结构图 [7]，其中 E3 实验束由电子 (800 MeV) 打靶产生次级强子 (p，π)，可用于探测器性能的精确测试；AM3，B1，B2，B3 是偏转磁铁；BH1，BH2，BV1，BV2 是偶极校正磁铁；Q1-Q8 和 LQ1，LQ2 是四极磁铁；TBT 表示测试束靶。图中 (右下角照片) 是束流望远镜系统，它由气体切连科夫探测器 CC、多丝正比室 (M1，M2，M3) 及闪烁探测器 (S1，S2) 构成，提供粒子径迹、动量和飞行时间信息。

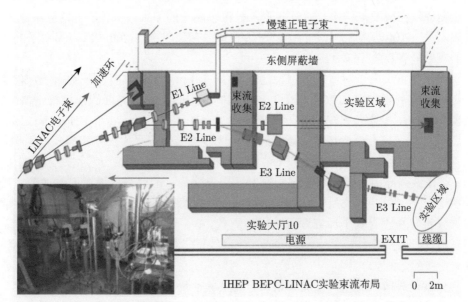

图 5.13　BEPCII-E2 和 E3 束流线结构图和束流望远镜系统 (左下角照片)

图中：深黄色 (正方形) 表示 AM3，B1，B2，B3；深黄色 (横条和竖条) 表示 BH1，BH2 和 BV1，BV2；蓝色 (圆盘) 表示 Q1-Q8；深蓝色 (圆盘) 表示 LQ1，LQ2；棕色 (竖条) 表示 TBT；浅黄色 (正方形) 表示慢正电子靶

5.2　粒子对撞与固定靶实验

一个碰撞体系的质心相对于实验室系的运动速度，一般不影响反应过程发生的概率，它只是改变了被观察产物的飞行方向，在实验数据分析中，它与质心系和实验室系之间微分截面的转换因子相关，因此实验感兴趣的是质心系中的能量。

在束流对撞模式下，两个质量分别为 m_1 和 m_2 的粒子，其质心系总能量为

$$E_{\mathrm{cm}}^2 = (E_1 + E_2)^2 - (\boldsymbol{p}_1 + \boldsymbol{p}_2)^2 \tag{5.12}$$

若实验室系观测的对撞点是静止的，即粒子运动方向相反 $(\boldsymbol{p}_1 = -\boldsymbol{p}_2)$，其质心系总能量为

$$E_{\mathrm{cm}} = E_1 + E_2 \tag{5.13}$$

对于粒子打靶模式，靶粒子是静止的 $(E_2 = m_2, \boldsymbol{p}_2 = 0)$，由式 (5.12) 可得

$$E_{\mathrm{cm}}^2 = (m_1^2 + m_2^2 + 2m_2 E_1) \tag{5.14}$$

如果两个粒子质量相同 $(m = m_1 = m_2)$，则有

$$E_{\mathrm{cm}} = \sqrt{2m(m + E_1)} \tag{5.15}$$

随着能量提高，其数值趋向于 $E_{\mathrm{cm}} = \sqrt{2mE_1}$。因此，对撞机有效能量比粒子与静止靶核作用时要高得多，并且随着入射粒子能量的增加，两者的差别愈来愈大。例如，两个 100 GeV 的电子对撞，在质心系中有效能量为 200 GeV，而对于静止靶的有效能量仅为 0.32 GeV。

第一台正负电子对撞机 (AdA, 直径约为 1.3 m, 250 MeV) 是 20 世纪 60 年代初由意大利科学家陶歇克 (B. Touschek) 提出的，并与美国的斯坦福–普林斯顿团队合作，在意大利核物理国家实验室 (Istituto Nazionale di Fisica Nuclear, INFN) 完成了可行性验证 [8]。现代粒子加速器实验大多采用对撞机模式，主要有 $\mathrm{e}^+ - \mathrm{e}^-$ 对撞机、p-p 对撞机和 p-p̄ 对撞机。它们之间的主要差别是储存的 e^+ 和 e^- 在做圆周运动时会发生同步辐射而丢失能量，因此需要通过射频加速系统不断地补充能量。对比质子对撞机，其优点是对撞时产生的背景事例较低，实验数据分析容易，有利于反应过程的精确测量。p-p 对撞机能够获得更高的能量和亮度，但需要两个储存环。p-p̄ 对撞机可以采用一个储存环，但难以获得高亮度。

亮度是对撞机的主要性能参数，它与实验的反应事例率直接相关。另一个重要参数是束流寿命，实验上需要保持束流有足够的循环时间，即循环粒子束的损失率要尽可能低。对于质子储存环来说，束流损失的主要原因是束流与真空管中残留气体粒子的相互作用。在 $\mathrm{e}^+\mathrm{e}^-$ 对撞情况下，需要考虑同步辐射效应和粒子

束之间的库仑散射。上述因素中最主要的效应是束流与残留气体的相互作用，因此储存环的真空度应尽可能高。

对撞束的优点是质心系和实验室系是等价的，即在实验室系观察到的发射角与质心系中观察到的发射角是等效的，而反应产生的绝大多数末态粒子的分布是各向同性的，因此探测器立体角 Ω 尽可能大。假设某种反应末态粒子有 n 个，则探测器对该反应的粒子探测效率近似为 $\left(\dfrac{\Omega}{4\pi}\right)^n$，因此测量多粒子事例，立体角越大，多重数测量越准确，特别是寻找稀有事例时，探测器的立体角大小就显得格外重要。为了提高粒子探测效率及增大立体角，通常大型粒子物理实验的探测系统围绕对撞中心由两部分构成：桶部和端盖部分，以尽可能覆盖 4π 立体角。对撞束的主要缺点是事例产生率较低，技术复杂，其次是束流种类有限，目前只限于 PP、$\bar{\text{p}}\text{p}$、e^+e^-、e^-p，离子–离子，以及电子–离子对撞。

图 5.14 是对撞束实验中谱仪的典型架构。对撞中心径迹密度正比于 $1/r^2$（r 表示径向坐标），这种架构可有效区分不同类型的粒子，降低造价，所以大多数对撞物理实验中的谱仪都是基于这种架构。

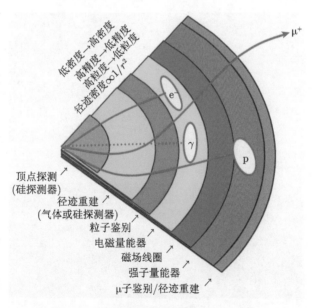

图 5.14　对撞束实验中谱仪的典型架构

对于固定靶实验，由于粒子与靶核作用系统的质心迅速地向前运动，在实验室系中观测到，所有反应物和散射粒子集中在束流前向小立体角内，事例产生率高，同时对粒子鉴别技术的要求更高。与对撞机比较，固定靶加速器对带电粒子源几乎没有限制，与靶核的作用亮度比对撞机高几个数量级，能同时在若干实验区提供不同粒子束，因此对撞机并不能完全取代固定靶加速器，两者具有一定互补性。

图 5.15 是德国正在建造的 FAIR (Facility for Antiproton and Ion Research) CBM (Compressed Baryonic Matter) 谱仪结构示意图 [9]。该实验的主要目标是利用高能核–核碰撞研究高重子密度区域的 QCD 相图，包括核物质的状态方程验证，寻找相变、手征对称性恢复和奇异 QCD 物质。为了达到高能量高密度的物质热化态，采用相对论重离子束打靶模式，整个 CBM 谱仪是安装在作用靶的前向，主要用来测量强子作用的集体行为，包括奇异超子、粲粒子和矢量介子和衰变轻子。图 5.16 是模拟 CBM 实验中 Au+Au(25 GeV/A) 径迹图像，其单次打靶产生的反应事例率高达 10 MHz 数量级 [10]。

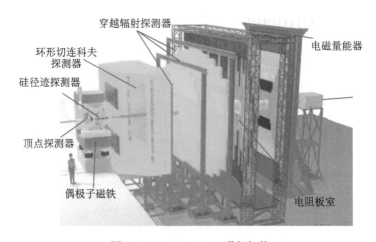

图 5.15　FAIR CBM 谱仪架构

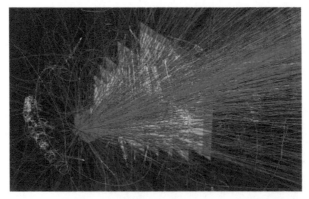

图 5.16　模拟 CBM 实验中 Au+Au(25GeV/A) 径迹图像

(基于 UrQMD+GENT4 模拟)

5.3 粒子束打靶作用截面测量

一束具有确定能量的粒子与靶核作用，设单位时间内通过与束流相垂直的单位面积上入射粒子数为 N_0，靶中单位体积内的靶粒子数为 n，靶子厚度为 t，在单位时间内相对于入射束极角为 θ、方位角为 φ 方向上，$\mathrm{d}\Omega$ 立体角内出射的粒子数可表示为

$$\mathrm{d}N(\theta,\varphi) = N_0 n t \sigma(\theta,\varphi)\mathrm{d}\Omega \tag{5.16}$$

这里比例常数 $\sigma(\theta,\varphi)$ 是探测器测量的反应截面，其定义与微分散射截面相似，可表示为

$$\sigma(\theta,\varphi) = \frac{\mathrm{d}N(\theta,\varphi)}{N_0 n t \mathrm{d}\Omega} \tag{5.17}$$

$\sigma(\theta,\varphi)$ 的单位是 m^2/Sr。对确定的入射粒子通量和靶核密度，测量微分截面 $\sigma(\theta,\varphi)$ 就归结为测量 $\mathrm{d}\Omega$ 立体角内的出射粒子数 $\mathrm{d}N(\theta,\varphi)$，即反应事例数的角分布。

由式 (5.17) 对 4π 立体角积分，则总截面 σ_T 可表示为

$$\begin{aligned}
\sigma_\mathrm{T} &= \int_0^{2\pi}\int_0^{\pi}\mathrm{d}\sigma_\mathrm{T} = \int_0^{2\pi}\int_0^{\pi}\sigma(\theta,\varphi)\mathrm{d}\varphi\mathrm{d}\theta = \int_0^{2\pi}\int_0^{\pi}\sigma(\theta,\varphi)\mathrm{d}\Omega \\
&= \int_0^{2\pi}\mathrm{d}\varphi\int_0^{\pi}\sigma(\theta,\varphi)\sin\theta\mathrm{d}\theta = \frac{N}{N_0 n t}
\end{aligned} \tag{5.18}$$

式中，N 为单位时间内在 4π 立体角内总的出射粒子数；σ_T 表示一个粒子入射到单位面积含有一个靶粒子的靶上时，发生各种反应的概率大小。

由式 (5.18) 可得发生反应的粒子数和入射粒子数之比：

$$Y = \frac{N}{N_0} = n t \sigma_\mathrm{T} \tag{5.19}$$

Y 称为反应产额，表示入射粒子与靶核发生反应的概率，它和单位面积上的靶粒子数和总截面 σ_T 成正比。

当入射粒子和靶核作用存在多个反应道时，相应于各个反应道的截面称为部分截面 σ_i：

$$\sigma_i = \frac{N_i}{N_0 n t} \tag{5.20}$$

N_i 代表第 i 反应道中的出射粒子总数。总截面是所有部分截面之和：

$$\sigma_\mathrm{T} = \sum_i \sigma_i \tag{5.21}$$

5.3.1 总截面测量原理

设入射粒子通量为 ϕ_0，在靶 x 处的通量为 $\phi(x)$，通过 $\mathrm{d}x$ 距离后，通量减弱 $\mathrm{d}\phi(x)$，并且发生反应前后的粒子数有一一对应的关系，则

$$-\mathrm{d}\phi(x) = \phi(x)n\sigma_\mathrm{T}\mathrm{d}x \tag{5.22}$$

其中，n 是单位体积内的靶粒子数；σ_T 是相互作用总截面。

若入射粒子在靶中不同位置处的 σ_T 为常数，设 $x = 0$ 时，$\phi(0) = \phi_0$，对式 (5.22) 积分可得

$$-\int_{\phi_0}^{\phi} \frac{\mathrm{d}\phi}{\phi} = \int_0^t n\sigma_\mathrm{T}\mathrm{d}x \tag{5.23}$$

因此，入射粒子束通过厚度为 t 的靶子后，通量为

$$\phi(t) = \phi_0 \mathrm{e}^{-n\sigma_\mathrm{T}t} \tag{5.24}$$

这表明透射粒子通量 $\phi(t)$ 随着靶子厚度的增加以指数形式衰减，$n\sigma_\mathrm{T}$ 即为吸收系数。上式可改写成

$$\sigma_\mathrm{T} = \frac{1}{nt}\ln\left(\frac{1}{T}\right) \tag{5.25}$$

其中

$$T = \frac{\phi(t)}{\phi_0} \tag{5.26}$$

T 称为靶子的透射率。对于确定的作用靶子，nt 的数值是确定的，因此，总截面 σ_T 只与靶的透射率有关。只要计算出单位体积内靶粒子数 n 和靶厚度 t，测出入射粒子束通过靶子前后的通量比 T，即可按式 (5.25) 求得总截面 σ_T。这种方法常称为透射测量法。

当 $nt\sigma_\mathrm{T} \ll 1$ 时，式 (5.24) 可简化为

$$\phi(t) = \phi_0\left(1 - nt\sigma_\mathrm{T}\right) \tag{5.27}$$

$$\sigma_\mathrm{T} = \frac{\phi_0 - \phi(t)}{nt\phi_0} = \frac{1 - T}{nt} \tag{5.28}$$

采用透射法测量反应总截面，既不需要知道入射粒子和靶粒子之间相互作用过程的细节，也不需要对入射粒子束通量做绝对测量，可以获得较高的测量精度，因此广泛应用于中子截面测量。需要注意的是，透射法测量作用总截面 σ_T，必须满足以下两个条件：

(1) 每个入射粒子最多只与靶粒子作用一次，这个条件对于薄靶通常近似满足，而对于厚靶，必须对多次相互作用作修正；

(2) 与总截面发生变化的能量范围相比，入射粒子在靶中的能量损失非常小，因此在整个靶子厚度内，作用截面 σ_T 近似看成常数，否则由于靶中不同深度处入射粒子束的能量变化，将导致反应截面 σ_T 不同。

对于能量较高的带电粒子反应，通常是满足上述条件的，但对能量较低的带电粒子反应，由于带电粒子和靶中电子相互作用有较大的能量损失，速度愈小，损失愈大，虽然采用薄靶可减小带电粒子在靶中的能量损失，但靶核数也相应减少，反应产额降低，实验统计误差增大。因此，对于能量较低的带电粒子总截面的测量，通常不采用透射法，而是在不同方向上直接测量每一反应道的出射粒子数求得微分截面，然后在 4π 立体角内积分得到各反应道的部分截面 σ_i，再对所有 σ_i 求和得到 σ_T。

由于研究的物理问题不同，入射粒子的能量和种类不同，对于粒子束打靶截面测量，具体实验设计会有所差别，但基本架构是由以下三部分组成的：产生入射粒子的束流传输和监测系统；与入射粒子发生相互作用的靶装置；测量入射粒子和透射粒子的探测系统。下面以中子和带电粒子截面测量为例，进一步说明有关的测量方法。

5.3.2 中子总截面测量

中子反应总截面包括弹性散射截面、中子吸收截面、俘获截面、裂变截面等不同反应过程，与中子能量和靶核反应机制直接相关。图 5.17 是一种用透射方法测量中子反应总截面实验布局。设样品取出时，探测器测得的入射粒子通量为 ϕ_0'，而样品存在时，测得的透射中子通量为 ϕ'，加屏蔽体后测得的本底通量为 ϕ_b，则扣除本底后的透射率为

$$T = \frac{\phi}{\phi_0} = \frac{\phi' - \phi_b}{\phi_0' - \phi_b} \tag{5.29}$$

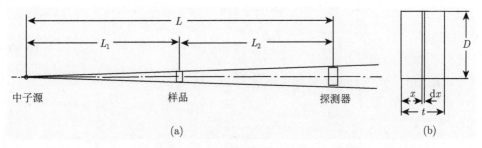

图 5.17 透射方法测量中子反应总截面实验布局 (a)；靶样品几何参数 (b)

前面已指出式 (5.25) 是在每个入射粒子最多与样品发生一次作用的前提下推导出来的。当中子与样品发生非弹性散射时，入射中子损失部分能量，多次散射使得

中子有可能沿着中子入射方向运动，能量较低，可以用电子学方法甄别，但对于朝前方向 ($\theta \approx 0°$) 的弹性散射事例，散射后的中子能量变化很小，也可能被探测器记录，从而使透射计数率增加，引起测量误差，因此需要对这类内散射效应进行修正。

若中子探测器是能量灵敏，只记录朝前弹性散射的中子，且样品的厚度 $t \ll L_1, L_2(L_1$ 和 L_2 分别为中子源到样品和样品到探测器之间的距离)，则由图 5.17 给出的参数，可以证明入射中子在样品中产生一次弹性散射后，在 $\theta \approx 0°$ 方向进入探测器的通量为 [9]

$$\phi_1 = \frac{\pi \phi_\Omega}{4} \left(\frac{D}{L_1 L_2}\right)^2 nt\sigma_{\mathrm{el}}(0°)\, \mathrm{e}^{-n\sigma_{\mathrm{T}} t} \tag{5.30}$$

式中，ϕ_Ω 是单位立体角内入射中子通量；D 是样品直径，$\sigma_{\mathrm{el}}(0°)$ 是 $\theta = 0°$ 方向上中子弹性散射微分截面。在样品不太厚的情况下，主要是单次散射，此时样品的透射率可表示为

$$T = T_0 + T_1 \tag{5.31}$$

其中，T_0 是排除所有散射中子后的透射率；T_1 是对应于单次弹性散射的透射率，即

$$T_0 = \mathrm{e}^{-n\sigma_{\mathrm{T}} t} \tag{5.32}$$

并且

$$T_1 = \frac{\phi_1}{\phi_0} \tag{5.33}$$

ϕ_0 为移去样品后进入探测器的中子通量，可表示为

$$\phi_0 = \frac{\phi_\Omega}{(L_1 + L_2)^2} = \frac{\phi_\Omega}{L^2} \tag{5.34}$$

将式 (5.30) 和式 (5.34) 代入式 (5.33)，可得

$$T_1 = \frac{\pi}{4} \left(\frac{DL}{L_1 L_2}\right)^2 \pi t\sigma_{\mathrm{el}}(0°)\, \mathrm{e}^{-n\sigma_{\mathrm{T}} t} \tag{5.35}$$

式中，L 为中子源与探测器之间的距离。

由式 (5.25) 可得

$$\Delta\sigma_{\mathrm{T}} = -\frac{1}{nt}\frac{\Delta T}{T} \tag{5.36}$$

这里 ΔT 是因单次弹性散射所增加的透射率；T 是排除了所有散射中子后的透射率 T_0，因此可得

$$\Delta\sigma_{\mathrm{T}} = -\frac{1}{nt} \cdot \frac{T_1}{T_0} = \left(\frac{\pi}{4}\right)\left(\frac{DL}{L_1 L_2}\right)^2 \sigma_{\mathrm{el}}(0°) \tag{5.37}$$

其相对误差为

$$\frac{\Delta\sigma_{\mathrm{T}}}{\sigma_{\mathrm{T}}} = \left(\frac{\pi}{4}\right)\left(\frac{DL}{L_1 L_2}\right)^2 \frac{\sigma_{\mathrm{el}}(0°)}{\sigma_{\mathrm{T}}} \tag{5.38}$$

总截面可表示为

$$\sigma_{\mathrm{T}} = \frac{\sigma_{\mathrm{T}}'}{1 + \dfrac{\Delta\sigma_{\mathrm{T}}}{\sigma_{\mathrm{T}}}} \tag{5.39}$$

其中，σ_{T}' 为实际测量得到的总截面，并有

$$\sigma_{\mathrm{T}}' = \sigma_{\mathrm{T}} + \Delta\sigma_{\mathrm{T}} \tag{5.40}$$

将 $L_2 = L - L_1$ 代入式 (5.37)，并对 L_1 微分，可求出当 $L_1 = L_2 = \dfrac{L}{2}$ 时，内散射修正可达最小值。并有

$$\frac{\Delta\sigma_{\mathrm{T}}}{\sigma_{\mathrm{T}}} = 4\pi\left(\frac{D}{L}\right)^2 \frac{\sigma_{\mathrm{el}}(0°)}{\sigma_{\mathrm{T}}} \tag{5.41}$$

由此可知，为了减小由内散射效应引起的总截面测量的相对误差，要求样品阴影能遮蔽探测器灵敏面积，并且直径愈小愈好，但这样做会使得探测器对中子源所张的立体角减小，探测效率降低。为了降低内散射效应，同时又不降低探测效率，实际测量中 D 应取适当大小，而 L 则由中子源的强度决定。同时为减少中子散射的环境本底影响，实验中需要有专门的屏蔽设施。需要注意是，在探测器对朝前方向的非弹性散射中子也灵敏的情况下，式 (5.38) 和式 (5.41) 中的 $\sigma_{\mathrm{el}}(0°)$ 要用朝前方向弹性和非弹性微分截面之和来代替。在数据分析中，还需要考虑探测器对于入射中子能量分辨和非线性响应影响。图 5.18 是测量的中子与 $^{238}\mathrm{U}$ 作用的总截面分布 [11]。

5.3.3 带电粒子总截面测量

当带电粒子的能量损失和其本身能量相比非常小时，其反应截面可近似看成常数。图 5.19 是一种测量高能带电粒子与氢靶作用总截面的实验装置。质子束轰击靶子 T 产生的次级粒子 (大部分是 π^-，也包含 K^- 和少量 $\bar{\mathrm{p}}$)，依次通过聚焦磁铁 Q_1、Q_2，磁分析器 M 和磁透镜聚焦系统 L，穿过闪烁计数器 S_1'、S_2'、S_3' 和气体切连科夫计数器 $\hat{C}$ 打到氢靶上。调节磁分析器中的电流大小作动量选择，调节偏转磁铁线圈中的电流方向作电荷符号选择。气体切连科夫计数器 $\hat{C}$ 是微分速度选择器，通过调节气体压力改变折射系数的方法，选择实验所需的粒子。圆筒形液氢靶直径为 20 cm，长度达 3 m，目的是增加作用事例数，同时避免入射粒子束打到液氢靶的器壁上。束流望远镜 (S_1'、S_2' 和 S_3') 用来测量击中氢靶粒子数，并由 $S_1' + S_2' + \hat{C} + S_3'$ 选择一定动量的粒子，这些粒子打在氢靶上，一部分

发生相互作用，未发生相互作用的粒子继续穿过透射探测器 $S_i(i = 1 - 6)$。为提高探测效率，该探测器对 H_2 靶中心所张的立体角依次增大。

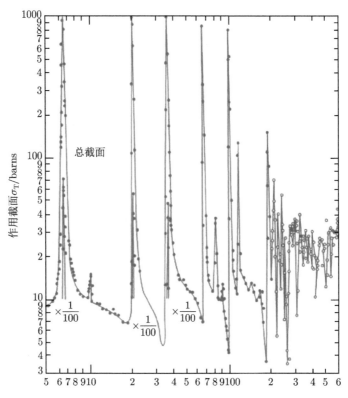

图 5.18　中子与 ^{238}U 作用的总截面分布 (5~600 eV)

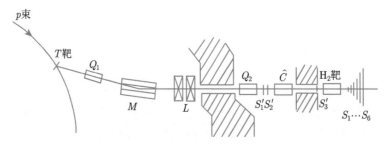

图 5.19　一种测量高能带电粒子与氢核作用总截面的实验装置

显然 $S_1' + S_2' + \hat{C} + S_3'$ 的符合计数就是击中氢靶的有效初级粒子数，而 $S_1' + S_2' + \hat{C} + S_3' + S_1 + S_2 + S_3 + S_4 + S_5 + S_6$ 的符合计数则为经过氢靶后没有发生

作用的粒子数，即透射粒子数。类似于式 (5.25) 推导，带电粒子作用总截面可表示为

$$\sigma_{\mathrm{T}} = \frac{1}{nt} \ln \frac{N_0 N'}{N N_0'} = \frac{1}{nt} \ln \frac{T'}{T} \tag{5.42}$$

其中，N_0'、N' 和 T' 分别代表空靶 (靶室中无液氢) 时的入射粒子数、透射粒子数和透射率；N_0，N 和 T 分别是有靶时的入射粒子数、透射粒子数和透射率。

在入射粒子能量很高的情况下，发生作用后的末态粒子仍有可能在接近于入射粒子方向的小锥角内射出，这些粒子被透射探测器 S_i 记录，其中部分与靶核未发生作用的粒子，因库仑散射而偏离原来的入射方向没有被 S_i 记录，因此需要对式 (5.42) 的总截面关系式作修正。

设探测器 S_i 对靶心的半张角为 θ_i，相应的截面可表示为

$$\sigma(\theta_i) = \frac{1}{nt} \ln \frac{T_i}{T} \tag{5.43}$$

在理想情况下，每个透射计数器测量到的总截面 σ 等于真正总截面 σ_0 减去产生带电粒子的微分截面从 $0°$ 到 θ_i 的积分值：

$$\sigma(\theta_i) = \sigma_0 - 2\pi \int_0^{\theta_i} \frac{\mathrm{d}\sigma}{\mathrm{d}\Omega} \sin\theta \mathrm{d}\theta \tag{5.44}$$

由于 θ_i 很小，可把上式积分中的 $\dfrac{\mathrm{d}\sigma}{\mathrm{d}\Omega}$ 近似地看成常数，积分可得

$$\begin{aligned}
\sigma(\theta_i) &= \sigma_0 - 2\pi \int_0^{\theta_i} \frac{\mathrm{d}\sigma}{\mathrm{d}\Omega} \sin\theta \mathrm{d}\theta \\
&= \sigma_0 - 2\pi \frac{\mathrm{d}\sigma}{\mathrm{d}\Omega} \int_0^{\theta_1} \sin\theta \mathrm{d}\theta \\
&= \sigma_0 - 2\pi (1 - \cos\theta_i) \frac{\mathrm{d}\sigma}{\mathrm{d}\Omega}
\end{aligned} \tag{5.45}$$

$\sigma(\theta_i)$ 随散射角 θ_i 变化曲线如图 5.20 所示，当 θ_i 较小时，一部分没有发生核作用的入射带电粒子，因原子核库仑场作用偏离原来运动方向，没有被透射计数器记录到，使得 $\sigma(\theta_i)$ 很大，对应于曲线 AB 段；当 θ_i 逐渐增大时，发生库仑散射的粒子进入透射计数器的概率也随之增大；当 θ_i 增至某一值时，大部分库仑散射的粒子被透射计数器接收，而部分与靶核作用的散射粒子在透射计数器所张的立体角以外，作用截面对应于曲线上 B 点；曲线 BCD 段表示入射粒子和靶核发生弹性散射的过程，即大部分弹性散射粒子处在 $\theta_i \leqslant (kR)^{-1}$ 的角度范围内 (k 为入射粒子的波数，R 为质子半径)；当 $\theta_i \gg (kR)^{-1}$ 时，曲线趋于直线 (图中 DE 段) 表示非弹性散射作用截面过程。

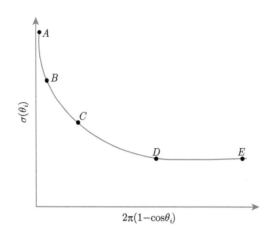

$$\text{图 5.20}\quad \sigma(\theta_i) \text{ 随散射角 } \theta_i \text{ 的变化曲线}$$

综上所述，测量带电粒子作用总截面的一般方法归纳如下：

(a) 用一系列半张角 θ_i 不同的探测器 S_i 分别测量空靶和有靶时的透射率 T_i' 和 T_i；

(b) 由式 (5.43) 计算出对应于每个透射计数器 S_i 的截面 $\sigma(\theta_i)$；

(c) 作 $\sigma(\theta_i) - 2\pi(1 - \cos\theta_i)$ 曲线，该曲线弹性散射部分的斜率就是在实验室系中朝前方向 $(\theta = 0°)$ 弹性散射微分截面；

(d) 把曲线的弹性散射部分外推到 $\theta = 0°$，即 $\sigma(\theta_i = 0°)$ 为总截面 σ_0。

需要注意的，这种外推方法只有当测量透射计数的探测器立体角足够小，以至于在该立体角范围内微分截面可用 $\theta = 0°$ 时的值代替时才是完全正确的。显然，探测器 S_i 对靶子所张的立体角大小对测量精度有直接的影响。一般来讲，立体角应尽可能小，使所有发生作用的粒子尽可能不被透射计数器接收到，同时为了避免小角度弹性散射引起的计数损失，增加事例数的统计精度，探测器的立体角不能太小，因此在实验设计时要兼顾这两个方面。

5.3.4　带电粒子微分截面测量

在许多情况下，相互作用产生的末态产物空间分布不是各向同性的，因此需要测量反应以后的出射粒子在空间某一方向的概率，即微分截面 $\sigma(\theta, \varphi)$，微分截面更细致地反映了相互作用的特性。当不考虑粒子极化时，微分截面具有轴对称性，即 $\sigma(\theta, \varphi) = \sigma(\theta)$，因此只要测量单位时间内在 θ 方向上 $\mathrm{d}\Omega$ 立体角内的出射粒子数 $\mathrm{d}N(\theta)$、入射粒子通量和靶子厚度，由已知单位体积内靶粒子数，即可计算得出微分截面。

应当指出，微分截面不仅仅是作用截面与角度 (θ, φ) 的关系，还有一些其他形式的微分截面，例如，$\mathrm{d}\sigma/\mathrm{d}E$ 或 $\sigma(E)$，$\mathrm{d}^2\sigma/\mathrm{d}E\mathrm{d}\Omega$ 或 $\sigma(E, \theta, \varphi)$，$\mathrm{d}\sigma/\mathrm{d}t$ 或

$\sigma(t)$，它们分别表示作用截面与粒子能量的关系；作用截面与粒子能量和角度的关系；作用截面与粒子四动量转移的关系。从广义来说，凡是对应于某一物理参数表示粒子分布的概率，可认为是某种作用过程的微分截面。下面讨论针对微分截面 $d\sigma/d\Omega$ 的测量方法。

核或粒子相互作用微分截面的测量可分为两类：绝对微分截面测量和角分布测量。绝对微分截面测量需要分别测量入射粒子束的通量和在某一方向上单位立体角内出射粒子的通量，然后计算出对应于某种相互作用过程的微分截面。因此，微分截面测量要比总截面测量复杂得多，尤其是测量某一特定反应道的微分截面时更是如此。这是因为对于确定的入射粒子和靶核，可能存在多种反应道，必须从所有相互作用事例中鉴别出所需要的事例，同时要精确测量单位立体角内出射粒子通量和入射粒子束的绝对通量，并且对所有的靶核而言，要求入射粒子束通量是不变的。

角分布测量也叫作相对微分截面测量，它是测量某种相互作用过程中出射粒子在 (θ, φ) 方向上单位立体角内的概率 $W(\theta, \varphi)$，显然：

$$\int_0^{2\pi} \mathrm{d}\varphi \int_0^{\pi} W(\theta, \varphi) \sin\theta \mathrm{d}\theta = 1 \tag{5.46}$$

其中

$$W(\theta, \varphi) = \frac{\sigma(\theta, \varphi)}{\sigma_{\mathrm{T}}} = \frac{1}{\sigma_{\mathrm{T}}} \frac{\mathrm{d}\sigma(\theta, \varphi)}{\mathrm{d}\Omega} \tag{5.47}$$

这里 $W(\theta, \varphi)$ 表示相对角分布。实验中需要分别测量对应于某一反应道的绝对微分截面和总截面，得到相应的角分布曲线。由于该方法需要测量入射粒子束通量和靶子厚度，而通量的不稳定性和靶厚的微小变化都会对实验精度产生较大的影响，因此，实验中一般采用相对测量方法，即用一探测器在某一固定的角度上做计数监测，用另一个探测器在不同角度上测量出射粒子数 (图 5.21)，然后把单位时

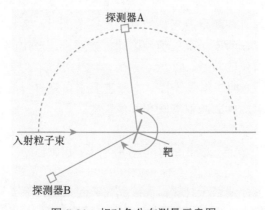

图 5.21 相对角分布测量示意图

间内测得的两个计数相除 (即归一化) 得到角分布曲线。若在某一角度上做一次绝对微分截面的测量，就得到绝对微分截面的角分布。由于在 $\theta = 0°$ 和 $\theta = 180°$ 附近分别是束流传输管道，在这两个角度上无法测量出射粒子数，通常采用实验点外推方法或模拟计算求得微分截面值。

对于确定的反应道，角分布的形状一般随入射粒子能量不同而不同，同时它又和坐标系的选择有关，为了便于和理论值比较，应当将角分布曲线从实验室系转换到质心系。为了计算总截面，需要对实验测量数据进行拟合，并将角度从 $0° \sim 180°$ 分成几等份，求出相应于每个 θ_i 的微分截面，于是总截面为

$$\sigma_{\mathrm{T}} = \int \sigma\left(\theta_i\right) \mathrm{d}\Omega = 2\pi \sum_{i=1}^{n} \sigma\left(\theta_i\right) \sin \theta_i \Delta \theta_i$$

$$= 2\pi \sum_{i=1}^{n} \sigma\left(\theta_i\right) \sin \theta_i \cdot \frac{\pi}{n} = \frac{2\pi^2}{n} \sum_{i=1}^{n} \sigma\left(\theta_i\right) \sin \theta_i \qquad (5.48)$$

从而由实验数据算出总截面。

实际测量中应注意以下几个问题。

(a) 精确地测量反应产物相对于入射粒子束的角度，尤其是当反应截面随角度的变化十分灵敏时，需要对入射束准直。当测试的角度较小时，可在入射束方向的两边对称角度上分别进行测量，以减少角度不确定性引起的误差。

(b) 避免粒子束在飞行中的能量损失，要求靶室和束流管道保持真空。测量带电粒子反应时，为了提高能量分辨率，在产额允许的条件下，尽量采用薄靶，以避免多次散射效应影响。例如，采用气体靶，合理选择窗的材料和结构，避免反应产物在窗中产生多次散射和能量损失；气体要有足够高的压力，以提高事例统计性；真空系统要有保护装置，避免窗一旦破裂造成事故等。

(c) 测量带电粒子时，探测器必须放在散射室内，测量中子和 γ 射线时，探测器可放在散射室外面。在测量感兴趣的某一反应截面时，各种本底辐射和干扰往往很大，而且可能存在若干个反应道，因此，要对反应产生的各种出射粒子作仔细的鉴别，选择所需要的粒子。

(d) 采取有效措施抑制本底干扰。本底主要来自靶材料活化反应和靶室的本底反应，以及实验室周围的散射本底和其他辐射。

5.4　对撞机亮度与截面测量

无论是粒子对撞还是粒子打靶，表征反应事例数 R，除了与有效能量有关外，还与束流亮度 L 相关，而亮度测量精度直接与反应截面 σ_{p} 相关。它们之间的关

系可用单位时间反应事例率表示:

$$\frac{\mathrm{d}R}{\mathrm{d}t} = L \cdot \sigma_{\mathrm{p}} = N_{\mathrm{T}} \tag{5.49}$$

N_{T} 是测量的总事例率，单位是 $\mathrm{cm}^{-2}\cdot\mathrm{s}^{-1}$。

依据对撞机亮度定义，对撞束流亮度可以通过测量束流参数确定，也可以通过测量已知反应过程事例率获得，后者在实验上是通过专用亮度监测器实现的。亮度监测器可提供一个与束流碰撞量度成正比的信号，用于实时监测束流碰撞亮度变化，并通过对束团强度和分布精确测量，确定其绝对值。现代高能加速器对亮度监测器性能的要求是：具有很大的动态范围 ($10^{27} \sim 10^{34}$ $\mathrm{cm}^{-2}\cdot\mathrm{s}^{-1}$)；对单个粒子束具有尽可能高的计数能力；可在不同的束流条件下运行 (例如有或没有交角，不同的光学参数等)，可适应不同类型的粒子，如质子和离子等。

5.4.1 加速器束流亮度

图 5.22 是粒子束与固定靶作用示意图。图中束流通量为 Φ，靶的密度为 ρ_{T}，靶厚度为 l。束流亮度定义为

$$L = \Phi \cdot \rho_{\mathrm{T}} \cdot l \tag{5.50}$$

即

$$\frac{\mathrm{d}R}{\mathrm{d}t} = \Phi\rho_{\mathrm{T}}l \cdot \sigma_{\mathrm{p}} = L \cdot \sigma_{\mathrm{p}} \tag{5.51}$$

对于对撞束，两个束流同时充当靶核和入射束，束团密度分布是关键参数，需要用三维分布函数的卷积表示。典型的束团分布截面是窄长椭圆形，如图 5.23 所示，当两个束碰撞时，其重叠部分的积分取决于它们相互移动的纵向位置和时间。通常定义两个束团中心到碰撞点的距离 $S_0 = ct$ 作为变量，显然，当这两个束流的分布函数不同，反应事例率也不同。

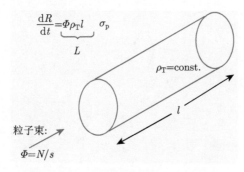

图 5.22 粒子束与固定靶作用示意图

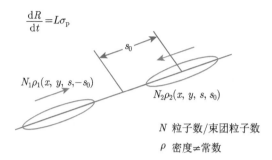

$$\frac{\mathrm{d}R}{\mathrm{d}t} = L\sigma_{\mathrm{p}}$$

s_0

$N_1\rho_1(x, y, s, -s_0)$

$N_2\rho_2(x, y, s, s_0)$

N 粒子数/束团粒子数

ρ 密度≠常数

图 5.23　对撞束作用参数

对撞束亮度 L 一般计算公式如下:

$$L = k \iiint \int_{-\infty}^{+\infty} \rho_1(x,y,s,-s_0)\rho_2(x,y,s,s_0)\mathrm{d}x\mathrm{d}y\mathrm{d}s\mathrm{d}s_0 \tag{5.52}$$

这里,$\rho_1(x,y,s,s_0)$ 和 $\rho_2(x,y,s,s_0)$ 是随时间变化的束团密度分布函数。设两个束团在 $s_0=0$ 处相遇,k 是束团相对动力学参数,表示为

$$k = [(\boldsymbol{v}_1 - \boldsymbol{v}_2)^2 - (\boldsymbol{v}_1 \times \boldsymbol{v}_2)^2/c^2]^{1/2} \tag{5.53}$$

在束团密度分布相互独立的条件下,对于对心碰撞 $(\boldsymbol{v}_1 = -\boldsymbol{v}_2)$,其积分亮度为

$$L = 2N_1N_2fN_\mathrm{b} \iiint_{-\infty}^{+\infty} \rho_{1x}(x)\rho_{1y}(y)\rho_{1s}(s-s_0)\rho_{2x}(x)\rho_{2y}(y)\rho_{2s}(s+s_0)\mathrm{d}x\mathrm{d}y\mathrm{d}s\mathrm{d}s_0 \tag{5.54}$$

式中,N_1 和 N_2 是束团粒子数;f 是束团回旋频率;N_b 是束团数。计算这个积分,必须知道束团在各个方向的密度分布,需要通过数值积分求解,当束团密度分布具有一定对称性时,可直接积分求解。多种情况下束团密度分布可用高斯分布函数近似表示:

$$\rho_{iz}(z) = \frac{1}{\sigma_z\sqrt{2\pi}} \exp\left(-\frac{z^2}{2\sigma_z^2}\right), \quad i=1,2, \quad z=x,y \tag{5.55}$$

或

$$\rho_s(s \pm s_0) = \frac{1}{\sigma_s\sqrt{2\pi}} \exp\left(-\frac{(s \pm s_0)^2}{2\sigma_s^2}\right) \tag{5.56}$$

对于完全相同的两个束团,即 $\sigma_{1x} = \sigma_{2x}$,$\sigma_{1y} = \sigma_{2y}$,$\sigma_{1s} = \sigma_{2s}$,积分亮度公式改写为

$$\mathcal{L} = \frac{2 \cdot N_1N_2fN_\mathrm{b}}{(\sqrt{2\pi})^6\sigma_s^2\sigma_x^2\sigma_y^2} \iiiint e^{-\frac{x^2}{\sigma_x^2}} e^{-\frac{y^2}{\sigma_y^2}} e^{-\frac{s^2}{\sigma_s^2}} e^{-\frac{s_0^2}{\sigma_s^2}} \mathrm{d}x\mathrm{d}y\mathrm{d}s\mathrm{d}s_0 \tag{5.57}$$

对 s 和 s_0 积分，可得

$$\mathcal{L} = \frac{2 \cdot N_1 N_2 f N_{\mathrm{b}}}{8(\sqrt{\pi})^4 \sigma_x^2 \sigma_y^2} \iint \mathrm{e}^{-\frac{x^2}{\sigma_x^2}} \mathrm{e}^{-\frac{y^2}{\sigma_y^2}} \mathrm{d}x \mathrm{d}y \tag{5.58}$$

进一步对 x，y 积分得到

$$L = \frac{N_1 N_2 f N_{\mathrm{b}}}{4\pi \sigma_x \sigma_y} \tag{5.59}$$

这是常见对撞束的亮度估算公式，它给出亮度与束团粒子数、束流回旋频率、束团大小及束团分布的定量关系。

对固定靶亮度而言，这一关系同样可反映与靶核二维分布密度的关系。对于更一般的情况：$\sigma_{1x} \neq \sigma_{2x}, \sigma_{1y} \neq \sigma_{2y}$，假定 $\sigma_{1s} \approx \sigma_{2s}$ 束团长度大致相等，可得到修正公式：

$$\mathcal{L} = \frac{N_1 N_2 f N_{\mathrm{b}}}{2\pi \sqrt{\sigma_{1x}^2 + \sigma_{2x}^2} \sqrt{\sigma_{2y}^2 + \sigma_{2y}^2}} \tag{5.60}$$

值得注意的是，上述分析中假设粒子密度的空间分布是各自独立的，其亮度与束长度分布参数 σ_s 无关。在实际计算分析中，往往需要考虑其他因数的影响，包括束流碰撞交叉角，碰撞点偏移和色散，非高斯束流分布等。

5.4.2 正负电子对撞截面测量

正负电子对撞是纯粹的电磁作用过程，并通过虚光子产生末态粒子，由于传递该过程的虚光子具有确定的量子数 $J^{PC} = 1^{--}$（J 为自旋，P 为宇称，C 为电荷），没有强作用本底，背景事例干扰小，数据分析精度高。

在正负电子对撞实验中，理论上能精确计算作用截面是小动量转移的 QED 过程，其中可用作亮度测量的有以下几种：

(a) 单轫致辐射：$\mathrm{e}^+\mathrm{e}^- \rightarrow \mathrm{e}^+\mathrm{e}^-\gamma$；

(b) 双轫致辐射：$\mathrm{e}^+\mathrm{e}^- \rightarrow \mathrm{e}^+\mathrm{e}^-\gamma\gamma$；

(c) 电子弹性散射：$\mathrm{e}^+\mathrm{e}^- \rightarrow \mathrm{e}^+\mathrm{e}^-$。

反应 (a) 的最大优点是计数率较高。由于该反应前向有一峰值，所以可用小角度亮度监测器测量反应产生的 γ 光子。由于该反应过程受相互作用区的位置、形状及对撞机工作条件的影响很小，在实验过程中，常利用该反应作在线监测，即使在亮度很低时也可用作亮度测量。

反应 (b) 的特点是轫致辐射产生两个相反方向的 γ 光子，采用符合方法可以把单轫致辐射过程中产生的 γ 光子和束流及管道内残留气体作用产生的 γ 本底排除掉。该反应的事例率较低，在朝前方向也有一个峰，但比单轫致辐射的朝前峰要宽，因此探测器几何张角对计数率的影响较大。

反应 (c) 是电子弹性散射过程 (又称为 Bhabha 散射), 其微分截面为 [12]

$$\frac{\mathrm{d}\sigma}{\mathrm{d}\Omega} = \frac{\alpha^2}{2S}\left(\frac{q'^4 + S^2}{q^4} + \frac{2q'^4}{q^2 S} + \frac{q'^4 + q^4}{S^2}\right)[1 + f(\theta)] \tag{5.61}$$

其中, $q^2 = -S\cos^2\frac{\theta}{\alpha}$; $q'^2 = -S\sin^2\frac{\theta}{2}$; θ 是散射电子相对于入射束的夹角; α 是精细结构常数; S 是质心系总能量的平方; $f(\theta)$ 是辐射修正项。Bhabha 散射角分布在朝前方向有一尖锐的峰, 散射后的正负电子具有两个基本特性: 总能量等于对撞束能量之和; 运动方向相反, 且同一条直线上。利用这两个特点, 在远离碰撞点的两边对称地放置一对电磁簇射计数器, 构成小角度亮度监测系统 (图 5.24), 利用符合测量的方法可方便地把 Bhabha 事例和本底事例区分开来。

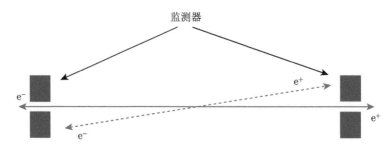

图 5.24　正负电子对撞的小角度 Bhabha 散射与亮度监测示意图

由于 Bhabha 散射微分截面与 θ 的四次方成反比, 若电磁簇射计数器的位置稍微偏离对称点, 或者对撞束的角度有一很小的变化, 都会使计数率发生很大的变化。为了提高测量精度, 通常把小角度亮度监测系统做成环绕束流管的形式, 以便在 2π 方位角内探测 Bhabha 散射事例, 并以测量平均值作为实际的亮度值。小角度亮度监测器同时可用来标记小角度双光子事例中的末态电子。

实际测量中, 一些影响亮度的因数, 如束流交叉角和测量区域变化, 以及探测器的几何接受度, 在很大程度上限制了亮度的测量精度。许多实验利用桶部量能器测量数据, 通过离线分析重建 e^+e^- 弹性散射事例, 可获得更加准确的绝对积分亮度。图 5.25 是日本正负电子对撞机 (KEKB) 和 BELLE 实验一个典型的重建 e^+e^- 弹性散射事例图 [13]。

对撞束亮度精确值是通过对束流参数直接测量获得的。设两个束流包含相同束团数 N_b, 回旋频率为 f。两个对撞束团分别有 N_1 和 N_2 粒子, 则对撞束流强可表示为

$$I_1 = N_1 f e N_\mathrm{b}, \quad I_2 = N_2 f e N_\mathrm{b} \tag{5.62}$$

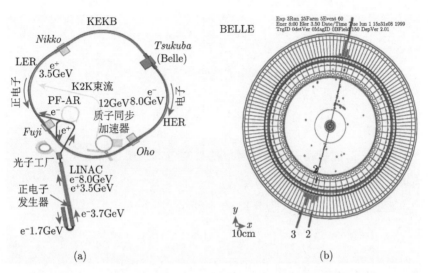

图 5.25 日本正负电子对撞机 (KEKB)(a)；BELLE 重建 e^+e^- 弹性散射事例 $(r, \phi \text{ 方向})$(b)

其对撞亮度可表示为

$$L = \frac{I_1}{N_b fe} \cdot \frac{I_2}{N_b fe} \cdot \frac{fN_b}{A} = \frac{I_1 I_2}{N_b fAe^2} \tag{5.63}$$

其中，参数 A 表示束流有效截面。对特定的对撞机，feN_b 为常数，因而亮度测量归结为对撞束流强度和束流有效截面的测量。

束流强度测量可利用对撞束在磁场中偏转时产生的同步辐射，通过测定单粒子辐射所产生的光通量与粒子束团辐射产生的光通量比值，确定束团中的总粒子数，前面介绍的电磁感应测量方法也是常用方法之一。对撞束截面的测量应尽可能接近实验区域，可采用微光度计直接测定在束流管道弯曲部分对撞束光辐射的横截面分布，也可以用专门位置灵敏探测器对束团分布进行扫描。束团分布参数的精确测量是加速束流研究的一个重要问题，尤其是在对撞机需要进行无损测量的情况下。

在正负电子对撞实验中，正负电子通过虚光子道湮灭产生强子末态的作用截面测量，可提供有关强子结构和性质的详细信息。根据夸克–部分子模型，正负电子相互作用 ($e^+e^- \to h$) 产生强子末态的总截面为

$$\sigma_T = \frac{4\pi\alpha^2}{S} \sum_i Q_i^2 \tag{5.64}$$

其中，α 为精细结构常数；S 为质心坐标系中能量的平方；Q_i 是第 i 种味夸克所携带的电荷；$\sum$ 是对所有可能产生的各种味夸克求和。正负电子通过虚光子湮灭到 $\mu^+\mu^-$ 末态的截面 $\sigma_{\mu\mu}$ 为

$$\sigma_{\mu\mu} = \frac{4\pi}{3} \cdot \frac{\alpha^2}{S} \tag{5.65}$$

σ_T 和 $\sigma_{\mu\mu}$ 都与 $\dfrac{4\pi\alpha^2}{S}$ 成正比, 因此强子末态截面 $\sigma_T(\mathrm{e^+e^-} \to \mathrm{h})$ 常用 $\sigma_{\mu\mu}(\mathrm{e^+e^-} \to \mu^+\mu^-)$ 作归一化:

$$R = \frac{\sigma_T}{\sigma_{\mu\mu}} = 3\sum_i Q_i^2 \tag{5.66}$$

在质心坐标系中的能量越高, 产生夸克的种类越多, R 值就越大:

$R(\mathrm{u,d}) = 1\frac{2}{3}$(低于 s$\bar{\mathrm{s}}$ 产生阈);

$R(\mathrm{u,d,s}) = 2$(高于 s$\bar{\mathrm{s}}$ 但低于 c$\bar{\mathrm{c}}$ 产生阈);

$R = (\mathrm{u,d,s,c}) = 3\frac{1}{3}$(高于 c$\bar{\mathrm{c}}$ 但低于 b$\bar{\mathrm{b}}$ 产生阈);

$R = (\mathrm{u,d,s,c,b}) = 3\frac{2}{3}$(高于 b$\bar{\mathrm{b}}$ 产生阈)。

图 5.26 给出实验观测质心系能量 $\sqrt{s}$ 与 R 值关系, 以及相应的粒子产生阈。若 t 夸克存在, 则阈值将上升到 5。所以, 测量强子的归一化总截面 R 值和 $\sqrt{s}$ 的关系是检验是否存在新夸克的重要依据。

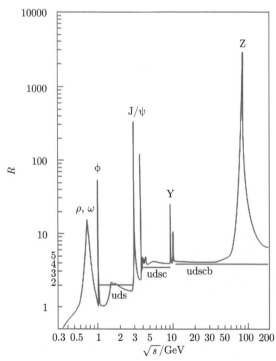

图 5.26　实验观测质心系能量 $\sqrt{s}$ 与 R 值关系, 横线表示相应的粒子产生阈

实验测量的强子总截面可表示为

$$\sigma_{\mathrm{T}} = \frac{N}{\int L\mathrm{d}t} \cdot \frac{f}{A} \tag{5.67}$$

N 是在一定的质心系能量下，测量 e^+e^- 对撞产生强子事例的总数；$\int L\mathrm{d}t$ 是在测量时间内对撞机的积分亮度；A 是探测器对强子的接收度；f 是辐射修正因子。

σ_{T} 的测量误差除了强子数的统计误差和亮度的测量误差外，主要是由 A 和 f 决定的。通常采用蒙特卡罗方法，根据理论模型把测量值外推到 4π 立体角，因此 A 是与理论模型有关的，并存在一定不确定度。辐射修正主要包括：入射电子 (正电子) 发射光子，使质心系中的能量变小，导致强子接收度改变；在质心系能量较高时，根据量子色动力学理论，夸克作用过程可产生胶子，而胶子辐射修正随能量增加而增大。

5.4.3 质子–质子对撞截面测量

对于质子–质子 (或反质子) 储存环，为提高束流能量和亮度，大多采用双环模式。一个关键参数是对撞点处束流交叉角 ϕ (图 5.27(a))。对撞交叉角的几何坐标如图 5.27(b) 所示，在 x-s 平面上，束流碰撞点处交叉角度用两个旋转角：$\Phi/2$ 和 $-\Phi/2$ 表示。为了计算积分，将两个束团的 x-s 坐标用新的转动参考系表示：

$$\begin{cases} x_1 = x\cos\dfrac{\phi}{2} - s\sin\dfrac{\phi}{2}, & s_1 = s\cos\dfrac{\phi}{2} + x\sin\dfrac{\phi}{2} \\[2mm] x_2 = x\cos\dfrac{\phi}{2} + s\sin\dfrac{\phi}{2}, & s_2 = s\cos\dfrac{\phi}{2} - x\sin\dfrac{\phi}{2} \end{cases} \tag{5.68}$$

由此可得亮度的一般关系式：

$$\mathcal{L} = 2\cos^2\frac{\phi}{2} N_1 N_2 f N_{\mathrm{b}} \iiiint_{-x}^{+\infty} \rho_{1x}(x_1)\, \rho_{1y}(y_1)\, \rho_{1s}(s_1 - s_0)$$
$$p_{2x}(x_2)\, p_{2y}(y_2)\, p_{2s}(s_2 + s_0)\, \mathrm{d}x\mathrm{d}y\mathrm{d}s\mathrm{d}s_0 \tag{5.69}$$

这里 $2\cos^2\dfrac{\phi}{2}$ 是没有对撞前的两个束团动力学因子。分别对 y 和 s_0 积分可得

$$\mathcal{L} = \frac{N_1 N_2 f N_{\mathrm{b}}}{8\pi^2 \sigma_s \sigma_x^2 \sigma_y} 2\cos^2\frac{\phi}{2} \iint \mathrm{e}^{-\frac{x^2\cos^2(\phi/2) + s^2\sin^2(\phi/2)}{\sigma_x^2}}\, \mathrm{e}^{-\frac{x^2\sin^2(\phi/2) + s^2\cos^2(\phi/2)}{\sigma_s^2}}\, \mathrm{d}x\mathrm{d}s \tag{5.70}$$

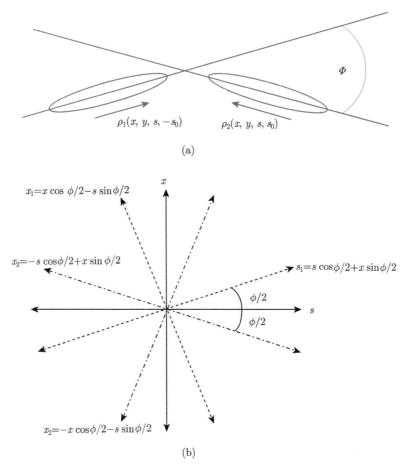

图 5.27　两个束团在交叉角区域上发生碰撞示意图 (a)；对撞交叉角 ϕ 的旋转参考系 (b)

由于 x 和 $\sin(\phi/2)$ 都是小量,忽略所有高阶项,并且取 $\sin(\phi/2) \approx \tan(\phi/2) \approx \phi/2$,化简后可得

$$\mathcal{L} = \frac{N_1 N_2 f N_{\mathrm{b}}}{4\pi \sigma_x \sigma_y} \cdot S \tag{5.71}$$

与束团对心碰撞亮度公式 (5.59) 比较, 除了因子 S, 其他部分相同。S 称为亮度降低因子, 对于 ϕ 很小, 并且 $\sigma_s \gg \sigma_{x,y}$, 可表示为

$$S = \frac{1}{\sqrt{1 + \left(\dfrac{\sigma_s}{\sigma_x}\tan\dfrac{\phi}{2}\right)^2}} \approx \frac{1}{\sqrt{1 + \left(\dfrac{\sigma_s}{\sigma_x}\dfrac{\phi}{2}\right)^2}} \tag{5.72}$$

该因子可以看成是对束团大小和交叉角的修正, 因而引入有效的束团尺寸关系式:

$$\sigma_{\mathrm{eff}} = \sigma \cdot \sqrt{1 + \left(\frac{\sigma_s}{\sigma_x}\frac{\phi}{2}\right)^2} \tag{5.73}$$

由以上分析结果可见, 为实现高亮度, 束团聚焦截面必须尽可能小, 高能粒子加速器的束流直径可达几十微米或更小。以 LHC 运行参数为例, 每个束团粒子数是 1.15×10^{11}, 束流截面尺寸约 16.7 μm, 束团长度 $\sigma_s = 7.7$ cm, 束团总数 2808, 交叉角 $\phi = 285$ μrad, 运行时的束流回旋频率是 11.245 kHz, 对心碰撞亮度可达到 1.2×10^{34} cm$^{-2} \cdot$s^{-1}, 交叉对撞其降低因子 $S = 0.835$, 因此实际亮度达到 1.0×10^{34}cm$^{-2} \cdot$s^{-1}。

为获得准确的对撞亮度值, 需要精确测定束团参数。典型的强子束团尺度测量可采用金属丝扫描方法, 即用一根细丝在束流中移动, 测量束团与金属丝相互作用产生的电流信号变化, 确定束团大小和强度分布。然而, 对于高通量强子束, 该方法一定的有局限性。另一种方法是通过将两个对撞束横向偏移一定的距离, 用亮度监测器测量某一已知反应道事例数随束流偏离量 δ 的变化, 进而求得束流亮度。该方法称为 Van der Meer 方法。

CERN 的交叉储存环 (ISR) 质子对撞机是世界上第一台质子–质子对撞机, 其亮度达到 4×10^{30} cm$^{-2} \cdot$s^{-1}。图 5.28 是 ISR 束流水平分布图, 以及亮度监测器测量的计数率 R_{M} 与束流偏移 δ 的关系曲线[14]。当束流偏移位置 $\pm\delta$, 对应的事例率为 $R_{\mathrm{M}}(\delta) = L(\delta)\sigma_{\mathrm{M}}$, 其中 $t = 0$ 对撞束处于 $\delta = 0$ 的位置, 测量事例率 $R_{\mathrm{M}} = L\sigma_{\mathrm{M}}$ 与偏移量 δ 关系如下:

$$R_{\mathrm{M}}(\delta) = R_{\mathrm{M}}\mathrm{e}^{-\frac{\delta^2}{4\sigma_2}} \tag{5.74}$$

由高斯函数对曲线拟合分析可得到 R_{M}, 由已知 (或测量) 反应截面, 计算获得相应的亮度值。

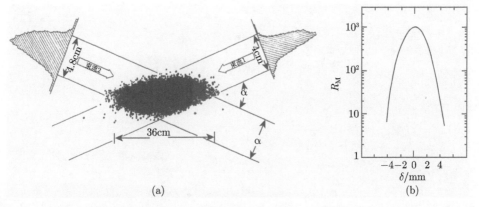

图 5.28 CERN- ISR(65000 事例) 重建束流水平分布图 (a); 实验测量的计数率 R_{M} 与 δ 关系曲线 (b)

测量质子–质子 (反质子) 对撞时的作用总截面 σ_{T} 通常有三种方法。

(1) 直接测量法, 即直接测量相互作用事例数, 由测量对撞机的亮度计算得到总截面。该测量方法要求记录 4π 立体角内的所有反应事例。

图 5.29 是 ISR 直接测量 p-p 相互作用总截面的实验方案示意图[14]。其中, 径迹探测器 H_1, H_2, H_3, H_4 在 φ 方向上分为八等份, $H_2\theta$ 和 $H_4\theta$ 在 θ 方向分为四等份。L 是由四个闪烁体平面和铅夹层单元构成的双层计数器。L_s 是对撞中心

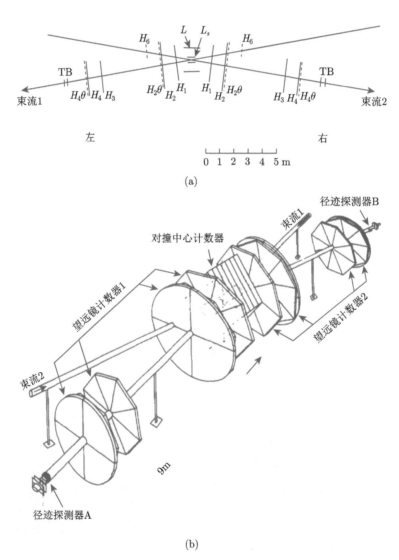

(a)

(b)

图 5.29　ISR 直接测量 p-p 相互作用总截面的实验方案示意图

计数器，包括四个计数器。在下游束流管道 H_4 附近，安置一个闪烁探测器描迹仪 (TB)。图中同时给出了各种探测器结构的示意图，其事例判选逻辑如下：

(a) H_1 和 H_2 的符合输出给出 $4° \leqslant \theta \leqslant 30°$ 产生的粒子信号，H_3 和 H_4 的符合输出给出 $0.8° \leqslant \theta \leqslant 7°$ 产生的粒子信号；

(b) 两个大角度描迹仪 (L 和 L_s) 相对于碰撞中心的张角为 $40° \sim 90°$，通过 L 和 L_s 的符合给出球面内 $0 \geqslant 40°$ 的带电粒子信号；

(c) $H_2\theta$ 和 $H_4\theta$ 用于测量产生粒子的发射角。

上述逻辑作为在线数据获取系统的触发条件，记录事例的全部信息，包括各个探测器之间的飞行时间 ($H_4^L-H_4^R, H_4^L-H_2^R, H_2^L-H_4^R, H_2^L-H_2^R, H_4^L-L, H_2^L-L$ 等)。

由于束流管道尺寸的限制，一些小角度散射事例因 TB 探测不到而丢失，一些处于 H 和 L 探测器之间死区 ($30° \leqslant \theta \leqslant 40°$) 中的大角度散射事例也无法探测，因此必须对丢失的事例作修正。在束流管道内丢失的事例数可通过外推法和模拟计算进行修正。实验表明，在 $30° \leqslant \theta \leqslant 40°$ 死区内丢失的事例对总截面的贡献很小，可略去不计。实验的主要本底来自束流和管道中残留气体相互作用以及和管壁的相互作用，可根据本底的飞行时间分布和束流–束流相互作用事例的不同区分它们。

(2) 间接测量法，即测量前向小角度弹性散射微分截面和对撞机亮度，根据光学定理计算给出总截面。这种方法类似于正负电子对撞机的 Bhabha 散射事例，但需要专门的亮度监测系统。p-p 弹性散射微分截面可表示为

$$\frac{\mathrm{d}\sigma_{el}}{\mathrm{d}|t|} \approx c^2 + \left(1+\rho^2\right)\frac{\sigma_{\mathrm{T}}^2}{16\pi}\mathrm{e}^{bt} - 2(\rho+\alpha\phi)\frac{2\alpha}{|t|}G^2(t)\frac{\sigma_{\mathrm{T}}}{4\sqrt{\pi}}\mathrm{e}^{\frac{bt}{2}} \tag{5.75}$$

其中第一项是库仑作用项，第二项是核作用项，第三项是库仑–核作用相干项，t 是四动量转移，c 是库仑振幅：

$$c = \frac{2\alpha}{|t|}G^2(t)\mathrm{e}^{\mathrm{i}\alpha\phi} \tag{5.76}$$

$G(t)$ 是质子电磁形状因子：

$$G(t) = 1 - 2.94|t| \tag{5.77}$$

ϕ 是库仑振幅相因子：

$$\phi(t) = \ln\frac{0.08}{|t|} - 0.577 \tag{5.78}$$

α 是精细结构常数，σ_{T} 是总截面，ρ 是弹性散射振幅的实部与虚部之比，b 是与散射有关的常数。公式 (5.75) 只在质子的自旋效应可忽略及 ρ 与 t 无关的情况下

才成立。$p - \bar{p}$ 弹性散射微分截面的形式与式 (5.75) 相同，只是在相应的 α 值前加一负号。

图 5.30 是质子碰撞弹性散射微分截面 $\dfrac{\mathrm{d}\sigma_{el}}{\mathrm{d}t}$ 随四动量转移 t 变化 [15]，图中核作用的弹性散射微分截面为

$$\frac{\mathrm{d}\sigma_{el}}{\mathrm{d}t} = \left(\frac{\mathrm{d}\sigma_{el}}{\mathrm{d}t}\right)_{t=0} \mathrm{e}^{bt} \tag{5.79}$$

将核作用区的前向微分截面外推到 $t = 0$，则由式 (5.75) 和式 (5.79) 可得

$$\sigma_{\mathrm{T}} = \sqrt{\frac{16\pi \left(\dfrac{\mathrm{d}\sigma_{el}}{\mathrm{d}t}\right)_{t=0}}{1 + \rho^2}} = \sqrt{\frac{16\pi}{1 + \rho^2} \cdot \left(\frac{\mathrm{d}N_{el}}{\mathrm{d}t}\right)_{t=0} \cdot \frac{1}{L}} \tag{5.80}$$

其中包含三个参量：$\left(\dfrac{\mathrm{d}N_{el}}{\mathrm{d}t}\right)_{t=0}$，$L$ 和 ρ。

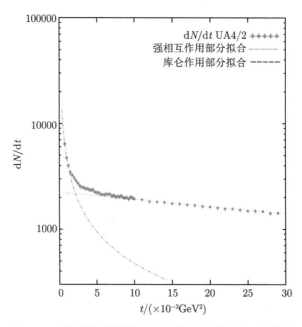

图 5.30   质子碰撞弹性散射截面随四动量转移 t 的变化

为了求得四动量转移为零时的弹性散射事例数 $\left(\dfrac{\mathrm{d}N_{el}}{\mathrm{d}t}\right)_{t=0}$，必须精确测量四动量转移很小时的弹性散射事例数，因为 $-t = p^2\theta^2$（p 为动量，θ 为散射角），所

以需要高精度的径迹探测器。亮度 L 可用 Van der Meer 法测定，ρ 可通过色散关系估算得到，或者设 $\rho = 0$，则由 (5.80) 式得出 σ_T 上限。

由上述讨论可知，用间接测量法测量 p-p 总截面的实验步骤是：

(1) 在小角度区测量 p-p 弹性散射事例数 $\dfrac{dN_{el}}{dt}$，作 $\dfrac{dN_{el}}{dt}$ 曲线；

(2) 将 $\dfrac{dN_{el}}{dt}$ 曲线外推到 $t = 0$，得 $\left(\dfrac{dN_{el}}{dt}\right)_{t=0}$；

(3) 用 Van der Meer 法测量对撞亮度 L，最后由式 (5.80) 计算得到 σ_T。

前两种方法都需要精确测量对撞机亮度 L，若把这两种方法结合起来，同时测量相互作用事例数和小角度弹性散射事例数，则可将 $N_T = L\sigma_T$ 代入式 (5.80) 消去 L，则总截面 σ_T 可写成

$$\sigma_T = \frac{16\pi}{1+\rho^2} \cdot \left(\frac{dN_{el}}{dt}\right)_{t=0} \cdot \frac{1}{N_T} \tag{5.81}$$

这种测量方法的优点是消除了亮度测量所引起的误差。为了保证同时测量 N_T 和 $\left(\dfrac{dN_{el}}{dt}\right)_{t=0}$，需通过在线测量系统给出同步触发信号。

需要指出的是，对于不同类型的加速器实验，虽然亮度和截面测量原理相似，但实际测量方案有很大不同，必须考虑具体实验条件下各种限制和相互作用效应影响。这些都超出了本课程要求的范围，在此不予讨论。

参 考 文 献

[1] Wilson E J N. An Introduction to Particle Accelerators. Oxford University Press, 2001.

[2] https://en.wikipedia.org/wiki/Particle_accelerator/

[3] https://home.cern/science/accelerators/accelerator-complex

[4] Courant E D, Livingston M S, Snyder H S. The strong-focusing synchrotron—a new high energy accelerator. Physical Review, 1952, 88 (5): 1190-1196.

[5] Krige A, Mersits J, Pestre U. History of CERN, Vol. II. Amsterdam: North-Holland. 1990, 139-269.

[6] Boggild H, Ferbel T. Inclusive reactions. Ann. Rev. Nucl. Sci., 1974, 24: 451.

[7] Wang X Z. Study on the Performance of MRPC for BESIII-ETOF Upgrade. PhD thesis, USTC, 2017.

[8] AdA – the small machine that made a big impact, CERN Courier., January 2014

[9] https://fair-center.eu/for-users/experiments/cbm.html

[10] CBM Collaboration, CBM Progress Report, 2011.

[11] https://www.nndc.bnl.gov

[12] Wiik B H, Wolf G. Electron-Positron Interaction. Springer-Verlag, 1979.

[13] Belle Collaboration. Observation of the CP violation in the neutral B meson system. Phys Rev. Lett., 2001, 87: 1-7

[14] Amendolia S R, et al. Measurement of the total proton-proton cross-section at the ISR. Phys. Lett. B, 1973, 44: 119

[15] Giacomelli G, Jacob M. Physics at CERN-ISR. Phys. Reports, 1979, 55: 1.

习　　题

5-1　一台直线电子加速器，当电子速度为 V 时，加速电压的振荡周期为 T，为了达到持续加速目的，求其漂移管长度 L 需要满足的基本关系式。其最大长度是多少？

5-2　一台回旋加速器的磁铁在直径为 90 cm 的有效范围，产生磁感应强度为 1.2T 的均匀磁场，试求在这个加速器中质子能获得的最大能量以及加速电压的振荡频率。

5-3　动能为 200 GeV 的质子束进入一个长为 2 m、强度为 2T 的偶极磁体中，试计算束流的偏转角。

5-4　采用电场强度为 50kV/cm 的静电分离器来分离 π 介子和 K 介子束，为了使动量为 1 GeV/c 的 K 介子和 π 介子获得分离角度达到 0.05°，静电分离器的长度应多长？

5-5　已知一射频分离器，其射频腔长度为 2 m，工作频率达到 3×10^3 Hz，如果空腔之间距离是 40 m，可分离 π/K 的动量可达到多少？在加速器一个脉冲周期内，空腔的射频周期是多少？

5-6　在电子–电子对撞机中的两个电子束，束流能量分别为 $E_1 = 12$ GeV 和 $E_2 = 5$ GeV。求：

(1) 质心系总能量和质心系电子的动量；

(2) 实验室系与质心系的洛伦兹变换公式：β 和 γ、β_{CM} 和 γ_{CM}；

(3) 在相等束流能量的对撞机中，$E_1 = E_2$，质心系和实验室系的关系式。

5-7　一束 μ 子在一个半径为 14 m，磁场为 0.5 T 的储存环中循环。已知 μ 子质量为 106 MeV/c^2，寿命 2.2μs，求：μ 子的动量，循环周期，以及 μ 子在一次循环中丢失的百分比。

5-8　已知 10 GeV 的电子同步加速器的半径 R 是 100 m，计算电子每转一圈所损失的能量。如果半径 R 增加到 1000 m，电子每转一圈所损失的能量是多少？

5-9　为使动量为 100 GeV/c K 介子有 90% 衰变，问：衰变距离应多长？对于同样动量的 π 介子，在这种衰变距离的末端存活概率多大？

5-10　动量 $p = 500$ MeV/c 的 μ 子束进入一个均匀的区域磁场 $B = 0.1$T(与束流方向正交)，磁场使得束流偏转。
(1) 计算在真空中轨迹的半径；
(2) 如在气体 ($\rho = 2 \times 10^{-3}$g/cm^3) 中运动，计算一个近似完整圆轨迹的曲率半径。

5-11　一个 300 GeV 的质子束在一个保持真空 (10^{-11}atm) 的储存环中循环。质子与残余空气分子相互作用 (假设空气：$Z = 7$，$A = 14$，$\rho = 1.25 \times 10^{-3}$g/cm^3，在标准大气条件下)。已知质子与空气作用平均截面约为 300 mb，计算束流平均寿命。

5-12　强子束打在 2 mm 厚铅 (密度 11.3g/cm^3) 靶上。束流截面圆形半径为 1 cm。假设作用总截面为 30 mb，问：
(1) 束流区域内散射中心数目是多少？
(2) 被靶散射的束流粒子的百分比是多少？

5-13　一束 500 MeV/c μ 子束 ($M = 0.106$ MeV/c^2，X_0=1.4 cm) 垂直入射到一个铜靶 (ρ=9g/cm^3，X_0=1.4 cm) 中。求束流停止在靶中所需的厚度。如果靶厚 d=10 cm，求 μ 子穿过靶的能量和多次散射角。

5-14　实验中可利用 π$^+$ 介子衰变来获得 ν$_\mu$ 束 (π$^+ \to$ μ$^+$ + ν$_\mu$)，已知 π$^+$ 的能量为 100 GeV，求 ν$_\mu$ 的能量的最大值和最小值。

5-15　用一计数器监测流强为 10 μA 的 20 GeV π 粒子束。该计数器是一个气体电离室，已知气隙厚度为 1 cm，密度为 1.8×10^{-3}g/cm^3，平均电离电位 $l = 15$ eV。假设在电离过程中产生的每个电子–离子都被探测到，估计测量电流。

5-16　提取的 π 粒子束含有质子轻微污染：两种粒子具有相同的动量 p=5 GeV/c。为了分离束流中两个粒子，将折射率分别为 $n_1 = 1.05$ 和 n_2 的两个切连科夫探测器安装在束流线上，求可选择的 n_2 值。

5-17　由加速器产生的单能 π 介子束，通过 10 m 飞行距离后有 10%π 介子发生衰变，已知 π 介子的平均寿命是 2.6×10^{-8}s，求 π 介子的动能和动量。

5-18　3 GeV μ 子准直束打在 10 cm 厚的铜板上 (ρ=9g/c^3，X_0=13.3g/cm^2)。估计所产生的能量损耗和多次散射产生的束流展宽。

5-19　一中子束通过氢靶 (靶核密度 4×10^{22}cm^{-1}) 被探测器记录。在稳定中子通量下，空靶时探测器计数率为 5×10^5s^{-1}，当靶中充满氢气时，计数率变为 4.6×10^5s^{-1}，计算 n-p 散射截面及其统计误差。

5-20　单能氘束 ($^2_1$H) 轰击气体氚靶 ($^3_1$H)，假定氚核静止，通过以下反应产生 α 粒子和中子：

$$^2_1\text{H} + ^3_1\text{H} \longrightarrow ^4_2\text{He} + n$$

已知靶厚 $L_\rho = 0.2$mg/cm^2，微分截面是 $\dfrac{\mathrm{d}\sigma}{\mathrm{d}\Omega}(30°) = 13$mb/sr，束流强度 $I = 2\mu$A。在 θ=30° 时，探测器截面 $S = 20$ cm^2，距离 $R = 3$ m，测量的中子计数率是多少？

5-21　实验测量中子总截面布局 (图 5.17)，证明入射中子在样品中产生一次弹性散射后，在 $\theta \approx 0°$ 方向进入探测器的中子通量为

$$\phi_1 = \frac{\pi\phi_\Omega}{4} \left(\frac{D}{L_1 L_2}\right)^2 nt\sigma_{\text{el}}(0°)\, \mathrm{e}^{-n\sigma_\text{T} t}$$

式中各物理量定义参见 5.3.2 节。

5-22　能量为 60 MeV 的质子和靶核 (^{54}Fe) 发生非弹性散射，在 θ=40° 方向的非弹性散射截面为 dσ/dΩ = 1.3×10^{-31}m^2，该方向离靶中心 0.1 m 处有一面积为 10^{-5}m^2 的探测器。已知单位面积靶原子质量为 0.1kg/m^2，入射质子束流强度为 10^{-7}A。计算单位时间探测器接收的非弹性散射事例数。

5-23　一正负电子对撞机的亮度 $L = 10^{34}$cm$^{-2} \cdot$s^{-1}，在质心系中有效能量 $E_{\text{cm}} = 10$ GeV，μ 子探测器在覆盖极角 $\theta = 30°$ 至 $\pi - \theta = 150°$。计算 e$^+$ + e$^-$ $\longrightarrow$ μ^+ + μ^- 在探测器中的

产生的事例率。已知该过程的作用截面为 $\dfrac{\mathrm{d}\sigma}{\mathrm{d}\varOmega} = \dfrac{\pi\alpha^2}{4E_{\mathrm{cm}}^2}(1 + \cos^2\theta)$。

5-24　能量为 E 的质子加速器，用于 pp 碰撞，分别采用打靶实验和对撞实验，产生 Z^0 粒子的阈能各自是多少？两种实验方案各自可产生 π 介子的最大能量是多少？

5-25　在 pp 碰撞实验中，观测到两个相反的符号 μ 子，沿相反方向发射，分别有动量 45 MeV/c 和 30 GeV/c。如果这些 μ 子起源于某粒子的衰变，这个粒子的动量和质量是多少？

5-26　能量为 90 GeV/c^2 的电子和正电子对撞束，在离相互作用点 2 m 的距离处的环形探测器测量产生 $\mathrm{e}^- + \mathrm{e}^+ \longrightarrow \mathrm{e}^+ + \mathrm{e}^-$ Bhabha 散射。假设探测器的内径和外径分别为 12 cm 和 20 cm，厚度可以忽略不计，探测到的事件率为 $1 \cdot \mathrm{s}^{-1}$。已知小角度的 Bhabha 散射截面近似为

$$\frac{\mathrm{d}\sigma}{\mathrm{d}\theta} = \frac{8\pi\alpha^2}{E_{\mathrm{e}}^2}\frac{(\hbar c)^2}{\theta^3}$$

其中 E_{e} 是 e^- 和 e^+ 的能量，计算对撞亮度。

5-27　已知质子加速器的束流亮度为 $1 \times 10^{31}\mathrm{cm}^{-2}\cdot\mathrm{s}^{-1}$，束流能量为 50 GeV，作用截面为 $1 \times 10^{-34}\mathrm{m}^2$，求：

(1) 对撞实验中事例产生率，质心系总能量；

(2) 如采用打靶实验，已知靶密度为 $10^{23}\mathrm{cm}^{-2}$，在同样条件下事例产生率；

(3) 要达到相同的质心系有效能量，加速器需要的能量。

5-28　实验观测到能量为 E_0 的 π 粒子束沿 z 轴运动，其中一些 π 衰变为 μ 子和中微子。中微子运动方向与 z 轴夹角为 θ_{v}，设中微子质量近似为零。

如果 $E_0 \gg m_\pi$，$\theta_{\mathrm{v}} \ll 1$，证明中微子能量 E_{v} 可近似满足如下关系式：

$$E_{\mathrm{v}} \approx E_0 \frac{\left[1 - \left(\dfrac{m_\mu}{m_\pi}\right)^2\right]}{\left[1 + \left(\dfrac{E_0}{m_\pi}\right)^2 \cdot \theta_{\mathrm{v}}^2\right]}$$

在质心系中这个衰变是各向同性的，为使得有一半中微子满足 $\theta_{\mathrm{v}} < \theta_{\max}$，求 $\theta_{\max}$ 关系式。

5-29　CERN-ISR 对撞束流强分别为 I_1 和 I_2，在交叉平面上均匀分布，其水平宽度为 b，交叉角度为 $\alpha = 14.8°$(图 5.28)，证明碰撞亮度可表示为

$$L = \frac{I_1 I_2}{\beta c e^2 \tan \dfrac{\alpha}{2}}$$

已知对撞时束流能量为 30 GeV，p-p 碰撞反应率为 10^4 s^{-1}，束流面积为 1 mm^2，束流对撞时夹角是 14.8°，碰撞截面为 10^{-25} cm^2，估计单束中单位体积的质子数。

第 6 章 非加速器物理与实验

宇宙演变和生命起源与物质形成的微观机制直接相关。粒子物理实验利用高能加速器试图重现宇宙形成初期的物质形态, 以探寻 "我们从哪里来, 到哪里去" 答案，但是目前能量最高的 LHC 实验 (13 TeV) 也只能重现夸克-轻子演变部分过程，更高能量的粒子形成机制只能寄希望于宇宙线信息。因此，开展宇宙线实验，获取宇宙演变初期信息，探索大统一能标下 ($K_BT \sim 10^{16}$ TeV) 的演变机制，是基础物理研究的重要方向，其中宇宙线起源、中微子质量及暗物质探测为代表的非加速器物理实验，已成为当今科学研究的热点。本章通过对这三方面实验的物理机制和测量原理的介绍，以拓展对于核与粒子物理实验方法的认知。

6.1 宇宙学基本原理

宇宙学是通过观测宇宙大尺度运动现象，用已知的物理学定律研究和解释宇宙演变规律学科。在星系大尺度范围观测天体运动，实验上常用两个基本物理单位:

$$1 \text{ 光年 (light-year, ly)}=9.46 \times 10^{15}\text{m}$$
$$1 \text{ 秒差距 (parallax-second, pc)}=3.26 \text{ ly}$$

天文学中采用三角测距法的有效范围约为 10^2pc，更远的恒星因其观测的张角太小，无法用三角测距法测量时，一般可根据可观测恒星发射光强 (可视亮度) 与距离成平方成反比关系推算获得。由于大多数恒星发射光谱与温度有直接关系，而恒星表面温度较容易测准，因此通过可视亮度观测和恒星亮度与表面温度的规律，可估算其间距。银河系大多数恒星的距离都是采用该方法确定的。

在宇宙大尺度时空中，星系团 (星系数量大于 10^4，半径在 10^8 光年以上) 受到宇宙其他部分的引力作用，不能当作孤立系统，而是作为整个宇宙演变的一部分。为了给出宇宙演变定量关系，假设在足够大的尺度上，整个宇宙是均匀各向同性的，从实验观测角度，人类在宇宙中的观测位置没有特殊性，用爱因斯坦的话表述: "all places in the universe are alike"。这一假设称为宇宙学原理，大多数现代宇宙学模型都基于宇宙学原理。

　　俄罗斯理论物理学家弗里德曼 (A. Friedmann，1922 年) 和比利时天文学家勒梅特 (G. Lematre，1927) 基于爱因斯坦引力场方程，将均匀各向同性宇宙的参量代入给定密度和压力的流体运动方程中，导出了著名的弗里德曼方程，从而为描绘宇宙膨胀机制奠定了理论基础 [1-3]。该模型的一个基本实验依据是美国天文学家埃德温·哈勃 (E. Hubble) 观测的星系 "红移现象"。1929 年哈勃又提出了著名的哈勃定律，进一步确立了 "宇宙膨胀" 的模型 [4]。在此基础上，物理学家伽莫夫提出了热大爆炸学说，他的主要观点是宇宙曾有一段从热到冷的演化过程，在这个过程中，宇宙体系在不断地膨胀，物质密度从密到稀，如同规模巨大的爆炸。1964 年，美国贝尔电话公司工程师彭奇亚斯 (Arno Penzias) 等在调试喇叭天线时，意外地接收到一种无线电干扰噪声，经过长时间的测量和计算，得出辐射温度是 2.7K (−270.5°C)，与预言的 3K 宇宙微波背景辐射 (cosmic microwave background，CMB) 温度非常接近，是支持宇宙大爆炸学说的重要证据 [5]。

　　宇宙学研究的问题主要是：寻找能描述宇宙运动的物理和数学模型，把物理定律和观测量在时空上推广至大尺度范围，预言可能的宇宙形成机制。弗里德曼方程可以看作前者，而宇宙大爆炸学说可以看作后者。

6.1.1　弗里德曼方程

　　一个均匀各向同性空间的曲率是处处相同的，按照广义相对论时空关系，其四维时空元 ds 可以表示为

$$ds^2 = c^2 dt^2 - a^2(t) \left[\frac{dr^2}{1 - kr^2} + r^2(d\theta^2 + \sin^2\theta d\phi^2) \right] \tag{6.1}$$

称为罗珀特松–瓦尔克 (Robertson-Walker) 度规。这里径向坐标 $0 \leqslant r \leqslant 1$，$a(t)$ 是膨胀系数或膨胀因子，是一个无量纲量，k 是空间曲率半径。$a(t)$ 只依赖于时间与空间位置无关，因此给定时刻的空间曲率处处相同。k 的大小以及 $a(t)$ 的变化，取决于宇宙空间物质密度和压强。当 $k = 0$ 时，表示平坦开放的欧氏几何空间，球面积 $s(r) = 4\pi r^2$，空间体积无限；当 $k = 1$ 时，表示球形封闭的黎曼空间，$s(r) < 4\pi r^2$，$s(r)$ 随 r 增大到极大值，然后减小至零；当 $k = -1$ 时，表示双曲线开放的玻莱–罗巴切夫斯基空间，$s(r) > 4\pi r^2$，空间体积是无限的。

　　在这样时空度规下，宇宙膨胀过程遵循以下两个基本规律：

　　(a) 热力学定律 $dU = -pdV$，即

$$d(\rho c^2 a^3) = -pd(a^3) \tag{6.2}$$

　　(b) 哈勃定律：星系发射光的波长为 λ_{em}，由于星体相对运动引起的多普勒红移 $z = \Delta\lambda/\lambda_{em}$，当红移很小时 ($z \ll 1$)，可表示为

$$v = cz = H_0 d, \quad d = a(t)x \tag{6.3}$$

即星系的退行速度 v 与红移 z (或距离 d) 成正比，式中哈勃常数 [6] 为

$$H_0 = \frac{\dot{a}(t)}{a(t)} = 68 \mathrm{km \cdot s^{-1} \cdot Mpc^{-1}} \tag{6.4}$$

a 表示与时间 t 有关的膨胀因子，x 是 $t = 0$ 时的参考距离。若满足上述条件，由爱因斯坦引力方程可以得到 [1-3]：

$$H^2 = \left(\frac{\dot{a}}{a}\right)^2 = \frac{8\pi G}{3}\rho - \frac{kc^2}{a^2} + \frac{\Lambda c^2}{3} \tag{6.5}$$

称为 frist -friedmann 方程，又称为 FLRW (friedmann-lematre-robertson-walker) 方程，其中 $\dot{a}$ 是膨胀因子的时间导数，c 是光速，G 是引力常数。式 (6.5) 给出了以物质密度 ρ、曲率 k 和宇宙学常数 Λ 的关系式，也可以理解为宇宙中任意一点的质量随宇宙膨胀的能量关系。注意，这里哈勃常数 H 是时间函数，随宇宙膨胀而改变，相应的密度变化存在一个临界值 ρ_{crit}。

6.1.2 宇宙大爆炸假说

按照宇宙大爆炸假说，宇宙是由一个致密炽热的奇点约在 137.7 亿年一次大爆炸后逐渐形成的，结合粒子物理和宇宙学模型所给出的物质演化过程，所描绘的宇宙大爆炸后的时空 "膨胀" 如图 6.1 所示 [7]。

(a) $t \sim 10^{-35}\mathrm{s}(K_\mathrm{B}T \sim 10^{16}\mathrm{TeV})$ 时，强作用和弱作用分离，夸克和轻子产生；

(b) $t \sim 10^{-10}\mathrm{s}(K_\mathrm{B}T \sim 300\mathrm{GeV})$ 时，粒子碰撞不足以产生自由 $\mathrm{W}^\pm$ 和 Z_0 玻色子，弱电相互作用分离，弱电统一结束；

(c) $t \sim 10^{-5}\mathrm{s}(K_\mathrm{B}T \sim 300-100\mathrm{MeV})$ 时，夸克被禁闭，中子和介子产生，开始强子-轻子时代；

(d) $1 \sim 180\mathrm{s}$ 时，中微子能量降低，脱离强子-轻子作用，质子无法通过俘获电子转变为中子，原子核开始形成；

(e) 之后很长时间 (约 10^5 年)，质子、电子和 He 核处于热平衡状态，直到能量降低 13.6eV，形成 H 原子，开始原子时代，各种元素逐步形成；

(f) 当物质密度逐渐超过辐射密度，万有引力成为宇宙演化的主要因数，由于密度涨落，各种星体和星系结构形成，直至我们今天观测到宇宙。

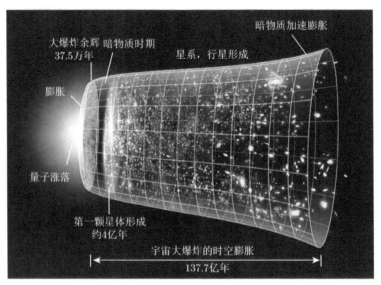

图 6.1　宇宙大爆炸的时空 "膨胀" 示意图

6.2　宇宙线物理与实验

　　宇宙线物理主要涵盖三个方面：高能宇宙线起源，宇宙线的加速和传播机制，以及天体演化和暗物质研究。实验研究的一个主要目标是通过高能宇宙线能谱测量，寻找天体辐射源.

　　大约一个世纪前，人类认为银河系是唯一的星系，目前已经发现类似银河系的星系有 2 万多个。在过去 20 多年，天文学家通过哈勃太空望远镜观测数据，估算出宇宙中存在上千亿个河外星系。这些观测的一个重要结论是确定宇宙膨胀的速度，它有助于宇宙年龄的估计，但也使人们对目前的理论产生了怀疑。通过对遥远的超新星运动的观测，发现宇宙膨胀非但没有在引力的影响下减速，实际上可能正在加速，这种加速的原因至今还不清楚，一种猜测是存在某种暗能量作用。这些观测结果为宇宙线物理研究提供了无限广阔的空间。

6.2.1　宇宙线起源与成分

　　1912 年奥地利物理学家维克托 · 赫斯 (V. F. Hess) 在研究气体剩余导电性实验中，发现大气中剩余电流随气球上升高度增加而逐渐增强且昼夜强度基本不变，推断 "存在一种来自地球外部的穿透力很强的射线"，并首先将其命名为宇宙射线 (Höhenstrahlung)。之后，经历一个多世纪对宇宙线特性的研究，包括地面观测、气球载荷、火箭载荷以及卫星载荷实验，大量的数据分析显示：到达地球大气层顶部的原初宇宙线粒子主要成分为质子 (约 79.0%)、氦核 (约 14.7%)，其余为重核、电子、中子、γ 光子、中微子等；星际间带电粒子运动受太阳风调制，低能部分原初宇宙线强度存在与太阳活动相同的周期性变化；由于地磁场对带电粒子的偏转作用，赤道附近宇宙线强度比高纬度地区要小，即纬度效应；而关于宇宙线起源并没有一个肯定的结论。

一般认为原初宇宙射线产生于各种天体物理过程，可分为两种类型：银河宇宙线 (Galactic Cosmic Rays，GCR) 和河外星系宇宙线 (Extragalactic Cosmic Rays，ECR)，并提出了各种理论模型，例如点源模型用于描述超新星爆发、白矮星、脉冲星等，统计模型用于描述感应加速机制和费米机制等 [8]。不同能量的宇宙线成分有着不同的分布，能够到达地球附近的初级宇宙线能量跨度为 $10^9 \sim 10^{20}$eV（约为 12 个量级），强度跨越 32 个量级。图 6.2 是依据实验观测所预期的宇宙线全粒子谱 [9]，包含以下几个特点和规律：

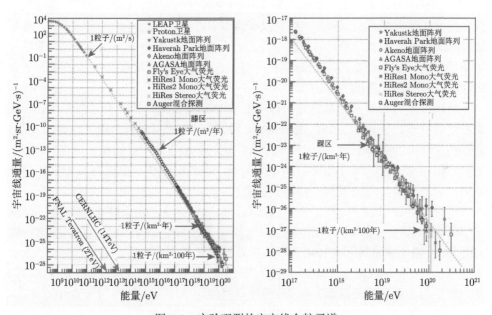

图 6.2 实验观测的宇宙线全粒子谱

(a) 在低能区 ($<$ GeV)，宇宙线通量很高，并且受太阳磁场调制很明显；在高能区 ($>$ GeV)，随着能量增高，宇宙线受太阳磁场调制影响变弱，并且流强大大降低；

(b) 在 $10^{11} \sim 10^{20}$eV 区间，能谱呈现幂指数下降，宇宙线粒子通量正比于 E^{-n}（指数 $n = 2.7$）；

(c) 在 4PeV 附近，n 由 2.7 变为 3.0，形成第一个"膝区"；在 400PeV 进一步变陡，n 由 3.0 变为 3.3，形成第二个"膝区"；

　　(d) 在更高的能量 (10EeV) 处，n 恢复至 2.7，形成 "踝区"；

　　(e) 在能谱末端 ($> 6.0 \times 10^{19}$eV)，通量急剧下降。

对此天体物理学家给出多种理论解释，主要有：

　　(a) 银河系宇宙线对加速的限制；

　　(b) 银河系磁场对高能宇宙线的约束作用；

　　(c) 银河系活跃星系核 (AGN) 叠加效果；

　　(d) 太阳系附近超新星遗迹 (SNR) 的加速作用；

　　(e) 高能粒子相互作用导致的能量变化。

　　其中对于 "膝区" 的能谱指数变化有多种模型，通常以三位科学家的名字 (Gresien, Ztsepin, Kuzmin 三人) 首字母命名，称为 "GZK 截断"[10]。

　　目前被广泛接受的是银河系磁场对高能粒子的束缚降低，可导致高能量粒子丢失。一般认为，第一个 "膝区" 是质子约束失效的能标，而第二个 "膝区" 是重核约束失效的能标。当宇宙线中的质子能量高于某一阈能 (6×10^{19}eV) 时，与微波背景光子作用损失能量，导致流强下降，形成 GZK 截断。一些实验 (如 HiRes 和 AUGER) 提供了 5 倍标准偏差的判据，认为 GZK 截断存在，但仍存在至少 20% 的系统偏差，需要更多的实验观测进一步确认。

　　解决以上问题的途径是确定天体辐射来源，以精确测量 "膝区" 和 GZK 截断能区的宇宙线能谱和成分。由于大于 "膝区" 宇宙线 (包括 "膝区") 流强很低，例如在第一个 "膝" 附近，每年每平方米大约能够接收到一个粒子，而在 "踝" 区附近，每年每平方千米才能接收到一个粒子，因此需要在地面建立大规模探测器阵列，通过测量与源位置相关并可到达地面的宇宙线，寻找天体辐射源。

　　不同的能量宇宙线反映了不同的起源，太阳宇宙线的能量最低，从 10^{11}eV 到 10^{17}eV 的宇宙线主要起源于银河系内，而能量高于 10^{17} eV 的宇宙线，主要来自银河外星系。由于带电粒子在传播过程中受星际磁场的影响而发生偏转，丢失了原初方向等信息，并且银河系磁场分布的存在较大不确定性，即使对高能 (> 100GeV) 带电粒子的观测也很难追溯其起源，而伽马射线由于不受磁场作用而改变方向，有很好的位置指向，携带可直接观测的宇宙线来源的重要信息。

　　早在 20 世纪中叶，人们就已经认识到高能 γ 观测在解决宇宙线起源问题上的重要作用。高能伽马射线与天体中许多极端过程 (如伽马暴、中子星、超新星、活动星系核等) 直接相关，其中甚高能段的伽马光子 (VHEγ：30GeV~30TeV) 产生于非热辐射，与加速机制模型紧密相关，有助于我们了解宇宙线加速的内在机制，而超高能伽马射线观测，比如寻找来自星系中的超对称暗物质粒子湮灭生成的高能伽马光子的信号，将为探寻物质世界的秘密打开新的窗口。

6.2.2 高能 γ 射线的产生和传播

目前的观测显示，高能 γ 射线主要是来自致密星体 (如超新星遗迹、脉冲星、射电星体)。致密星在引力能释放过程中，通过某些加速机制对带电粒子进行加速，例如强激波环境下的加速：入射质子在两个激波之间加速产生 (图 6.3)。这些高能带电粒子通过与周围物质的相互作用产生高能 γ 射线，描述这些作用的物理模型有引力势能与辐射能转换机制、暗物质湮灭机制、Top-Down 机制等。以 VHEγ 产生为例，主要有以下几个相互作用过程。

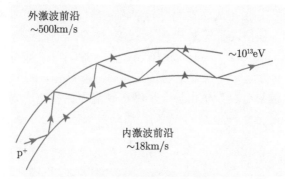

图 6.3　超新星和活跃星系核的激波前沿加速模型

1. 电子韧致辐射

当能量为 E 的电子在穿过介质 (介质的原子核电荷数为 Z) 时，发生韧致辐射的截面可表示为[11]

$$\sigma(\nu) = \frac{4Z^2 r_0^2}{137 h\nu} \left[1 + \left(\frac{E_\mathrm{f}}{E} \right)^2 + \left(\frac{2E_\mathrm{f}}{3E} \right) \right] \cdot \left[\ln \left(\frac{2E_\mathrm{f}E}{m_\mathrm{e}c^2 h\nu} \right) - \frac{1}{2} \right] \tag{6.6}$$

其中，E_f 为电子发生辐射后的能量；$h\nu = E - E_\mathrm{f}$ 为辐射光子能量；r_0 为电子经典半径。可见，韧致辐射截面与辐射光子能量近似成反比关系；物质密度越大，电子的韧致辐射能损越严重，辐射的光子越多。高能电子在氢气中的韧致辐射长度约为 60 g·cm^{-2}，对于超新星遗迹 (SNR) 的 γ 辐射，当周围介质气体的密度较高 (大于 100g cm^{-3}) 时，电子的韧致辐射明显高于电子的逆康普顿散射过程。

2. 逆康普顿散射

高能电子与低能光子发生碰撞，电子将能量传递给光子的过程称为逆康普顿散射。由相对论运动学可以推出，经过逆康普顿散射后，光子的能量近似表示为

$$h\nu' \approx \gamma^2 h\nu (1 - \cos\varphi)(1 + \cos\varphi') \tag{6.7}$$

其中，$h\nu$ 为发生散射前光子的能量；γ 为洛伦兹因子；φ 和 φ' 分别为入射光子和散射光子与电子入射方向的夹角。由该式可以看出，加速后的光子能量分布在 $0 \sim 4\gamma^2 h\nu$ 之间，光子散射后能量可加速至散射前的 γ^2 倍 [12]。

一些研究认为，逆康普顿散射是产生 GeV 能量以上的高能 γ 光子的主要物理过程。由于银河系中普遍存在低能光子，如宇宙微波背景辐射 (CMB)、星光和尘埃的散射光等，高能电子在传播过程中就会与这些低能光子作用形成逆康普顿散射，银河系 GeV 能量以上的弥散 γ 辐射主要是逆康普顿散射过程贡献。

此外，相对论电子在磁场中偏转时会发生同步辐射，辐射出的光子能量较低 (主要在 X 射线波段)。由于光子在离开辐射源之前，还有可能和相对论电子碰撞，发生逆康普顿散射，使得光子能量从 X 射线能段提升至 γ 能段，被称为同步逆康普顿辐射 (Synchrotron Self-Compton Radiation, SSC)[13]。逆康普顿过程产生的光子能谱如图 6.4 所示，一个明显的特征是具有双峰结构，其中一个峰在 X 射线能区，主要由同步辐射过程产生，另一个峰在高能和甚高能 γ 射线能区。SSC 模型机制能够很好地解释脉冲星云 (PWN)、活动星系核、伽马暴 (GRB) 过程的高能 γ 产生机制。

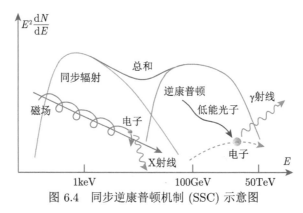

图 6.4　同步逆康普顿机制 (SSC) 示意图

3. 中性 π^0 介子衰变

在宇宙线源附近，相对论质子与核子碰撞发生强相互作用，当质子的动能大于 280 MeV 时可产生 π^0 介子，其中约 17% 的质子动能会传递给 π^0[14]。π^0 衰变成两个 γ 光子能量等于 π^0 的静止质量，费米卫星实验基于这一特征观测确认了两个超新星迹 [15]。

另一方面，在质子–质子碰撞过程中，π^0、$\pi^\pm$ 三种介子的产生概率近似相等，因此三种介子产额近似相等。由于 $\pi^\pm$ 衰变生中微子，如果一个 γ 射线源的辐射产生于 π^0 衰变，通常它也一定是高能中微子源，这是通过中微子观测寻找宇宙线起源的重要依据。

4. 暗物质湮灭

20 世纪 70 年代，天体物理学家通过对漩涡星系旋转曲线的测量发现了"暗物质"存在的证据，并估计宇宙中暗物质占 23%，暗能量占 73%，而可见物质只占 4%[16]。之后，很多天文观测结果都支持暗物质的存在，但是目前还不清楚暗物质是什么粒子。一种被广泛接受的暗物质候选者是 WIMP(weakly interacting massive particle)。大部分理论模型认为，这种粒子可以直接湮灭成光子、中微子或带电粒子。WIMP 自湮灭的两种途径为：直接湮灭成光子对，或者湮灭产生光子和 Z 玻色子 [13]。

暗物质本身的质量、密度和湮灭截面等物理量的不确定性，导致暗物质湮灭过程所产生高能 γ 射线的能量和流强不确定性，因此，通过高能 γ 射线观测寻找暗物质存在很大困难，有待实验方法上的突破。

6.2.3　宇宙线 γ 观测方法

宇宙线 γ 射线观测可以分为直接探测 (基于卫星、气球实验) 和间接探测 (基于地面实验)。为避免地球大气层对 γ 射线吸收，直接探测原初 γ 射线要依靠卫星或气球将探测器置于大气层顶部。图 6.5 是大气层对不同波段电磁辐射吸收示意图 [13]。

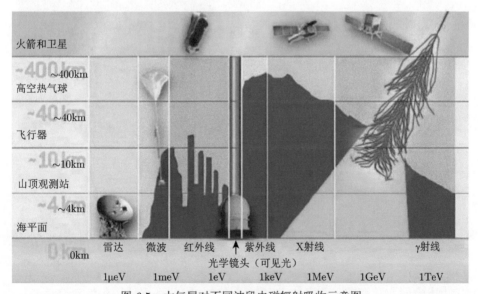

图 6.5　大气层对不同波段电磁辐射吸收示意图

典型卫星探测器通常由径迹探测器、量能器、反符合探测器三个部分构成。入射 γ 经过转换材料 (如钨层) 产生正负电子，正负电子穿过径迹探测器，并在量能器中发生电磁级联簇射，通过径迹重建给出 γ 入射方向。量能器用于测量入射 γ 光子的沉积能量，外围反符合探测器用于排除宇宙线本底。图 6.6(a) 是著名的费米 γ 射线太空望远镜 (Fermi Gamma-ray Space Telescope, FGST) 结构图。它搭载的两个探测器：GBM(Gamma-ray Burst Monitor) 和 LAT(Large Area Telescope)，其中 GBM 主要用于监测伽马暴等 (暂态源)，可探测的能量范围为 8keV∼40MeV，LAT 探测能量范围为 20MeV∼300GeV。

　　LAT 的径迹室由 18 层硅微条探测器组成，量能器由 8 层 CsI 晶体组成 (8.6 个辐射长度)，晶体两端各有两个 PIN 二极管用于光电转换。外围的反符合塑料闪烁探测器，用于排除宇宙线带电粒子，其反符合效率达到 99.97%。LAT 的空间视角接近 20%，图像分辨率在 100MeV 时约为 3°，对于高能光子可达几个分弧度。

　　FGST 于 2008 年 6 月发射 (高度 550km，倾角为 28.5°)，其伽马射线望远镜已发现 3000 多个高能 γ 射线源，为高能 γ 射线源的研究提供了大量的样本 [17]。图 6.6(b) 是费米探测器观测的大于 1 GeV γ 射线源天图 [18]。

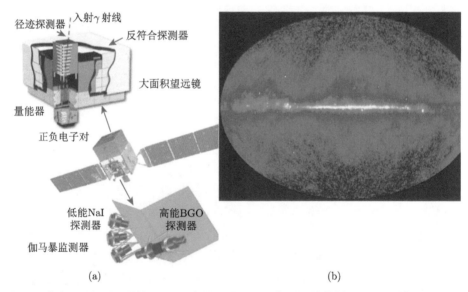

(a)   (b)

图 6.6   费米卫星探测器结构及 LAT 探测器和 GBM 探测器结构图 (a)；观测大于 1 GeV 的
γ 射线源天图 (2009 ∼ 2013 年)(b)

　　由于空间实验有效载荷限制，探测器灵敏体积非常有限，在更高能段上 γ 射线的流强快速下降，使得卫星实验累积足够事例很困难。例如，费米卫星探测器的最大接收面积为 $1m^2$，按照蟹状星云 (crab nebula) 在 1 TeV 以上的流强 ($1.85 \times 10^{-7}m^{-2}\cdot s^{-1}$) 计算，在扫描模式下，要探测到一个能量为 1TeV 以上的光子累计事例至少需要 1 年时间。因此，高能区 (1TeV 以上) 的 γ 射线探测，需要依靠大面积地面实验来实现。早在 1934 年，物理学家布鲁诺·罗西 (Bruno Rossi) 通过观察地面上彼此之间探测器上的宇宙射线，发现了高能宇宙线与大气相互作用产生大量次级粒子，之后一些物理学家发展了级联簇射理论，利用该理论可以解释宇宙线粒子在大气层中的倍增反应过程，这一过程的横向展开又被称作广延大气簇射 (extended air shower，EAS)，EAS 理论为此后的地面间接探测奠定了基础 [19]。

　　地面间接探测一般是通过对 EAS 次级粒子 (或次级粒子产生的切连科夫光) 探测，反推原初粒子的信息。按照粒子作用机制，EAS 过程包括强子级联簇射和电磁级联簇射 (图 6.7)。以质子为主的原初宇宙线进入地球大气层后，与大气分子发生核作用，能量较高的次级粒子可以继续与大气分子相互作用，形成强子级联簇射，产生次级粒子主要是 π 介子，其中 π^0 可直接衰变为 2 个光子，光子产生正负电子对，电子由轫致辐射继续产生光子，形成电磁级联簇射，产物主要为电子、光子。与单纯的电磁簇射不同，强子簇射 (主要是 π^+ 和 π^- 衰变) 末态有大量的 μ 子，利用 μ 子信息可以有效区分这两种簇射过程，排除宇宙线本底。由于电磁级联簇射的次级粒子横向分布比较均匀，而强子级联簇射的横向分布相对的涨落较大，可用作强子/ γ 的鉴别。

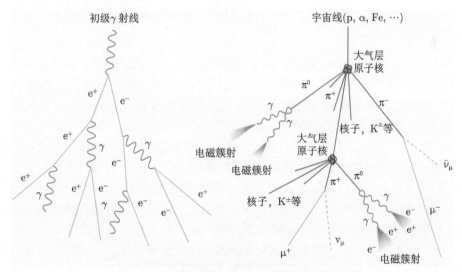

图 6.7　EAS 电磁级联簇射和强子级联簇射示意图

　　地面高能和甚高能宇宙线探测主要分为两类：广延大气簇射地面阵列 (如高能和低能 μ 子探测器，地面闪烁探测器阵列，径迹探测器和量能器)；广角切连科夫成像望远镜以及大气荧光望远镜 (图 6.8)。

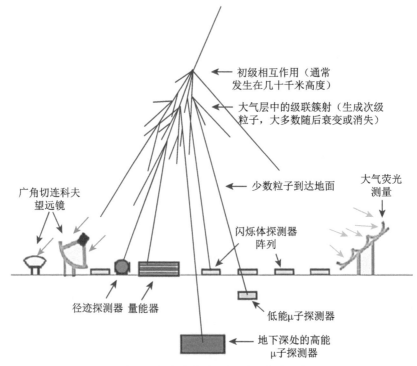

图 6.8　高能宇宙线地面探测器阵列示意图

甚高能 γ 射线 (VHEγ) 比宇宙线本底要低 4 ∼ 5 个量级以上，如何排除宇宙线本底是 VHEγ 射线观测需要解决的关键问题。20 世纪 90 年代，Whipple 实验组研制的成像大气切连科夫望远镜 (Imaging Atmospheric Cherenkov Telescopes, IACT)，在提高空间角分辨的同时可有效排除宇宙线本底，奠定了 VHEγ 实验观测的基础 [20]。IACT 可看作一种精密的光学成像探测器，当 EAS 中的带电粒子速度超过空气中的阈速度时，就会产生切连科夫光。IACT 通过大面积反射镜将收集的切连科夫光反射到焦平面的光电倍增管 (PMT) 阵列上，利用光子在 PMT 阵列上的像斑的几何形状来重建原初粒子方向，根据测量像斑的几何特征（如长轴短轴比) 来鉴别强子和 γ，并利用测量的光电子数来重建原初粒子能量。对质子，μ 子或其他原子核的簇射在纵向发展过程中产生背景辐射，可以通过图像分析方法鉴别。图 6.9 是 IACT 测量原理和事例成像以及方向重建示意图，其焦平面上形成一个细长的椭圆像，长轴指向簇射的中心。

与 EAS 阵列不同，IACT 观测的是 EAS 纵向发展的整个过程，因此能量分辨较高。为了提高角分辨，一般由多台望远镜联合对 EAS 进行立体观测。具有代表性的是 HESS(High Energy Stereoscopic System) 实验，其首字母缩写是为了纪念宇宙射线的发现者。HESS 由 5 台望远镜组成 (图 6.10(a))，其中 4 台反射镜面积为 107m²，光成像平面包含 960 支 PMT，中间是一台反射面积达到了 600m²，光成像平面共有 2048 支 PMT，灵敏度达到 0.7%crab。HESS 自 2003 年开始运行以来，在甚高能 γ 天文领域共发现了 71 个河内 γ 源和 21 个河外 γ 源。图 6.10(b) 是对 RX J1713-3946 星系测量得到的"壳层"结构图 [21]。

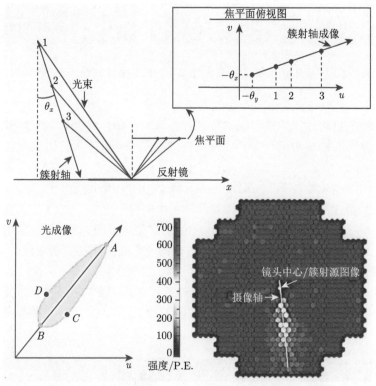

图 6.9 IACT 测量原理、事例成像以及方向重建示意图

IACT 观测方法的优点是能量分辨好，角分辨率较高 (一般略好于 0.1°)，伽马/强子区分能力较强，有很强的本底排除率 (>99%)。另一方面，IACT 只能在晴朗的无月夜工作，年有效观测时间约为 10%，并且 IACT 的视场较窄 (典型视场为 3° ∼ 5°)，限制了其巡天观测能力。近年来基于 SiPM 读出的新型 IACT，由于可在较强背景光环境工作，有效提高了观测时间。

与 IACT 相比，地面 EAS 阵列有大视场和全天候的独特优势，具备强大的巡天能力，不足的是角分辨率和能量分辨率较差，探测阈能较高，对点源灵敏度一般不及 IACT 实验。传统的地面 EAS 阵列的本底排除能力较差，对其灵敏度是一个限制，因此 EAS 与 IACT 互补，可有效提高探测系统灵敏度。

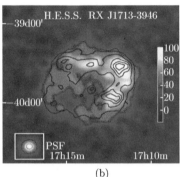

(a)   (b)

图 6.10　HESS 望远镜阵列 (a)；观测的 RX J1713-3946 精细 "壳层" 结构图 (b)

　　地面 EAS 阵列通常由多个探测器单元组成，通过测量簇射次级粒子到达观测平面的粒子数和时间来重建原初粒子的能量和方向。根据单元探测器的排布疏密，可以分为取样探测型 (如 Tibet ASγ 实验) 和全覆盖型 (如 ARGO-YBJ 实验)。

　　Tibet ASγ 阵列位于海拔 4300 m 的西藏羊八井，阵列面积为 36900m^2。该阵列包含 789 个探测器单元，每个探测器单元由塑料闪烁体、PMT、空气光导箱组成。图 6.11 是位于羊八井的 ASγ 和 ARGO 实验全景图。ASγ 实验以 5.5σ 显著水平观测到蟹状星云的甚高能 γ 射线，成为第一个观测到甚高能 γ 源的地面 EAS 阵列。ARGO-YBJ 实验，采用气体阻性板室 (RPC) 探测器，以全覆盖地毯式的探测器排布实现了对 EAS 的精细测量，打破了传统 EAS 阵列的取样型的探测模式，并将阈能降低到 300GeV 附近。在其运行的五年时间里，共观测到超大质量黑洞的十多次爆发[22]。

图 6.11　位于羊八井的 ASγ 和 ARGO 实验探测器全景图

　　位于美国新墨西哥州高海拔宇宙线观测站 HAWC (High Altitude Water Cherenkov Observatory) 采用水切连科夫技术，其探测器阵列总面积为 22000 m^2，由 300 个密排的水罐组成，每个水罐设计为圆柱体形状，直径为 7.3 m，高为 5 m (图 6.12)。每个水罐内部有三个 8in PMT 和一个 10in PMT。该实验于 2015 年安装完成并开始运行，可探测能区为 100 GeV∼100 TeV，灵敏度达到 5%Icrab[23]。

图 6.12 位于美国新墨西哥州 HAWC 实验 (海拔 4100m) 和水切连科夫探测单元示意图

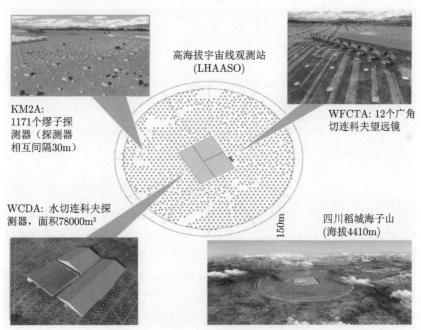

高海拔宇宙线观测站
(LHAASO)

KM2A:
1171个缪子探
测器（探测器
相互间隔30m）

WFCTA: 12个广角
切连科夫望远镜

WCDA: 水切连科夫探
测器，面积78000m²

四川稻城海子山
(海拔4410m)

150m

图 6.13 LHAASO 探测器阵列示意图

综合上述实验方案，我国正在建设世界上规模最大的高海拔宇宙线观测站 (Large High Altitude Air Shower Observatory，LHAASO)。LHAASO 位于海拔为 4410 m 的四川省稻城县海子山。研究目标包括：精确测量高能伽马源大范围能谱；开展全天区伽马源扫描搜索，寻找新的伽马源；探寻暗物质、量子引力或洛伦兹不变性破坏等新物理现象。LHAASO 地面探测器阵列 (图 6.13) 包括：5195

个电磁粒子探测器 (ED)；1171 个缪子探测器 (MD)；12 个广角切连科夫望远镜 (WFCTA)；78000m² 水切连科夫探测器 (WCDA)。电磁粒子探测器 (ED+MD) 用于河内 γ 源的精确测量，探测范围为 20TeV∼20PeV；WFCTA 用于精确测量 $10^{14} \sim 10^{18}$eV 的宇宙线成分能谱；WCDA 用于探测能量大于 50TeV 的伽马射线源，预期在 50 TeV 达到 1%Icrab 的灵敏度。图 6.14 给出了 LHAASO 与其他宇宙线实验的灵敏度与能量覆盖范围 [24]。

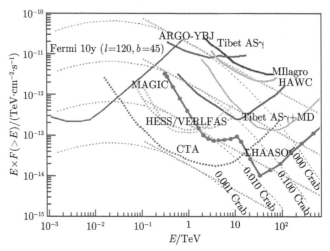

图 6.14　部分地面高能宇宙线观测站的灵敏度与能量覆盖范围

6.3　中微子质量测量与实验

在标准模型框架中，中微子没有质量，只参与弱相互作用，与物质作用截面非常小 (例如：在铁中的射程可达 $1.2 \times 10^{8\sim10}$km)。另一方面，许多中微子实验，无论是太阳、大气、加速器中微子实验，还是反应堆中微子实验，都发现了中微子的振荡现象，即中微子存在混合态，特定味 (flavour) 的中微子之间可以互相转化。中微子处于某个味的概率随着它的传播作周期性变化，表明中微子质量的存在，而中微子质量精确测量是建立超对称理论和超标准模型的重要依据。

6.3.1　中微子振荡机制

如果三种中微子具有质量，其混合态可用带质量的规范场理论表述，即中微子味本征态是中微子质量本征态的线性叠加，可用不同味和质量本征态的幺正变换表示：

$$|\nu_\alpha\rangle = \sum_i U_{\alpha i}^* |\nu_i\rangle, \quad |\nu_i\rangle = \sum_\alpha U_{\alpha i}^* |\nu_\alpha\rangle \tag{6.8}$$

式中，$|\nu_i\rangle$ $(i = 1, 2, 3)$ 为中微子的质量本征态；$|\nu_\alpha\rangle$ $(\alpha = \mathrm{e}, \mu, \tau)$ 为三种中微子的弱相互作用本征态；U 为 PMNS(Pontecorvo–Maki–Nakagawa–Sakata) 混合矩阵单元。PMNS 混合矩阵是为了解释中微子振荡，参考标准模型中 CKM 矩阵 (Cabibbo-Kobayashi-Maskawa matrix) 而引入的。该矩阵用于描述弱作用的味量子数变化强度，以及夸克在自由传播和参与弱作用时的 CP 破坏行为，其 U 矩阵的一般表达式为 [25,26]

$$
\begin{aligned}
U &= \begin{bmatrix} U_{\mathrm{e}1} & U_{\mathrm{e}2} & U_{\mathrm{e}3} \\ U_{\mu 1} & U_{\mu 2} & U_{\mu 3} \\ U_{\tau 1} & U_{\tau 2} & U_{\tau 3} \end{bmatrix} \\
&= \begin{bmatrix} 1 & 0 & 0 \\ 0 & c_{23} & s_{23} \\ 0 & -s_{23} & c_{23} \end{bmatrix} \\
&\quad \cdot \begin{bmatrix} c_{13} & 0 & s_{13}\mathrm{e}^{-\mathrm{i}\delta} \\ 0 & 1 & 0 \\ -s_{13}\mathrm{e}^{\mathrm{i}\delta} & 0 & c_{13} \end{bmatrix} \begin{bmatrix} c_{12} & s_{12} & 0 \\ -s_{12} & c_{12} & 0 \\ 0 & 0 & 1 \end{bmatrix} \begin{bmatrix} \mathrm{e}^{\mathrm{i}\alpha_1/2} & 0 & 0 \\ 0 & \mathrm{e}^{\mathrm{i}\alpha_2/2} & 0 \\ 0 & 0 & 1 \end{bmatrix} \\
&= \begin{bmatrix} c_{12}c_{13} & s_{12}c_{13} & s_{13}\mathrm{e}^{-\mathrm{i}\delta} \\ -s_{12}c_{23} - c_{12}s_{23}s_{13}\mathrm{e}^{\mathrm{i}\delta} & c_{12}c_{23} - s_{12}s_{23}s_{13}\mathrm{e}^{\mathrm{i}\delta} & s_{23}c_{13} \\ s_{12}s_{23} - c_{12}c_{23}s_{13}\mathrm{e}^{\mathrm{i}\delta} & -c_{12}s_{23} - s_{12}c_{23}s_{13}\mathrm{e}^{\mathrm{i}\delta} & c_{23}c_{13} \end{bmatrix} \\
&\quad \cdot \begin{bmatrix} \mathrm{e}^{\mathrm{i}\alpha_1/2} & 0 & 0 \\ 0 & \mathrm{e}^{\mathrm{i}\alpha_2/2} & 0 \\ 0 & 0 & 1 \end{bmatrix}
\end{aligned}
\tag{6.9}
$$

式中，$c_{ij} = \cos\theta_{ij}$，$s_{ij} = \sin\theta_{ij}$，α_1, α_2 是与中微子振荡无关的 Majorana 相位，即只有当中微子是 Majorana 粒子时，该相位因子不为零。除去与中微子振荡无关的项，PMNS 矩阵中与中微子振荡有关的参数为 6 个，它们分别是：混合角 θ_{12}、θ_{13}、θ_{23}，质量项 $\Delta m_{21}^2 (m_2^2 - m_1^2)$、$\Delta m_{32}^2 (m_3^2 - m_2^2)$、CP 破缺项 δ_{CP}。

在极端相对论条件下，$|\boldsymbol{p}| = p_i \gg m_i$，中微子能量 E_i 与质量 m_i 的关系可近似为

$$
E_i = \sqrt{p_i^2 + m_i^2} \simeq p_i + \frac{m_i^2}{2p_i} \approx E + \frac{m_i^2}{2E}
\tag{6.10}
$$

在实验室坐标系中，经过时间 t 后中微子质量本征态 (用自然单位) 可表示为

$$
|\nu_i(t)\rangle = \mathrm{e}^{-\mathrm{i}(E_i t - p_i L)} |\nu_i(0)\rangle \approx \mathrm{e}^{-\mathrm{i}\frac{m_i^2}{2p}L} |\nu_i(0)\rangle
\tag{6.11}
$$

式中，L 为中微子的运动距离。由量子力学原理，中微子由 $|\alpha\rangle$ 态转变为另外一种态 $|\beta\rangle$ 的概率为 [27]

$$P\left(\nu_\alpha \longrightarrow \nu_\beta\right) = |\langle\beta \mid \alpha\rangle|^2 = \delta_{\alpha\beta} - 4 \sum_{i>j} \text{Re}\left(U_{\alpha i}^* U_{\beta i} U_{\alpha j} U_{\beta j}^*\right) \sin^2\left[1.27\Delta m_{ij}^2\left(\frac{L}{E}\right)\right]$$

$$+ 2\sum_{i>j} \text{Im}\left(U_{\alpha i}^* U_{\beta i} U_{\alpha j} U_{\beta j}^*\right) \sin\left[2.54\Delta m_{ij}^2\left(\frac{L}{E}\right)\right] \tag{6.12}$$

式中，$\Delta m_{ij}^2 = m_i^2 - m_j^2$，转换为 SI 单位：$\Delta m^2$ 的单位是 eV^2，L 的单位是 km，能量 E 的单位是 GeV。对于实验观测的两种味的中微子振荡，(ν_α, ν_β) 对应于质量本征态 (ν_1, ν_2)，其 U 矩阵可简化为

$$U = \left(\begin{array}{c} \nu_\alpha \\ \nu_\beta \end{array}\right) = \left(\begin{array}{cc} \cos\theta & \sin\theta \\ -\sin\theta & \cos\theta \end{array}\right)\left(\begin{array}{c} \nu_1 \\ \nu_2 \end{array}\right) \tag{6.13}$$

由式 (6.12) 可以导出中微子振荡的概率 p 与混合角 θ 的关系式：

$$p_{\alpha\to\beta, \alpha\neq\beta} = \sin^2 2\theta \sin^2\left(1.27\frac{\Delta m^2 L}{E}\right) \tag{6.14}$$

该式是中微子振荡实验设计的基本关系式。

6.3.2   中微子源与实验

中微子源可以分为天然中微子源与人工中微子源。天然中微子源又分为太阳中微子和大气中微子；人工中微子分为加速器中微子和反应堆中微子。不同中微子源所产生的中微子的能量差别较大。反应堆中微子和太阳中微子能量一般在几 MeV 范围。大气中微子和加速器中微子的能量在 100MeV～10GeV。图 6.15 是电子反中微子与电子散射截面的能量关系曲线，以及各类中微子实验覆盖的能量区间 [28]。

由于中微子与核子相互作用截面很小，10GeV 中微子散射截面约为每核子 7×10^{-38}cm^2，实验上为了能观测中微子的振荡，提高中微子信号事例率，一方面要依据不同中微子源设计不同的探测器，另一方面探测器的灵敏体积要足够大。在实验方法上分为两种类型：测量中微子丢失和测量中微子产生。丢失实验观测中微子在远距离传输中的丢失率，例如，太阳中微子实验，在到达地球时丢失了 30%～50%；产生实验观测某种中微子是否会转变为另一种中微子，例如大气中微子实验中测量 ν_e/ν_μ 的比值。

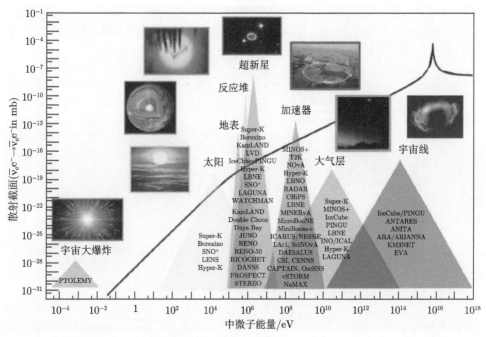

图 6.15 电子反中微子与电子散射截面的能量关系曲线, 以及各类中微子实验覆盖的能量区间

6.3.3 太阳中微子丢失实验

太阳到地球的距离足够远, 对于中微子振荡实验, 太阳是一个理想的中微子源。太阳中微子的主要反应过程如下:

$$
\begin{cases}
p + p + p + p \longrightarrow {}^4He + 2e^+ + 2\nu_e \\
p + p \longrightarrow D + \nu_e + e^+ \ (E_\nu < 0.42MeV) \\
{}^7Be + e^- \longrightarrow {}^7Li + \nu_e \ (E_\nu = 0.86MeV) \\
{}^8B \longrightarrow {}^8B^* + e^+ + \nu_e
\end{cases}
\tag{6.15}
$$

图 6.16 是太阳标准模型预言的中微子能谱 [29,30]。

最初的观测来自雷蒙德·戴维斯 (Raymond Davis, 获 2002 年诺贝尔物理学奖) 领导的 Homestake 实验, 他们利用电子中微子与 ^{37}Cl 反应过程测量太阳中微子:

$$
\begin{cases}
{}^{37}Cl + \nu_e \longrightarrow {}^{37}Ar + e^- \\
{}^{37}Cl^* \longrightarrow {}^{37}Cl + e^- \\
{}^{37}Cl^* \longrightarrow {}^{37}Cl + x
\end{cases}
\tag{6.16}
$$

其中, ^{37}Ar 通过电子俘获产生 ^{37}Cl 激发态, 激发态的氯原子通过发射特征 X 射线或者俄歇电子的方式跃迁到基态。实验用专门研制的低本底正比计数器测量特征 X 射线 (或者俄歇电子), 以获得相应的中微子计数。分析发现太阳中微子通量与理论预期的比值为: 0.27 ± 0.04(能量阈值为 0.814MeV), 大约是标准太阳模型预测值的 1/3, 由此引出 "太阳中微子消失之谜"[31]。

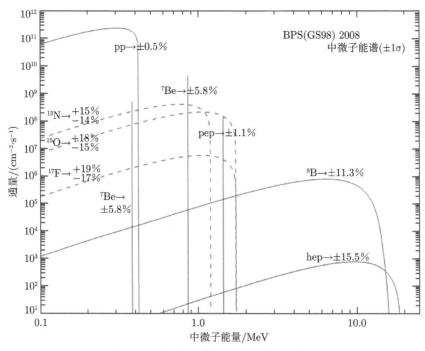

图 6.16　太阳标准模型预言的中微子能谱

对这一实验结果的解释有两种: 第一种是修改标准太阳模型, 但是此方法的计算结果与实验结果不符; 另外一种解释为中微子发生了振荡, 中微子发生振荡的前提是中微子必须具有质量。三种中微子 (ν_e, ν_μ, ν_τ) 仅仅是中微子的味本征态, 可由中微子的质量本征态叠加形成, 随着中微子的传播, 中微子可由一种味通过振荡变成另外一种味。由于实验依赖于放射化学技术, 不能实时直接测量, 并且只对有 ν_e 参与的带电流事例敏感, 无法探测 ν_μ 和 ν_τ, 许多物理学家对该实验结果表示怀疑。

另一个重要发现是日本神冈核衰变实验 (Kamioka Nucleon Decay Experiment, KamiokaNED)[32], 该实验采用大型水切连科夫探测器测量大气中微子与电子弹性散射过程, 即

$$\nu + e^- \longrightarrow \nu + e^-$$

与 Homestake 实验不同 (只对有 ν_e 参与的带电流事例敏感, 无法探测 ν_μ 和 ν_τ), KamiokaNED 实验可以探测 ν_e 的带电流和中性流散射事例, 以及 ν_μ 和 ν_τ 的中性

流散射事例, 但是不能将两者区分开。这里, 中性流是指中微子通过交换 Z_0 与电子发生散射过程, 带电流是指在 MeV 量级下 ν_e 和 $\overline{\nu_e}$ 通过交换 $W^\pm$ 与电子发生散射过程 (图 6.17), 而 ν_μ 和 ν_τ 没有足够的能量产生对应带电轻子。KamiokaNED 实验能量阈值为 $5 \sim 6$MeV (包含大气中微子和质子本底), 测量与理论预期的比值为 0.39 ± 0.06[32]。

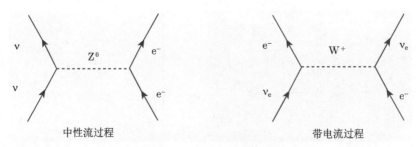

图 6.17 中性流和带电流过程

标准太阳模型理论预测与实验观测的中微子通量差别之谜, 直到 2001 年加拿大萨德伯里的中微子天文台 (Sudbury Neutrino Observatory, SNO) 观测到来自太阳的三种中微子, 这一问题才得到完全解决。SNO 实验装置安装在地下 6010m, 切连科夫探测器容器 (12m 直径的) 内装有 1000 吨超纯重水和 9456 个直径为 20cm 的 PMT (图 6.18)[33]。该实验通过以下反应过程:

$$\nu_e +{}^2\mathrm{H} \longrightarrow p+p+e^-, \quad \nu_x +{}^2\mathrm{H} \longrightarrow n+p+\nu_x, \quad \nu_x + {}^2\mathrm{H} \longrightarrow e^- + \nu_x$$

可区分带电流和中性流事例。在带电流相互作用中, 中微子与氘作用将中子转化为质子, 并产生一个电子, 发射的电子带走了中微子的大部分能量 ($5 \sim 15$MeV), 同时产生的质子具有一定能量分布而被探测。由于太阳中微子的能量小于 μ 子和 τ 轻子的质量, 所以只有电子中微子参与这一反应, 并且这一反应产生的电子有一个轻微的趋向, 指向中微子产生的方向。在中性电流相互作用中, 中微子与氘作用分解成中子和质子, 中微子以较少的能量继续存在, 三种味道中微子都有可能参与这种相互作用。当中子在氘核上俘获时, 产生能量约 6 MeV 的光子, 并通过康普顿散射产生电子, 进而形成切连科夫辐射被探测。

SNO 实验测得的中微子通量与理论预测非常相近, 其中 ν_e 过程所占的比例为 35%, 意味着太阳产生的电子中微子 ν_e 在传播过程中通过振荡变成了 ν_μ 和 ν_τ, 是太阳中微子振荡的第一个完整证据 [34]。尽管早在 1998 年 SuperK 就发表了中微子振荡的证据, 但 SuperK 实验并不是专门针对太阳中微子观测的直接结果。2015 年, 诺贝尔物理学奖被联合授予阿瑟·麦克唐纳 (A.B.McDonald) 和东京大学高崎佳田 (Takaaki Kajita), 以奖励他们证实了中微子振荡存在。

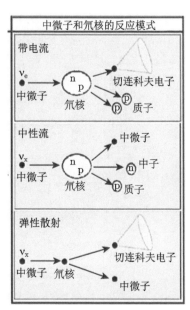

图 6.18　SNO 中微子探测器和反应模式

上述实验显示了切连科夫探测技术的优越性。切连科夫探测器的巨大体积可以克服太阳中微子 (5 ~ 15MeV) 反应截面很小的问题；可提供实时事例信号，意味着单个中微子–电子相互作用事例可以逐事件进行观测，这与放射化学实验所要求的长期累计观测完全不同。中微子–电子散射是一个弹性过程，可以用于测量中微子能量分布，进一步检验太阳模型，并且绝大多数电子反冲方向“指向”太阳，切连科夫辐射产生的特征光环可用于区分信号与背景。利用超大体积的切连科夫探测器测量弱作用粒子信号，已成为现代非加速器物理实验的主要观测手段。

6.3.4　大气中微子丢失实验

伴随广延大气簇射过程，大气中微子主要来自 π 介子和 K 介子三体衰变过程，包括 $\mu^{\pm}$ 衰变产生电子中微子 ν_e。这些中微子经过长距离飞行到达地面，若没有中微子振荡，大气中微子通量应保持确定值，理论模型估计能量小于 1 GeV，ν_{μ} 与 ν_e 通量比值约为 [27]

$$(\nu_{\mu} + \bar{\nu}_{\mu}) / (\nu_e + \bar{\nu}_e) \approx 2$$

但是，实验测量值与理论计算值比值小于 1，表明 μ 中微子发生振荡转变成其他味道的中微子，并且丢失百分比随飞行距离、能量的关系与理论计算值基本相符。

超级神冈实验 (Super Kamiokande, Super-K) 设计是为了检验大气中微子的振荡而研制的 [35]。同样采用水切连科夫探测方案，整个探测装置 (41.4 米高, 39.3

米宽) 使用 5 万吨纯水, 周围环绕着 11200 只光电倍增管, 其探测系统不仅对宇宙线 μ 子, 而且对质子衰变有严格的限制, 大大提高了事例重建效率。

Super-K 实验发现 (图 6.19): 在 GeV 量级, 观测向上运动的 μ 子中微子的通量 (天顶角 π-θ) 是向下运动 μ 子中微子通量的大约 1/2 (0.54 ± 0.4); 对近 5 年收集数据的拟合结果是:

$$\sin^2(2\theta_{23}) = 1.0, \quad \Delta m_{23}^2 = 2.5 \times 10^{-3} \text{eV}^2$$

与理论计算的 ν_μ 转换为 ν_τ 的预期数值符合, 从而给出大气中微子振荡的第一个有力证据[36]。

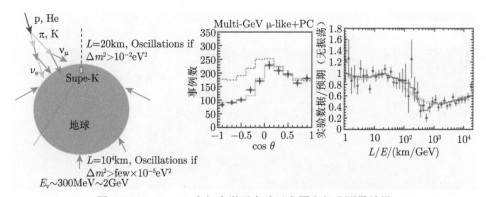

图 6.19 Super-K 大气中微子实验示意图和部分测量结果

6.3.5　加速器中微子实验

上述两类实验结果依赖于太阳反应机制、大气环境、测量精度和理论模型。相比较而言, 加速器和反应堆中微子实验结果更加直接和精确。加速器中产生的 K 介子、π 介子通过衰变可以产生中微子, 中微子的能量范围为 $0.5 \sim 10 \text{GeV}$。

加速器中微子实验可分为短基线和长基线中微子实验, 当衰变产生的中微子能量是确定时, 基线 L 值越长, 转换概率越大, 显然长基线实验具有更高灵敏度, 一般要求达到

$$\frac{E}{L} \approx \Delta m^2 \sim 2.5 \times 10^{-3} \text{eV}^2 \tag{6.17}$$

图 6.20 (a) 为典型的加速器中微子实验装置示意图, 由靶、聚焦系统、衰变区、吸收区和探测器组成。图 6.20(b) 是日本 K2K 中微子实验示意图。实验利用 KEK 加速器产生 12GeV 质子束打靶 (Al) 生 π+, 聚焦后经过真空衰变管 (长度 200m) 衰变产生 μ 子中微子 (纯度达 97%)。中微子离开管道后, 首先经过 1000 吨水切连科夫探测器 (距离靶约 300m 处), 然后到达 250km 外 5 万吨水切连科

夫探测器。这种双探测器结构将两处的中微子束信号进行比较，可以有效减少系统误差，提高测量精度。

实验结果显示：在 99.9985% 的置信度 (4.3σ)，μ 中微子和 τ 中微子之间的质量差的最佳拟合值达到：$\Delta m^2 = 2.8 \times 10^{-3} \text{eV}^2$，进一步证实了大气中微子振荡是存在的 [37]。

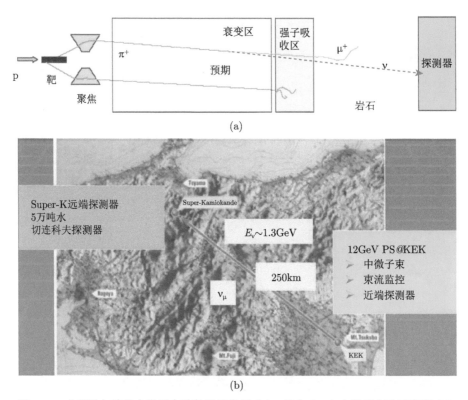

图 6.20　典型的加速器中微子实验装置示意图 (a)；日本 K2K 中微子实验示意图 (b)

6.3.6　反应堆中微子实验

反应堆出射的中微子束流具有较大流强，伴随核裂变产生的电子中微子来自核子的 $\beta^{+/-}$ 衰变和 EC 过程。图 6.21 是计算给出的反应堆中微子能量和作用截面分布，可见反应堆产生的电子中微子的能量主要在 MeV 量级 [27]。一般而言，反应堆中微子实验是通过反 β 衰变 (Inverse β Decay，IBD) 产生的中子和正电子的方法来探测反电子中微子的，其衰变道如下：

$$\overline{\nu_e} + P \longrightarrow e^+ + n$$

IBD 的能量阈值 E_{th} 以及可观测能量 E_{vis} 为

$$E_{\mathrm{th}} = \frac{(m_{\mathrm{n}} + m_{\mathrm{e}})^2 - m_{\mathrm{p}}}{2m_{\mathrm{p}}} = 1.806\mathrm{MeV} \tag{6.18}$$

$$E_{\mathrm{vis}} \approx E_{\bar{\nu}_{\mathrm{e}}} - 0.8\mathrm{MeV} \tag{6.19}$$

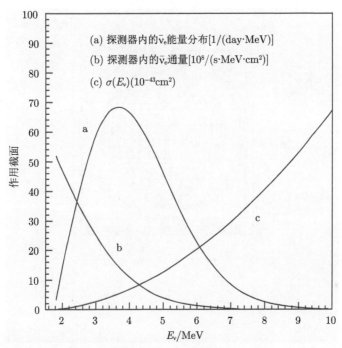

图 6.21 反应堆中微子能量和作用截面分布：探测器内 $\bar{\nu}_{\mathrm{e}}$ 能量分布 (曲线 a) 和通量 (曲线 b)，以及作用截面 (曲线 c)。(假设一个 12 吨质量探测器位于 12GW 功率堆 0.8km 处)

图 6.22(a) 是日本反中微子探测装置 (Kamioka Liquid Scintillator Antineutrino Detector，KamLAND)。该装置周围环绕着 53 个商业核电站。KamLAND 探测器的外层由直径 18m 的不锈钢安全壳组成，内衬安装 1879 个光电倍增管，最内层是一个直径 13m 的尼龙气球，装有液体闪烁体 (1000 吨)。采用高度净化的矿物油为气球提供浮力，并起到缓冲作用，油还能吸收外部辐射。整个球形探测器外部是圆柱形水切连科夫计数器 (3.2 吨纯净水)，作为宇宙线 μ 子和岩石本底反符合探测器。

实验利用 IBD 反应，当正电子激发发射光子 (包括正负电子湮灭) 时，中子被氢核俘获 (约 200μs 后) 发射的特征 γ 射线能量 (2.2MeV)，因此可利用延迟符合方法鉴别反中微子信号。KamLAND 实验发现反应堆发射出的反电子中微子经

过约 180km 后丢失了，其生存率变化见图 6.22(b), 实验分析给出结果是 [38,39]

$$\Delta m_{21}^2 = 7.59 \pm 0.21 \times 10^{-5} \text{eV}^2, \quad \tan^2\theta = 0.47_{-0.05}^{+0.06}$$

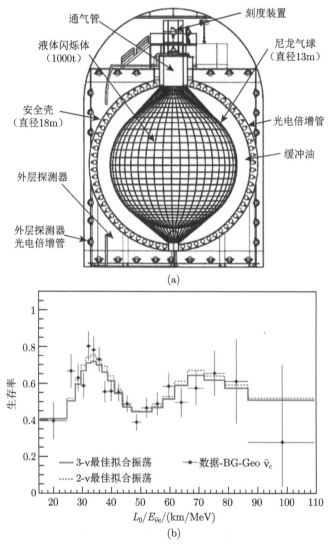

(a)

(b)

图 6.22　KamLAND 结构 (a) 和测量结果 (b)

　　我国大亚湾反应堆中微子实验 (Daya bay reactor neutrino experiment) 由 8 个反中微子探测器组成，周边 (1.9km 内) 有 6 个核反应堆。探测器由 20 吨液体闪烁体 (掺 Gd) 配合几千只光电倍增组成。反电子中微子与质子作用产生中子，若中子被 Gd 俘获发射 8MeV 的 γ 光子，同时正电子带走几乎全部动能，因正负电子湮灭需满足 $E_{vis} \geqslant 2m_e$，相应的可观测中微子阈能约为 1.8MeV。中子被 Gd 俘获生成的信号是慢信号 (特征时间为 28 μs)，而正电子的湮灭过程是快信号，反应在几个 ns 内完成。

由中微子的 PMNS 混合矩阵，计算反 β 衰变中微子经过距离 L 的存活概率为

$$P\left(\bar{\nu}_e \longrightarrow \bar{\nu}_e\right) = 1 - P_{13} - P_{12}$$

$$\approx 1 - \sin^2 2\theta_{12} \sin^2 \frac{\Delta m_{21}^2 L}{4E_\nu} - \sin^2 2\theta_{13} \sin^2 \frac{\Delta m_{31}^2 L}{4E_\nu} \qquad (6.20)$$

实验将测量的中微子计数与预期值之比，即中微子的存活概率，代入上式中，计算得到 θ_{13} 的精确测量结果 (2012 年)[27,40]：

$$\sin^2(2\theta_{13}) = 0.092 \pm 0.017(\text{stat.} + \text{syst.})$$

图 6.23 是大亚湾中微子实验与其他实验的中微子振荡概率测量结果，图中给出了我国在建的江门中微子实验 (JUNO) 的预期值。图 6.24 是各类中微子振荡实验给出的质量平方差与混合角的置信区间分布 [27]。

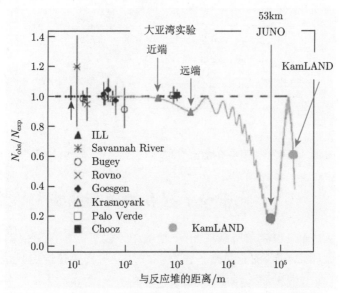

图 6.23　反应堆中微子实验的中微子振荡概率部分测量结果

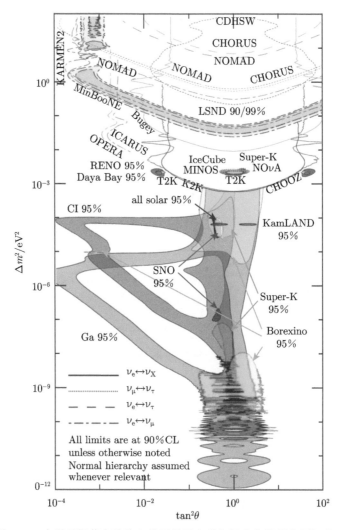

图 6.24　中微子振荡实验给出的质量平方差与混合角的置信区间分布

6.4　无中微子双 β 衰变与实验

到目前为止有关中微子质量的 6 个参数中，没有给出测量值的只有 CP 破缺的相位 δ_{CP} 和 Δm_{32}^2 的正负号。值得注意是，所有实验给出只是质量差的平方值，因此存在三种可能的排序：$m_1 < m_2 < m_3$, $\Delta m_{32}^2 > 0$，称为正常次序 (Normal Hierarchy/Ordering, NH)；$m_3 < m_1 < m_2$, $\Delta m_{32}^2 < 0$，称为倒置次序 (Inverted Hierarchy/Ordering, IH)；$m_1 \approx m_2 \approx m_3 \approx m_0$，称为准简并态 (Quasi-Degenerate, QD)。最小质量 m_0 不同，中微子有效质量分布不同 (图 6.25)[27]。解

决这一问题的关键是测定中微子绝对质量，目前唯一有效的方法是通过 0νββ 衰变实验，给出中微子质量分布次序和 Majorana 相位 α_1 和 α_2 的信息。

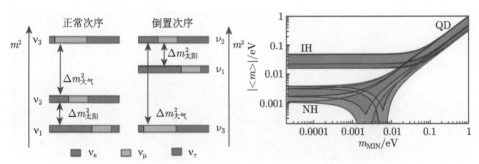

图 6.25 有效中微子绝对质量、最小质量及质量谱顺序关系

6.4.1 无中微子双 β 衰变机制

无中微子双 β 衰变，即 0νββ (neutrinoless double-beta decay) 是一种非常缓慢的违背轻子数守恒的核反应过程。0νββ 衰变意味着中微子是 Majorana 粒子 (即中微子是自己的反粒子)。该反应基本过程是一个初始为 (Z, A) 的原子核衰变为 $(Z+2, A)$，并放出两个电子。0νββ 衰变最早由物理学家 M.G.Mayer(1935 年) 提出，其反应过程可表示为 [41]

$$\,^{A}_{Z}\mathrm{X}_N \longrightarrow \,^{A}_{Z+2}\mathrm{X}_{N-2} + 2\mathrm{e}^- \tag{6.21}$$

$$\,^{A}_{Z}\mathrm{X}_N \longrightarrow \,^{A}_{Z+2}\mathrm{X}_{N-2} + 2\mathrm{e}^- + 2\bar{\nu}_{\mathrm{e}} \tag{6.22}$$

后者是 2νββ 衰变，它除了释放两个电子还放出两个反电子中微子。该过程已经在 1987 年首次观测到，而 0νββ 衰变至今未被观测到 (除了个别有争议的实验数据)。与之类似的其他更缓慢的过程，包括无中微子双正电子衰变、双电子俘获、伴随着 Majorona 发射的无中微子双电子衰变 (0νββχ) 也都未观测到。图 6.26 是 0νββ 跃迁示意图和 2νββ 衰变与 0νββ 衰变的双电子能谱。图 6.27 是 2νββ 和 0νββ 衰变费曼图。

如果 0νββ 衰变完全是由于交换轻 Majorana 中微子，那么 0νββ 衰变的半衰期可表示为 [42]

$$\left(T^{0\nu}_{1/2}\right)^{-1} = G_{0\nu}\left(Q_{\beta\beta}, Z\right) \left|M_{0\nu}\right|^2 \left\langle m_{\beta\beta}\right\rangle^2 \tag{6.23}$$

其中，$G_{0\nu}(Q_{\beta\beta}, Z)$ 是发射两电子的相空间因子；$M_{0\nu}$ 是上述过程的 PMNS 矩阵，而中微子的有效质量为

$$\langle m_{\beta\beta}\rangle \equiv \left|\sum_k m_k U^2_{\mathrm{e}k}\right| = \left|m_1|U_{\mathrm{e}1}|^2 + m_2|U_{\mathrm{e}2}|^2 \mathrm{e}^{\mathrm{i}(\alpha_2-\alpha_1)} + m_3|U_{\mathrm{e}3}|^2 \mathrm{e}^{\mathrm{i}(-\alpha_1-2\delta)}\right| \tag{6.24}$$

显然 PMNS 矩阵的计算越完备, 得到的有效中微子质量的结果就越精确。

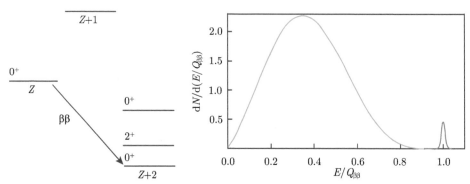

图 6.26　0νββ 跃迁示意图 (a) 和典型的双电子能谱 (b)

图中绿线代表 2νββ 衰变能谱, 红线代表 0νββ 衰变能谱

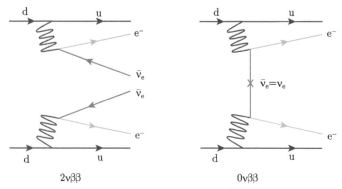

图 6.27　2νββ 和 0νββ 衰变费曼图

如定义核结构因子 $F_N \equiv G_{0\nu}(Q_{\beta\beta}, Z) |M_{0\nu}|^2 m_e^2$, 式 (6.23) 可改写为

$$\langle m_{\beta\beta} \rangle = m_e \left[F_N T_{1/2}^{0\nu} \right]^{-1/2} \tag{6.25}$$

即中微子绝对质量可通过核结构因子和半衰期获得。理论上估计 F_N 值在 $10^{-13} \sim 10^{-14} \mathrm{y}^{-1}$, 为了达到灵敏度 $\langle m_{\beta\beta} \rangle \approx 0.1\mathrm{eV}$, 实验灵敏度至少要能观测到 $10^{26} \sim 10^{27}\mathrm{y}$ 的半衰期事例。对于本底水平较显著的实验环境, 可用下式估算测量半衰期的灵敏度:

$$T_{1/2}^{0\nu}(n_\sigma) = \frac{4.16 \times 10^{26}}{n_\sigma} \left(\frac{\varepsilon a}{W} \right) \sqrt{\frac{Mt}{b\Delta(E)}} \tag{6.26}$$

其中, n_σ 是标准差的数值 (一般要求达到 $n_\sigma = 3$); ε 是系统探测效率; a 是同位素丰度; W 是双 β 衰变源的相对原子质量; $M[\mathrm{kg}]$ 是双 β 衰变物质的总质量;

$\Delta(E)$ [keV] 是探测装置在 $Q_{\beta\beta}$ 值附近的能量分辨率；$b[\text{keV·kg·y}]^{-1}$ 是本底计数率；$t[\text{y}]$ 是实验观测的有效时间。

6.4.2 无中微子双 β 衰变实验要求

0νββ 衰变实验是在连续本底下长时间寻找一个罕见的峰。按照目前的实验和理论，如果中微子质量顺序是倒置顺序，m_0 接近 0meV，那么 $\langle m_{\beta\beta} \rangle$ 将在 20 ～ 50meV 左右，对应 $T_{1/2}^{0\nu}$ 在 10^{27}y 左右，计数率为几个/(吨 · 年)；如果声称的 $\langle m_{\beta\beta} \rangle \sim 400$meV 的观测结果是对的，那么 $T_{1/2}^{0\nu}$ 将在 10^{25}y 左右，计数率将在几百个/(吨 · 年)。为了在 2 ～ 3 年运行时间内达到这样的目标，探测器质量至少要达到吨量级。在理论上需要精确计算核结构因子，依据 0νββ 衰变机制，给出能量分布特征。

通常 0νββ 衰变只发生在一些偶-偶核中，即质量数 A、质子数 Z 都是偶数的核素，如图 6.28 所示，如果奇 A 核处于不稳定状态，只需通过单 β 衰变到达相邻核素释放能量；但是偶-偶核却很难通过单 β 衰变释放能量，因为偶–偶核中的核子已经配对，整个原子核处于能量较低状态，而其相邻的核素由于未成对处于能量较高状态，衰变被禁戒；如果电荷数相差 2，则有可能发生双 β 衰变过程。事实上，只有很少质子数和中子数均为偶数的核素发生双 β 衰变。表 6.1 给出了可能发生 0νββ 衰变的候选核素，包括这些候选核素的衰变能 Q 值和自然同位素丰度 [27]。

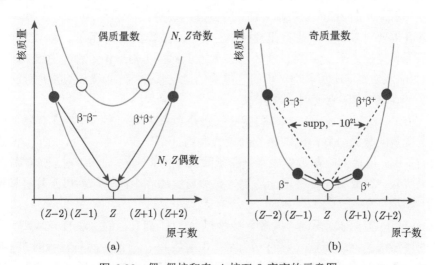

图 6.28 偶–偶核和奇 A 核双 β 衰变的示意图

实验上为了给出 0νββ 衰变存在的确切证据，需要证明：

(a) 在 0νββ 衰变 $Q_{\beta\beta}$ 位置有一个显著的峰；

(b) 该事例为单地点能量沉积;

(c) 测量得到的空间分布和时间特性与 0νββ 衰变预期一致;

(d) 测量得到的衰变速率与使用的同位素含量一致。

表 6.1　0νββ 衰变的候选核素

核素	衰变能 Q/MeV	自然同位素丰度/%
^{48}Ca	4.27	0.2
^{76}Ge	2.04	7.8
^{82}Se	3.00	9.2
^{96}Zr	3.35	2.8
^{100}Mo	3.03	9.6
^{116}Cd	2.81	7.5
^{124}Sn	2.27	5.8
^{128}Te	0.87	31.7
^{130}Te	2.53	34.5
^{136}Xe	2.48	8.9
^{150}Nd	3.37	5.6

为了确定一个真实的 0νββ 衰变事例, 需要进一步证明:

(a) 观测到了两电子的发射;

(b) 两电子的运动学分布 (能谱和角分布) 与 0νββ 衰变一致;

(c) 在 0νββ 衰变的同时观测到了衰变子核;

(d) 观测到了能够表明 0νββ 衰变的激发态衰变。

最终需要对多种核素进行上述 0νββ 衰变测量验证它的存在。考虑到反应矩阵元的不确定性, 至少需要测量 3 种核素才能给出 0νββ 衰变的定量结果。如果观测到 0νββ 衰变, 还需要进一步研究电子的运动学分布 (能量分配及角分布), 这将有助于确定 0νββ 衰变的物理机制。

在 0νββ 实验设计中, 一个关键的问题是要求环境本底尽可能小。按照太阳中微子振荡的数据估算, 0νββ 衰变的信号约为几个计数/(吨·年)。为了观测这样微弱的事例, 能谱的峰附近本底水平必须降到 1/(吨·年) 以下, 对于这类极低本底水平实验, 需要考虑各种可能环境本底和材料本底来源, 包括以下几种辐射本底。

(a) U 和 Th 的衰变链。大多数实验都存在 U 和 Th 的级联衰变本底。衰变产生的连续谱包括康普顿散射的 γ 射线、β 射线和 α 射线, 可能淹没掉 0νββ 衰变信号。因为 U 和 Th 在大多数材料中都存在, 其污染的水平随材料种类和生产工艺而异。特别是探测器和屏蔽层材料的本底水平, 一般要求探测器的各组件达到 1μBq/kg 或更低。

(b) 宇宙线本底。为了减少装置材料与宇宙线的反应, 实验需在深层地下进行。深地实验室内部，μ 子是唯一残留的宇宙线粒子 (除了中微子)，虽然通量降低，但是它与物质反应可产生次级中子、轫致辐射以及电磁簇射，因此许多实验装置装有 μ 子反符合探测器。

(c) 中子本底。中子有较强的穿透屏蔽的能力，它们通过 $(n, n'\gamma)$ 和 (n, γ) 反应产生本底，或者通过 (n, x) 反应生成放射性核素，尤其是中子与探测器材料的 $(n, n'\gamma)$ 反应所产生的能谱没有明显特征，使得这类本底较难排除。中子的来源主要有：岩洞岩石物质的裂变和 (α, n) 反应；μ 子与岩石物质反应产生的高能中子 (>1GeV) 可穿透屏蔽层，并在探测器周围产生本底信号；快中子作用产生放射性核素也是本底的一部分。此外，由于人为活动带来的同位素 (如 ^{207}Bi) 也有可能成为本底源。

特别是随着实验规模的扩大，对于极低本底的控制需要采取特殊措施，例如直接在地下生产 Cu 以避免宇宙线产生 ^{60}Co；在超净室中进行敏感器件的组装，排除氡气的污染，以及获得更好的材料提纯能力。另外，地下实验室的基础设施建设形成的辐射污染也必须严格控制。

6.4.3 无中微子双 β 衰变实验技术

位于意大利 Gran Sasso 地下实验室，HdM (Heidelberg Moscow) 合作组 (1990 ～ 2003 年) 是最早声称发现了 ^{76}Ge 的无中微子双 β 衰变 [43]，后被其他实验否定 (仍存在争议)，该实验所提出测量技术和分析方法为后续研究提供了重要参考。高纯锗既是双 β 衰变源，也是探测灵敏物质。^{76}Ge 的 ββ 衰变模式如图 6.29 所示。

$$^{76}\text{Ge} \longrightarrow {}^{76}\text{Se} + 2e^- (+2\overline{\nu}_e), \quad Q_{\beta\beta} = 2039\text{keV}$$

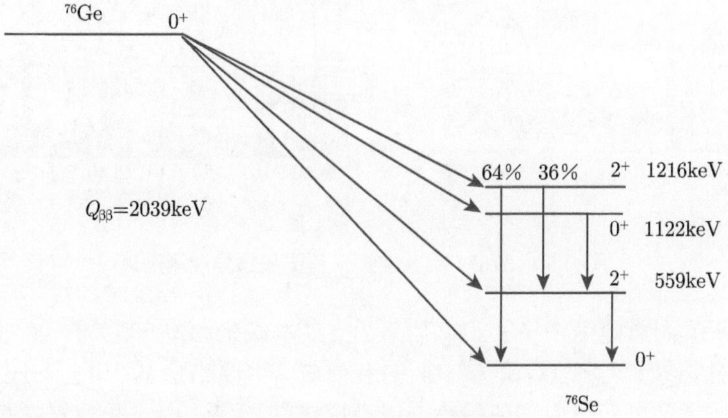

图 6.29　^{76}Ge 的 ββ 衰变模式

实验使用 HPGe 探测器分辨率 (FWHM) 在 $Q_{\beta\beta}$ 附近能量分辨约为 3keV，以

保证没有 $2\nu\beta\beta$ 衰变本底影响 $0\nu\beta\beta$ 的峰。$0\nu\beta\beta$ 衰变到 ^{76}Se 激发态的概率被运动学相空间因子压低约 $Q_{\beta\beta}^5$。HPGe 探测器要求杂质浓度小于 10^9 原子/cm^3。测量的 $0\nu\beta\beta$ 衰变半衰期可表示为

$$T_{1/2} = \ln 2 \cdot \varepsilon_{\mathrm{d}} \cdot \frac{N \cdot t}{S} \tag{6.27}$$

式中，ε_{d} 是探测器的效率；N 是衰变原子核的数目 ($N = N_{\mathrm{A}} \cdot \dfrac{a \cdot M}{A}$，其中 a 是同位素丰度，M 是 $\beta\beta$ 衰变物质质量，A 是同位素的摩尔质量)；S 是时间 t 内记录到的峰值计数 (或峰值计数上限)。

　　HdM 实验装置由 5 个 P 型 HPGe 探测器构成 (图 6.30)。同位素丰度 ^{76}Ge 约为 86%，总有效质量 10.96kg。总统计量等价为 71.7/(kg·y)，其中本底为 0.17/(kg·y)，主要来自探测器的组成材料，包括低温保持器、探测器支架和电路接头。探测器对 $0\nu\beta\beta$ 衰变的探测效率为 95%。4 个 HPGe 探测器铅屏蔽层包括：内层 10 cm 厚的低放射性铅 (LC2-grade lead) 和外层 20cm 厚的铅 (Boliden lead)。铅屏蔽体外是铁箱，铁箱外是 10 cm 厚的富含 B 的聚乙烯，用以吸收外来中子。整个装置的上部安装了一个 μ 子反符合探测器。另一个装置中，内部屏蔽材料是 27.5 cm 厚的电解铜和 20 cm 厚的铅层，外面是铁箱和富含 B 的聚乙烯，没有反符合的 μ 子探测器。

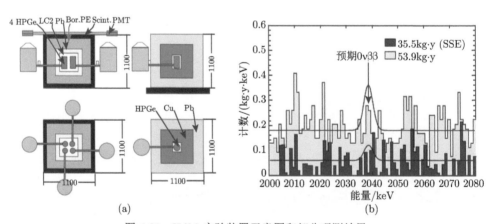

图 6.30　HdM 实验装置示意图和部分观测结果

　　在 HdM 测量能谱中 (在 $Q_{\beta\beta}$ 附近) 主要本底来源：^{208}Tl 的 2614 keV γ 射线的康普顿连续谱；^{238}U 和 ^{226}Ra 的衰变链 (主要来自其中的 ^{214}Bi)；铜制的低温容器或者是屏蔽层内测的污染，以及宇宙线本底。由实验数据进行分析得到 $T_{1/2}^{0\nu} > 1.3 \times 10^{25}$y(90%C.L.)，$m_{\beta\beta} < 0.42$ eV[44]。

　　另一类 $0\nu\beta\beta$ 实验采用气相或液相径迹探测方案，具有代表性的实验是位

于美国新墨西哥州的 WIPP(Waste Isolation Pilot Plant) 地下实验室的 EXO-200(Enriched Xenon Observatory) 实验装置 [27]。该装置采用 200kg 液氙时间投影室 (Time Projection Chamber, TPC)，其中同位素 ^{136}Xe 经过提纯，含量可达 80.6%。TPC 的直径为 40 cm，长度为 44 cm，端盖处两个漂移电极用桶部中间阴极隔开，其测量原理如图 6.31(a) 所示。当衰变末态粒子与氙原子作用产生电离时，部分电子将沿着电场线方向漂移至读出平面 (V 线圈，U 线圈) 被收集，可重建获得粒子的能量和二维位置坐标；另一部分电子在漂移过程中会与氙离子重新结合成产生激发态的氙原子，激发的氙原子退激发时会释放出闪烁光信号，被端盖部分的雪崩二极管 APD(Avalanche Photodiodes) 阵列探测。由于光信号与粒子沉积能量相关，电离信号与漂移时间有关，同时测量电离和荧光信号可以获得更好的分辨，重建事例完整的三维信息。EXO-200 实验中，整个探测装置浸泡在低温 (167K) 液体的铜制恒温器中 (图 6.31(b))，在该恒温器所有方向上布满 25cm 厚的铅砖用于屏蔽辐射背景，并在实验室四周装有塑料闪烁体对宇宙线进行反符合屏蔽。

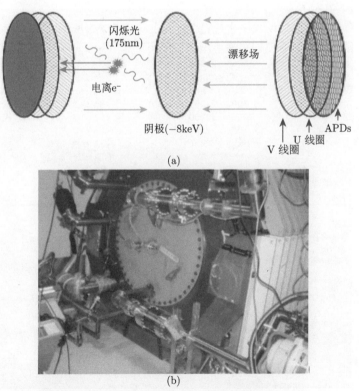

图 6.31 EXO-200 实验：TPC 工作原理示意图 (a)；
安装在 WIPP 的地下 EXO-200 恒温器 (b)

EXO-200 实验于 2011 年开始运行，并于当年首次观测到 ^{136}Xe 双 β 衰变过程，这也是国际上首次观测到该衰变过程。EXO 合作组的分析结果将 ^{136}Xe 的 0νββ 衰变过程的半衰期下限提高到 1.8×10^{25}y，并对有效中微子质量给出了强约束：$< 150 - 400$meV [45]。EXO-200 探测器能量分辨为半高全宽 60 keV@2480 keV，这也是该实验的主要局限。为提高整个系统灵敏度，EXO 合作组正在推进下一代探测器 nEXO，计划使用吨级 ^{136}Xe，以增加有效物质量。

表 6.2 给出一些已完成的 0νββ 实验和测量结果 [46]，更多的实验围绕提高测量精确和质量次序正在进行或研制中。美国费米国家实验室正在领导建造新一代深地中微子实验 (Deep Underground Neutrino Experiment，DUNE)[47]。该实验利用费米实验室现有的质子加速器打靶 (石墨) 产生强流中微子束，去轰击比现有最大同类探测器还要大 100 倍的探测器。DUME 探测器由近探测器和远探测构成，加速器产生的中微子束由近探测器给出触发信号，经 1300km 到达远探测器，中微子飞行路径 (在中点附近) 距离地面约 30km。远探测器 (距地面 1.5km) 由 4 个 17000 吨液氩探测器构成，预期每天有 $10 \sim 20$ 个有效中微子碰撞事例。图 6.32 是 DUNE 实验布局示意图。

表 6.2　一些已完成的 0νββ 实验和测量结果

核素	半衰期 $T_{1/2}^{0\nu}$/年	有效中微子质量 $\langle m_{\beta\beta}\rangle$/meV	实验	探测器技术
^{48}Ca	$> 5.8 \times 10^{22[25]}$	$3500 \sim 22000$	ELEGANT-IV	CaF$_2$(Eu) 闪烁体
^{76}Ge	$> 8.0 \times 10^{25[26]}$	$120 \sim 260$	GERDA	高纯锗探测器
	$> 1.9 \times 10^{25[27]}$	$240 \sim 520$	Majorana-Demonstrator	高纯锗探测器
^{82}Se	$> 3.6 \times 10^{23[28]}$	$890 \sim 2430$	NEMO-3	径迹探测器
^{96}Zr	$> 9.2 \times 10^{21[29]}$	$7200 \sim 19500$	NEMO-3	径迹探测器
^{100}Mo	$> 1.1 \times 10^{24[30]}$	$330 \sim 620$	NEMO-3	径迹探测器
^{116}Cd	$> 1.0 \times 10^{23[31]}$	$1400 \sim 2500$	NEMO-3	径迹探测器
^{130}Te	$> 1.5 \times 10^{25[32]}$	$110 \sim 520$	CUORE	晶体微量热器
^{136}Xe	$> 1.1 \times 10^{26[33]}$	$61 \sim 165$	KamLAND-Zen	液体闪烁体
	$> 1.8 \times 10^{25[34]}$	$150 \sim 400$	EXO-200	时间投影室
^{150}Nd	$> 2.0 \times 10^{22[35]}$	$1600 \sim 5300$	NEMO-3	径迹探测器

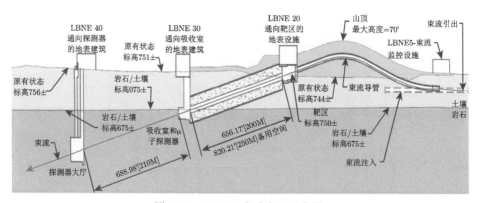

图 6.32　DUNE 实验布局示意图

6.5 暗物质与实验

6.5.1 暗物质观测证据

暗物质是宇宙中一种物质形态, 暗物质假说起源于恒星运动观测。20 世纪 30 年代, 天文学家弗里茨. 兹维基 (F. Zwicky) 观测发现, 在一个大星系团中靠近边缘的星系围绕它们共同的质心运动的速度快得惊人, 即使这个单星系有非常大的质量; 与星系团数量和亮度作对比, 估计质量相差 400 倍。为了解释引力效应所需要的质量丢失, 他猜测存在一种新的物质: 暗物质 (Dark Matter, DM)[48]。20 世纪 70 年代, 天文学家维拉 · 鲁宾 (V. Rubin) 等对涡旋星系中恒星质量分布进行了系统观测和分析。在涡旋星系中, 恒星在接近圆形轨道上运动, 引力加速度等于向心力, 即

$$\frac{v^2}{r} = \frac{GM}{r^2} \Rightarrow v(r) = \sqrt{\frac{GM(r)}{r}} \tag{6.28}$$

其中, M 是恒星质量; r 是轨道半径; v 是旋转速度。如果所有的星系质量都是发光的, 并离中心足够远的话, 大部分质量都在 r 内, 这就意味着 $M(r) =$ 常数; $v(r) \propto 1/r^{1/2}$。然而, 实验观察结果表明, $v(r)$ 离中心足够近时达到最大值, 并随着 r 的增加而保持不变, 但没有表现出预期的下降 (图 6.33)[49]。对涡旋星云中不同距离处的星体和气体的旋转度进行测定, 计算出星系的质量比可观测到的星体和气体质量总和要大一个数量级以上, 因此推测暗物质质量密度正比于 $1/r^2$。进一步分析表明, 如果不包含大量看不见的物质, 许多星系将分裂而不是旋转, 或者不会像它们那样运动。

之后, 更多天文观测不断有证据表明存在某种未知的物质, 从微波背景辐射中微小温度统计涨落, 到星系和星系团附近的引力偏折, 以及大尺度结构宇宙中星系的形成和演化。这些观测结果仅用已观测到的物质量与引力作用规律是无法解释的。

如果暗物质真的存在, 宇宙大爆炸理论推测暗物质形成在大爆炸早期。按照参数化的 ΛCDM (Lambda -Cold Dark Matter) 宇宙学模型推算, 宇宙的总质量包含 5% 的普通物质和能量, 27% 的暗物质和 68% 未知形式的能量 (称为暗能量), 因此, 暗能量加暗物质占总质量的 95%[50]。暗物质被认为是由一些尚未被发现的亚原子粒子 (非重子) 组成的。基于该模型可以对宇宙微波背景, 宇宙大尺度结构的星系分布, 氢 (包括氘)、氦和锂的丰度, 以及宇宙加速膨胀机制给出较合理的解释。这里 Λ 表示与暗能量相关的宇宙学常数: $\Omega_\Lambda = 0.6847 \pm 0.0073$ (2018 年发布的普朗克卫星数据), 根据广义相对论, 它将导致宇宙加速膨胀 [51]。冷暗物质 (CDM), 这里 "冷" 是指暗物质运动速度远低于光速, 而 "暗" 表示它与普通

物质和电磁辐射的相互作用很弱。图 6.34 是 ΛCDM 加速宇宙膨胀示意图, 其时间为从大爆炸/膨胀年代 (137.7 亿年以前) 至现在的宇宙学时间, 包含了宇宙形成早期可能存在的暗能量加速膨胀过程。

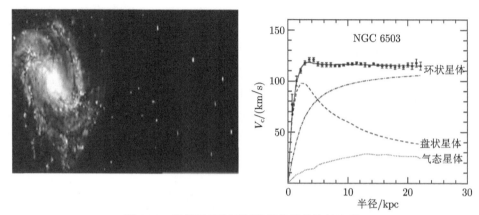

图 6.33　涡旋星云和不同半径的星体旋转速度

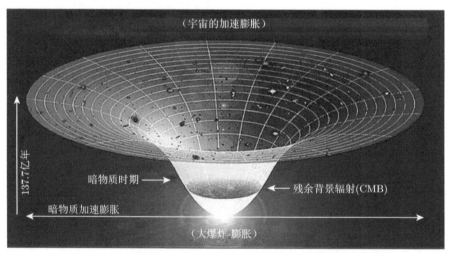

图 6.34　ΛCDM 加速宇宙膨胀示意图

把 ΛCDM 模型和宇宙学原理应用于宇宙膨胀的弗里德曼方程可以对暗物质量作定量描述。为了给出可供比较的定量值, 假定宇宙常数 Λ 为零, 代入弗里德曼方程, 化简后可得 [52]

$$\rho_{\text{crit}} = \frac{3H_0^2}{8\pi G} = 1.878\,47(23) \times 10^{-26}\,h^2 \quad \text{kg} \cdot \text{m}^{-3} \tag{6.29}$$

这里 $h \equiv H_0/(100\,\text{km} \cdot \text{s}^{-1} \cdot \text{Mpc}^{-1})$; H_0 是哈勃常数。如果宇宙学常数确实为零, 那么临界密度标志着宇宙最终重新回到大收缩或无限膨胀之间的分界线。对于具

有正宇宙学常数的 ΛCDM 模型 (现实中可观察到的), 无论总密度是略高于还是低于临界密度, 宇宙都将永远膨胀, 尽管在扩展模型 (如考虑暗能量作用) 中其他结果也是可能的。

定义无量纲密度参数 Ω_x 为

$$\Omega_x \equiv \frac{\rho_x(t=t_0)}{\rho_{\mathrm{crit}}} = \frac{8\pi G \rho_x(t=t_0)}{3H_0^2} \tag{6.30}$$

这里, 下标 x 分别代表: b-重子物质; c-冷暗物质; rad-辐射物质 (包括光子, 相对论中微子) 和暗能量。由于不同物质的密度是 a 的不同幂次 (例如物质是 a^3), 根据各种物质密度参数改写的弗里德曼方程[53] 为

$$H(a) \equiv \frac{\dot{a}}{a} = H_0 \sqrt{(\Omega_c + \Omega_b)a^{-3} + \Omega_{\mathrm{rad}}a^{-4} + \Omega_k a^{-2} + \Omega_{DE}a^{-3(1+w)}} \tag{6.31}$$

其中, w 是暗能量状态参数, 并忽略中微子质量 (中微子质量需要更复杂的方程)。各种 Ω 参数加起来为 1。在一般情况下, 通过积分给出了膨胀系数 $a(t)$, 并在可观测距离范围内满足红移关系。

实际估算中, 常采用在最小参数 ΛCDM 模型中, 假定曲率 Ω_k 为零, $w = -1$, 式 (6.31) 简化为

$$H(a) = H_0 \sqrt{\Omega_m a^{-3} + \Omega_{\mathrm{rad}}a^{-4} + \Omega_\Lambda} \tag{6.32}$$

由于星际辐射密度非常小 ($\Omega_{\mathrm{rad}} \sim 10^{-4}$), 如果忽略这一项, 可解得

$$a(t) = (\Omega_m/\Omega_\Lambda)^{1/3} \sinh^{2/3}(t/t_\Lambda) \tag{6.33}$$

这里 $t_\Lambda \equiv 2/(3H_0\sqrt{\Omega_\Lambda})$, $a > 0.01$ 或 $t > 10^7 \mathrm{y}$。当 $a(t) = 1$ 时, $t = t_0$, 可求得现在的宇宙膨胀参数。由二阶导数 $\ddot{a}$ 为零, 可求得宇宙从减速到加速膨胀的转变条件是

$$a = (\Omega_m/2\Omega_\Lambda)^{1/3} \tag{6.34}$$

其估算值 $a \sim 0.6$, 与 Planck 卫星观测数据最佳拟合值 0.66 基本相符。

6.5.2 暗物质探测方法

由于暗物质仅通过引力和弱相互作用显示它的存在, 天文学家通过对大质量星系的运动规律研究, 推测暗物质量的大小, 但无法给出暗物质起源和结构信息。暗物质粒子的一个重要特征是不参与电磁作用, 即便是最先进天文望远镜也无法观测到暗物质踪迹, 因此暗物质粒子实验便成为证实暗物质存在的重要途径。

理论上, 暗物质粒子超出标准模型的范畴, 可能在物质结构更基本层次才能理解。弱作用质量粒子 (Weakly Interacting Massive Particles, WIMPs) 被物理学家广泛接受, 是构成暗物质的假想粒子[54]。WIMPs 没有明确的定义, 广义上认为 WIMPs 是超标准模型基本粒子, 它只参与引力和弱的核作用。WIMPs 也必

须在早期宇宙中生产，类似于大爆炸宇宙学的标准模型粒子，而大爆炸初期 (热过程) 产生的暗物质丰度，其湮灭截面与质量为 100 GeV 粒子的电弱作用截面大致相同。粒子物理超标准模型假设存在费米子–玻色子的对称性，即所有已知的费米子 (玻色子) 都有其对应的玻色子 (费米子)，而 WIMPs 有可能是配对的超对性粒子。因此，如能通过实验证明 WIMPs 粒子存在，将极大提高人类对宇宙和物质层次的认知。

WIMPs 的测量方法主要三种：直接探测，间接探测，对撞机探测。直接探测是测量 WIMPs 与探测器介质 (核子) 作用产生的相干散射信号；间接探测是利用卫星、气球和地面望远镜寻找暗物质湮灭产生的信号，以及利用对撞机实验寻找出可能的暗物质衰变粒子或超对称粒子。

1. 直接探测方法

暗物质粒子产生的反冲核能量 (通常是几 KeV)，可以通过闪烁光或声子的形式被探测。为了有效地做到这一点，保持极低背景辐射是至关重要的，因此直接探测实验需要在地下深处进行，以减少来自宇宙射线的干扰。这类实验大多采用低温或惰性液体探测器技术，低温探测器工作在低于 100MK 的温度下 (如低温高纯锗探测器，液氩或液氙探测器，其中液氙探测器是灵敏度最高的测量方案。

图 6.35(a) 是大型地下液氙实验 (Large Underground Xenon Experiment，LUX) 装置示意图，该实验采用双相液氙 TPC 研制方案，用于直接探测 WIMPs 信号，整个实验装置位于南达科州霍姆斯塔克矿的桑福德地下实验室 (地下 1510m) [55]。图 6.35(b) 是 LUX-TPC 工作原理示意图。当粒子穿过液氙 (370kg，-100°C) 时，与氙原子的电子 (或与原子核) 反冲作用产生电离电子和闪烁光 (紫外 175 nm)，由 122 个光电倍增管组成的两个阵列分别测量光子 (S1) 和漂移电子在氙气中激发光子 (S2)。TPC 具有 3D 位置分辨能力，由于在液氙中电子具有均匀的漂移速度 (为 $1 \sim 2$km/s)，通过测量 S1 和 S2 信号之间的时间延迟可确定事件的相互作用深度。作用事例在 x-y 平面中的位置可以通过对每个 PMT 所测量的光电子数分布，通过蒙特卡罗和极大似然估计获得，其位置分辨小于 1cm。同时 S2/S1 的比值可以作为区分电子反冲事件和核反冲事件的判别参数，使得电子反冲的背景被抑制 (超过 99%)，同时保留 50%的核反冲事件。TPC 周围采用水箱屏蔽 (ϕ8m，高 6m)，可有效减少宇宙线和环境本底。

类似测量方法，如 Gran Sasso 国家实验室 XENON 实验以及中国锦屏地下实验室 PandaX 实验。该类实验中，探测器接收到的一些信号可能是中子引起的，所以降低了 WIMPs 信号的灵敏度。虽然到目前为止没有检测到 WIMPs 或暗物质相关信号，但可以排除质量为 35GeV/c^2 的 WIMPs 的作用截面大于 7.7×10^{-46}cm^2(图 6.36)[27]。

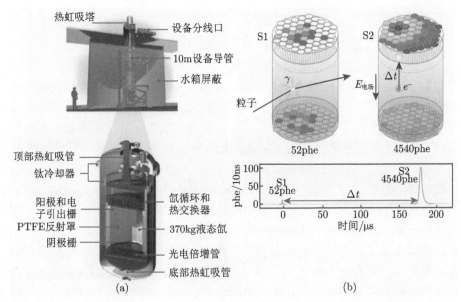

图 6.35 LUX 实验装置 (a) 和 LUX-TPC 工作原理 (b) 示意图 (phe 表示测量的光电子数)

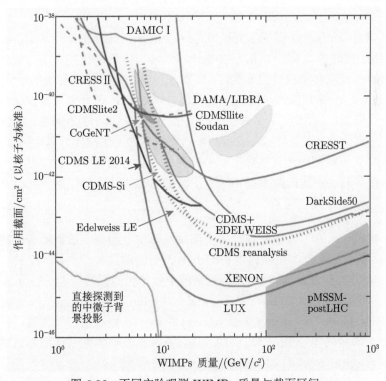

图 6.36 不同实验观测 WIMPs 质量与截面区间

2. 间接探测方法

通过寻找空间暗物质粒子湮灭和衰变产物，可间接获取探测暗物质存在的证据。一般认为，在暗物质密度较高的区域 (如星系中心)，两个暗物质粒子可以湮没产生伽马射线或粒子-反粒子对。如果暗物质粒子不稳定，它可能衰变成标准模型 (或其他) 粒子。这些过程可以通过银河系 (或其他高密度区域) 发出的过多的伽马射线、反质子或正电子间接探测。这种观测方法的一个主要困难是各种天体物理源可以产生相似暗物质信号，因此需要综合多个信号，即"多信使方式"才能得出可信的结论。

费米伽马射线太空望远镜 (Fermi Gamma-ray Space Telescope, FGST) 的大面积望远镜 (LAT)，除了可用于观测活跃的星系核、脉冲星、其他高能粒子源，还可以用于观测暗物质相关天体物理和宇宙现象。例如 2010 年 3 月，FGST 宣布活跃的星系核不是伽马射线辐射的主要来源，只有不到 30% 的伽马射线辐射来自这些辐射源，剩下的 70% 左右的伽马射线源可能来源于恒星形成星系、星系合并以及尚未解释的暗物质相互作用。对收集数据的分析给出了来自银河系中心的伽马辐射 (130 GeV) 信号，最有可能是 WIMP 湮没产生的 [56]。国际空间站阿尔法磁谱仪合作组 (2013 年) 发表研究结果表明，暗物质湮灭可能产生过量高能宇宙射线。

2015 年 9 月 LIGO (Laser Interferometer Gravitational-wave Observatory) 探测到两个约 30 个太阳质量黑洞在离地球约 13 亿光年合并形成的引力波，开启了以新的方式观察暗物质的可能性，特别是当暗物质以原初黑洞的形式出现时。图 6.37 是 LIGO 探测原理示意图 [57]。2017 年 8 月，费米伽马射线探测器监测到伽马射线爆发，(后来被命名为伽马射线暴 170817A)，与汉福德 LIGO 探测器记录的一个引力波 (双星中子星合并) 是一致的，它发生在伽马暴 170817A 事件之前的 2s。这一观测是"首次对单一来源的引力和电磁辐射联合探测"[58]。尽管如此，直接和间接实验的结果仍无法给出暗物质存在的有力证据。

3. 其他实验观测和应用

当暗物质粒子通过太阳或地球等大质量星体时，与原子散射而失去能量，增加了碰撞/湮灭的机会，并以高能中微子形式出现的独特信号，这样的信号将是 WIMP 暗物质的有力证据。利用大面积高能中微子望远镜有可能捕捉到这种信号，这类实验，如阿曼达 (Antarctic Muon and Neutrino Detector Array，AMANDA) 和冰立方 (IceCube Neutrino Observatory) 中微子观测站正在寻找这一信号。图 6.38 是位于南极的 IceCube 和 AMANDA 中微子观测装置示意图和它的数字光学传感器 (Digital Optical Modules，DOMs) 照片 [59]。

IceCube 中微子观测站位于南极洲的阿蒙森–斯科特南极站 (Amundsen–Scott

South Pole Station)，数千个传感器位于南极冰层下面，分布空间在 1km³ 以上。当中微子与水分子发生反应时产生带电的粒子 (电子、μ 或 τ 轻子)。这些带电粒子有足够的能量穿过冰层，产生的切连科夫光被 IceCube 的数字光学模块记录。利用测量到的切连科夫光信号分布可以重建中微子的运动学参数，特别是一些高能中微子引发 μ 子信号的指向与中微子源直接相关。

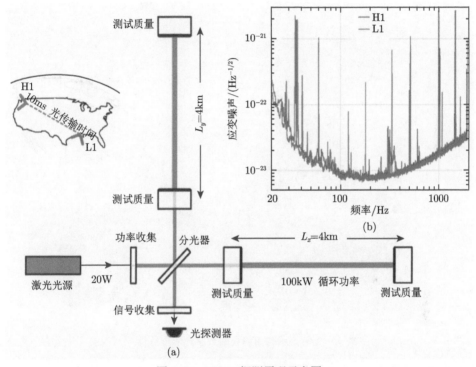

图 6.37　LIGO 探测原理示意图

IceCube 测量中微子灵敏区间为 $10^{11} \sim 10^{21}$ eV。2013 年 11 月 IceCube 合作组宣布探测到 28 个高能中微子，这些中微子可能来自太阳系之外，并且发表了点源、伽马射线爆发和太阳中微子湮灭对中微子通量的限制，以及对 WIMPs-质子横截面的影响 [60]。同时 IceCube 测量了 10 ∼ 100 GeV 大气 μ 子中微子丢失 (2011 ∼ 2014 年数据)，确定了中微子振荡参数：$\Delta m_{32}^2 = 2.72 \times 10^{-3} \text{eV}^2$ 和 $\sin^2(\theta_{23}) = 0.53$，与其他实验结果相当 [61]。

中微子探测的一个重要应用是地球物理研究，2008 年巴塞罗那大学研究人员提出利用 IceCube 观测数据分析地球内部结构变化。当大气中微子穿过地球时，依据 IceCube 探测的中微子通量的变化和地球结构模型，研究人员计算出地球质量为 6×10^{24} kg，与地震波测量结构基本一致。由于中微子的高穿透性，如果能够大范围检测地球表面中微子通量变化，有可能为地震预报提供重要信息。

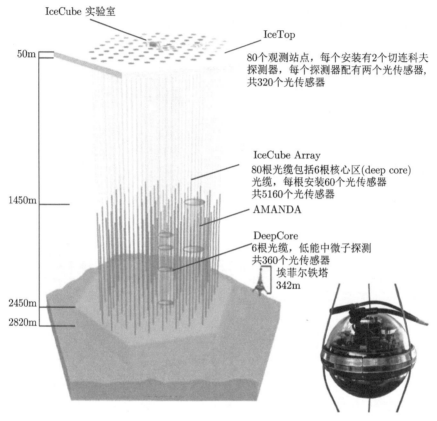

IceCube 实验室

IceTop

50m

80个观测站点，每个安装有2个切连科夫探测器，每个探测器配有两个光传感器，共320个光传感器

IceCube Array
80根光缆包括6根核心区(deep core)光缆，每根安装60个光传感器
共5160个光传感器

AMANDA

1450m

DeepCore
6根光缆，低能中微子探测
共360个光传感器

埃菲尔铁塔
342m

2450m

2820m

图 6.38   IceCube 中微子观测装置示意图和它的数字光学传感器 (DOMs) 照片 (右下角)

此外，大型强子对撞机 (LHC) 实验的一个重要物理目标是寻找质子碰撞中产生的暗物质粒子。由于暗物质粒子与正常物质之间的相互作用很弱，可以忽略不计，但是如果观测到显著的能量和动量的丢失事例，就有可能间接获得暗物质信息。另一方面，探索暗物质粒子与电子作用，而不是夸克之间的作用也是实验研究新课题。值得注意是，对撞机实验的任何发现都必须得到上述 (间接或直接) 探测的证实，以证明所发现的粒子是来源于暗物质，即将来的一些重要发现更多地依赖于"多信使"观测与发现。

参 考 文 献

[1]   Einstein A. The Foundation of the general theory of relativity.   Annalen der Physik, 1916, 354(7): 769.

[2] Friedman A. Über die krümmung des raumes. Zeitschrift für Physik (in German), 1922, 10(1): 377-386.

[3] Lemaître G. Un univers homogène de masse constante et de rayon croissant rendant compte de la vitesse radiale des nébuleuses extragalactiques. Annals of the Scientific Society of Brussels (in French), 1927, 47A: 41.

[4] Hubble E. A Relation between distance and radial velocity among extra-galactic nebulae. Proceedings of the National Academy of Sciences, 1929, 15(3): 168-173.

[5] Penzias A A, wilson R W. A measurement of excess antenna temperature at 4080 Mc/s. The Astrophysical Journal, 1965, 142: 419.

[6] Livio M, Riess A. Measuring the Hubble constant. Physics Today, 2013, 66(10): 41.

[7] https://en.wikipedia.org/wiki/Big_Bang#cite_note-Kragh_1996-10

[8] Fermi E. On the origin of the cosmic radiation. Physical Review, 1949, 75(8): 1169.

[9] Valino I, et al. Auger collaboration. Proceedings of Science (ICRC2015), 2015: 271.

[10] Abbasi R U, et al. First observation of the Greisen-Zatsepin-Kuzmin Suppression. Physical Review Letters, 2008, 100(10): 101101.

[11] Heitler W. The Quantum Theory of Radiation. Oxford: Clarendon Press, 1954.

[12] 尤峻汉. 天体物理中的辐射机制. 北京: 科学出版社, 1998.

[13] De Angelis A, et al. Very-high energy gamma astrophysics. La Rivista Del Nuovo Cimento, 2007, 31(4): 187-245.

[14] Kelner S R, et al. Energy spectra of gamma-rays, electrons and neutrinos produced at proton-proton interactions in the very high energy regime. Phys. Rev. D., 2006, 74: 034018.

[15] Ackermann M, et al. Detection of the characteristic pion-decay signature in supernova remnants. chScience, 2013, 339: 807.

[16] Rubin V C, et al. Rotation of the andromeda nebula from a spectroscopic survey of emission regions. The Aerospace Power Journal, 1970, (159): 379.

[17] Atwood W B, et al. The large area telescope on the Fermi gamma-ray space telescope mission. Astrophys. J., 2009, 697: 1071-1102.

[18] https://svs.gsfc.nasa.gov/11342

[19] Rao M. Extensive Air Showers. World Scientific, 1998: 5.

[20] Aharonian F, et al. Rep. Prog. Phys., 2008, 71: 096901.

[21] HESS collaboration. Acceleration of petaelectronvolt protons in the galactic centre. Nature, 2016, 531(7595): 476-479.

[22] Amenomori M, et al. Astrophys. J., 2003, 598: 242-249.

[23] http://www.hawc-observatory.org/collaboration/

[24] LHAASO 合作组. 高海拔宇宙线观测站项目建议书, 2013.

[25] Kobayashi M, Maskawa T. CP-violation in the renormalizable theory of weak interaction. Progress of Theoretical Physics, 1973, 49(2): 652-657.

[26] Kayser B. Neutrino mass, mixing, and flavor change. J. Phys. G: Nucl. Part. Phys., 2006, 33: 156.

[27]　Particle Data Group. Chinese Physics C, 2016, 40(10): 100001.

[28]　de Gouvea A, et al. Neutrinos, arXiv:1310.4340v1.

[29]　Pena-Garay C, Serenelli A. Solar neutrinos and the solar composition problem. arXiv: 0811.2424.

[30]　http://www.mpa-garching.mpg.de/aldos/

[31]　Cleveland B T, et al. Measurement of the solar electron neutrino flux with the homestake chlorine detector. Astrophysical Journal, 1998, 496(1): 505-526.

[32]　Masayuki N. Kamiokande and Super-Kamiokande. Association of Asia Pacific Physical Societies, 2014.

[33]　CERN Courier. The Sudbury Neutrino Observatory - Canada's eye on the universe. 2001, 12.

[34]　Ahmad R, et al. Measurement of the rate of $\nu_e + d \rightarrow p + p + e^-$ interactions produced by solar neutrinos at the sudbury neutrino observatory. Phys. Rev. Lett., 2001, 87(7): 0713019.

[35]　Fukuda S, et al. The Super-Kamiokande detector. Nuclear Instruments and Methods in Physics Research A, 2003. 51(2-3): 418-462.

[36]　Abe K, et al. Super-Kamiokande Collaboration. Phys. Rev. D, 2011, 83: 052010.

[37]　Ahn M H, et al. K2K collaboration, measurement of neutrino oscillation by the K2K experiment. Physical Review D, 2006, 74(7): 072003.

[38]　Gando A, et al. KamLAND collaboration. Phys. Rev. D, 2011, 83: 052002.

[39]　Gando A, et al. KamLAND collaboration. Phys. Rev. C, 2015, 92: 055808.

[40]　An F P, et al. Daya Bay Collaboration. Phys. Rev. Lett., 2012, 108: 171803.

[41]　Goeppert-Mayer M. Double beta-disintegration. Physical Review, 1935. 48(6): 512-516.

[42]　Grotz K, lapdor H V. The Weak Interaction in Nuclear, Particle and Astrophysics. CRC Press, 1990.

[43]　Giuliani A, Poves A. Neutrinoless double-beta decay. Advances in High Energy Physics, 2014, 2012: 124-131.

[44]　Klapdor-Kleingrothaus H V, et al. Latest results from the Heidelberg-moscow double beta decay experiment. Eur. Phy. J, A, 2001, 12: 147-154.

[45]　Auger M, et al. Search for neutrinoless double-beta decay in 136Xe with EXO-200. Phys. Rev. Lett., 2012, 109 (3): 032505.

[46]　Avignone F T, et al. Double beta decay, Majorana neutrinos, and neutrino mass. Reviews of Modern Physics, 2008, 80.

[47]　Acciarri R, et al. Long-baseline neutrino facility (LBNF) and deep underground neutrino experiment (DUNE) conceptual design report volume 1(2016). arXiv: 1601.05471 (2016)

[48]　Zwicky F. On the masses of nebulae and of clusters of nebulae. The Astrophysical Journal, 1937, 86: 217.

[49]　Rubin Vera C., Ford, W. Kent, Jr., Rotation of the Andromeda Nebula from a spectroscopic survey of emission regions. The Astrophysical Journal, 1970, 159: 379-403.

[50] Abbott T M C, Allam S, et al. First cosmology results using type Ia supernovae from the dark energy survey: Constraints on cosmological parameters. The Astrophysical Journal, 2018, 872(2): L30.

[51] Aghanim N, et al. Planck Collaboration, Planck 2018 results. VI. Cosmological Parameters, 2018.

[52] Olive K A, et al. Particle Data Group, The Review of Particle Physics. 2. Astrophysical Constants and Parameters, 2015.

[53] Scott Dodelson. Modern Cosmology (4 edition), San Diego, CA: Academic Press, 2018.

[54] Jungman G, Kamionkowski M, Griest K. Supersymmetric dark matter. Physics Reports, 1996, 267(5-6): 195-373.

[55] Akerib D, et al. The large underground Xenon (LUX) experiment. Nuclear Instruments and Methods in Physics Research A, 2013, 704: 111-126.

[56] Ackermann M, et al. Search for extended sources in the galactic plane using six years of Fermi-large area telescope pass 8 data above 10 GeV. The Astrophysical Journal, 2017, 843(2): 139.

[57] Abbott B P, et al. LIGO scientific collaboration and virgo collaboration, observation of gravitational waves from a binary black hole merger. Physical Review Letters, 2016, 116(6): 061102.

[58] Abbott B P, et al. LIGO scientific collaboration and virgo collaboration, multi-messenger observations of a binary neutron star merger. The Astrophysical Journal Letters, 2017, 848(2): L12.

[59] Abbasi R, et al. IceCube: Extreme science! Nuclear Instruments and Methods in Physics Research A, 2009, 601(3): 294-316.

[60] IceCube Collaboration. Evidence for high-energy extraterrestrial neutrinos at the IceCube detector. Science, 2013, 342(6161): 1242856.

[61] IceCube Collaboration. Determining neutrino oscillation parameters from atmospheric muon neutrino disappearance with three years of IceCube DeepCore data. Physical Review D, 2015, 91(7): 072004.

习　　题

6-1　在宇宙大尺度上，一些理论认为，基本相互作用的强度可能随时间而变化。为了简单起见，假设只有电磁耦合常数的变化，其他的保持不变。对于 $A = 133$ 同量异位素，目前最稳定的核素是 $^{133}_{55}\mathrm{Cs}$。假设被 $^{133}_{54}\mathrm{Xe}$ 替代，估计电磁耦合常数改变多少？

[提示：原子核结合能半经验和参数见本教材 (1.22) 式]

6-2　宇宙中充满了微波背景辐射 (CMB)，平均光子能量为 $E \approx 10^{-3}\mathrm{eV}$，来自天体甚高能光子与 CMB 光子碰撞产生电子–正电子对。

(1) 画出这一过程的费曼图，估计截面数量级；

(2) 在对心碰撞中，产生电子对的最小光子能量；

(3) 同样的条件，给出质心系中的洛伦兹因子 γ。

6-3　能量为 100GeV 宇宙线光子，与地球大气层中空气分子相互作用。已知空气的临界能量是 80MeV，辐射长度是 $37\mathrm{g/cm^2}$。估计当电磁簇射发展最大时光子穿过的大气厚度 (用 $\mathrm{g/cm^2}$ 表示)。

6-4　地球不断受到太阳中微子的撞击。它们的能量谱延伸到大约 10MeV。在一个装有 5 万吨水的探测器中，测量到 4MeV 以上的中微子与电子的相互作用。已知其作用截面大约是 $7 \times 10^{-20}\mathrm{b}$，并且地球上的中微子通量约为 $10^6 \mathrm{cm^{-2} \cdot s^{-1}}$。计算每年中微子相互作用次数。

6-5　广延大气簇射可产生高能 μ 子。假设 μ 子平均能量为 10GeV，产生在海拔 10km 高空。回答下列问题：

(1) 已知空气折射率 $n = 1.00029$，是否产生切连科夫光子？

(2) 如果是，所产生的光子发射角 (方向) 是多少？

(3) 有多少光子到达海平面？

6-6　光–核作用可以通过以下过程进行：

$$\gamma + \mathrm{N}(A, Z) \longrightarrow \mathrm{N}(A-1, Z-1) + \mathrm{p}$$

$$\gamma + \mathrm{N}(A, Z) \longrightarrow \mathrm{N}(A-1, Z) + \mathrm{n}$$

考虑 $^{56}_{26}\mathrm{Fe}$ 光-核作用：

$$\gamma + {}^{56}_{26}\mathrm{Fe} \longrightarrow {}^{55}_{26}\mathrm{Fe} + \mathrm{n}$$

(1) 求光子与铁 (固定靶) 作用的阈能；

(2) 来自外星系的甚高能宇宙射线在宇宙中传播产生将发生同样的过程，涉及 $^{56}_{26}\mathrm{Fe}$ 核的极端相对论过程，这类光子属于宇宙微波背景辐射。这种辐射弥漫在宇宙中，可简化为各向同性 1meV 能量光子。考虑光子方向相等且与传播核迎头碰撞，求 $^{56}_{26}\mathrm{Fe}$ 宇宙射线的阈能。

6-7　研究认为超高能量宇宙射线 (UHE，$E_{\mathrm{CR}} > 10^{18}\mathrm{eV}$) 可发生以下过程：

$$\mathrm{p} + \gamma_{\mathrm{CMB}} \longrightarrow \mathrm{p} + \pi^0$$

这种反应表示质子在穿越宇宙过程中，与背景中的光子作用时产生的 π^0 粒子。这些光子通常被称为宇宙微波背景 (cosmic microwave background) 光子 (用 γ_{CMB} 表示)，代表大爆炸后发射的残余辐射。求：

(1) 上述反应阈能与质子和 CMB 光子之间的散射角的关系；

(2) 使其产生 π^0 粒子的宇宙线质子的最小能量;

已知: $E_{\gamma\text{CMB}} = 10^{-3}\text{eV}$, $M_\text{p} = 0.94\text{GeV}/c^2$, $M_\pi = 135\text{GeV}/c^2$.

6-8　在宇宙中传播的超高能量宇宙射线经历以下反应:

$$p + \gamma_\text{CMB} \longrightarrow p + e^+ + e^-$$

这一过程源于它们与宇宙微波背景光子 (γ_CMB) 的碰撞。这些光子遍布整个宇宙,并且分布是各向同性的。给出能量阈值与散射角的关系,并确定最小阈值对应的角度。(假设 $E_{\gamma\text{CMB}} = 1\text{meV}$)

6-9　一个距离 5000 光年的天体物理光源发射中子。计算中子达到地球的最小能量。假设中子以平均寿命衰变,半衰期约为 10min。

6-10　一大气切连科夫望远镜,测量电磁簇射过程中产生的正负电子所导致的切连科夫光。试估算一个来自银河系 100GeV γ 光子在海平面每平方米产生的光子数? 已知 100GeV γ 光子在高度 20km 簇射产生 100 光子,空气吸收率为 30%。

6-11　一个 200kg 的 ^{76}Ge 探测装置,本底为 0.01/(keV·kg·y),能量分辨为 3.5keV,运行 5 年。已知各参数的值为: $Mt = 10^3\text{kg} \cdot \text{y}$, $\varepsilon = 0.95$, $a = 0.86$, $W = 76$, $\Delta(E) = 3.5\text{keV}$。求在 4σ 置信水平下该装置的灵敏度。

6-12　实验上发现了哪几种中微子,其自旋是多少? 在散射过程中,中微子的哪些量子数是守恒的? 设中微子质量为 $0.1\text{eV}/c^2$,则宇宙中温度为 3K 的中微子的速度是多大?

6-13　高能中微子–核子截面 (自然单位) 可表示为

$$\sigma_{\nu\text{N}} = \frac{2G_\text{F}^2 s}{9\pi}$$

其中费米常数 $G_\text{F}^2 = 5.6 \times 10^{-38} \left(\dfrac{\sqrt{s}}{1\text{GeV}}\right) \text{cm}^2$, s 是质心系的总能量平方。计算地球可吸收的中微子能量。假设地球密度为 $2.15\text{g}/\text{m}^3$,半径为 6000km。

6-14　太阳是中微子的丰富来源。首次观测太阳微子是 R.Davis 于 1978 年在 Homestake 矿中使用一个装满 C_2Cl_4 的大型探测器实现的。探测的反应是:

$$\nu_\text{e} + {}^{37}_{17}\text{Cl} \longrightarrow {}^{37}_{18}\text{Ar} + e^-$$

计算该反应的阈能. 已知探测器中装有 4×10^5 升 C_2Cl_4，假设太阳中微子与核子平均作用截面为 $10^{-42}cm^2$，通量为 $10^9 cm^{-2} \cdot s^{-1}$，估计每天可产生的 ^{37}Ar 原子。

6-15　一密闭的混凝土地下实验室 (4m×5m×3m)，测量地下室体积中的 ^{222}Rn 辐射本底达到 $100Bq/m^3$。已知 ^{238}U 级联衰变产生 ^{222}Rn，并且这种气体是从最大深度约 2cm 的壁面扩散到空气中，求混凝土中的 ^{238}U 浓度 (单位体积 ^{238}U 核数)。^{238}U 的半衰期是 45 亿年。

6-16　太阳中微子实验实际观测的是逆 β 衰变反应：

$$\nu + {}^{37}Cl \longrightarrow {}^{37}Ar + e^+$$

这一反应被认为是太阳中微子中部分高能中微子作用过程。已知地球上辐射能量通量为 $1kw/m^2$。

(1) 给出产生太阳能的核反应主要反应链。
(2) 估计在这个反应链中产生的中微子平均能量。
(3) 估计在地球上观测太阳中微子的通量。

6-17　如果太阳电子中微子振荡可以产生如下反应：

$$\nu_\mu + e^- \longrightarrow \mu^- + \nu_e, \quad \nu_\tau + e^- \longrightarrow \tau^- + \nu_e$$

计算其反应阈能 (假设靶电子处于静止)。

6-18　计算 300GeV 中微子束 (相互作用概率在 $1/10^9$ 量级) 穿过铁靶的距离。假设高能中微子总截面是 $10^{-38}E_\nu \cdot cm^2 (E_\nu：GeV)$，铁密度是 $7.9g/cm^3$。

6-19　大气中微子来自广延大气簇射中带电 π-μ 的衰变过程。μ 子中微子和电子中微子 $(\nu_\mu + \bar{\nu}_\mu)/(\nu_e + \bar{\nu}_e)$ 的期望比值是多少？
　　[提示：大气中的大部分中微子能量为 $0.1 \sim 1GeV$，带电 π 和 μ 子的平均寿命分别为 $2.6 \times 10^{-8}s$ 和 $2.2 \times 10^{-6}s$]

6-20　超级神冈探测器由一个巨大的垂直圆柱组成，里面装满了纯水 ($n = 1.33$, $\rho = 1g/cm^3$)，光信号由光电倍增管阵列读出。大气中微子是通过中微子与水原子核相互作用产生 μ 子的切连科夫辐射被探测的。为了简单起见，假设所有 μ 子的动量为 $1GeV/c$。
(1) 估计 μ 子运动的最大路径长度；
(2) 这个路径长度中，μ 子发出切连科夫辐射的百分比是多少？

(3) 在距水底 50cm 处产生 μ 子，沿着轴线向下，探测器底部的切连科夫辐射光环半径是多少？

6-21　核反应堆是人工中微子的主要来源。中微子是由富中子铀裂变碎片产生的 (实际上是 $\bar{\nu}_e$)。假设所有中微子都起源于 $^{145}_{57}\text{La}$ 的衰变 (偶-偶核衰变的代表)，并且总衰变率相当于总裂变率的大约 20%，计算：

(1) 反应产生的最大中微子能量。

(2) 在距离反应堆堆芯 500m 处的中微子通量。

已知核衰变能 $\Delta B = -4.03\text{MeV}$。反应堆功率为 2GW，一次裂变释放能量达 200MeV。

6-22　已知 $\bar{\nu}_e + \text{p} \longrightarrow \text{n} + \text{e}^+$ 作用的截面约为 $6 \times 10^{-44}\text{cm}^2$，在离堆芯 500m 处探测器具有 1 吨活性物质，反应堆产生的中微子通量为 $4 \times 10^{12}\text{m}^{-1} \cdot \text{s}^{-1}$，问每年可探测到多少中微子？

6-23　核反应堆中的电子反中微子具有典型能量 E_ν 约几个 MeV(假定连续谱，平均值为 2MeV)。在含有自由质子的探测器介质中，具有如下反应：

$$\bar{\nu}_e + \text{p} \longrightarrow \text{e}^+ + \text{n}$$

反中微子相互作用形成正电子湮灭 ($\text{e}^+ + \text{e}^- \longrightarrow 2\gamma$)。假设探测器足够大，可测量 γ 沉积总能量。探测器介质 (如液体闪烁体) 被光电倍增管包围，这个总能量称为可见能量 E_{vis}，由此推断中微子能量，回答：

(1) γ 能量沉积的主要过程是什么？所需的探测器灵敏介质长度是多少？

(2) 估计反冲中子的动能；

(3) 给出 E_ν 和 E_{vis} 之间的关系；

(4) 求最低可探测的中微子能量。

6-24　已知动量为 400GeV/c 的质子束打靶，产生 π 介子的最可几动量条件是 π 的速度等于质子速度。

(1) π 介子动量是多少？

(2) π 介子在真空束流管飞行 400m，衰变产生中微子的比值是多少？

(3) 如中微子探测器距离衰变点 1.2km，问至少需要多大的半径才能测量到所有的中微子？(提示：参考习题 5-28)

6-25　一超新星与地球距离为 r，同一时刻发射两个能量为 E_1 和 E_2 的电子中微子。假设其质量为 m_0，求这两个中微子到达地球的时间差期望值。假设中微子 $m_0 c^2 \sim E$，如何根据该时间差来推断中微子质量。

6-26　已知电子中微子核作用截面为 $\sigma(\nu_e N) \approx 10^{-45} \mathrm{cm}^2/$ 核子，通量约为 $7 \times 10^{23} \mathrm{cm}^{-2} \cdot \mathrm{s}^{-1}$，考虑如下作用过程：

$$\nu_e + N \longrightarrow e^- + N'$$

计算在人体中产生的作用的次数 (人体组织密度约为 $1 \mathrm{g/cm}^3$)。假设中微子能量有 50% 转移给电子，估计太阳电子中微子对人体的年辐照计量：$H = \dfrac{\Delta E}{m} w_R$ (Sv)，假设人体质量 $m = 70 \mathrm{kg}$，辐射权重因子 $w_R = 1$，ΔE 为人体沉积能量，太阳中微子的能量约为 100KeV。

6-27　已知高能中微子 (100TeV) 作用截面为 $6.7 \times 10^{-34} \mathrm{cm}^2/$核子，银河系某射线源产生的中微子通量为：$2 \times 10^{-11} \mathrm{cm}^{-2} \cdot \mathrm{s}^{-1}$。估算 IceCube 实验中 (冰厚 $10^5 \mathrm{cm}$，密度约为 $1 \mathrm{g/cm}^3$，有效探测面积为 $1 \mathrm{km}^2$)100TeV 中微子的年作用事例率。

6-28　OPERA 实验 (意大利格兰萨索) 探测 τ 中微子带电流 (CC) 相互作用事例。探测器暴露在 CERN 的长基线中微子束中，平均能量为 20GeV。观察到相互作用 $(\nu_\tau \to \tau^-)$ 过程 τ 轻子的衰变，认为是飞行中的 $\nu_\mu \longrightarrow \nu_\tau$ 振荡。利用其他实验中得到的振荡参数，在此距离和能量下的振荡概率 $P(\nu_\mu \to \nu_\tau)$ 预计为 1.5% 左右。实验的主要背景是 CC 作用过程中 μ 中微子的粲夸克产生 $(\nu_\mu \to \mu^- + c)$，因为粲强子的平均寿命 (约 $10^{-12} \sim 10^{-13} \mathrm{s}$) 与 τ 寿命相当，与 τ 衰变相似。

(1) 对于所有的 CC 过程，产生 ν_τ 的期望值是多少？

(2) 求信噪比：$(\nu_\tau \to \tau^-)/(\nu_\mu \to \mu^- + c)$；

(3) 给出可能的 τ-衰变模式，画出相关的费曼图。

6-29　由质子加速器产生高能中微子束，注入单能的二次 π 粒子束 (例如 $\pi+$) 进入一个长的真空管道，产生衰变：

$$\pi^+ \longrightarrow \mu^+ + \nu_\mu$$

(1) 在 π 粒子静止系中，中微子能量是多少？

(2) 在实验室系中，中微子的能量取决于衰变角度。假设 π 粒子束能量为 200GeV。实验室系中的中微子最大能量是多少？

(3) 在 π 粒子静止系中，中微子在前半球 $(\theta_\nu^* \leqslant 90°)$ 发射的能量是多少？

(4) 在 π 粒子静止系中向前发射的中微子在实验室系最大的发射角是多少？

6-30　参考文献 [58] 和图 6.37，试说明 LIGO 测量引力波的原理。

6-31　参考文献 [61] 和图 6.38，试说明 IceCube 探测中微子及大气 μ 子中微子丢失的原理。

附录 A: 粒子和天文物理常数

[引自 PDG Chin. Phys. C 38 (2014) 090001]

Quantity (物理量)	Symbol, equation(符号、公式)	Value(数值)	(不确定度)Uncertainty (ppb)
speed of light in vacuum	c	299 792 458 m·s^{-1}	exact*
Planck constant	h	6.626 069 57(29)×10^{-34} J·s	44
Planck constant, reduced	$\hbar = h/2\pi$	1.054 571 726(47)×10^{-34} J·s	44
		=6.582 119 28(15)×10^{-22} MeV·s	22
electron charge magnitude	e	1.602 176 565(35) × 10^{-19}C=4.803 204 50(11)×10^{-10} esu	22,22
conversion constant	$\hbar c$	197.326 971 8(44)MeV·fm	22
conversion constant	$(\hbar c)^2$	0.389 379 338(17) GeV^2·mbarn	44
electron mass	m_e	0.510 998 928(11)MeV/c^2 = 9.109 382 91(40) × 10^{-31} kg	22,44
proton mass	m_p	938.272 046(21)MeV/c^2 = 1.672 621 777(74) × 10^{-27} kg	22,44
		=1.007 276 466 812(90) u=1836.152 672 45(75) m_e	0.089,0.41
deuteron mass	m_d	1875.612 859(41) MeV/c^2	22
unified atomic mass unit (u)	(mass ^{12}C atom) /12 = (1g)/(N_A mol)	931.494 061(21) MeV/c^2=1.660 538 921(73)×10^{-27} kg	22,44
permittivity of free space	$\epsilon_0 = 1/\mu_0 c^2$	8.854 187 817... × 10^{-12} F·m^{-1}	exact
permeability of free space	μ_0	4π × 10^{-7} N·A^{-2} = 12.566 370 614... × 10^{-7} N·A^{-2}	exact
fine-structure constant	$\alpha = e^2/4\pi\epsilon_0\hbar c$	7.297 352 5698(24) ×10^{-3} = 1/137.035 999 074(44)†	0.32,0.32
classical electron radius	$r_e = e^2/4\pi\epsilon_0 m_e c^2$	2.817 940 3267(27) × 10^{-15} m	0.97
(e^- Compton wavelength)/2π	$\lambdabar_e = \hbar/m_e c = r_e\alpha^{-1}$	3.861 592 6800(25)×10^{-13} m	0.65
Bohr radius ($m_{nucleus} = \infty$)	$a_\infty = 4\pi\epsilon_0\hbar^2/m_e e^2 = r_e\alpha^{-2}$	0.529 177 210 92(17) ×10^{-10} m	0.32
wavelength of 1 eV/c particle	$hc/(1\,eV)$	1.239 841 930(27) ×10^{-6} m	22
Rydberg energy	$hcR_\infty = m_e e^4/2(4\pi\epsilon_0)^2\hbar^2 = m_e c^2\alpha^2/2$	13.605 692 53(30) eV	22
Thomson cross section	$\sigma_T = 8\pi r_e^2/3$	0.665 245 8734(13) barn	1.9
Bohr magneton	$\mu_B = e\hbar/2m_e$	5.788 381 8066(38) ×10^{-11} MeV·T^{-1}	0.65
nuclear magneton	$\mu_N = e\hbar/2m_p$	3.152 451 2605(22)×10^{-14} MeV·T^{-1}	0.71
electron cyclotron freq./field	$\omega^e_{cycl}/B = e/m_e$	1.758 820 088(39)×10^{11} rad·s^{-1}·T^{-1}	22
proton cyclotron freq./field	$\omega^p_{cycl}/B = e/m_p$	9.578 833 58(21)×10^7 rad·s^{-1}·T^{-1}	22
gravitational constant ‡	G_N	6.673 84(80)×10^{-11} m^3 kg^{-1}·s^{-2}	$1.2 × 10^5$
		= 6.708 37(80) × 10^{-39}$\hbar c$ (GeV/c^2)$^{-2}$	$1.2 × 10^5$
standard gravitational accel.	g_N	9.806 65 m·s^{-2}	exact
Avogadro constant	N_A	6.022 141 29(27)×10^{23} mol^{-1}	44
Boltzmann constant	k	1.380 6488(13)×10^{-23} J·K^{-1}	910
		=8.617 3324(78)×10^{-5} eV·K^{-1}	910
molar volume, ideal gas at STP	$N_A k$(273.15 K)/(101 325 Pa)	22.413 968(20)×10^{-3} m^3·mol^{-1}	910
Wien displacement law constant	$b = \lambda_{max} T$	2.897 7721(26)×10^{-3} m·K	910
Stefan-Boltzmann constant	$\sigma = \pi^2 k^4/60\hbar^3 c^2$	5.670 373(21) × 10^{-8} W·m^{-2}·K^{-4}	3600
Fermi coupling constant**	$G_F/(\hbar c)^3$	1.166 378 7(6) × 10^{-5} GeV^{-2}	500
weak-mixing angle	$\sin^2\hat{\theta}\,(M_Z)$ ($\overline{MS}$)	0.231 26(5)††	$2.2 × 10^5$
W$^\pm$ boson mass	m_W	80.385(15)GeV/c^2	$1.9 × 10^5$

续表

Quantity (物理量)	Symbol, equation(符号, 公式)	Value(数值)	(不确定度)Uncertainty (ppb)
Z^0 boson mass	m_Z	91.187 6(21)GeV/c^2	2.3×10^4
strong coupling constant	$\alpha_s(m_Z)$	0.1185(6)	5.1×10^6

$\pi = 3.141\,592\,653\,589\,793\,238$　　$e = 2.718\,281\,828\,459\,045\,235$　　$\gamma = 0.577\,215\,664\,901\,532\,861$

1 in ≡ 0.0254 m	1G ≡ 10^{-4} T	1eV $= 1.602\,176\,565(35) \times 10^{-19}$ J	kT at 300 K $= [38.681\,731(35)]^{-1}$ eV
1Å ≡ 0.1 nm	1 dyne ≡ 10^{-5} N	1eV/c^2 $= 1.782\,661\,845(39) \times 10^{-36}$ kg	0°C ≡ 273.15 K
1 barn ≡ 10^{-28} m^2	1 erg ≡ 10^{-7} J	$2.997\,924\,58 \times 10^9$ esu $= 1$C	1 atmosphere ≡ 760 Torr ≡ 101 325 Pa

* The meter is the length of the path traveled by light in vacuum during a time interval of 1/299 792 458 of a second.

† At $Q^2 = 0$. At $Q^2 \approx m_W^2$ the value is ~ 1/128.

‡ Absolute lab measurements of G_N have been made only on scales of about 1 cm to 1 m.

** See the discussion in Sec. 10, "Electroweak model and constraints on new physics."

†† The corresponding $\sin^2\theta$ for the effective angle is 0.23155(5).

Quantity(物理量)	Symbol, equation	Value	Reference, footnote
speed of light	c	$299\ 792\ 458$ m · s^{-1}	exact[4]
Newtonian constant of gravitation	G_N	$6.674\ 08(31) \times 10^{-11}$ m^3 · kg^{-1} · s^{-2}	[1]
Planck mass	$\sqrt{\hbar c/G_N}$	$1.220\ 910(29) \times 10^{19}$ GeV/c^2 = $2.176\ 47(5) \times 10^{-8}$ kg	[1]
Planck length	$\sqrt{\hbar G_N/c^3}$	$1.616\ 229(38) \times 10^{-35}$ m	[1]
standard acceleration of gravity	g_N	$9.806\ 65$ m · s^{-2}	exact[1]
jansky (flux density)	J_y	10^{-26} W · m^{-2} · Hz^{-1}	definition
tropical year (equinox to equinox) (2011)	yr	$31\ 556\ 925.2$ s $\approx \pi \times 10^7$ s	[5]
sidereal year (fixed star to fixed star) (2011)		$31\ 558\ 149.8$ s $\approx \pi \times 10^7$ s	[5]
mean sidereal day (2011)		$23^{\rm h}56^{\rm m}04.090\ 53$	[5]
(time between vernal equinox transits)			
astronomical unit	au	$149\ 597\ 870\ 700$ m	exact[6]
parsec (1 au/1 arc sec)	pc	$3.085\ 677\ 581\ 49 \times 10^{16}$ m = $3.262\cdots$ ly	exact[7]
light year (deprecated unit)	ly	$0.306\ 6\ldots$ pc$=0.946\ 053\cdots \times 10^{16}$ m	[8]
Schwarzschild radius of the Sun	$2G_N M_\odot/c^2$	$2.953\ 250\ 24$ km	[9]
Solar mass	$M_\odot$	$1.988\ 48(9) \times 10^{30}$ kg	exact[10]
nominal Solar equatorial radius	$\mathcal{R}_\odot$	6.957×10^8 m	exact[10,11]
nominal Solar constant	$S_\odot$	1361 W · m^{-2}	exact[10]
nominal Solar photosphere temperature	$\mathcal{T}_\odot$	5772 K	exact[10,12]
nominal Solar luminosity	$\mathcal{L}_\odot$	3.828×10^{26} W	exact[10,12]
Schwarzschild radius of the Earth	$2G_N M_\oplus/c^2$	$8.870\ 056\ 580(18)$ mm	[13]
Earth mass	$\mathcal{M}_\oplus$	$5.972\ 4(3) \times 10^{24}$ kg	[14]
nominal Earth equatorial radius	$\mathcal{R}_\oplus$	$6.378\ 1 \times 10^6$ m	exact[10]
luminosity conversion	L	$3.0128 \times 10^{28} \times 10^{-0.4M_{\rm bol}}$ W	[15]
		($M_{\rm bol}$ = absolute bolometric magnitude = bolometric magnitude at10pc)	
flux conversion	$\mathscr{F}$	$2.5180 \times 10^{-8} \times 10^{-0.4m_{\rm bol}}$ W · m^{-2}	[15]
		($m_{\rm bol}$ = apparent bolometric magnitude)	
ABsolute monochromatic magnitude	AB	$-2.5 \log_{10} f_\nu - 56.10$ (for f_ν in W · m^{-2} · Hz^{-1})	[16]
		$= -2.5 \log_{10} f_\nu + 8.90$ (for f_ν in Jy)	
Solar angular velocity around the Galactic center	Θ_0/R_0	(30.3 ± 0.9) km · s^{-1} · kpc^{-1}	[17]
Solar distance from Galactic center	R_0	(8.00 ± 0.25)kpc	[17,18]
circular velocity at R_0	v_0 or Θ_0	$254(16)$km s^{-1}	[17]
escape velocity from Galaxy	$v_{\rm esc}$	498 km/s $< v_{\rm esc} < 608$ km/s	[19]
local disk density	$\rho_{\rm disk}$	$3 - 12 \times 10^{-24}$ g · cm^{-3} $\approx 2 \sim 7$(GeV/c^2) cm^{-3}	[20]
local dark matter density	ρ_χ	canonical value 0.3 (GeV/c^2) · cm^{-3} within factor 2-3	[21]
present day CMB temperature	T_0	$2.7255(6)$ K	[22,24]
present day CMB dipole amplitude		$3.3645(20)$ mK	[22,23]
Solar velocity with respect to CMB		$369(1)$km · s^{-1}towards $(\ell, b) = (263.99(14)^\circ, 48.26(3)^\circ)$	[22,25]
Local Group velocity with respect to CMB	$v_{\rm LG}$	$627(22)$km · s^{-1}towards $(\ell, b) = (276(3)^\circ, 30(3)^\circ)$	[22,25]
number density of CMB photons	n_γ	$410.7(T/2.7255)^3$ cm^{-3}	[26]
density of CMB photons	ρ_γ	$4.645(4)(T/2.7255)^4 \times 10^{-34}$ g · cm^{-3} ≈ 0.260eV · cm^{-3}	[26]
entropy density/Boltzmann constant	s/k	$2891.2(T/2.7255)^3$ cm^{-3}	[26]
present day Hubble expansion rate	H_0	$100h$ km · s^{-1} · Mpc^{-1} = $h \times (9.777752$Gyr$)^{-1}$	[27]
scale factor for Hubble expansion rate	h	$0.678(9)$	[2,3]

续表

Quantity(物理量)	Symbol, equation	Value	Reference, footnote
Hubble length	c/H_0	$0.925\,0629 \times 10^{26}\,h^{-1}$ m $= 1.374(18) \times 10^{26}$ m	[28]
scale factor for cosmological constant	$c^2/3H_0^2$	$2.85247 \times 10^{51}\,h^{-2}$ m$^2 = 6.20(17) \times 10^{51}$ m^2	[2,3,29,30]
critical density of the Universe	$\rho_{crit} = 3H_0^2/8\pi G_N$	$1.87840(9) \times 10^{-29}\,h^2$ g $\cdot$ cm^{-3} $= 1.05371(5) \times 10^{-5}\,h^2$ (GeV/c^2) $\cdot$ cm^{-3} $= 2.77537(13) \times 10^{11}\,h^2 M_\odot$ Mpc^{-3}	
baryon-to-photon ratio (from BBN)	$\eta = n_b/n_\gamma$	$5.8 \times 10^{-10} \leqslant \eta \leqslant 6.6 \times 10^{-10}$ (95%CL)	$\eta \times n_\gamma$
number density of baryons	n_b	$2.503(26) \times 10^{-7}$ cm^{-3} $(2.4 \times 10^{-7} < n_b < 2.7 \times 10^{-7})$ cm^{-3}(95%CL)	[26]
CMB radiation density of the Universe	$\Omega_\gamma = \rho_\gamma/\rho_{crit}$	$2.473 \times 10^{-5}(T/2.7255)^4 h^{-2} = 5.38(15) \times 10^{-5}$	
--- Planck 2015 6-parameter fit to flat ΛCDM cosmology ---			
baryon density of the Universe	$\Omega_b = \rho_b/\rho_{crit}$	‡$0.022226(23)h^{-2} =$ †$0.0484(10)$	[2,3,23]
cold dark matter density of the universe	$\Omega_{CDM} = \rho_{CDM}/\rho_{crit}$	‡$0.1186(20)h^{-2} =$ †$0.258(11)$	[2,3,23]
$100\times$ approx to r_*/D_A	$100 \times \theta_{MC}$	‡$1.0410(5)$	[2,3]
reionization optical depth	τ	‡$0.0066(16)$	[2,3]
scalar spectral index	n_s	‡$0.968(6)$	[2,3]
ln pwr primordial curvature pert. ($k_0 = 0.05$Mpc^{-1})	$\ln\left(10^{10}\Delta_\mathcal{R}^2\right)$	‡$3.062(29)$	[2,3]
dark energy density of the ΛCDM Universe	Ω_Λ	†0.692 ± 0.012	[2,3]
pressureless matter density of the Universe	$\Omega_m = \Omega_{CDM} + \Omega_b$	†0.308 ± 0.012	[2,3]
fluctuation amplitude at $8h^{-1}$ Mpc scale	σ_8	†0.815 ± 0.009	[2,3]
redshift of matter-radiation equality	z_{eq}	†3365 ± 44	[2]
redshift at which optical depth equals unity	z_*	†1089.9 ± 0.4	[2]
comoving size of sound horizon at z_*	r_*	†144.9 ± 0.4 Mpc (Planck CMB)	[31]
age when optical depth equals unity	t_*	373kyr	[32]
redshift at half reionization	z_{reion}	$8.8^{+1.7}_{-1.4}$	[2]
redshift when acceleration was zero	z_q	~ 0.65	[32]
age of the Universe	t_0	†13.80 ± 0.04Gyr	[2]
effective number of neutrinos	N_{eff}	#3.1 ± 0.6	[2,33]
sum of neutrino masses	$\sum m_\nu$	#< 0.68 eV (Planck CMB); $\geqslant 0.05$ eV (mixing)	[2,34,35]
neutrino density of the Universe	$\Omega_\nu = h^{-2} \sum m_{\nu_j}/93.04$ eV	#< 0.016 (Planck CMB; $\geqslant 0.0012$ (mixing))	[2,34,35]
curvature	Ω_K	#$-0.005^{+0.016}_{-0.017}$(95%CL)	[2]
running spectral index slope, $k_0 = 0.002$Mpc^{-1}	$dn_s/d\ln k$	#$-0.003(15)$	[2]
tensor-to-scalar field perturbations ratio, $k_0 = 0.002$Mpc^{-1}	$r_{0.002} = T/S$	#< 0.114 at 95% CL; on running	[2,3]
dark energy equation of state	w	-0.97 ± 0.05	[31,36]
parameter primordial helium fraction	Y_p	0.245 ± 0.004	[22,37]

‡ Parameter in 6-parameter ΛCDM fit [2].
† Derived parameter in 6-parameter ΛCDM fit [2].
# Extended model parameter (TT + lensing) [2].

References:

1. CODATA recommended 2014 values of the fundamental physical constants: physics.nist.gov/constants.

2. Planck Collab. 2015 Results XIII, Astron. & Astrophys. submitted, arXiv:1502. 01589v2.

3. O. Lahav & A.R. Liddle, "The Cosmological Parameters," Sec. 25 in this *Review*.

4. B.W. Petley, Nature **303**, 373 (1983).

5. *The Astronomical Almanac Online for the year 2016;* asa. usno.navy.mil/Seck/Constants. html.

6. The astronomical unit of length (the au) in meters is re-defined (resolution B2, IAU XXVIII GA 2012) to be a conventional unit of length in agreement with the value adopted in the IAU 2009 Resolution B2; it is to be used with all time scales.

7. The distance at which 1 au subtends 1 arc sec: 1 au divided by $\pi/648000$.

8. Product of $2/c^2$ and the observationally determined Solar mass parameter $G_N M_\odot[5]$. Truncated to 8 places so that TCB and TDB time scale values agree.

9. $G_N M_\odot[5] \div G_N[1]$.

10. XXIXth IAU General Assembly, Resolution B3, "on recommended nominal conversion constants..." Calligraphic symbol indicates recommended nominal value.

11. See also G. Kopp & J.L. Lean, Geophys. Res. Lett. **38**, L01706 (2011), who give $1360.8 \pm 0.6W \cdot m^{-2}$. See paper for caveats and other measurements.

12. $4\pi(1au)^2 \times S_\odot$, assuming isotropic irradiance.

13. Product of $2/c^2$ and the geocentric gravitational constant $G_N M_\oplus[5]$. Truncated to 8 places so that TCB, TT, and TDB time scale values agree.

14. $G_N M_\oplus[5] \div G_N[1]$.

15. XXIXth IAU General Assembly, Resolution B2, "on recommended zero points for the absolute and apparent bolometric magnitude scales".

16. J.B. Oke and J.E. Gunn, Astrophys. J. **266**, 713 (1983). Note that in the definition of AB the sign of the constant is wrong.

17. M.J. Reid, et al., Astrophys. J. **700**,137 (2009). Note that Θ_0/R_0 is better determined than either Θ_0 or R_0.

18. Z.M. Malkin, arXiv:1202.6128 and Astron. Rep. **57**, 128(2013) . 52 determinations of R_0 over 20 years are given. The weighted mean of these *unevaluated* results is 7.94 ± 0.05kpc, with $\chi^2/N_{dof} = 1.26$. If the 8 values more than 3σ from the mean are eliminated, $\langle R_0 \rangle = 8.02 \pm 0.06$kpc and $\chi^2/N_{dof} = 0.67$. The author suggests using $R_0 = 8.00 \pm 0.25$kpc.

19. M.C. Smith et al., Mon. Not. R. Astr. Soc. **379**, 755(2007).

20. G. Gilmore, R.F.G. Wyse, & K. Kuijken, Ann. Rev. Astron. Astrophys. **27**, 555(1989).

21. Sampling of many references: M. Mori et al., Phys. Lett. B**289**, 463 (1992); E.I. Gates et al., Astrophys. J. **449**, L133

(1995); M. Kamionkowski & A Kinkhabwala, Phys. Rev. D**57**, 325(1998); M. Weber & W. d Boer, Astron. & Astrophys. 509, A25 (2010); P. Salucci et al. Astron. & Astrophys. 523, A83 (2010); R. Catena & P. Ullio, JCAP 1008, 004(2010) conclude $\rho_{DM}^{local} = 0.39 \pm 0.03 GeV \cdot cm^{-2}$

22. D. Scott & G.F. Smoot, "Cosmic Microwave Background," Sec. 28 in this Review.

23. Planck Collab. 2015 Results I, Astron. & Astrophys. submitted arXiv : 1502.01581v3.

24. D. Fixsen, Astrophys. J. 707, 916 (2009).

25. G. Hinshaw et al., Astrophys. J. Suppl. 208, 19(2013), arXiv : 1212.5226;
D.J. Fixsen et al, Astrophys. J. **473**, 576 (1996);
A. Kogut et al, Astrophys. J. 419,1 (1993).

26. $n_\gamma = \frac{2\zeta(3)}{\pi^2}\left(\frac{kT}{\hbar c}\right)^3$; $\rho_\gamma = \frac{\pi^2 kT}{15 c^2}\left(\frac{kT}{\hbar c}\right)^3$; $s/k = \frac{2 \cdot 43 \cdot \pi^2}{11 \cdot 45}\left(\frac{kT}{\hbar c}\right)^3$
$11.902(3)(T/2.7255)/cm$

27. Conversion using length of sidereal year.

28. B.D. Fields, P. Molarto, & S. Sarkar, "Big-Bang Nucleosynthesis, in this *Review.*

29. n_b depends only upon the measured $\Omega_b h^2$, the average baryon. mass at the present epoch [30], and $G_N : n_b = (\Omega_b h^2)(h^{-2}\rho_{crit})/(0.93711 GeV/c^2$ per baryon).

30. G. Steigman, JCAP 10,016, (2006).

31. D.H. Weinberg & M. White, "Dark Energy," Sec. 27 in this *Review.*

32. D. Scott, A Narimani, & D.N. Page, arXiv:1309.2381v2.

33. Summary Tables in this *Review* list $N_\nu = 2.984(8)$ (Standard Model fits to LEP-SLC data). Because neutrinos are not completely decoupled at $e^\pm$ annihilation, the effective number c massless neutrino species is 3.046, rather than 3.

34. The sum is over all neutrino mass eigenstates. The lower limit follows from neu-trino mixing results reported in this *Review* combined with the assumptions that there are three light neutrinos $(m_\nu < 45 GeV/c^2)$ and that the lightest neutrino is sub-stantially less massive than the others: $\Delta m_{32}^2 = (2.44 \pm 0.06) \times 10^{-3} eV^2$, so $\sum m_{\nu_j} \geq m_{\nu_3} \approx \sqrt{\Delta m_{32}^2} = 0.05 eV$ About the same limit obtains if the mass hierarchy is inverted, with $m_{\nu_1} \approx m_{\nu_2} \gg m_{\nu_3}$. Alternatively, if the limit ob-tained from tritium decay experiments $(m_\nu < 2eV)$ is used for the upper limit, then $\Omega_\nu < 0.05$.

35. Astrophysical determinations of $\sum m_{\nu_j}$, reported in the Full Listings of this *Review* under "Sum of the neutrino masses," range from $< 0.1 eV$ to $< 2.3 eV$ in papers published since 2003 .

36. É. Auborg et al., Phys. Rev. D92, 123516 (2015).

37. E. Aver et al., JCAP 07, 011 (2015).

附录 B：元素周期表

PERIODIC TABLE

Atomic Properties of the Elements

附录 C: 常用材料的物理参数

[引自 PDG Chin. Phys. C 38 (2014) 090001]

材料 符号	Z (原子序数)	A (质量数)	⟨Z/A⟩	核碰撞长度 λ_T /(g·cm^{-2})	核作用长度 λ_I /(g·cm^{-2})	辐射长度 X_0 /(g·cm^{-2})	dE/dx_{min} (MeV g^{-1}·cm^2)	密度 /(g·cm^{-3}) ({gℓ^{-1}})	熔点 /K	沸点 /K	折射率 @ Na D
H$_2$	1	1.008(7)	0.99212	42.8	52.0	63.04	(4.103)	0.071(0.084)	13.81	20.28	1.11[132.]
D$_2$	1	2.01410177083(8)	0.49650	51.3	71.8	125.97	(2.053)	0.169(0.168)	18.7	23.65	1.11[138.]
He	2	4.002602(2)	0.49967	51.8	71.0	94.32	(1.937)	0.125(0.166)		4.220	1.02[35.0]
Li	3	6.94(2)	0.43221	52.2	71.3	82.78	1.639	0.534	453.6	1615.	
Be	4	9.0121831(5)	0.44384	55.3	77.8	65.19	1.595	1.848	1560.	2744.	2.42
C diamond	6	12.0107(8)	0.49955	59.2	85.8	42.70	1.725	3.520			2.42
C graphite	6	12.0107(8)	0.49955	59.2	85.8	42.70	1.742	2.210			
N$_2$	7	14.007(2)	0.49976	61.1	89.7	37.99	(1.825)	0.807(1.165)	63.15	77.29	1.20[298.]
O$_2$	8	15.999(3)	0.50002	61.3	90.2	34.24	(1.801)	1.141(1.332)	54.36	90.20	1.22[271.]
F$_2$	9	18.998403163(6)	0.47372	65.0	97.4	32.93	(1.676)	1.507(1.580)	53.53	85.03	[195.]
Ne	10	20.1797(6)	0.49555	65.7	99.0	28.93	(1.724)	1.204(0.839)	24.56	27.07	1.09[67.1]
Al	13	26.9815385(7)	0.48181	69.7	107.2	24.01	1.615	2.699	933.5	2792.	
Si	14	28.0855(3)	0.49848	70.2	108.4	21.82	1.664	2.329	1687.	3538.	3.95
Cl$_2$	17	35.453(2)	0.47951	73.8	115.7	19.28	(1.630)	1.574(2.980)	171.6	239.1	[773.]
Ar	18	39.948(1)	0.45059	75.7	119.7	19.55	(1.519)	1.396(1.662)	83.81	87.26	1.23[281.]
Ti	22	47.867(1)	0.45961	78.8	126.2	16.16	1.477	4.540	1941.	3560.	
Fe	26	55.845(2)	0.46557	81.7	132.1	13.84	1.451	7.874	1811.	3134.	
Cu	29	63.546(3)	0.45636	84.2	137.3	12.86	1.403	8.960	1358.	2835.	
Ge	32	72.630(1)	0.44053	86.9	143.0	12.25	1.370	5.323	1211.	3106	
Sn	50	118.710(7)	0.42119	98.2	166.7	8.82	1.263	7.310	505.1	2875.	
Xe	54	131.293(6)	0.41129	100.8	172.1	8.48	(1.255)	2.953(5.483)	161.4	165.1	139[701.]
W	74	183.84(1)	0.40252	110.4	191.9	6.76	1.145	19.300	3695.	5828.	
Pt	78	195.084(9)	0.39983	112.2	195.7	6.54	1.128	21.450	2042.	4098.	
Au	79	196.966569(5)	0.40108	112.5	196.3	6.46	1.134	19.320	1337.	3129.	
Pb	82	207.2(1)	0.39575	114.1	199.6	6.37	1.122	11.350	600.6	2022	
U	92	[238.02891(3)]	0.38651	118.6	209.0	6.00	1.081	18.950	1408.	4404.	
Air (dry, 1 atm)			0.49919	61.3	90.1	36.62	(1.815)	(1.205)		78.80	[289]
Shielding concrete			0.50274	65.1	97.5	26.57	1.711	2.300			
Borosilicate glass (Pyrex)			0.49707	64.6	96.5	28.17	1.696	2.230			
Lead glass			0.42101	95.9	158.0	7.87	1.255	6.220			
Standard rock			0.50000	66.8	101.3	26.54	1.688	2.650			
Methane (CH$_4$)			0.62334	54.0	73.8	46.47	(2.417)	(0.667)	90.68	111.7	[444.]
Ethane (C$_2$H$_6$)			0.59861	55.0	75.9	45.66	(2.304)	(1.263)	90.36	184.5	
Propane (C$_3$H$_8$)			0.58962	55.3	76.7	45.37	(2.262)	0.493(1.868)	85.52	231.0	
Butane (C$_4$H$_{10}$)			0.59497	55.5	77.1	45.23	(2.278)	(2.489)	134.9	272.6	
Octane (C$_8$H$_{18}$)			0.57778	55.8	77.8	45.00	2.123	0.703	214.4	398.8	

续表

材料 符号	Z (原子序数)	A (质量数)	⟨Z/A⟩	核碰撞长度 λ_T /(g·cm⁻²)	核作用长度 λ_I /(g·cm⁻²)	辐射长度 X_0 /(g·cm⁻²)	$\mathrm{d}E/\mathrm{d}x$ min (MeV g⁻¹·cm²)	密度 /(g·cm⁻³) /(g ℓ⁻¹)	熔点 /K	沸点 /K	折射率 @ Na D
Paraffin (CH₃(CH₂)ₙ≈₂₃ CH₃)			0.57257	56.0	78.3	44.85	2.088	0.930			
Nylon (type 6, 6/6)			0.54790	57.5	81.6	41.92	1.973	1.18			
Polycarbonate (Lexan)			0.52697	58.3	83.6	41.50	1.886	1.20			
Polyethylene ([CH₂CH₂]ₙ)			0.57034	56.1	78.5	44.77	2.079	0.89			
Polyethylene terephthalate (Mylar)			0.52037	58.9	84.9	39.95	1.848	1.40			
Polyimide film (Kapton)			0.51264	59.2	85.5	40.58	1.820	1.42			
Polymethylmethacrylate (acrylic)			0.53937	58.1	82.8	40.55	1.929	1.19			1.49
Polypropylene			0.55998	56.1	78.5	44.77	2.041	0.90			
Polystyrene ([C₆H₅CHCH₂]ₙ)			0.53768	57.5	81.7	43.79	1.936	1.06			1.59
Polytetrafluoroethylene (Teflon)			0.47992	63.5	94.4	34.84	1.671	2.20			
Polyvinvltoluene			0.54141	57.3	81.3	43.90	1.956	1.03			1.58
Aluminum oxide (sapphire)			0.49038	65.5	98.4	27.94	1.647	3.970	23.27.	3273.	1.77
Barium flouride (BaF₂)			0.42207	90.8	149.0	9.91	1.303	4.893	1641.	2533.	1.47
Bismuth germanate (BGO)			0.42065	96.2	159.1	7.97	1.251	7.130	1317.		2.15
Carbon dioxide gas (CO₂)			0.49989	60.7	88.9	36.20	1.819	(1.842)			[449.]
Solid carbon dioxide (dry ice)			0.49989	60.7	88.9	36.20	1.787	1.563	Sublimes at 194.7K		
Cesium iodide (CsI)			0.41569	100.6	171.5	8.39	1.243	4.510	894.2	1553.	1.79
Lithium fluoride (LiF)			0.46262	61.0	88.7	39.26	1.614	2.635	1121.	1946.	1.39
Lithium hydride (LiH)			0.50321	50.8	68.1	79.62	1.897	0.820	965.		
Lead tungstate (PbWO₄)			0.41315	100.6	168.3	7.39	1.229	8.300	1403.		2.20
Silicon dioxide (SiO₂, fused quartz)			0.49930	65.2	97.8	27.05	1.699	2.200	1986.	3223.	1.46
Sodium chloride (NaCl)			0.47910	71.2	110.1	21.91	1.847	2.170	1075.	1738.	1.54
Sodium iodide (NaI)			0.42697	93.1	154.6	9.49	1.305	3.667	933.2	1577.	1.77
Water (H₂O)			0.55509	58.5	83.3	36.08	1.992	1.000	273.1	373.1	1.33
Silica aerogel			0.50093	65.0	97.3	27.25	1.740	0.200	(0.03 H₂O, 0.97 SiO₂)		

附录 D：常用放射性核素

核素	半衰期	衰变类型	粒子		光子	
			能量/MeV	分支比	能量/MeV	衰变率
$^{22}_{11}\text{Na}$	2.603 y	β^+, EC	0.545	90%	0.511	Annih.
					1.275	100%
$^{54}_{25}\text{Mn}$	0.855 y	EC			0.835	100%
					Cr K X-rays	26%
$^{57}_{26}\text{Fe}$	2.73 y	EC			Mn K X-rays:	
					0.00590	24.4%
					0.00649	2.68%
$^{57}_{27}\text{Co}$	0.744 y	EC			0.014	9%
					0.122	86%
					0.136	11%
					Fe K X-rays	58%
$^{60}_{27}\text{Co}$	5.271 y	β^-	0.316	100%	1.173	100%
					1.333	100%
$^{68}_{32}\text{Ge}$	0.742 y	EC			Ga K X-rays	44%
$\rightarrow^{68}_{31}\text{Ga}$		β^+, EC	1.899	90%	0.511	Annih.
					1.107	3%
$^{90}_{38}\text{Sr}$	28.5 y	β^-	0.546	100%		
$\rightarrow^{90}_{39}\text{Y}$		β^-	2.283	100%		
$^{106}_{44}\text{Ru}$	1.020 y	β^-	0.039	100%		
$\rightarrow^{106}_{45}\text{Rh}$		β^-	3.541	79%	0.512	21%
					0.622	10%
$^{109}_{48}\text{Cd}$	1.267 y	EC	0.063 e$^-$	41%	0.088	3.6%
			0.084 e$^-$	45%	Ag K X-rays	97%
			0.087 e$^-$	9%		
$^{113}_{50}\text{Sn}$	0.315 y	EC	0.364 e$^-$	29%	0.392	65%
			0.388 e$^-$	6%	In K X-rays	97%
$^{137}_{55}\text{Gs}$	30.2 y	β^-	0.514 e$^-$	94%	0.662	85%
			1.176 e$^-$	6%		
$^{133}_{56}\text{Ba}$	10.54 y	EC	0.045 e$^-$	50%	0.081	34%
			0.075 e$^-$	6%	0.356	62%
					Cs K X-rays	21%

续表

核素	半衰期	衰变类型	粒子		光子	
			能量/MeV	分支比	能量/MeV	衰变率
$^{207}_{83}$Bi	31.8 y	EC	0.481 e^-	2%	0.569	98%
			0.975 e^-	7%	1.063	75%
			1.047 e^-	2%	1.770	7%
					Pb K X-rays	78%
$^{228}_{90}$Th	1.912 y	6α	$5.341 \sim 8.875$		0.239	44%
		$3\beta^-$	$0.334 \sim 2.245$		0.583	31%
					2.641	36%
		$(\to {}^{224}_{88}\text{Ra} \to {}^{220}_{86}\text{Rn} \to {}^{216}_{84}\text{Po} \to {}^{212}_{82}\text{Pb} \to {}^{212}_{83}\text{Bi} \to {}^{212}_{84}\text{Po})$				
$^{241}_{95}$Am	432.7 y	α	5.443	13%	0.060	36%
			5.486	85%	Np L X-rays	38%
$^{241}_{95}$Am/Be	432.2 y	6×10^{-5} neutrons ($4 \sim 8$MeV) and 4×10^{-5} $\gamma's$ (4.43 MeV) per Am decay				
$^{244}_{96}$Cm	18.11 y	α	5.763	24%	Pu L X-rays	$\sim 9\%$
			5.805	76%		
$^{252}_{98}$Cf	2.645 y	α (97%)	6.076	15%		
			6.118	82%		
		Fission (3.1%) ≈ 20 $\gamma's$/fission; 80%< 1MeV ≈ 4 neutrons/fission; $\langle E_n \rangle =$ 2.14MeV				

表中数据引自:

[1] E. Browne & R. B. Firestone, Table of Radioactive Isotopes, John Wiley & Sons, New York(1986)

[2] Nuclear Data Sheets, X-ray and Gamma-ray for Detector Calibration, IAEA-TECDOC-619(1991)

[3] Neutron Sources for Basic and Applications, Pergamon Press (1983)

附录 E：VME 总线协议与 V1718 控制器简介

VME (verse module europa) 总线协议定义了一种仪器标准[1]。按照这个标准设计的 VME 机箱、VME 插件可以可靠、高效地相互连接和通信。VME 标准从机械结构、电器标准、功能结构等方面进行了规范。

1. 机械结构的规范

VME 系统包括机箱、背板、插件和插槽。机箱为其他硬件提供机械支持，保证在一定强度的振动下整个系统的稳定，保证系统的通风与散热。背板是一块印刷电路板，贯通整个系统，所有的信号线附着其上，它提供接口供插件连接到总线上。插件是集合了电子元件与线路的印刷电路板，实现特定的功能 (如 TDC，QDC 等)，它通过背板接口连接到总线上。插槽固定在机箱上，引导插件正确、牢固地与背板连接，插槽之间有固定的间隔，保证插件之间的空隙和散热。

VME 标准规定了 3U、6U 和 9U 三种尺寸的机箱和与之匹配的插件。3U 也称为单高，是最小尺寸，3U VME 插件的高度约为 9cm。6U 也称为双高，6U 尺寸的 VME 插件的高度约为 23cm。9U 是最大的尺寸，9U VME 插件高度约为 40cm. 图 E.1 是一种混合 6U 与 3U 尺寸的 VME 机箱的结构。

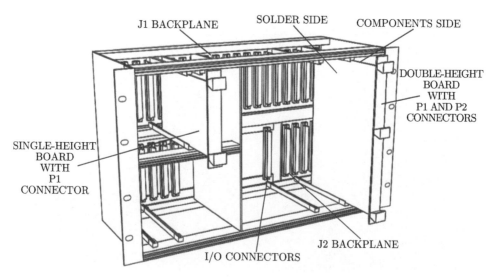

图 E.1　混合 6U 与 3U 尺寸的 VME 机箱的结构

2. 接口的规范

VME 插件与机箱背板有相互匹配的接口, VME 插件通过该接口接入 VME 总线。VME 规定了 J1、J2 接口, 以及更多的待扩展接口。

J1 接口是最基本的接口, 它提供 96 个管脚 (三排, 每排 32 个), 包括 24 根地址线、16 根数据线及其他的功能和控制信号, 以及 +5V 和 ±12V 电源管脚。扩展的 J1 接口有 160 个管脚, 另外增加了一些接地、电源管脚和一些待定义管脚。

最小尺寸 (3U) 的 VME 系统只提供 J1 接口。6U 和 9U 尺寸的 VME 系统在 J1 接口之外还提供 J2 接口。J2 接口提供了另外的 8 根地址线、16 根数据线, 扩展了寻址和数据传输能力, 它同样分 96 管脚和 160 管脚两种。

J1 和 J2 接口提供了所有的 VME 功能信号, 除这两个接口外还可以有更多的接口 (例如 J0 接口), 这些接口几乎不提供额外的功能, 只是增加了一些接地管脚和待定义的管脚。

3. 数据传输总线

VME 的功能结构由总线和功能模块组成。总线即是一组信号线, 贯通于整个背板, VME 插件通过背板接口 (J1、J2 等) 使接入总线。功能模块是一些电子元件和线路组合在一起实现某个功能, 在一个 VME 插件上可以实现任意组合的功能模块。功能模块利用总线的特性线路完成特定的任务, 按照功能可以把它们分成四类: 数据传输、DTB 仲裁、优先中断和应用总线。图 E.2 是 VME 的四类总线与相关的功能模块以及它们之间的协作关系的示意图。

数据传输总线 (data transfer bus, DTB) 负责数据传输任务, 相关的功能模块与 DTB 协作完成数据传输。能够发起数据传输周期的模块称为主模块 (master), 在该周期内作出响应为从模块 (slave)。从数据传输的方向看有: 读周期, 数据由从模块流向主模块; 写周期: 数据由主模块流向从模块; 其他的无数据传输的周期, 例如 Address-Only 周期只有地址广播而无数据传输, 主模块在 Address-Only 周期利用地址线广播命令。

VME 协议中最小的数据存储单元是 8bit, 与一个地址对应。VME 的一个数据传输周期分为寻址段 (address phase) 和数据段 (data phase)。VME 支持多种寻址模式。仅有 J1 接口的插件可以支持 A24 寻址模式, 即 24 根地址线寻址; 也可以仅用 16 根地址线, 即 A16 寻址模式; 或者在寻址阶段中复用 16 根数据线广播地址, 也可以支持 A40 寻址扩展模式。同时有 J1 和 J2 接口的插件可以支持 A32 寻址模式, 或者在寻址阶段复用 32 根数据线广播地址从而支持 A64 寻址模式。

VME 支持多种数据模式。从传输数据宽度看, 仅有 J1 接口的插件可以传输

8bit(D8)、16bit(D16) 宽度的数据，也可以在数据阶段复用 (multiplexed)24 根地址线中的前 16 根传输 32bit(MD32) 宽度的数据；同时有 J1 和 J2 接口的插件可以传输宽度为 8bit(D8)、16bit(D16)、24bit(D24)、32bit(D32) 的数据，也可以在数据阶段复用 32 根地址线传输 64bit(MBLT64) 宽度的数据。

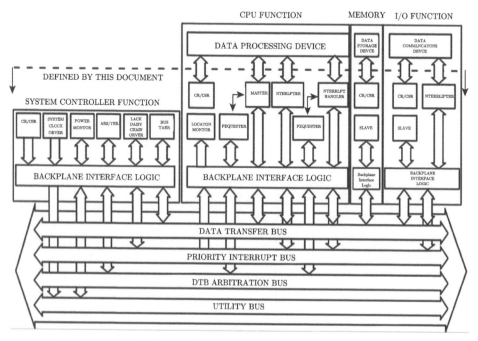

图 E.2　VME 的四类总线, 相关的功能模块以及它们之间的协作关系

如果一个数据传输周期只包含一个地址段和一个数据段，被称作基本数据传输模式 (basic mode)；如果包含一个地址段和多个数据段，被称作块传输模式 (block transfer mode)。块传输模式分三种：BLT、MBLT32、MBLT64. 同时有 J1 和 J2 接口的插件利用 BLT，以 32bit 宽度多次、连续传输数据；或者复用 32 根地址线以 64bit 宽度传输数据，即 MBLT64. 只有 J1 接口的插件复用 24 根地址线中的前 16 根，以 MBLT32 模式连续、多次传输数据。VME 协议对一个块传输周期的最大数据量做了限制，一次 BLT 和 MBLT32 最多传输 256bytes 的数据；一次 MLBT64 最多传输 2K bytes 的数据。

基本传输模式经常用于访问寄存器地址，因为一般只需单次访问寄存器。块传输模式一般用于从数据存储器的连续地址中大批量地读出数据，只需在开始广播一次地址就可以从该地址开始的连续存储单元中读取数据，提高了数据传输效率。

以上介绍的多种地址模式和数据传输模式，只有当主模块与从模块都支持某个模式时，它们才能以该模式传输数据。在从模块中，可以使不同的地址段支持不同的数据传输模式，例如让寄存器只支持 D32，而让 FIFO 支持 MBLT32.

4. 仲裁总线

VME 系统可以有多个主模块，为了防止多个主模块同时试图发起数据传输周期，VME 协议规定了数据传输总线 (DTB) 仲裁机制，以分配对 DTB 的控制权。

除了当前占有 DTB 的主模块外，其他主模块要使用 DTB 就需要通过它的中断请求器 (requester) 进行总线请求 (Bus Request, BR)。当同时有多个主模块发出 BR 时，仲裁模块根据它们的请求等级以一定的优先级算法来分配下一次的 DTB 控制权。

参与仲裁机制的功能模块包括一个仲裁器 (arbiter) 和一个或多个请求器 (requester)。在背板总线中有四个等级的总线请求信号线 (bus request[3-0]) 和总线授予信号线 (bus grant[3-0])。请求器通过 BR[3-0] 发送某个等级的请求信号，仲裁器接收请求后，经过优先级判断，通过 BG[3-0] 发出某个等级的总线授予信号，相应的请求器通过该信号判断下一周期的总线控制权是否授予了自己。

5. 优先中断总线

VME 协议包括一个中断机制，使得从模块可以具备一些主动性，在满足某些条件时发出中断，要求主模块进行相应动作。从模块配备中断器 (interrupter)，主模块配备中断处理器 (interrupter handler)。中断器通过优先中断总线发出中断请求，中断处理器响应该请求。一个 VME 系统可以有单个中断处理器响应所有等级的中断；也可以有多个中断处理器，每个只响应某些等级的中断。

优先中断总线包括 7 个等级的中断请求线 (interrupt request, IRQ[7-1])，IRQ7 优先级最高，每个中断器只能与其中一根连接。当中断处理器检测到某个等级的中断请求信号，它首先通过仲裁总线申请 DTB 控制权，得到 DTB 控制权后发起中断应答周期。中断应答周期中，中断处理器通过中断应答信号线 (interrupt acknowledge) 发出中断应答信号 (IACK)，并通过低 3 位的地址线指出所应答的中断等级；发出了中断请求的请求器如果接收到 IACK 信号并且监测到中断等级与自己的请求等级一致，则响应该中断应答周期，向中断处理器发送中断字 (interrupt word)。中断字指出发出中断的原因，中断处理器根据中断字做相应的动作。

6. 应用总线

应用总线提供一些基础的、服务性的功能，例如提供一个 16MHz 的系统时钟；提供一个全局复位信号；在检测到系统供电不稳时发出 ACFail 信号，提醒

VME 各组件电源按顺序关闭等。

7. VME64[2] 与 VME64x[3]

在 VME 总线基础上，1995 年推出 VME64 总线标准，具有更高传输速率和更大的寻址空间，其 6U 插件的数据宽度提升到 64bit，相应的寻址范围也达到 64bit，数据传输率提升一倍，达到 80Mbyte/s，同时增加了总线锁定周期能力和配置控制与状态寄存器的功能。采用新的接插件并允许即插即用，使得整个系统的使用更加方便和高效。

1997 年颁发的 VME64x 称为 VEM 扩充的标准。它主要扩充了总线背板插件 (P1/J1 和 P2/J2) 的连接针达到 160 个，增加 P0/J0(95 连接针) 用户可定义接插件，增配了 +3.3V 电压源和 +5V DC 电源插针。VME64x 数据传输总线达到 160Mbyte/s。另外，在结构和电磁兼容性作了改进，并规定义新的数据传输 2eV ME 协议。另外，为了适应大型实验中电子学需求，进一步提出适用于 9Ux400mm 电路板的 VME64Xp 等扩展规范和协议 [4,5].

8. V1718 机箱控制器 [6]

机箱控制器是各种 VME 功能插件与计算机之间操作指令和数据传输的接口。V1718 是 CAEN 公司设计的单插宽标准 VME 控制器。图 E.3 是它的前面板示意图。它由一个 USB 2.0 接口与计算机连接，从计算机接收指令，向计算机发送数据。4 组 LED 指示灯显示总线运行状态，包括地址、数据、中断请求等信号的状态。该插件前面板上有 7 个 LEMO 00 接口，包括 5 个输出和 2 个输入，它们的电平可配置为 NIM 或 TTL. 5 个输出端的功能可以配置，用于输出某些 VME 信号的状态，或两个输入信号的逻辑运算结果。

V1718 支持 A16、A24、A32 等寻址模式，不支持复用寻址模式，如 A40、A64 等。支持的数据模式有基本传输 (basic)、块传输 (BLT) 和复合块传输 (MBLT). 其中基本传输和块传输的数据宽度可以为 D8、D16 或 D32，复合块传输只能是 D64. V1718 的 BLT/MBLT 周期可以工作在增地址模式或 FIFO 模式。增地址模式在对连续地址作块读写时，V1718 会自动使地址指针指向下一个待读写的地址；FIFO 模式则不会自动移动地址指针，在 VME 插件中往往把数据存储区设计为 FIFO，它只有一个地址，但容量非常大，FIFO 模式即用于从 FIFO 中读取大量的数据。在 FIFO 模式下，V1718 可以不遵从 VME 协议对 BLT/MBLT 传输数据量的限制。

V1718 从 VME 系统中的从模块读取数据，通过 USB 将数据发送给计算机。V1718 内有一个 128Kbyte 的缓存区，以解决 USB 传输速度与 VME 传输速度不匹配的问题。

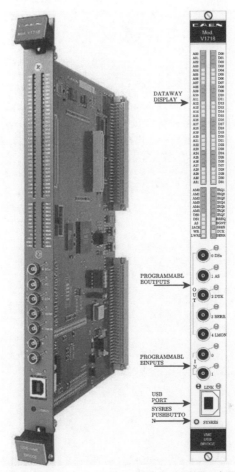

图 E.3 V1718(VX1718) 插件和前面板示意图

V1718 能够读取 VME 系统的 7 根中断请求信号线 (IRQ[7-1]) 的状态，但它不会主动向计算机报告中断状态。在使用时，可用外部程序设置. 例如, 将所有 VME 插件设置为在数据量超过某个阈值时发送中断请求，并在每次从计算机向 V1718 发出读取数据命令之前，首先向 V1718 询问 IRQ[7-1] 的状态。

V1718 能够自动识别自己的插槽位置，如果将它插在 VME 机箱的第一个插槽，它将作为整个 VME 系统的控制器，并提供系统时钟、仲裁器等功能, 并占有数据传输总线 (DTB) 控制权. 在初始化程序中, 通过设置它与总线仲裁相关的寄存器，它一直占有且不释放 DTB 的控制权。

VX1718 按照 VME64x 总线标准设计, 兼容 V1718 操作功能, 具有更快数据传输能力和更低功耗。

参 考 文 献

[1] ANSI/IEEE-1014 Standard, 1987.

[2] American National Standard for VME64, ANSI/VITA 1-1994.

[3] American National Standard for VME64 Extensions, ANSI/VITA 1.1-1997.

[4] VME64 Extensions for Physics & Other Application，ANSI/VITA 23-1998.

[5] American National Standard for VME64x9Ux400mm Format, ANSI/VITA 1.3-1997.

[6] CAEN. V1718 and VX1718 User Manual 2018.

编 后 语

当我们对物质层次和相互作用有了深入理解，一些新的问题必然出现。例如，为什么标准模型中有三代夸克和轻子，它们的质量为何有如此大的差别；弱相互作用字称不守恒，强相互作用是否存在不守恒量；中微子存在于物质中，是被何种作用力囚禁在物质之中？暗物质是超对称粒子组成的吗？宇宙中有反物质吗？宏观物体之间引力作用与微观粒子之间三种作用力是否能够统一？解答这些问题依赖新的探索与认知。

从实验基本原理出发，相对论和量子力学为描述物质运动提供了在一定范围内可供观测的尺度。在宏观尺度上，根据广义相对论，钟和尺的标度与它们所处的引力场和运动速度有关，精确测量时间和距离必须知道钟和尺的运动轨迹和速度；而在微观尺度上，根据量子理论，时间和空间的概念只在一定范围内适用，描述微观物质运动的能量、动量、角动量等物理量都是量子化的，由此引入离散时空可适用的下限，即普朗克时间 (10^{-43}s) 和普朗克长度 (10^{-35}m)，若小于这个尺度，时间和空间就失去意义，对应的因果关系也不成立。尽管现有的实验和技术无法突破这一尺度，但如果将来对上述任何一个问题有新的发现，以至于对基本原理进行修改，也不令人意外。对于基础物理研究，一个更加广阔的世界正展现在我们前面。

本书从第一章至第六章再次修改完毕，又是冬去春来。在温故而知新的同时，仿佛是初学者回到曾经的学堂，有一种清静几分单纯，乐在其中任思绪飞扬。约定交稿时间将至，搁笔细读仍感不足，有诸多遗缺，望读者见谅。

2020 年 3 月于中科大校园